国家职业资格培训教材
技能型人才培训用书

化学检验工（高级）

第2版

国家职业资格培训教材编审委员会　组编
王　燕　主编

机械工业出版社

本书是依据《国家职业标准　化学检验工》（高级）的知识要求和技能要求，按照岗位培训的原则编写的。本书的主要内容包括：气相色谱法，原子吸收分光光度法，产品样品交接，检验准备，检验与测定，测后工作，修检仪器设备，技术管理与创新，培训与指导。本书章首有培训学习目标，章末配有复习思考题，书末附有知识要求试题、技能要求试题和模拟试卷样例及答案，以便于教学、培训和读者自查自测。

本书主要用作企业培训和职业技能鉴定培训教材，也可作为技工学校、中职院校以及各种短训班的教学用书，还可供有关工人自学使用。

图书在版编目（CIP）数据

化学检验工：高级/王燕主编；国家职业资格培训教材编审委员会组编．—2版．—北京：机械工业出版社，2013.5（2025.9重印）
国家职业资格培训教材．技能型人才培训用书
ISBN 978-7-111-42082-8

Ⅰ．①化…　Ⅱ．①王…②国…　Ⅲ．①化工产品—检验—技术培训—教材　Ⅳ．①TQ075

中国版本图书馆CIP数据核字（2013）第070648号

机械工业出版社（北京市百万庄大街22号　邮政编码100037）
策划编辑：王华庆　责任编辑：王华庆　崔世荣
版式设计：霍永明　责任校对：佟瑞鑫
封面设计：饶　薇　责任印制：刘　媛
北京富资园科技发展有限公司印刷
2025年9月第2版第13次印刷
169mm×239mm · 25.25印张 · 490千字
标准书号：ISBN 978-7-111-42082-8
定价：59.80元

电话服务　　　　　　　　网络服务
客服电话：010-88361066　机　工　官　网：www.cmpbook.com
　　　　　010-88379833　机　工　官　博：weibo.com/cmp1952
　　　　　010-68326294　金　　书　　网：www.golden-book.com
封底无防伪标均为盗版　机工教育服务网：www.cmpedu.com

国家职业资格培训教材（第2版）

编 审 委 员 会

第2版 序

在“十五”末期，为贯彻落实“全国职业教育工作会议”和“全国再就业会议”精神，加快培养一大批高素质的技能型人才，机械工业出版社精心策划了与原劳动和社会保障部《国家职业标准》配套的《国家职业资格培训教材》。这套教材涵盖41个职业工种，共172种，有十几个省、自治区、直辖市相关行业200多名工程技术人员、教师、技师和高级技师等从事技能培训和鉴定的专家参加编写。教材出版后，以其兼顾岗位培训和鉴定培训需要，理论、技能、题库合一，便于自检自测，受到全国各级培训、鉴定部门和广大技术工人的欢迎，基本满足了培训、鉴定和读者自学的需要，在“十一五”期间为培养技能人才发挥了重要作用，本套教材也因此成为国家职业资格鉴定考证培训及企业员工培训的品牌教材。

2010年，《国家中长期人才发展规划纲要（2010—2020年）》、《国家中长期教育改革和发展规划纲要（2010—2020年）》、《关于加强职业培训促就业的意见》相继颁布和出台，2012年1月，国务院批转了“七部委”联合制定的《促进就业规划（2011—2015年）》，在这些规划和意见中，都重点阐述了加大职业技能培训力度、加快技能人才培养的重要意义，以及相应的配套政策和措施。为适应这一新形势，同时也鉴于第1版教材所涉及的许多知识、技术、工艺、标准等已发生了变化的实际情况，我们经过深入调研，并在充分听取了广大读者和业界专家意见的基础上，决定对已经出版的《国家职业资格培训教材》进行修订。本次修订，仍以原有的大部分作者为班底，并保持原有的“以技能为主线，理论、技能、题库合一”的编写模式，重点在以下几个方面进行了改进：

1. 新增紧缺职业工种——为满足社会需求，又开发了一批近几年比较紧缺的以及新增的职业工种教材，使本套教材覆盖的职业工种更加广泛。

2. 紧跟国家职业标准——按照最新颁布的《国家职业技能标准》（或《国家职业标准》）规定的工作内容和技能要求重新整合、补充和完善内容，涵盖职业标准中所要求的知识点和技能点。

3. 提炼重点知识技能——在内容的选择上，以“够用”为原则，提炼出应重点掌握的必需的专业知识和技能，删减了不必要的理论知识，使内容更加精炼。

4. 补充更新技术内容——紧密结合最新技术发展，删除了陈旧过时的内容，补充了新的技术内容。

5. 同步最新技术标准——对原教材中按旧的技术标准编写的内容进行更新，所有内容均与最新的技术标准同步。

6. 精选技能鉴定题库——按鉴定要求精选了职业技能鉴定试题，试题贴近教材、贴近国家试题库的考点，更具典型性、代表性、通用性和实用性。

7. 配备免费电子教案——为方便培训教学，我们为本套教材开发配备了配套的电子教案，免费赠送给选用本套教材的机构和教师。

8. 配备操作实景光盘——根据读者需要，部分教材配备了操作实景光盘。

一言概之，经过精心修订，第2版教材在保留了第1版教材精华的同时，内容更加精练、可靠、实用，针对性更强，更能满足社会需求和读者需要。全套教材既可作为各级职业技能鉴定培训机构、企业培训部门的考前培训教材，又可作为读者考前复习和自测使用的复习用书，也可供职业技能鉴定部门在鉴定命题时参考，还可作为职业技术院校、技工院校、各种短训班的专业课教材。

在本套教材的调研、策划、编写过程中，曾经得到许多企业、鉴定培训机构有关领导、专家的大力支持和帮助，在此表示衷心的感谢！

虽然我们已经尽了最大努力，但教材中仍难免存在不足之处，恳请专家和广大读者批评指正。

国家职业资格培训教材第2版编审委员会

第1版　序一

当前和今后一个时期，是我国全面建设小康社会、开创中国特色社会主义事业新局面的重要战略机遇期。建设小康社会需要科技创新，离不开技能人才。“全国人才工作会议”、“全国职教工作会议”都强调要把“提高技术工人素质、培养高技能人才”作为重要任务来抓。当今世界，谁掌握了先进的科学技术并拥有大量技术娴熟、手艺高超的技能人才，谁就能生产出高质量的产品，创出自己的名牌；谁就能在激烈的市场竞争中立于不败之地。我国有近一亿技术工人，他们是社会物质财富的直接创造者。技术工人的劳动，是科技成果转化为生产力的关键环节，是经济发展的重要基础。

科学技术是财富，操作技能也是财富，而且是重要的财富。中华全国总工会始终把提高劳动者素质作为一项重要任务，在职工中开展的“当好主力军，建功‘十一五’，和谐奔小康”竞赛中，全国各级工会特别是各级工会职工技协组织注重加强职工技能开发，实施群众性经济技术创新工程，坚持从行业和企业实际出发，广泛开展岗位练兵、技术比赛、技术革新、技术协作等活动，不断提高职工的技术技能和操作水平，涌现出一大批掌握高超技能的能工巧匠。他们以自己的勤劳和智慧，在推动企业技术进步，促进产品更新换代和升级中发挥了积极的作用。

欣闻机械工业出版社配合新的《国家职业标准》为技术工人编写了这套涵盖41个职业的172种“国家职业资格培训教材”。这套教材由全国各地技能培训和考评专家编写，具有权威性和代表性；将理论与技能有机结合，并紧紧围绕《国家职业标准》的知识点和技能鉴定点编写，实用性、针对性强，既有必备的理论和技能知识，又有考核鉴定的理论和技能题库及答案，编排科学，便于培训和检测。

这套教材的出版非常及时，为培养技能型人才做了一件大好事，我相信这套教材一定会为我们培养更多更好的高技能人才做出贡献！

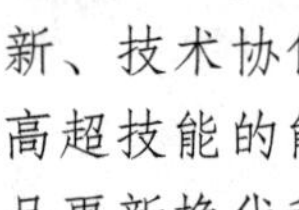

（李永安　中国职工技术协会常务副会长）

第1版 序二

为贯彻“全国职业教育工作会议”和“全国再就业会议”精神，全面推进技能振兴计划和高技能人才培养工程，加快培养一大批高素质的技能型人才，我们精心策划了这套与劳动和社会保障部最新颁布的《国家职业标准》配套的《国家职业资格培训教材》。

进入21世纪，我国制造业在世界上所占的比重越来越大，随着我国逐渐成为“世界制造业中心”进程的加快，制造业的主力军——技能人才，尤其是高级技能人才的严重缺乏已成为制约我国制造业快速发展的瓶颈，高级蓝领出现断层的消息屡屡见诸报端。据统计，我国技术工人中高级以上技工只占3.5%，与发达国家40%的比例相去甚远。为此，国务院先后召开了“全国职业教育工作会议”和“全国再就业会议”，提出了“三年50万新技师的培养计划”，强调各地、各行业、各企业、各职业院校等要大力开展职业技术培训，以培训促就业，全面提高技术工人的素质。

技术工人密集的机械行业历来高度重视技术工人的职业技能培训工作，尤其是技术工人培训教材的基础建设工作，并在几十年的实践中积累了丰富的教材建设经验。作为机械行业的专业出版社，机械工业出版社在“七五”、“八五”、“九五”期间，先后组织编写出版了“机械工人技术理论培训教材”149种，“机械工人操作技能培训教材”85种，“机械工人职业技能培训教材”66种，“机械工业技师考评培训教材”22种，以及配套的习题集、试题库和各种辅导性教材约800种，基本满足了机械行业技术工人培训的需要。这些教材以其针对性、实用性强，覆盖面广，层次齐备，成龙配套等特点，受到全国各级培训、鉴定和考工部门和技术工人的欢迎。

2000年以来，我国相继颁布了《中华人民共和国职业分类大典》和新的《国家职业标准》，其中对我国职业技术工人的工种、等级、职业的活动范围、工作内容、技能要求和知识水平等根据实际需要进行了重新界定，将国家职业资格分为5个等级：初级（5级）、中级（4级）、高级（3级）、技师（2级）、高级技师（1级）。为与新的《国家职业标准》配套，更好地满足当前各级职业培训和技术工人考工取证的需要，我们精心策划编写了这套《国家职业资格培训教材》。

这套教材是依据劳动和社会保障部最新颁布的《国家职业标准》编写的，

为满足各级培训考工部门和广大读者的需要，这次共编写了41个职业的172种教材。在职业选择上，除机电行业通用职业外，还选择了建筑、汽车、家电等其他相近行业的热门职业。每个职业按《国家职业标准》规定的工作内容和技能要求编写初级、中级、高级、技师（含高级技师）四本教材，各等级合理衔接、步步提升，为高技能人才培养搭建了科学的阶梯型培训架构。为满足实际培训的需要，对多工种共同需求的基础知识我们还分别编写了《机械制图》、《机械基础》、《电工常识》、《电工基础》、《建筑装饰识图》等近20种公共基础教材。

在编写原则上，依据《国家职业标准》又不拘泥于《国家职业标准》是我们这套教材的创新。为满足沿海制造业发达地区对技能人才细分市场的需要，我们对模具、制冷、电梯等社会需求量大又已单独培训和考核的职业，从相应的职业标准中剥离出来单独编写了针对性较强的培训教材。

为满足培训、鉴定、考工和读者自学的需要，在编写时我们考虑了教材的配套性。教材的章首有培训要点、章末配复习思考题，书末有与之配套的试题库和答案，以及便于自检自测的理论和技能模拟试卷，同时还根据需求为20多种教材配制了VCD光盘。

为扩大教材的覆盖面和体现教材的权威性，我们组织了上海、江苏、广东、广西、北京、山东、吉林、河北、四川、内蒙古等地相关行业从事技能培训和考工的200多名专家、工程技术人员、教师、技师和高级技师参加编写。

这套教材在编写过程中力求突出“新”字，做到“知识新、工艺新、技术新、设备新、标准新”；增强实用性，重在教会读者掌握必需的专业知识和技能，是企业培训部门、各级职业技能鉴定培训机构、再就业和农民工培训机构的理想教材，也可作为技工学校、职业高中、各种短训班的专业课教材。

在这套教材的调研、策划、编写过程中，曾经得到广东省职业技能鉴定中心、上海市职业技能鉴定中心、江苏省机械工业联合会、中国第一汽车集团公司以及北京、上海、广东、广西、江苏、山东、河北、内蒙古等地许多企业和技工学校的有关领导、专家、工程技术人员、教师、技师和高级技师的大力支持和帮助，在此谨向为本套教材的策划、编写和出版付出艰辛劳动的全体人员表示衷心的感谢！

教材中难免存在不足之处，诚恳希望从事职业教育的专家和广大读者不吝赐教，批评指正。我们真诚希望与您携手，共同打造职业培训教材的精品。

国家职业资格培训教材编审委员会

前　言

本书第1版自出版以来，已重印多次，得到了广大读者的认可与好评。但近几年化学检验技术得到了较快发展，本书第1版所涉及的技术、工艺、标准、名词术语等有些已发生了变化，因此我们对第1版教材进行了修订，以使其更能满足读者的需求。

本书在修订过程中，以满足岗位培训需要为宗旨，以实用、够用为原则，以技能为主线，使理论为技能服务，并将理论知识和操作技能结合起来，有机地融为一体。第2版的主要特点是：

(1) 内容先进　本书在内容编排上力求结合化工生产实际，充分重视内容的先进性，尽可能反映与本职业相关联的新技术、新工艺、新设备、新材料和新方法，并采用法定计量单位和最新名词术语，以充分满足职业资格培训的需要。

(2) 最大限度地体现技能培训特色　本书以最新的《国家职业标准　化学检验工》(高级) 为依据，以职业技能鉴定要求为尺度，以满足本职业对从业人员的要求为目标，以岗位技能需求为出发点，确定核心技能模块，编写每一个技能训练。

(3) 配套资源丰富　本书配有电子课件，书后附有知识要求试题、技能要求试题和模拟试卷样例及答案，以便于教学、培训和读者自查自测。

(4) 服务目标明确　本书主要用于企业培训和职业技能鉴定培训，也可作为技工学校、中职院校以及各种培训班的教学用书，还可供有关工人自学使用。

本书由王燕任主编，唐学红、慕金超参加编写。

在本书编写过程中，得到了徐州工业职业技术学院领导、同事的支持和帮助，在此表示衷心的感谢！同时还参阅了有关文献资料，在此向这些文献资料的作者表示衷心的感谢！

由于编者水平有限，书中难免存在缺点和不足之处，恳请广大读者批评指正！

编　者

目　　录

第 2 版序
第 1 版序一
第 1 版序二
前言

第一章　气相色谱法 …… 1
第一节　气相色谱法的分离原理 …… 1
一、气-液色谱 …… 1
二、气-固色谱 …… 2
第二节　气相色谱的基础知识 …… 3
一、气相色谱的基本术语 …… 3
二、气相色谱的基本理论 …… 5
三、色谱柱的分离度 …… 8
第三节　气相色谱仪的结构 …… 9
一、载气系统 …… 9
二、进样系统 …… 12
三、柱分离系统 …… 14
四、检测系统 …… 14
五、温度控制系统 …… 17
六、信号记录系统 …… 18
第四节　气相色谱固定相的选择和制备 …… 18
一、固体固定相 …… 18
二、液体固定相 …… 19
三、气-液色谱柱的制备 …… 21
第五节　检测器的工作原理和条件 …… 24
一、热导池检测器 …… 24
二、氢火焰离子化检测器 …… 25

三、电子捕获检测器 …… 27
四、火焰光度检测器 …… 28
第六节 气相色谱定性和定量方法 …… 29
一、定性分析 …… 29
二、定量分析 …… 31
第七节 气相色谱操作条件的选择及操作 …… 37
一、操作条件的选择 …… 37
二、气相色谱仪的操作 …… 40
复习思考题 …… 43

第二章 原子吸收分光光度法 …… 45
第一节 概述 …… 45
第二节 原子吸收分光光度法的基本原理 …… 46
一、共振线和吸收线 …… 46
二、基态与激发态原子的分配 …… 46
三、原子吸收分光光度法的定量基础 …… 47
第三节 原子吸收分光光度计的结构 …… 49
一、光源-空心阴极灯 …… 49
二、原子化系统 …… 50
三、分光系统 …… 53
四、检测系统 …… 54
第四节 定量分析方法及方法评价 …… 54
一、定量分析方法 …… 54
二、原子吸收分析的灵敏度和检出极限 …… 56
第五节 最佳仪器条件的选择 …… 58
一、吸收线的选择 …… 58
二、阴极灯灯电流的选择 …… 59
三、燃气、助燃气、燃烧器高度的最佳水平 …… 59
第六节 原子吸收分光光度法中的干扰及其抑制 …… 60
一、化学干扰及其抑制 …… 61
二、光谱干扰及其抑制 …… 61
第七节 原子吸收分光光度计的操作 …… 62
复习思考题 …… 65

第三章 产品样品交接 …… 67
第一节 了解送检产品样品的质量要求和标准 …… 67
一、送检产品样品的质量和检验要求 …… 67
二、不同性质的化工产品样品的交接和保管要求 …… 72
三、送检产品样品的质量标准 …… 73
第二节 产品样品交接中的疑难问题 …… 73
一、了解产品样品送检的目的 …… 74
二、考察产品样品的一般性质 …… 74
复习思考题 …… 75

第四章 检验准备 …… 76
第一节 准备实验用水及溶液 …… 76
一、仪器分析对水的要求 …… 76
二、仪器分析用标准溶液的配制 …… 79
第二节 准备仪器设备 …… 81
一、气相色谱填充柱的制备 …… 81
二、毛细管柱的正确选用 …… 83
三、原子吸收分光光度计的空心阴极灯的选用 …… 85
四、高效液相（HPLC）分析柱的选用 …… 86
第三节 操作计算机 …… 88
一、分析仪器用计算机的分类及在分析中的作用 …… 88
二、分析仪器中计算机的应用 …… 89
第四节 设计检验记录表格 …… 101
一、对检验记录的要求 …… 101
二、检验记录表格的设计 …… 101
复习思考题 …… 107

第五章 检测与测定 …… 108
第一节 气相色谱法技能训练 …… 108
训练1 填充柱的制备 …… 108
训练2 气相色谱仪的使用维护及检测器灵敏度的测定 …… 110
训练3 苯、甲苯、二甲苯混合样的色谱分析 …… 112
训练4 用气相色谱法测定乙醇中的微量水分 …… 114

训练 5　用气相色谱法测定苯胺的含量 …… 115
训练 6　用气相色谱法测定农药敌敌畏的含量 …… 117
训练 7　用气相色谱法测定聚氨酯涂料中的游离 TDI 单体 …… 119
训练 8　用气相色谱法测定焦化产品中邻甲酚的成分 …… 122
第二节　原子吸收分光光度法技能训练 …… 124
训练 1　空心阴极灯的选择与安装 …… 124
训练 2　原子吸收条件的选择（以测定镁为例） …… 125
训练 3　原子吸收光谱仪的使用、维护及水中微量铜的测定 …… 128
训练 4　用原子吸收标准加入法测定水中的微量铜 …… 130
训练 5　用原子吸收法测定锌的实验条件的选择 …… 131
训练 6　用原子吸收法测定化妆品中的铅含量 …… 133
训练 7　用原子吸收法测定叶面肥中的锌、锰、铁、铜含量 …… 136
训练 8　用原子吸收法测定水泥中的氧化钠、氧化钾、氧化镁含量 …… 141
第三节　“三废”排放的监测 …… 144
一、废气的监测 …… 144
二、废水的监测 …… 148
三、固体废弃物的监测 …… 154
四、技能训练 …… 155
训练 1　固定污染源排气中氮氧化合物含量的测定 …… 155
训练 2　水中 COD_{Cr} 的测定 …… 157
训练 3　水中 BOD 的测定 …… 160
复习思考题 …… 164
第六章　测后工作 …… 165
第一节　检验报告的审核 …… 165
一、检验报告记录内容的审核 …… 165
二、试验条件的检查 …… 166
三、检验结果的判断 …… 168
第二节　不合格产品的原因分析 …… 172
一、常见化工产品的生产工艺及不合格产品的原因分析 …… 172
二、日用化工产品的常用原料知识及不合格产品的原因分析 …… 177
三、化肥产品的生产工艺及不合格产品的原因分析 …… 179
四、农药加工助剂产品的一般知识及不合格产品的原因分析 …… 181

五、涂料产品的生产工艺及不合格产品的原因分析 …… 182
六、硅酸盐水泥的生产工艺及不合格产品的原因分析 …… 183
复习思考题 …… 184

第七章　修检仪器设备 …… 185
第一节　仪器设备的安装、调试、验收 …… 185
一、新购置仪器设备验收的一般内容与程序 …… 185
二、新购置仪器设备的安装与调试（以GC4000A型气相色谱仪为例） …… 186
三、新购置仪器设备的技术参数的验证（以GC4000A型气相色谱仪为例） …… 188
第二节　仪器设备的故障排除 …… 190
一、设备技术档案管理 …… 190
二、设备的一般故障现象及排除方法 …… 190
复习思考题 …… 210

第八章　技术管理与创新 …… 211
一、分光光度计操作规程 …… 211
二、电导率仪操作规程（以DDSJ—308A型电导率仪为例） …… 221
三、酸度计操作规程 …… 224
四、电位滴定仪操作规程（以ZDJ—4A型自动电位滴定仪为例） …… 228
五、气相色谱仪操作规程 …… 248
六、原子吸收分光光度计操作规程（以AA320系列原子吸收分光光度计为例） …… 256
七、液相色谱仪操作规程（以Agilent 1100系列液相色谱仪为例） …… 284
复习思考题 …… 298

第九章　培训与指导 …… 299
第一节　对初、中级化学检验工的理论指导 …… 299
一、初、中级化学检验工应掌握的知识点 …… 299
二、初、中级化学检验工的考核内容及方法 …… 304
第二节　对初、中级化学检验工实际操作技术的指导 …… 306
一、理论基础的培训指导 …… 306
二、基础操作训练的培训指导 …… 307
三、分析检验操作的技能要点 …… 309
复习思考题 …… 313

试题库…… 314
知识要求试题…… 314
一、判断题 试题（314） 答案（356）
二、选择题 试题（317） 答案（356）
三、计算题 试题（330） 答案（357）
四、简答题 试题（335） 答案（360）
技能要求试题…… 337
一、丁醇异构体混合物的分析（归一化法定量）…… 337
二、甲苯的分析（内标法定量）…… 338
三、丙酮中微量水分的测定（标准加入法定量）…… 339
四、用气相色谱法测定稻瘟灵的含量 …… 340
五、用原子吸收法测定铁含量…… 342
六、用原子吸收法测定锌含量…… 343
七、用原子吸收法测定锰含量…… 344
八、用原子吸收法测定铜含量…… 346
九、固定污染源排气中氮氧化合物含量的测定…… 347
十、水中 COD 的测定 …… 349
模拟试卷样例…… 351
一、判断题 试题（351） 答案（371）
二、选择题 试题（351） 答案（371）
三、计算题 试题（354） 答案（371）
四、简答题 试题（355） 答案（371）

附录…… 372
附录 A 仪器分析用标准溶液的配制…… 372
附录 B 常用水质监测方法和测定项目 …… 377
附录 C 地表水监测项目 …… 377
附录 D 技能考核评分表…… 378
附录 E Agilent 1100 LC 常见中英文术语对照 …… 379

参考文献…… 380

第一章

气相色谱法

培训学习目标　通过本章的学习，使高级化学检验工掌握气相色谱法的基本原理；熟悉气相色谱仪的构造、使用和维护保养的方法；掌握固定相的基本性质和选择固定相的原则；掌握色谱柱的制备方法，熟悉热导池和氢火焰检测器的工作原理；掌握校正因子的测定方法及定性、定量的方法。

第一节　气相色谱法的分离原理

色谱法是一种用于分离、分析多组分混合物质的有效方法。根据流动相的不同，色谱法可分为气相色谱法和液相色谱法。气相色谱法是用气体作为流动相的色谱法。根据固定相的不同，气相色谱法又可分为气-液色谱法和气-固色谱法两类。气-液色谱法是将固定液涂渍在载体上作为固定相的气相色谱法。气-固色谱法是用固体（吸附剂）作为固定相的气相色谱法。色谱法的分离机理，按两相所处状态的不同，可分为吸附色谱、分配色谱、离子交换色谱和凝胶过滤色谱。

一、气-液色谱

气-液色谱的固定相是惰性载体及其均匀涂布的固定液，属于分配色谱的机理。当气态的试样组分随着载气进入色谱柱时，试样组分分子与固定液分子充分接触，由于二者之间的相互作用，有一部分组分被固定相溶解，另一部分仍留在流动相中。随着载气不断通入色谱柱，流动相中的组分又被前方的固定相溶解，而已溶解于固定相中的组分又可挥发到流动相中。组分在固定相和流动相两相间的溶解、挥发过程是个分配过程。设 c_s 为组分在固定相中的浓度，c_m 为组分在流动相中的浓度，则在每次分配过程达到平衡时都应满足下列关系：

$$K = \frac{c_s}{c_m}$$

式中，K 称为分配系数。在一定温度下，K 值决定于组分、固定相和流动相三者的性质，因此不同的物质在两相间的分配系数各不相同。K 值大的组分，每次分配在气相中的浓度较小，前移速度慢，柱内停留时间长；K 值小的组分，每次分配在气相中的浓度较大，相应的前移速度也快，在柱内停留的时间就较短。因此，各组分流经一定的柱长（即经过一定的时间间隔），经过足够多次的反复分配后，试样中各组分得以彼此分离。

可见，气-液色谱是利用不同物质在固定相和流动相间分配系数的不同来实现组分分离的。当两相做相对运动时，试样中各组分在两相间经过反复多次的溶解、挥发、再溶解、再挥发的分配过程，即使原来两组分的 K 值仅有微小差异（反映在沸点、溶解度、分子结构和极性等方面），也能达到一定的分离效果。

二、气-固色谱

气-固色谱是利用组分分子在流动相与固定相（吸附剂）之间反复进行吸附→脱附→再吸附→再脱附的分配过程，最后达到组分间的彼此分离的。

气-固色谱以气体作为流动相，以固体吸附剂作为固定相。固体吸附剂通常是一些具有多孔性及大表面积的物质，将其研磨成一定大小的颗粒装入色谱柱内，形成固定相。

当混合组分随着载气进入色谱柱后，立即被固体吸附剂所吸附。由于载气始终以一定流速通过色谱柱，使得被吸附的组分又被洗脱下来，并随着载气继续前进，这种现象称为脱附。脱附下来的组分在随着载气前进时，又被前面的固体吸附剂所吸附，这些被吸附的组分又被脱附。这样，随着载气的流动，混合样品中各组分在固体吸附剂上不断地进行着吸附-脱附过程。这种吸附应是物理吸附。由于混合样品中各组分性质不同，因此它们在固体吸附剂上的吸附能力也就不一样。吸附能力小的组分容易发生脱附，而随着载气逐渐走在前面，吸附能力大的组分则不易被脱附，而逐渐落在后面。经过一定时间，即通入一定量的载气后，混合样品中各组分就彼此分离开来，并先后流出色谱柱，从而达到分离的目的。组分在固体吸附剂上吸附能力的大小，可用吸附系数表示。吸附系数是指在一定温度及压力下，当吸附-脱附达到平衡时，组分在固体吸附剂中的质量与在气相中的质量的比值。吸附系数大的组分，在固体吸附剂上的吸附能力强。

第二节 气相色谱的基础知识

一、气相色谱的基本术语

1. 色谱流出曲线

色谱流出曲线也叫色谱图。它是在气相色谱分析过程中，由记录仪画出的以检测器输出的电信号为纵坐标，以组分流出色谱柱的时间或载气流出的体积为横坐标的曲线图。色谱图的形状与所采用的检测器类型有关。当采用微分型检测器时，所得到的色谱图为峰形曲线。正常的色谱流出曲线呈正态分布，如图 1-1 所示。

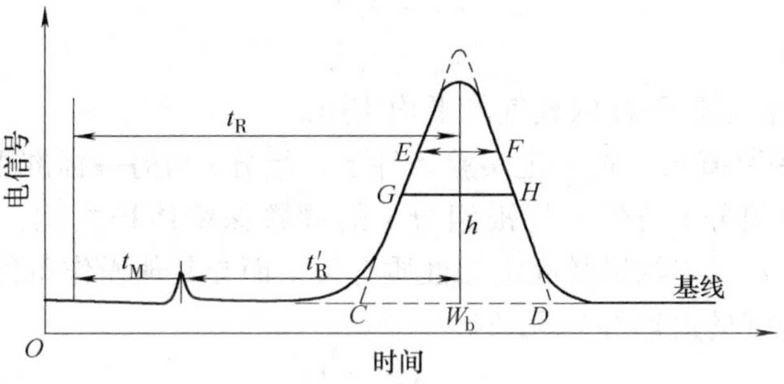

图 1-1 色谱流出曲线

2. 基线

当色谱柱没有组分进入检测器时，在实验条件下，反映检测器系统电噪声随着时间变化的曲线称为基线。稳定的基线是一条直线。基线随着时间定向地缓慢变化称为基线漂移。由各种因素引起的基线起伏称为基线噪声。

3. 保留值

保留值用来描述各组分色谱峰在色谱流出曲线中的位置。在一定实验条件下，组分的保留值具有特征性，是气相色谱定性的参数。保留值通常用时间表示，也可以用将组分带出色谱柱所需载气的体积来表示。

（1）死时间 t_M 从进样开始到惰性组分（指不被固定相吸附或溶解的空气或甲烷）从柱中流出，呈现浓度极大值时所需要的时间称为死时间，用 t_M 表示。t_M 反映了色谱柱中未被固定相填充的柱内死体积和检测器死体积的大小，与被测组分的性质无关。

（2）保留时间 t_R 从进样开始到出现待测组分信号极大值所需要的时间称

为保留时间，用 t_R 表示。t_R 可作为色谱峰位置的标志。

（3）调整保留时间 t'_R　扣除死时间后的保留时间称为调整保留时间，以 t'_R表示。

$$t'_R = t_R - t_M \tag{1-1}$$

t'_R反映了被分析的组分与色谱柱中固定相发生相互作用，在色谱柱中滞留的时间。它更确切地表达了被分析组分的保留特性，是气相色谱定性分析的基本参数。

（4）死体积 V_M、保留体积 V_R 和调整保留体积 V'_R　保留时间受载气流速的影响。为了消除这一影响，保留值也可以用从进样开始到出现峰（空气或甲烷峰，组分峰）极大值所流过的载气体积来表示，即用保留时间乘以载气平均流速。

死体积　$$V_M = t_M v_c \tag{1-2}$$

保留体积　$$V_R = t_R v_c \tag{1-3}$$

调整保留体积　$$V'_R = t'_R v_c \tag{1-4}$$

式中　v_c——操作条件下柱内载气的平均流速。

（5）相对保留值 r_{is}　在一定实验条件下，组分 i 与另一标准组分 s 的调整保留时间之比，或组分 i 与另一标准组分 s 的调整保留体积之比，称为相对保留值，以 r_{is}表示。r_{is}仅与柱温及固定相性质有关，而与其他操作条件（如柱长、柱内填充情况及载气的流速等）无关。

$$r_{is} = \frac{t'_{Ri}}{t'_{Rs}} = \frac{V'_{Ri}}{V'_{Rs}} \tag{1-5}$$

（6）选择性因子 α　相邻两组分调整保留值之比称为选择性因子，以 α 表示。α 数值的大小反映了色谱柱对难分离物质对的分离选择性。α 值越大，相邻两组分色谱峰相距越远，色谱柱的分离选择性越高。当 α 接近 1 或等于 1 时，说明相邻两组分色谱峰重叠未能分开。

$$\alpha = \frac{t'_{R2}}{t'_{R1}} = \frac{V'_{R2}}{V'_{R1}} \tag{1-6}$$

4. 峰高、峰面积

（1）峰高（h）　峰高指峰顶到基线的距离，用 h 表示。

（2）峰面积（A）　峰面积指每个组分的色谱流出曲线与基线间所包围的面积，用 A 表示。峰高或峰面积的大小和每个组分在样品中的含量相关，因此色谱峰的峰高或峰面积是利用气相色谱进行定量分析的主要依据。

5. 区域宽度

色谱峰宽度即色谱峰的区域宽度，是色谱流出曲线中的一个重要参数。从分离角度看，希望峰的区域宽度越窄越好。通常用下面三种方法来度量色谱峰的区域宽度。

（1）标准偏差（σ）　指 0.607 倍峰高处色谱峰宽度（见图 1-1 中 EF 段）的 1/2，用 σ 表示。

（2）半峰宽度（$W_{1/2}$）　指峰高 1/2 处色谱峰的宽度（见图 1-1 中 GH 段），以 $W_{1/2}$ 表示。

$$W_{1/2} = 2\sqrt{2\ln 2}\sigma \tag{1-7}$$

（3）峰底宽度（W_b）　指通过色谱峰两侧拐点所作的切线在基线上的截距，以 W_b 表示（见图 1-1 中 CD 段）。

$$W_b = 4\sigma \tag{1-8}$$

二、气相色谱的基本理论

在色谱流出曲线中，每个峰的位置、形状以及相邻两峰间的距离都反映了各组分在柱中的热力学平衡过程（分配过程）以及各种动力学因素（操作条件）的综合影响。为了阐述色谱峰的变化及影响色谱峰扩张的各种因素，为选择最佳分离条件提供理论依据，下面简单介绍气液色谱中的基本理论——塔板理论和速率理论。

1. 塔板理论

（1）理论塔板数 n　塔板理论是从实践中总结出来的一种半经验理论。它把色谱柱比作一个精馏塔，假设柱中有许多塔板，组分在每个塔板气相和液相间进行分配并达到分配平衡，然后都随着流动相按一个一个塔板的方式向前转移。经过多次分配平衡后，分配系数小的组分先离开精馏塔，分配系数大的组分后离开精馏塔，从而使分配系数不同的组分彼此得到分离。每一个塔板的高度，即组分在柱内达成一次分配平衡所需要的柱长称为理论塔板高度，简称板高，用 H 表示。当色谱柱长为 L 时，所得理论塔板数 n 为

$$n = \frac{L}{H} \tag{1-9}$$

显然，当色谱柱长 L 固定时，每次分配平衡需要的理论塔板高度 H 越小，柱内理论塔板数 n 越多，组分在该柱内被分配于两相的次数就越多，柱效能越高。

计算理论塔板数 n 的经验公式为

$$n = 5.54\left(\frac{t_R}{W_{1/2}}\right)^2 = 16\left(\frac{t_R}{W_b}\right)^2 \tag{1-10}$$

式中　n——理论塔板数；

t_R——组分的保留时间；

$W_{1/2}$——以时间为单位的半峰宽度；

W_b——以时间为单位的峰底宽度。

由式(1-10)可以看出，组分的保留时间越长，峰形越窄，计算理论塔板数 n 越大。

(2) 有效理论塔板数 $n_{有效}$　在实际应用中，常常出现计算出的 n 很大，但色谱柱的实际分离效能并不高的现象。这是由于保留时间 t_R 中包括了死时间 t_M，而 t_M 不参加柱内的分配，即理论塔板数还未能真实地反映色谱柱的实际分离效能。为此，提出了用以 t'_R 代替 t_R 计算所得到的有效理论塔板数 $n_{有效}$ 来衡量色谱柱的柱效能。计算式为

$$n_{有效} = \frac{L}{H_{有效}} = 5.54\left(\frac{t'_R}{W_{1/2}}\right)^2 = 16\left(\frac{t'_R}{W_b}\right)^2 \qquad (1\text{-}11)$$

式中　$n_{有效}$——有效理论塔板数；

$H_{有效}$——有效理论塔板高度；

t'_R——组分调整保留时间；

$W_{1/2}$——以时间为单位的半峰宽度；

W_b——以时间为单位的峰底宽度。

由于同一根色谱柱对不同组分的柱效能是不一样的，因此在使用 $n_{有效}$ 或 $H_{有效}$ 表示色谱柱效能时，除了应说明色谱条件外，还必须说明对什么组分。在比较不同色谱柱的效能时，应在同一色谱操作条件下，以同一种组分通过不同色谱柱，测定并计算不同色谱柱的 $n_{有效}$ 或 $H_{有效}$，然后再进行比较。塔板理论虽然阐述了保留值及塔板高度的概念，但由于塔板理论的假设不完全符合实际的色谱过程，因此，不能反映出影响塔板高 H 的因素，也无法解释在不同载气流速下测得的理论塔板数不同等现象。

2. 速率理论

由塔板理论计算出的色谱柱塔板高 H 的大小主要由保留值和峰宽决定。色谱保留值的大小取决于各组分在色谱柱中的分配过程，受热力学因素控制。峰宽则取决于同一组分的不同分子在柱内迁移速度的差异所引起的色谱峰的扩展程度，受动力学因素控制。速率理论吸收了塔板理论中塔板高的概念，并与影响塔板高的载气流速、传质、扩散等动力学因素结合起来，导出了速率理论方程式(也称为范第姆特方程式，简称为范氏方程式)。

$$H = A + B/v + Cv \qquad (1\text{-}12)$$

式中　H——塔板高度；

v——载气的线速度(cm/s)。

其他各项参数的物理意义如下：

A 称为涡流扩散项(又称为多路效应项)。由于试样组分分子进入色谱柱碰到柱内填充颗粒时不得不改变流动方向，因此它们在气相中形成紊乱的类似

“涡流”的流动（见图 1-2）。组分分子所经过的路径长度不同，到达柱出口的时间也不同，因而引起色谱峰的扩张。$A=2\lambda d_p$，说明涡流扩散项所引起的峰形变宽与固定相颗粒平均直径 d_p 和固定相的填充不均匀因子 λ 有关。显然，使用直径小、粒度均匀的固定相，并尽量填充均匀，可以减小涡流扩散，降低塔板高度，提高色谱柱效能。

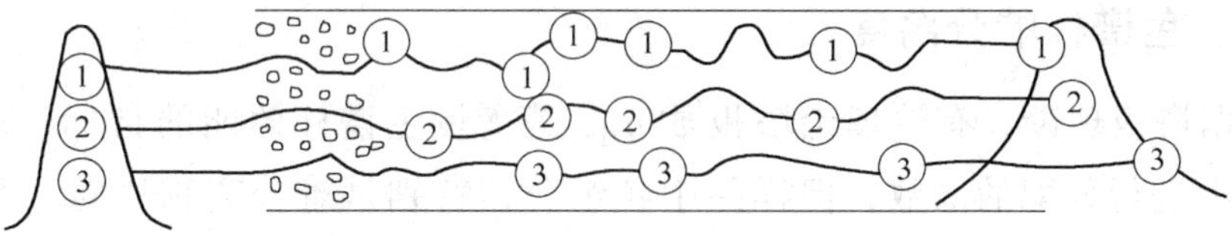

图 1-2　涡流扩散项示意图

B/v 称为分子扩散项，又称为纵向扩散项。组分进入色谱柱后，随着载气向前移动，由于柱内存在浓度梯度，因此组分分子必然由高浓度向低浓度扩散（其扩散方向与载气运动方向一致），从而使峰扩张。$B/v=2rD_g$。式中 r 为弯曲因子，它反映了固定相对分子扩散的阻碍程度。填充柱的 $r<1$，空心柱 $r=1$。D_g 为组分在气相中的扩散系数，随着载气和组分的性质、温度、压力的变化而变化。v 为载气的线速度，v 越小，组分在气相中停留的时间越长，分子扩散速度也就越大。所以，加快载气流速，可以减少由于分子扩散而产生的色谱峰扩张。由于组分在气相中的扩散系数 D_g 近似地与载气的摩尔质量的平方根成反比，所以使用摩尔质量大的载气可以减小分子扩散速度。

Cv 项为传质阻力项，它包括气相传质阻力项 C_gv 和液相传质阻力项 C_Lv 两项，即 $Cv=(C_g+C_L)v$。式中 C_g、C_L 分别为气相传质阻力系数和液相传质阻力系数。气相传质阻力是组分从气相到气-液界面间进行质量交换所受到的阻力。这个阻力会使柱横断面上的浓度分配不均匀。阻力越大，所需时间越长，浓度分配就越不均匀，峰扩散就越严重。由于 $C_gv \propto (d_p^2/D_g)v$，所以若采用小颗粒的固定相，以 D_g 较大的 H_2 或 He 作载气（当然，合适的载气种类，还必须根据检测器的类型选择），可以减少传质阻力，提高色谱柱效能。

液相传质阻力是指试样组分从固定相的气-液界面到液相内部进行质量交换达到平衡后，又返回到气-液界面时所受到的阻力。显然，这个传质过程需要时间，而且在流动状态下分配平衡不能瞬间达到，其结果是进入液相的组分分子，因其在液相里有一定的停留时间，当它回到气相时，必然落后于原在气相中随着载气向柱出口方向运动的分子，这样势必造成峰扩张。由于 $C_Lv \propto (d_f^2/D_L)v$（式中 d_f 为固定相液膜厚度；D_L 为组分在液相中的扩散系数），所以若采用液膜薄的固定液，则有利于液相传质（但不宜过薄，否则会减少样品的容量，降低色谱柱的寿命）。组分在液相中的扩散系数 D_L 大，也有利于传质，减少峰扩张。

速率理论指出了影响色谱柱效能的因素，为色谱分离操作条件的选择提供了理论指导。由范氏方程可以看出，许多影响色谱柱效能的因素彼此以对立关系存在，如流速加大使分子扩散项影响减少，传质阻力项影响增大；温度升高有利于传质，但又加剧分子扩散的影响等。如何提高色谱柱效能，取决于色谱分离操作条件的选择。

三、色谱柱的分离度

根据塔板理论，有效理论塔板数 $n_{有效}$ 是衡量色谱柱效能的指标，表示组分在柱内进行分配的次数，但样品中各组分，特别是难分离物质对（即物理常数相近，结构类似的相邻组分）在一根柱内能否得到分离，取决于各组分在固定相中分配系数的差异，也就是取决于固定相的选择性，而不是由分配次数的多少来确定。因而，色谱柱效能不能说明难分离物质对的实际分离效果，而选择性却无法说明色谱柱效率的高低。因此，必须引入一个既能反映柱效能，又能反映色谱柱选择性的指标，作为色谱柱的总分离效能指标，来判断难分离物质对在色谱柱中的实际分离情况。这一指标就是分离度 R。

$$R = \frac{t_{R2} - t_{R1}}{1/2(W_{b1} + W_{b2})} \tag{1-13}$$

$$或 R = \frac{2(t_{R2} - t_{R1})}{1.699[W_{1/2(1)} + W_{1/2(2)}]} \tag{1-14}$$

式中 t_{R1}、t_{R2}——分别为1、2组分的保留时间；

W_{b1}、W_{b2}——分别为1、2两组分的色谱峰峰底宽度；

$W_{1/2(1)}$、$W_{1/2(2)}$——分别为1、2两组分色谱峰的半峰宽。

分离度又称为分辨率。其定义为：相邻两组分色谱峰的保留时间之差与两峰底宽度之和1/2的比值。

显然，分子项中两保留时间差越大（即两峰相距越远），分母项越小（即两峰越窄），R 值就越大。R 值越大，两组分分离得就越完全。一般来说，当 $R=1.5$ 时，分离程度可达99.7%；当 $R=1$ 时，分离程度可达98%；当 $R<1$ 时，两峰有明显的重叠。所以，通常用 $R \geqslant 1.5$ 作为相邻两峰得到完全分离的指标。

由于分离度总括了实现组分分离的热力学和动力学（即峰间距和峰宽）两方面因素，定量地描述了混合物中相邻两组分实际分离的程度，因此用它作为色谱柱的总分离效能指标。分离度（R）与色谱柱效能（$n_{有效}$）和选择性因子（$\alpha_{2,1}$）三者的关系可用数学式表示为

$$n_{有效} = 16R^2\left(\frac{\alpha_{2,1}}{\alpha_{2,1} - 1}\right)^2 \tag{1-15}$$

第三节　气相色谱仪的结构

气相色谱仪的型号种类繁多，但它们的基本结构是一致的。它们都由载气系统、进样系统、柱分离系统、检测系统、温度控制系统、信号记录系统或微机数据处理系统六大部分组成。

一、载气系统

气相色谱仪中的气路是一个载气连续运行的密闭管路系统。整个载气系统要求载气纯净、密闭性好、流速稳定、流速测量准确。

1. 气路结构

气相色谱仪中的气路分为单柱单气路和双柱双气路两种结构。单柱单气路结构（见图 1-3）由高压气瓶供给的载气经减压阀、稳压阀、转子流量计、色谱柱、检测器后放空。这种气路结构简单、操作方便。国产 102G 型、1450 型、HP4890 型等气相色谱仪即属于这种类型。

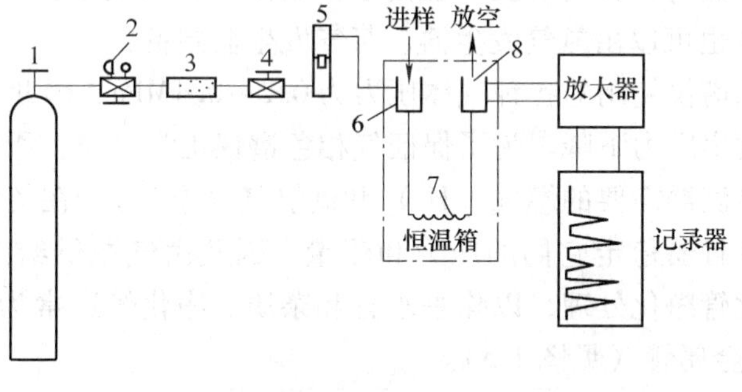

图 1-3　单柱单气路结构示意图

1—载气钢瓶　2—减压阀　3—净化器　4—气流调节阀
5—转子流量计　6—汽化室　7—色谱柱　8—检测器

双柱双气路（见图 1-4）结构是将经过稳压阀后的载气分成两路进入各自的色谱柱和检测器，其中一路作分析用，另一路作补偿用。这种结构可以补偿气流不稳及固定液流失对检测器产生的影响，提高了仪器工作的稳定性，因而特别适用于程序升温和痕量分析。新型双气路仪器的两个色谱柱可以装性质不同的固定相，供选择进样，因而具有两台气相色谱仪的功能。国产 SP 2305 型、1809 型及 SP 3400 系列气相色谱仪都属于这种类型。

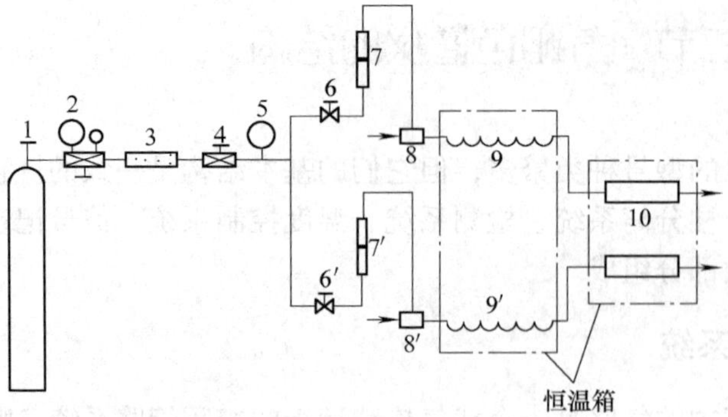

图1-4 双柱双气路结构示意图

1—载气钢瓶 2—减压阀 3—净化器 4—稳压阀 5—压力表 6、6′—针形阀 7、7′—转子流量计 8、8′—进样汽化室 9、9′—色谱柱 10—检测器

2. 载气

气相色谱的流动相是载气，它是载送样品进行分离的惰性气体。常用的载气为氮气、氢气、氦气、氩气（氦、氩由于价格高，应用较少）。这些气体一般由高压气瓶供给（也可以由氮气发生器、氢气发生器制备）。

由于气相色谱仪使用的各种气体压力为0.2～0.4MPa，因此需要通过减压阀使钢瓶气源的输出压力下降。为了保证气相色谱仪正常工作，所使用的气体不论是载气，还是检测器需要的燃气（H_2）和助燃气（空气），在使用前都必须经过适当的净化，并且要稳定它们的压力和流量。因此由气瓶供给的气体经减压阀后，必须经净化管净化处理，以除去水分和杂质。净化管通常为内径50mm、长200～250mm的金属管（见图1-5）。

净化管在使用前应该先清洗烘干（清洗空管可以用浓度为100g/L热的NaOH溶液浸泡半小时，而后用自来水冲洗干净，用蒸馏水荡洗后，烘干）。净化管中可以装填5Å㊀分子筛，以便吸附气源中的微量水和低摩尔质量有机杂质。也可以在管内5Å分子筛之后装入少量变色硅胶。当分子筛失效不能吸收水分时，水开始被变色硅胶吸附。硅胶变红说明分子筛需要重新活化。净化管出口和入口应加上标志，出口应当用少量纱布或脱脂棉轻轻塞上，严防净化剂粉尘流出净化管进入色谱仪。还可以在净化管中装入一些活性炭，以吸附摩尔质量较大的有机杂质。气相色谱分析中选用何种载气及对载气纯度的要求取决于所用色谱柱、检测

㊀ Å为非法定单位，1Å＝0.1nm。

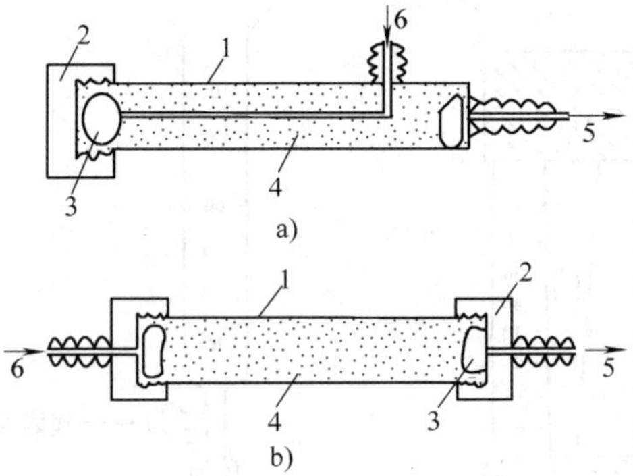

图 1-5 净化管的结构

a）非直通式 b）直通式

1—干燥管 2—螺母 3—毛玻璃 4—干燥剂 5—载气出口 6—载气入口

器和分析要求。

3. 管路连接

气相色谱仪的管路多数采用内径为 3mm 的不锈钢管，靠螺母、压环和“O”形密封圈进行连接。有的也采用成本较低、连接方便的尼龙管或聚四氟乙烯管，但效果不如金属管好。特别是在使用电子捕获检测器时，为了防止氧气通过管壁渗透到仪器系统造成事故，应采用不锈钢管或紫铜管。连接管道时，既要保证气密性，又不损坏接头。

4. 检漏

气相色谱仪的气路要认真仔细地进行检漏，气路不密封将会使以后的实验出现异常现象，造成数据的不准确。用氢气做载气时，氢气若从柱接口漏进恒温箱，可能会发生爆炸事故。气路检漏最常用方法是皂膜检漏法。即用毛笔蘸上肥皂水涂在各接头上检漏。检验完毕后应使用干布将皂液擦净。无论是实验前，还是实验中，一旦发生漏气，应立即关机，直至检修（如更换密封圈，螺母或管道等）后不再漏气，方可开机。

5. 载气流量的测定

载气流速是气相色谱分析的一个重要操作条件，正确选择载气流速，可以提高色谱柱的分离效能，缩短分析时间。由于气相色谱分析中，所用气体流速较小，一般采用转子流量计和皂膜流量计（见图 1-6）测量。

转子流量计是由一个上宽下窄的锥形玻璃管和一个能在管内自由旋转的转子组成，其上、下接口处用橡胶圈密封。当气体自下端进入转子流量计又从上端流

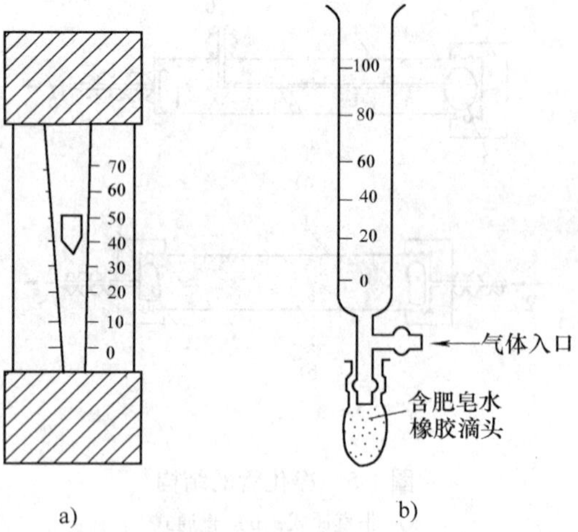

图1-6 流量计

a）转子流量计 b）皂膜流量计

出时，转子随气体流动方向而上升，转子上浮高度和气体流量有关，因此根据转子的位置就可以确定气体流速的大小。对于一定的气体，气体的流速和转子的高度并不成直线关系，转子流量计上的刻度只是等距离的标记而不是流量数值。因此使用时必须使用皂膜流量计来标定，绘出气体的体积流速与转子高度关系曲线（不同气体流速与转子位置关系不一样）。

皂膜流量计是目前用于测量气体流速的标准方法。它是由一根带有气体进口的量气管和橡胶滴头组成，使用时先向橡胶滴头中注入肥皂水，挤动橡胶滴头就有皂膜进入量气管。当气体自流量计底部进入时，就顶着皂膜沿着管壁自下而上移动。用秒表测定皂膜移动一定体积时所需时间就可以计算出气体流速（mL/min），测量精度达1%。有的仪器现在已使用电子压力控制器来自动控制分流进样器、检测器中载气流速，如毛细管柱气相色谱仪。

二、进样系统

进样就是把气体或液体样品快速而定量地加到色谱柱上端。进样量的大小、进样的速度、样品气化速度等因素都会影响色谱柱的分离效率及定量分析的准确度和重现性。因此通常要求进样量要适宜，进样速度要快，进样方式要简便、易行。进样系统包括进样器和汽化室。

1. 进样器

1）气体样品可以用平面六通阀（又称旋转六通阀）进样（见图1-7）。取样时，气体进入定量管，通过定量管，将管中气样带入色谱柱中。定量管有0.5mL、1mL、3mL、5mL等规格，可根据需要进行选择。这类定量阀是目前气体定量阀中比较理想的阀件，使用温度较高、寿命长、耐腐蚀、死体积小、气密性好，可以在低压下使用。SP—2304型、SP—2305型气相色谱仪使用这种平面六通阀。另一种六通阀是拉杆式的，主要由阀体和阀杆两部分组成。推进阀杆时可完成取样操作。100型、102型气相色谱仪使用这种拉杆六通阀。当然，常压气体样品也可以用0.25～5mL注射器直接量取进样。这种方法虽然简单、灵活，但是误差大、重现性差。

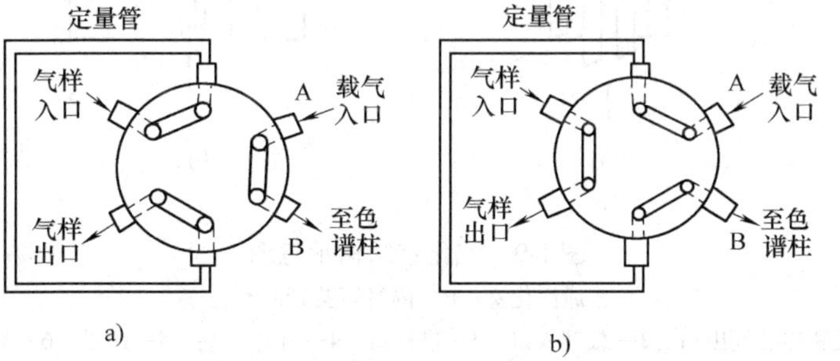

图1-7　平面六通阀结构、采样和进样位置

a）取样位置　b）进样位置

2）液体样品可以采用微量注射器进样。常用的微量注射器有1μL、10μL、50μL、100μL等规格。微量注射器见图1-8。

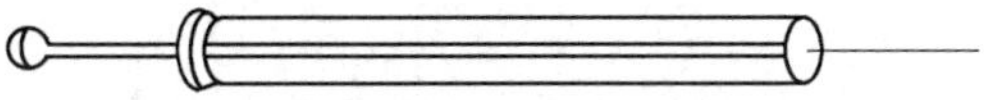

图1-8　微量注射器

3）固体样品通常用溶剂溶解后，用微量注射器进样。

对高分子化合物进行裂解色谱分析时，通常先将少量高聚物放入专用的裂解炉中，经过电加热、高聚物分解、汽化，然后再由载气将分解产物带入色谱仪进行分析。

2. 汽化室

汽化室的作用是将液体样品瞬间汽化为蒸汽。汽化室实际上是一个电加热器。普通汽化室用金属制作（见图1-9a）。有些型号仪器的汽化室内部衬有石英管（见图1-9b），让样品经石英管直接进入色谱柱，可防止样品与金属块接触引起的吸附或催化作用。正确选择液体样品的汽化温度十分重要，尤其对高沸点和易分解的样品，要求在汽化温度下，样品能瞬间汽化而不分解。汽化室的温度可使用温度计或热电偶测量，通过测温毫伏计指示出汽化室温度。

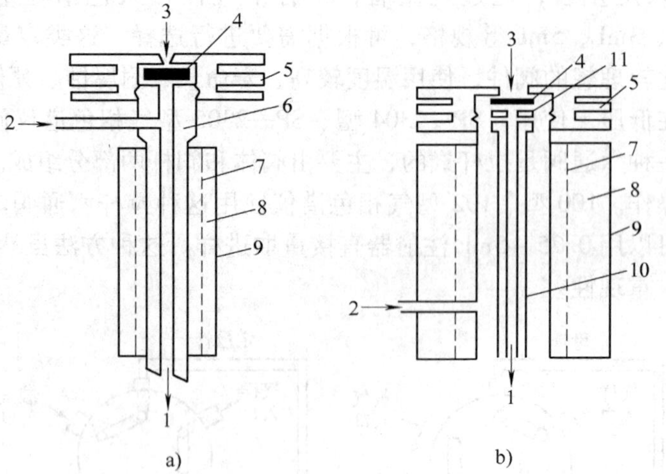

图 1-9 汽化室结构示意图

a）普通汽化室 b）内衬石英管的汽化室

1—载气和样品气出口 2—载气入口 3—进样口 4—硅橡胶垫 5—螺母 6—汽化室体 7—电热丝 8—保温材料 9—保温外壳 10—石英管 11—金属垫片

三、柱分离系统

分离系统的核心是色谱柱，它的作用是将多组分样品分离为单个组分。色谱柱分为两类：

1. 填充柱

填充柱由柱管和柱内装的固定相组成，填充柱的特点是：制备简单，可供选用的固定相种类多，可解决各种分析问题。主要缺点是：柱效能较低。目前工业分析中应用最广的是填充柱。

2. 毛细管柱（开管柱）

毛细管柱又分为空心毛细管柱、填充毛细管柱和多孔层毛细管柱三种。毛细管柱的特点是：色谱柱效能较高。

四、检测系统

气相色谱的检测器是一种检出和测量被测定试样的组成及含量的装置，是构成气相色谱仪的关键部件。检测器的作用是把被色谱柱分离的样品组分，根据其特性和含量转换成电信号，经放大后，由记录仪记录成色谱图。常用的检测器有热导池检测器、氢火焰离子化检测器、电子捕获检测器和火焰光度检测器等。

1. 热导池检测器

热导池由池体和热敏元件构成，有双臂热导池和四臂热导池两种（见图1-10）。热导池体用不锈钢或铜制成。双臂热导池具有两个大小、形状完全对称的孔道，每一孔道装有一根热敏铼钨丝（其电阻值随着本身温度变化而变化），其形状、电阻值在相同温度下基本相同。四臂热导池具有四根相同的铼钨丝，灵敏度比双臂热导池高约一倍。目前大多采用四臂热导池。

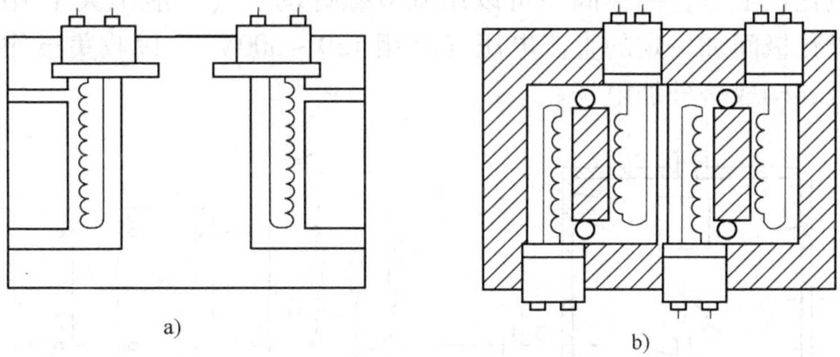

图1-10 热导池构造

a）双臂热导池 b）四臂热导池

热导池气路有直通型、半扩散型和扩散型三种形式（见图1-11）。直通型热导池响应快，但对气流波动较敏感；扩散型热导池具有稳定的特点，但响应慢、灵敏度低；半扩散型热导池介于二者之间。

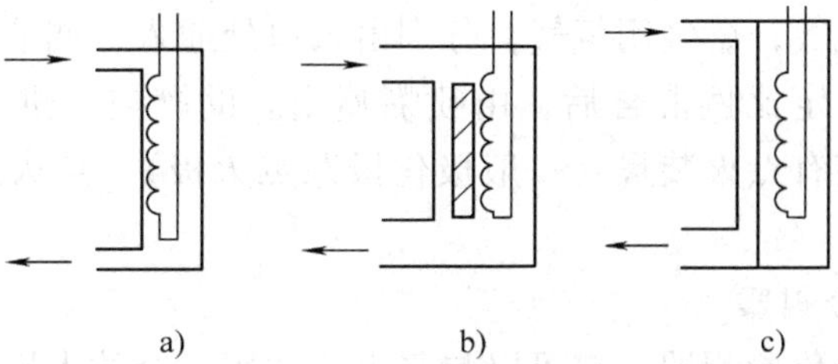

图1-11 热导池气路形式

a）直通型 b）半扩散型 c）扩散型

热导池体中，只通纯载气的孔道称为参比池，通载气与样品的孔道为测量池。双臂热导中一个是参比池，另一个是测量池。四臂热导池中，有两臂为参比池，另两臂为测量池。

2. 氢火焰离子化检测器

氢火焰离子化检测器简称氢焰检测器，它是一种质量型检测器。它的灵敏度比热导池检测器高 $10^2 \sim 10^4$ 倍，敏感度达 10^{-13} g/s，响应迅速，线性范围较宽，操作稳定，对温度不敏感。氢火焰离子化检测器只适用于分析能在氢火焰中离子化的有机物，特别适宜测定痕量有机物，是目前使用最广泛的一种较理想的检测器，但是它对无机物不产生信号。

图1-12所示是氢火焰离子化检测器的构造，它的主要部件是离子室，离子室一般由不锈钢制成，包括气体入口、出口、火焰喷嘴、极化极和收集极以及点火线圈等部件。极化极为铂丝做成的圆环，安装在喷嘴之上。收集极是金属圆筒，位于极化极上方，两极间距可以用调节螺钉调节（一般不大于10mm）。在收集极和极化极间加一定的直流电压（常用150~300V），以收集极作负极、极化极作正极，构成一外加电场。

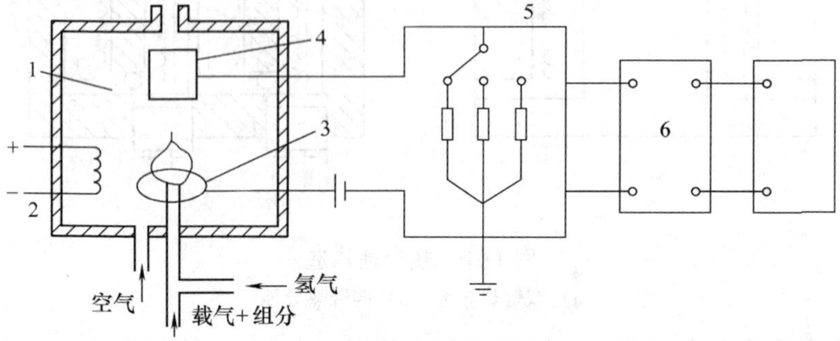

图1-12 氢火焰离子化检测器的结构示意图

1—离子室 2—点火线圈 3—极化极 4—收集极 5—高电阻 6—记录仪

载气一般用氮气，燃气用氢气，分别由入口处通入，调节载气和燃气的流量配比，使它们以一定比例混合后，由喷嘴喷出。助燃空气进入离子室，供给氧气。在喷嘴附近装有点火装置（一般极化极兼点火极），点火后，在喷嘴上方即产生氢火焰。

3. 电子捕获检测器

这是一种离子化检测器，它可以与氢火焰共用一个放大器。它的应用仅次于热导池检测器和氢火焰离子化检测器。是一种具有选择性的高灵敏度检测器。

电子捕获检测器（见图1-13）的主体是电离室，目前广泛采用的是圆筒状同轴电极结构。阳极是外径约2mm的铜管或不锈钢管，金属池体为阴极。离子室内壁装有β射线放射源，常用放射源是Ni^{63}。在阴极和阳极间施加一直流或脉冲极化电压。载气用氮气或氩气。

4. 火焰光度检测器

火焰光度检测器是一种选择性检测器（见图1-14），它对含硫、磷化合物有高的选择性和灵敏度。检测器由氢焰和光度部分构成。氢焰部分包括火焰喷嘴、

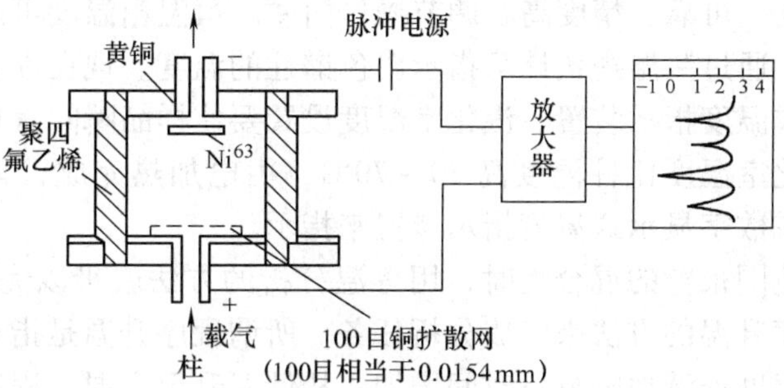

图 1-13 电子捕获检测器结构示意图

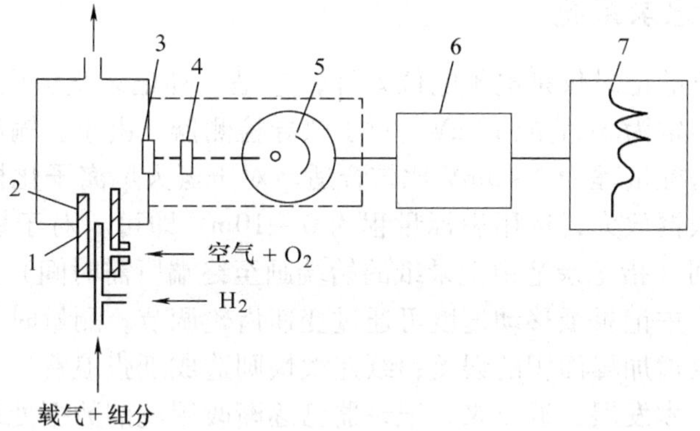

图 1-14 火焰光度检测器结构示意图

1—喷嘴 2—遮风槽 3—石英窗 4—滤光片 5—光电倍增管 6—放大器 7—记录仪

遮光槽、点火器等。光度部分包括石英窗、滤光片和光电倍增管。

含硫或含磷的化合物由载气携带，先与空气（或纯氧）混合后由检测器下部进入喷嘴，在喷嘴周围有四个小孔，供给过量的燃气氢气，点燃后产生光亮、稳定的富氢火焰。喷嘴上面的遮光槽可以供火焰本身及烃类物质发出的光挡去，这样可以使火焰更稳定，减少噪声。硫、磷燃烧产生的特征光通过石英窗口、滤光片（硫用384nm 滤光片、磷用526nm 干涉滤片），然后经光电倍增管转换为电信号，由记录仪记录色谱峰。

五、温度控制系统

温度控制系统是控制和测量色谱柱、检测器、汽化室温度的，是气相色谱仪的重要组成部分。温度影响柱的选择性和分离效率，影响检测器的灵敏度和稳定性。因此色谱柱、检测器、汽化室三处都要进行温度控制（后二者温控要求不是非常严格）。三者最好分别恒温。恒温箱采用晶闸管连续式恒温控制电路，这种控温方式安全、可靠、精度高、调节操作简便。恒温箱温度可以用水银温度计或热电偶测量，通过测温毫伏计可指示出色谱柱的温度。现在许多气相色谱仪已改用数字显示式温度指示装置。汽化室温度设置要使样品瞬间汽化而不分解。一般情况下，汽化室温度比柱温度高30~70℃，由电加热完成，其温度同样可通过测温毫伏计或数字显示式温度指示装置来指示。

分析沸点范围很宽的混合物时，用等温分析的方法就难以完成分离的任务，此时要采用程序升温的方法来完成分析任务。所谓程序升温是指在一个分析周期里，色谱柱的温度连续地随分析时间增加，从低温升至高温。程序升温的温度控制多数采用电子程序升温装置。

六、信号记录系统

气相色谱仪的记录仪是电子电位差计，它是一种记录直流电信号的记录仪，记录仪满量程通常为5mV或10mV。对于热导检测器，由于它输出电信号未经放大，因此选用满标量程为0~5mV比较合适。对于氢火焰离子化检测器，由于输出电信号经放大器放大，选用满标量程为0~10mV即可。对于填充色谱柱，记录仪的满标时间（指记录笔由记录纸的始端画至终端所需时间）选1s或2.5s比较合适。记录仪中记录纸移动速度可通过变速齿轮调节。测量时，纸速使用要适当，纸速太慢会增加峰面积的误差；纸速太快则造成纸张浪费。

随着电子技术发展，近年来，记录器已逐渐改用色谱数据处理机。色谱数据处理机用热敏打印记录器记录色谱图，并能在同一张记录纸上打印出处理后的结果，如保留时间、被测组分的质量分数等。色谱数据处理机参见第四章第三节。

第四节　气相色谱固定相的选择和制备

在气相色谱分析中，混合组分的分离过程是在色谱柱内完成的。样品能否在色谱柱中得到完全分离，在很大程度上取决于固定相的选择是否合适。因此，固定相的选择和制备就成为色谱分析中的关键问题。

气相色谱固定相通常是指色谱柱管内的填充物，一般可分为三类：即固体固定相，液体固定相以及合成固定相。这三类固定相分别适用于不同的分析样品种类。

一、固体固定相

固体固定相一般采用固体吸附剂，主要用于惰性气体、H_2、O_2、N_2、CO、CO_2、CH_4等一般气体及低沸点有机物的分析。因为这些气体在固定液中溶解度很小，没有一种满意的固定液可以分离它们。而在吸附剂上其吸附能力差别较大，可以得到满意的分离。固体吸附剂吸附容量大，热稳定性好，价格低，但柱效低，吸附活性中心易中毒。因此使用前要进行活化处理。

二、液体固定相

液体固定相是将固定液均匀地涂到载体上而成。由于具有固定液种类繁多，使用温度范围宽，组分在两相间的分配等温线呈线性，色谱峰对称性好等优点，使气-液色谱的应用非常广泛。

1. 固定液

（1）对固定液的要求　固定液是高沸点有机物。理想的固定液应满足下列条件：

1）在使用温度下为液体，蒸气压低，稳定性好。

2）能溶解被分离混合物中的各组分，使各组分有足够的分离能力。

3）粘度低，能在载体表面形成均匀的液膜。

（2）固定液的种类及用途　在气-液色谱中所使用的固定液已达1000多种，为了便于选择和使用，一般按固定液的“极性”大小进行分类。固定液极性是表示含有不同官能团的固定液与分析组分中官能团及亚甲基间相互作用的能力。通常用相对极性（P）的大小来表示。这种表示方法规定：β,β'—氧二丙腈的相对极性$P=100$，角鲨烷的相对极性$P=0$，其他固定液以此为标准通过实验测出它们的相对极性均在0~100之间。通常将相对极性值分为五级，每20个相对单位为一级，相对级性在0~+1间的为非极性固定液（也可用“-1”表示非极性）；+2、+3，为中等极性固定液；+4、+5为强极性固定液。

近年来通过大量实验数据，利用电子计算机优选出12种最佳固定液。这12种固定液的特点是：在较宽的温度范围内稳定，并占据了固定液的全部极性范围。因此，在日常的气相色谱分析中，主要应用这12种固定液，它们可以满足大部分分析任务的需要。

有关常用固定液相对极性数据、最高使用温度和主要分析对象等资料，可参考有关手册。

（3）固定液选择的原则　选择固定液应根据不同的分析对象和分析要求进行。一般可以按照“相似相溶”的规律来选择，即按待分离组分的极性或化学结构与固定液相似的原则来选择，其一般规律如下：

1）分离非极性物质可选用非极性固定液。试样中各组分按沸点从低到高的顺序流出色谱柱。

2）分离极性物质建议按极性强弱来选相应极性固定液。试样中各组分一般按极性从小到大的顺序先后流出色谱柱。

3）分离非极性和极性混合物时选用极性固定液。这时非极性组分先出峰，极性组分后出峰。

4）能形成氢键的试样选用氢键型固定液（例如醇、酚、胺和水的分离）。此时试样中各组分按与固定液分子间形成氢键能力大小顺序先后流出色谱柱。

5）对于复杂组分可选用两种或两种以上的固定液配合使用，以增加分离效果。

6）对于含有异构体的试样（主要是含有芳香性异构部分）可选用特殊保留作用的有机皂土或液晶作固定液。

上面几点是选择固定液的大致原则。由于色谱柱中的作用比较复杂，因此合适的固定液还必须通过实验进行选择。

2. 载体

载体也称为担体，它的作用是提供一个具有较大表面积的惰性表面，使固定液能在它的表面上形成一层均匀的液膜。由于载体结构和表面性质会直接影响色谱柱的分离效果，因此在气-液色谱中，要求载体表面应是化学惰性的，即无吸附性、无催化性，且热稳定性要好。为了能涂布更多的固定液又不增加液膜厚度，要求载体比表面积要大，孔径分布均匀，另外还要求载体机械强度好，不易破碎。

（1）载体的分类　气相色谱常用载体主要有硅藻土型载体及非硅藻土型载体两大类：

1）硅藻土型载体。硅藻土型载体分为红色硅藻土载体和白色硅藻土载体两种。红色硅藻土载体由天然硅藻土与粘结剂（如粘土）混合在高温下烧结而成。这种载体机械强度高、比表面积大，但表面存在吸附中心，催化性也强，适用于涂渍非极性（或弱极性）固定液，分析非极性（或弱极性）组分。常用的红色硅藻土载体有201、202、301、302、6201等载体。白色硅藻土载体由天然硅藻土与少量碱性助熔剂（如碳酸钠）在高温下烧结而成，强度较低，比表面积较小，但吸附性和催化性较弱，适用于涂渍极性固定液，分析极性物质。常用的白色硅藻土载体有101、102、303、304等载体。

2）非硅藻土型载体。非硅藻土型载体种类很多，性质各异，常用的主要是玻璃微球和氟载体。玻璃微球是由硬质玻璃烧制的均匀的小球，其表面吸附活性和催化活性小，能在较低柱温下分析高沸点样品，且分析速度快，但表面积较小，负荷的固定液量少，柱效不高。氟载体是由聚四氟乙烯做成的小球，它的特点是表面呈惰性，适于分析强极性样品（例如水、酸、腈类物质）和强腐蚀性物质（例如HF、Cl_2等气体）。

（2）载体的处理　硅藻土型载体表面由于有硅醇（—Si—OH）和硅醚（—Si—O—Si—）基团，并有少量金属氧化物和Al_2O_3酸性作用点及Fe_2O_3碱性作用点，会引起对组分的吸附造成色谱峰的拖尾，因此使用前需要经过处理。常用的处理方法有以下几种：

1）酸洗法。采用6mol/L盐酸溶液浸泡载体2h，然后用水洗至中性，置于110℃烘箱中烘干备用。酸洗法可除去载体表面的铁等金属氧化物杂质。酸洗后的载体可用于分析酸性物和酯类样品。

2）碱洗法。将酸洗后的载体放在100g/L的NaOH甲醇溶液浸泡后过滤，再用甲醇和水洗至中性，置于110℃烘箱中烘干备用。碱洗法可以除去载体表面的Al_2O_3等酸性作用点。碱洗后载体可用于分析胺类碱性物质。

3）硅烷化处理。硅烷化处理是指利用硅烷化试剂处理载体，使载体表面的硅醇和硅醚基团失去氢键力，因而钝化了表面，消除了色谱峰拖尾现象。常用的硅烷化试剂有三甲基氯硅烷、二甲基二氯硅烷和六甲基二硅胺等。硅烷化处理后的载体只适于涂渍非极性及弱极性固定液，而且只能在低于270℃柱温下使用。

4）釉化处理。将待处理的载体在20g/L的硼砂水溶液中浸泡48h，间歇搅拌数次后，吸滤，置于120℃烘干，再在860℃高温下灼烧70min，并在950℃下保持30min，最后再用开水煮沸20～30min，过滤烘干，过筛备用。处理过的载体吸附性能低，强度大，可用于分析强极性物质（对一般极性和非极性样品，可不必用此法处理）。

除以上介绍的几种常用的处理方法外，还有物理钝化处理、涂减尾剂等处理方法，不再详述。

（3）载体的选择原则　载体选择得适当，能提高色谱柱效能，有利于混合物分离。

选择载体的大致原则是：

1）固定液用量大于5%（质量分数）时，可选用硅藻土白色载体或红色载体；若固定液用量小于5%（质量分数）时，可选用经过处理的载体。

2）腐蚀性样品可选氟载体；而高沸点组分可选用玻璃微球载体。

3）载体粒度一般选用60～80目或80～100目，高效柱可选用100～120目[㊀]。

三、气-液色谱柱的制备

色谱柱分离效能的高低，不仅与选择固定液和载体有关，而且与固定液的涂渍和色谱柱的填充情况有密切关系。因此，色谱柱的制备是气相色谱法的重要操

㊀ 目为非法定单位，与法定单位mm的换算关系为60～80目相当于0.280～0.180mm；80～100目相当于0.180～0.154mm；100～120目相当于0.154～0.125mm。

作技术之一。气-液色谱柱的制备过程主要包括下面四个步骤：

1. 色谱柱柱管的选择与清洗

（1）柱管的选择　柱形、柱内径、柱长度都会影响柱的分离效果，一般直形管效果优于U形管和螺旋形管，但后者体积小，为一般仪器常用。

柱的内径大小要合适，若内径太大，柱的分离效果不好；若太小容易造成填充困难和柱压降增大，给操作带来麻烦，所以一般选择内径为3～4mm。

色谱柱长，柱的分离效果好，但色谱柱太长，柱的压降增大，保留时间长，甚至会出现扁平峰，使分离效果下降。因此，选择色谱柱长度的原则是：使最难分离的物质得以分离的情况下，尽量选择短柱，通常使用1～2m长的不锈钢色谱柱。

（2）柱管的试漏和清洗　在选定色谱柱后，需要对色谱柱进行试漏和清洗，试漏方法是将色谱柱出口堵住，将色谱柱全部浸入水中，另一端通入气体，在高于使用时操作压力下，不应有气泡冒出，否则应更换色谱柱。

色谱柱的清洗方法，应根据色谱柱的材料来选择。若使用的是不锈钢色谱柱，可以用50～100g/L的热NaOH水溶液抽洗4～5次，以除去管内壁的油渍和污物，然后用自来水冲洗至中性，烘干后备用。若使用的是玻璃柱，可注入洗涤液浸泡洗涤两次，然后用自来水冲洗至中性，再用蒸馏水洗两次（洗净的玻璃柱内壁不应挂有水珠），在110℃烘箱中烘干后备用。对于铜柱，则需要使用$w(HCl)=10\%$的盐酸溶液浸泡，抽洗，直至抽吸液中没有铜锈或其他悬浮杂质为止，再用自来水冲洗至中性，烘干备用。对经常使用的柱管，在更换固定相时，只要倒出原来装填的固定相，用水冲净后，再用丙酮、乙醚等有机溶剂冲洗2～3次，然后烘干，即可重新装填新的固定相。

2. 固定液的涂渍

（1）固定液用量的选择　固定液的用量要视载体的性质及其他情况而定。通常将固定液与载体的质量比称为液载比。液载比的大小会直接影响载体表面固定液液膜厚度，因而也将影响柱的分离效果。理论和实践都证明，液载比低可以提高柱的分离效果。但液载比不能太低，如果载体表面不能全部被固定液覆盖，则载体会出现吸附现象，出现峰的拖尾。因此固定液不是越少越好；若固定液用量太少，色谱柱的容量也小，进样量也就要减少。一般常用的液载比是5:100～20:100。

（2）固定液的涂渍　固定液的涂渍是一项很重要的基本操作，它要求固定液能均匀地涂敷在载体表面，形成一定牢固的液膜，其方法如下：

在确定液载比后，先根据柱的容量，称取一定量的固定液和载体分别置于两个干燥烧杯中，然后在固定液中加入适当的低沸点有机溶剂（所用的溶剂应能够与固定液完全互溶并容易挥发。常用的溶剂有乙醚、甲醇、丙酮、苯、氯仿等）。溶剂用量应刚好能浸没所称取的载体，待固定液完全溶解后，倒入一定量经预处理和筛分过的载体，在通风橱中轻轻晃动烧杯，让溶剂均匀挥发，以保证固定液在载体表面上均匀分布。然后在通风橱中或红外灯下除去溶剂，待溶剂挥发完全后，过筛。除去细粉，即可准备装柱。

对于一些溶解性差的固定液，如硬脂酸盐类、氟橡胶、山梨醇等，则需要采用回流法涂渍。

3. 色谱柱的装填

将已洗净烘干的色谱柱的一端塞上玻璃棉，包以纱布，接入真空泵；在管的另一端放置一专用小漏斗，在不断抽气下，通过小漏斗加入涂渍好的固定相。在装填时，应不断轻敲柱管，使固定相填得均匀紧密，直至填满（见图 1-15）。取下柱管，将柱入口端塞上玻璃棉，并标上记号。

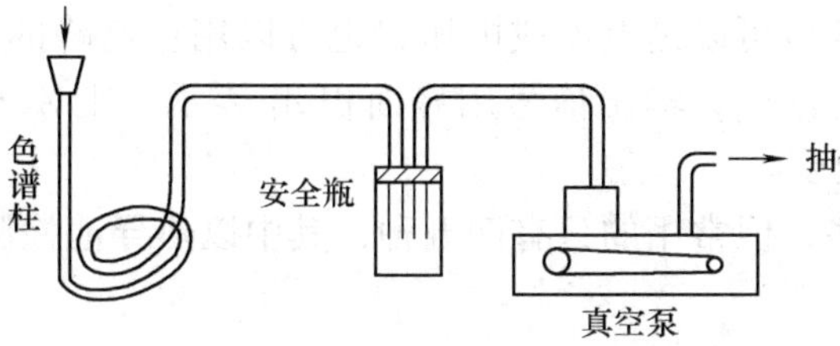

图 1-15 泵抽装柱示意图

4. 色谱柱的老化

新装填好的色谱柱不能马上用于测定，需要先进行老化处理。色谱柱老化的目的有两个，一是彻底除去固定相中残存的溶剂和某些易挥发性杂质；二是促使固定液更均匀、更牢固地涂布在载体表面上。

老化方法是：将色谱柱接入色谱仪气路中，将色谱柱的出气口（接真空泵的一端）直接通大气，不要接检测器，以免柱中逸出的挥发物污染检测器。开启载气，在稍高于操作柱温下（老化温度可选择在实际操作温度以上 30℃），以较低流速连续通入载气一段时间（老化时间因载体和固定液的种类及质量而异，一般为 2 ~ 72h 不等）。然后将色谱柱出口端接至检测器上，开启记录仪，继续老化。待基线平直、稳定、无干扰峰时，说明色谱柱的老化工作已完成，可以进样分析。

色谱柱的制备是气相色谱实验中一项技术性很强的工作。为了制备性能良好的填充柱，在操作中应遵循以下几条原则：第一，尽可能筛选粒度分布均匀的载体和固定相；第二，保证固定液在载体表面涂渍均匀；第三，保证固定相在色谱柱内填充均匀；第四，避免载体颗粒破碎和固定液的氧化作用等。

第五节 检测器的工作原理和条件

检测器是色谱仪的重要组成部分，它的作用是将经色谱柱分离后的各组分转换为易于测量的电信号，用于检测其含量（或浓度）。

根据检测器原理的不同，可将检测器分为浓度型和质量型两类。浓度型检测器的响应信号正比于物质在流动相中的浓度，热导池检测器和电子捕获检测器属于浓度型；质量型检测器的响应信号正比于单位时间内通过检测器物质的质量，氢火焰离子化检测器和火焰光度检测器属于质量型。

对检测器的要求是灵敏度高，响应快，稳定性好，检测限低，线性范围宽。其中主要指标是灵敏度。灵敏度也称响应值或应答值，组分进入检测器后，经检测器转换，输出的信号可以是电流或电压，也可以用色谱峰的面积或峰高表示。例如组分 i 的进样量为 m_i，输出信号用峰面积 A_i 表示，则 $A_i = S_i m_i$，S_i 即为检测器对组分 i 的灵敏度。

检测器种类很多，但常用的只有四五种，其中以热导池检测器和氢火焰离子化检测器应用最多。

一、热导池检测器

热导池检测器（简称 TCD）是一种结构简单，性能稳定，线性范围宽，对无机和有机物质均有响应，灵敏度适中，应用最广泛的检测器。

1. 热导池检测器的工作原理

热导池检测器的工作原理是基于不同气体具有不同的热导率。热导池热丝电阻具有随温度变化的特性。当有一恒定直流电通过热导池热丝时（此时热导池内已预先通有一定流速的纯载气），热导池热丝被加热。由于载气的热传导作用使热导池热丝的一部分热被载气带走，一部分传给热导池池体。当热导池热丝产生的热量与散失的热量达到平衡时，热导池热丝温度就稳定在一定数值，此时，热导池热丝电阻值也稳定在一定数值。由于参比池和测量池通入的都是纯载气，同一种载气具有相同的热导率，因此两臂的电阻值相同，电桥平衡，无信号输出，记录系统记录的是一条直线。当有试样进入检测器时，纯载气流经参比池，载气携带着组分气流经测量池，由于载气和待测组分二元混合气体的热导率和纯载气的热导系数不同，测量池中散热情况因而发生变化，使参比池和测量池两池孔中热丝电阻值之间产生了差异，电桥失去平衡，检测器有信号输出，记录仪画出相应组分的色谱峰。载气中待测组分的浓度越大，测量池中气体热导率改变就越显著，温度和电阻值改变也越显著，信号就越强。

目前，有些型号气相色谱仪（例如HP5890型气相色谱仪）的热导池检测器采用单丝热敏元件，并配以射流技术将测量与参比气流快速切换。这类热导池检测器稳定性好、噪声小、响应快、灵敏度很高（灵敏度可提高3个数量级，线性范围扩大了2个数量级），可与毛细管柱配合使用。

2. 热导池检测器操作条件的选择

影响热导池灵敏度的因素主要有桥路电流、载气性质、池体温度和热敏元件材料及性质。对于给定的仪器，热敏元件已固定，因而需要选择的操作条件就只有桥路电流、池体温度和载气。

（1）桥路电流的选择　桥路电流指直流稳压电源供给测量电桥的电流，简称桥流。增大桥流，热导池热丝温度升高，热导池热丝和池体的温差增大，有利于气体的热传导，检测器的灵敏度就高。但桥流过高会造成基线不稳，而且容易烧坏热导池热丝。桥流选择原则是：在灵敏度满足分析要求的情况下，尽量选用较低的桥流。实际工作中，当使用H_2作载气时，桥流可选用150～200mA；当使用热导率小的N_2作载气时，桥流可以选用100～150mA。

（2）池体温度的选择　热导池置于可控恒温箱中，池体温度对检测灵敏度也有影响。当桥流一定时，热导池热丝温度一定。若适当降低池体温度，可以使热导池热丝和池体的温差增大，同样能提高灵敏度。但池体温度不能太低，否则待测组分会在检测器中冷凝，沾污热导池，造成基线漂移，一般池体温度不应低于柱温。

（3）载气的选择　载气与样品的导热能力相差越大，检测器灵敏度越高。由于相对分子质量小的氢气、氦等导热能力强，而一般气体和蒸汽导热能力较小。因此常用氢气作载气。如果用氮气作载气，则由于氮气与样品组分导热能力差别小，灵敏度较低。此外，载气的热导率大，在相同桥流下，热导池热丝温度就较低，此时可以将桥流适当升高，从而使热导池的灵敏度提高。因此，使用热导池作检测器时，通常不选择氮气作载气，而选择热导率大的氢气作载气。为了保护热导池热丝，在使用热导池检测器时必须在有载气通过热导池的情况下才能对桥电路供电。停机时，一定要先停电后停载气。

二、氢火焰离子化检测器

氢火焰离子化检测器（简称FID）又称氢焰检测器，它的灵敏度高，响应快，稳定性好。它对大多数有机化合物有很高的灵敏度，较热导池检测器的灵敏度高出2～3个数量级。

1. 氢焰检测器的检测原理

微量有机组分被载气带入检测器，在氢火焰（2100℃）中发生化学电离，产生的离子在极化极和收集极的外电场作用下定向运动而产生微弱的电流

(10^{-8} ~ 10^{-13}A)。此电流经高电阻输入到放大器，经放大后，在记录器上显示色谱峰。由于离子化产生的电流的强弱程度取决于单位时间内进入离子室的组分量，故可用于定量测定。

2. 影响氢焰检测器灵敏度的因素

（1）基流　在氢火焰燃烧过程中，当没有样品组分进入检测器只有载气通过时，检测器产生的微弱电流（一般约为 10^{-12} ~ 10^{-11}A）称为基流。基流的存在会影响检测器灵敏度和测量结果。产生基流的原因可能是由于燃气、助燃气或载气不纯，柱内固定液流失，进样器硅橡胶垫的挥发等。克服基流的方法有：保证所用的气体（载气、燃气和助燃气）的纯度；色谱柱应经严格老化；进样汽化室温度应适当。另外，为了抵消基流，仪器设有基流补偿装置，可以调节基始电流补偿钮来加以补偿抵消。

（2）载气种类及气体流速　实验证明，使用氢焰检测器时，以氮气作载气要比用其他气体（如 H_2、He、Ar）作载气时的灵敏度高，因此选择氮气作载气。载气流速选择主要考虑柱分离效能，对一定的色谱柱和试样，要找到一个最佳的载气流速，使色谱柱的分离效果最好。氢气作为氢焰检测器的燃气，其流速的大小会影响到检测器的灵敏度和稳定性。若氢气流速过低，不仅火焰温度低，组分分子离子化数目少，检测器灵敏度低，而且还容易熄火；氢气流速太高，火焰不稳定，基线不稳。因此，当用氮气作载气时，N_2 与 H_2 流速的比值有一个最佳值，在这最佳值下检测器灵敏度高、稳定性好。最佳比值只能由实验确定。一般 N_2/H_2 的最佳值在 1/1 ~1/1.5之间。

空气是氢焰检测器的助燃气，并为离子化过程提供氧，在较低空气流速时，离子化信号随空气流速的增加而增大，达到一定值后，空气流速对离子化信号几乎没有影响，一般氮气和空气流速的比例是 1/10。

（3）极化电压　极化电压的大小会直接影响检测器的灵敏度。当极化电压较低时，离子化信号随着所采用的极化电压的增加迅速增大。当电压超过一定值时，增加电压对离子化电流增加没有大的影响。正常操作时，所用极化电压一般为 150 ~300V。

（4）电极形状和距离　有机物在氢火焰中的离子化效率很低，因此要求收集极要有足够大的表面积，这样可以收集更多的正离子，提高收集效率。收集极的形状多样，有网状、片状、圆筒状等，圆筒状电极的收集效率最高，两极之间距离为 5 ~7mm 时，往往可以获得较高灵敏度。另外，喷嘴内径小，气体流速大，有利于组分的电离和提高检测器灵敏度。一般使用的喷嘴内径为0.2 ~0.6mm。

3. 使用氢焰检测器的注意事项

1）为了避免水蒸气和样品在检测器内冷凝，要使检测器温度保持在 100℃

以上（常用150℃）。

2）离子室内喷嘴和收集极在使用一定时间后，应采用无水乙醇进行清洗。

三、电子捕获检测器

电子捕获检测器仅对具有电负性的物质，例如含有卤素、硫、磷、氧、氮等的物质有响应信号，物质的电负性越强，检测器的灵敏度越高。它特别适用于分析多卤化物、多环芳烃、金属离子的有机螯合物。在农药、大气及水质污染检测中也有广泛应用。不过对无电负性的烃类则不适用。

1. 电子捕获检测器的检测原理

当载气（N_2）从色谱柱出来进入检测器时，放射源放射出的β射线使载气电离，产生正离子及低能量电子

$$N_2 \xrightarrow{\beta\text{身线}} N_2^+ + e$$

这些带电粒子在外电场作用下向两电极定向流动，形成了约为10^{-8}A的离子流，即为检测器基流。

当电负性物质AB进入离子室时，因为AB有较强的电负性，可以捕获低能量电子而形成负离子并释放出能量

$$AB + e \longrightarrow AB^- + E$$

上述反应式中，E为反应释放的能量。生成的负离子AB^-质量比电子大10^4倍，其移动速度为电子速度的$1/10^5 \sim 1/10^8$，极易与载气的正离子N_2^+复合（比电子与正离子N_2^+的复合机率大$10^5 \sim 10^8$倍），生成中性分子

$$AB^- + N_2^+ \longrightarrow N_2 + AB$$

由于电子捕获和正负离子的复合，使电极间电子数和离子数目减少，致使基流降低，产生了样品的检测信号。由于被测样品捕获电子后降低了基流，所以产生的电信号是负峰（见图1-16），负峰的大小与样品的浓度成正比。

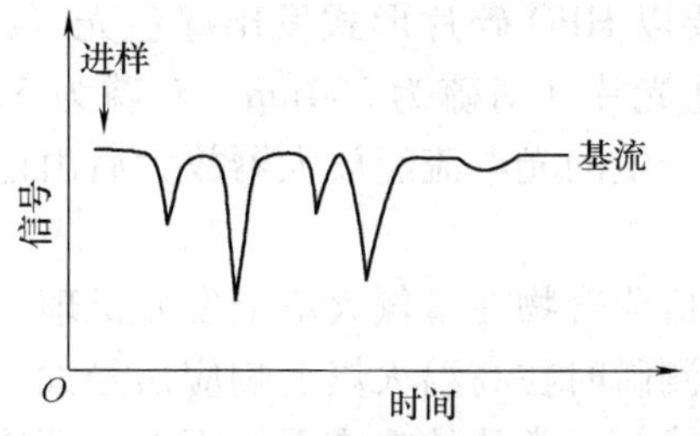

图1-16　电子捕获检测器产生的色谱图

2. 电子捕获检测器操作条件的选择

电子捕获检测器是具有高灵敏度选择性的检测器，对操作条件的要求比较

苛刻。

(1) 载气纯度及流速　电子捕获检测器要求使用高纯度载气（纯度达99.99%），若载气中含微量 O_2 和 H_2O 等负电性物质，对检测器的灵敏度影响很大。因此一般都采用5Å 分子筛除去 H_2O，采用活性炭除去 O_2。电子捕获检测器在载气流速较大时（一般为 50～100mL/min）有较高的基流，而要使柱分离效率高，则流速要低。因此，为了保证高的基流，常需要在色谱柱后通入“补加气”。

(2) 进样量　电子捕获检测器是依据基流减小获得检测信号的，为了获得高分离度，进样量必须适当，通常希望产生的峰高不超过基流的30%。因此当样品浓度大时，应适当稀释后再进样。

(3) 极化电压及电极间距离　当脉冲直流供电时，电子捕获检测器中正、负电极间距离以4～10mm 为宜。对于直流供电和脉冲直流供电，其极化电压为5～60V。脉冲周期对基流大小和峰高响应影响很大，当脉冲周期增大时，基流减小，峰高响应增大。当脉冲周期减少时，基流增大，峰高响应减小，此时会扩大测量的线性范围。因此在测定中脉冲周期应仔细选择。

(4) 检测器的使用温度　检测器的使用温度受所用的放射源的最高使用温度限制，对常用的镍源使用温度低于400℃，但要高于柱温。

四、火焰光度检测器

火焰光度检测器是一种选择性检测器，它对含硫、磷的有机化合物有高的选择性和灵敏度，适用于分析含硫、磷的农药及环境分析中监测微量含硫、磷的有机污染物。

1. 火焰光度检测器的检测原理

含硫、磷的有机化合物在富氢火焰中燃烧时，硫、磷被激发而发射出特征波长的光谱，硫以 S_2 分子形式发出特征的蓝紫色光（波长为350～430nm，最大强度在394nm）；磷则主要以 HPO 碎片形式发出绿色光（波长为480～560nm，最大强度在526nm）。经滤光片（对硫为394nm，对磷为526nm）滤光，再由光电倍增管进行光电转换，产生的光电流经放大器放大后由记录系统记录下相应的色谱图。

由于含硫、磷的有机化合物在富氢火焰上发光机理有差别，因此测硫时在低温火焰上响应信号大；测磷时在高温火焰上响应信号大。当被测样品中同时含有硫和磷时，就会互相干扰。通常磷的响应干扰不大，而硫的响应对磷的响应产生干扰较大，因此在使用火焰检测器测硫和测磷时，应选用不同滤光片和不同的火焰温度。

另外，烃类化合物在富氢火焰上燃烧也会产生对硫测定有干扰的光（波长为 390 ~ 510nm)，因此，建议在测定有机物中硫时，采用波长为 360nm 滤光片，以减少烃类干扰。

2. 火焰光度检测器操作条件的选择

(1) 各种气体流速　火焰光度检测器使用的是富氢火焰，因此当载气 (N_2) 使用的是最佳流速时，氢气的流量要大。氢气流量大，火焰温度高，反之则低。空气（或纯氧气）的流量的变化对信号响应影响大，应通过实验选择一个最佳流量。

(2) 检测器使用温度　检测器使用温度应大于 100℃，以防止氢气燃烧生成的水蒸气冷凝在检测器中而增大噪声。

(3) 暗电流　光电倍增管暗电流对检测器灵敏度影响很大，因而要求所用的光电倍增管暗电流要小。

第六节　气相色谱定性和定量方法

一、定性分析

气相色谱定性的目的是确定试样的组成，即确定每个色谱峰各代表何种组分。定性分析的理论依据是：在一定固定相和一定操作条件下，每种物质都有各自确定的保留值或确定的色谱数据，并且不受其他组分的影响。也就是说，保留值具有特征性。但在同一色谱条件下，不同物质也可能具有相似或相同的保留值，即保留值并非是专属的。因此对于一个完全未知的混合样品，单靠色谱法定性比较困难，往往需要采用多种方法综合解决，例如与质谱仪、红外光谱仪等联用。实际工作中一般遇到的分析任务，绝大多数成分是已知的，或者可以根据样品来源、生产工艺、用途等信息推测出样品的组成和可能存在的杂质。在这种情况下，可以利用简单的气相色谱定性方法来解决问题。

1. 标样对照定性

如果有已知的标准物，可以在相同的色谱条件下，将样品和标准物分别进样，然后比较标准物和样品峰的保留值。当未知样品的某一色谱峰与标样色谱峰的保留值相同时，则可初步判断此峰可能与该标样为同一种物质。如果样品比较复杂，流出峰之间相距太近，或色谱条件难以保持稳定不变时，建议在一定色谱条件下，先测出未知样的色谱图，然后利用保留值作初步定性。再在未知样中加入标准样，混合后进样，在相同色谱条件下测出色谱图。将所得色谱图与未知样的色谱图进行比较，若发现某组分的色谱峰峰高增加，且半峰宽不变，则可认为该组分与所加入的标准物质同属一种物质。利用上面介绍的两种方法定性，对实验条件控制要严格，特别是柱温和载气流速在测定过程中不能变化，否则会直接影响定性结果。

为了保证定性结果的可靠性，有时需要用双柱或多柱法进一步确证。即在两根极性相差较大的柱子上，各自固定操作条件，都分别进样品和标准物，如果在两根柱上标准物与未知峰的保留值都各自相同，则可以确认未知峰代表的组分与标准物相同。否则，不属同一物质。

2. 利用相对保留值定性

如果色谱仪的稳定性不够好，保留值重现性较差，建议采用相对保留值 r_{is} 进行定性。相对保留值 r_{is} 只与柱温和固定液有关，而与其他操作条件无关。在不同色谱仪上测得的结果可以互相比较，可以利用文献资料上的相对保留值数据来确定被测组分。具体方法是：在文献规定的固定液种类、配比、标准物及柱温下，测定未知组分的相对保留值 $r_{is}(x)$，并与文献资料上已知物质的相对保留值 $r_{is}(s)$ 相对照，若二者数值相同，则可认为二者属同种物质。

3. 利用保留指数定性

保留指数又称为柯瓦特指数（以 I 表示），它表示物质在固定液上的保留行为，是目前使用最广泛并被国际上所公认的定性参数，它具有定性可靠，重现性好，标准统一等优点。

（1）保留指数定义　保留指数是把物质的保留行为用紧靠近它的两个正构烷烃标准物来标定（要使这两个正构烷烃的调整保留时间一个在被测组分的调整保留时间之前，一个在其之后）。某物质 X 的保留指数 I 可用下式计算：

$$I = 100 \times \left[Z + ng \frac{\lg t'_{R(X)} - \lg t'_{R(Z)}}{\lg t'_{R(Z+n)} - \lg t'_{R(Z)}} \right] \tag{1-16}$$

式中，$t'_{R(X)}$、$t'_{R(Z)}$、$t'_{R(Z+n)}$ 代表组分 X 和具有 Z 及 $Z+n$ 个碳原子数的正构烷烃的调整保留时间（也可以用调整保留体积等）。n 为两个正构烷烃碳原子差值，可以为1、2、3、……，但数值不宜过大。

用保留指数定性时，人为规定正构烷烃的保留指数均为其碳原子数乘以100，如正己烷、正庚烷、正辛烷的保留指数分别为600、700、800。

（2）保留指数的测定　要测定某一物质的保留指数，只要与相邻两个正构烷烃混合在一起（或分别进行），在相同色谱条件下进行分析，测出保留值（见图1-17）。按式（1-16）计算出被测组分保留指数 I。将测定出的 I 值与给定值对照定性，保留指数的准确度和重现性都很好，用同一色谱柱测定误差小于1%，因此只要柱温和固定液相同，就可以用文献上发表的保留指数定性。但在使用文献上的数据时，色谱实验条件要与文献一致，而且要用几个已知组分验证，最好也用双柱法确认。

除了以上介绍的常用的定性方法外，还有碳数规律法、沸点规律法，与化学

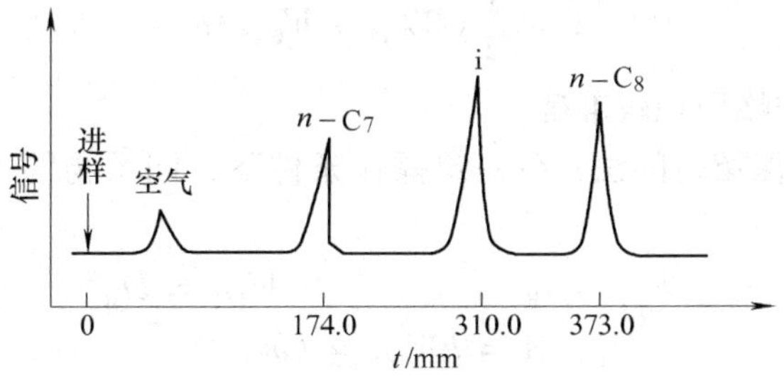

图 1-17 保留指数测定示意图

C_7—正庚烷 C_8—正辛烷 i—待测组分

反应结合定性，与红外光谱、质谱、核磁共振谱结合定性等方法。

二、定量分析

用气相色谱仪进行定量分析可以测定出样品中各组分的含量。定量的依据是在一定操作条件下，检测器的响应信号（峰面积或峰高）与进入检测器的组分量（质量或浓度）成正比

$$m_i = f_i A_i \tag{1-17}$$

式中 m_i——某组分的质量；

A_i——某组分的峰面积；

f_i——比例系数，定量分析中称为校正因子。

测定样品中某组分的质量 m 不仅与峰面积的大小有关，而且还与组分的性质及检测器性能有关。用同一检测器测定同一种组分，当实验条件一定时，组分量越大，相应的峰面积越大。但同一检测器测定相同质量的不同组分时，却由于不同组分性质不同，检测器对不同物质的响应值不同，因而产生的峰面积也不同。因此不能直接应用峰面积计算组分含量。为此，引入“定量校正因子”来校正峰面积。

1. 峰面积的测量

（1）手工测量法

1）峰高乘以半峰宽法：当色谱峰形对称且不太窄时，可采用此法。即

$$A = hW_{1/2} \tag{1-18}$$

式中，h 为峰高，$W_{1/2}$ 为半峰宽。这种方法测得的峰面积为实际峰面积的 0.94 倍，因此实际面积应为

$$A = 1.065hW_{1/2} \tag{1-19}$$

2）峰高乘以平均峰宽：当峰不对称时，可采用此法。即先分别测出峰高为 0.15 处和 0.85 处的峰宽，然后按下式计算面积

$$A = \frac{1}{2}(W_{0.15} + W_{0.85})h \tag{1-20}$$

此法计算出的峰面积较准确。

3）峰高乘以保留时间法：在一定操作条件下，同系物的半峰宽与保留时间成正比，即

$$W_{1/2} \propto t_R \qquad W_{1/2} = bt_R$$

$$A = hW_{1/2} = hbt_R \tag{1-21}$$

式中 b——斜率。

作相对计算时，b 可以约去。此法适用于狭窄的峰，或有的峰窄、有的峰又较宽的同系物的峰面积的测量。

（2）自动积分仪法 自动积分仪法可自动测出一曲线所包围的真实面积，有效数字大于4位，精密度高（相对偏差可达0.2%～2%）。自动积分仪能将峰面积和保留时间的数据自动打印出来，节省人力，自动化程度高。

（3）以峰高表示峰面积 对一些对称的狭窄峰，可以直接以峰高代替峰面积的测量，这样既简便快速，又准确。

2. 定量校正因子

气相色谱定量分析的依据是基于待测组分的量与其峰面积成正比的关系。但是峰面积的大小不仅与组分的量有关，而且还与组分的性质及检测器性能有关。用同一检测器测定同一种组分，当实验条件一定时，组分量越大，相应的峰面积越大。但同一检测器测定相同质量的不同组分时，却由于不同组分性质不同，检测器对不同物质的响应值不同，因而产生的峰面积也不同。因此不能直接应用峰面积计算组分含量。为此，引入定量校正因子来校正峰面积。定量校正因子分为绝对校正因子和相对校正因子。

（1）绝对校正因子（f_i） 绝对校正因子是指单位峰面积或单位峰高所代表的组分的量，即

$$f_i = m_i / A_i \tag{1-22}$$

或

$$f_{i(h)} = m_i / h_i \tag{1-23}$$

式中 m_i——组分质量（或物质的量，或体积）；

A_i——峰面积；

h_i——峰高。

显然要准确求出各组分的绝对校正因子，一方面要准确知道进入检测器的组分质量 m_i，同时要求准确测量出峰面积或峰高，并要严格控制。色谱操作条件恒定，这在实际工作中有一定困难。因此，实际测量中通常不采用绝对校正因子，而采用相对校正因子。峰高定量校正因子 $f_{i(h)}$ 受操作条件影响较大，因而用峰高定量时，一般不直接引用文献值，必须在实际操作条件下用标准纯物质

测定。

(2) 相对校正因子 (f_i') 相对校正因子是指组分 i 与另一标准物 s 的绝对校正因子之比，用f_i'表示，即

$$f_i' = \frac{f_i}{f_s} \tag{1-24}$$

平时所指的校正因子都是相对校正因子（通常略去“相对”二字）。用热导池检测器时常用的标准物是苯，若使用氢焰检测器常用的标准物是正庚烷。根据被测组分所用的计量单位不同，相对校正因子分为相对质量校正因子、相对摩尔校正因子和相对体积校正因子。

1）相对质量校正因子是指组分质量以质量表示时的相对校正因子，用f_m'表示。这是最常用的校正因子，即

$$f_m' = \frac{f_{i(m)}}{f_{s(m)}} = \frac{m_i/A_i}{m_s/A_s} = \frac{A_s m_i}{A_i m_s} \tag{1-25}$$

式中，下标 i、s 分别代表被测物和标准物。

2）相对摩尔校正因子是指组分质量以物质的量 n 表示时的相对校正因子，用f_M'表示，即

$$f_M' = \frac{f_{i(M)}}{f_{s(M)}} = f_m' \frac{M_s}{M_i} \tag{1-26}$$

式中，M_i、M_s 分别为被测物和标准物的摩尔质量。

3）相对体积校正因子是对于气体样品，以体积计量时，相应的相对校正因子称为相对体积校正因子，以f_V'表示。

当温度和压力一定时，体积校正因子等于摩尔校正因子，即

$$f_V' = \frac{A_s n_i}{A_i n_s} = f_M' \tag{1-27}$$

式中，n_i、n_s 分别为被测物和标准物物质的量。

上面所介绍的相对校正因子均是峰面积校正因子，若将各式中的峰面积 A_i 和 A_s 用峰高 h_i、h_s 表示，则可以得三种峰高相对校正因子，即：$f_{m(h)}'$、$f_{M(h)}'$、$f_{V(h)}'$。

(3) 相对响应值 (s') 相对响应值是物质 i 与标准物 s 的响应值（灵敏度）之比。单位相同时，与校正因子互为倒数，即

$$s' = \frac{1}{f'} \tag{1-28}$$

f'与s'只与试样、标准物以及检测器类型有关，而与操作条件和柱温、载气流速、固定液性质等无关，是一个能通用的常数。

(4) 校正因子的测定方法 相对校正因子数值可以从文献上查得，但实际

工作中一般都是自行测得。测定校正因子时最好使用色谱纯试剂。测定时准确称取一定量的待测组分的纯物质（m_i）和一定量的标准物（m_s）混合均匀后，在实验条件下进样分析（注意：进样量应在检测器线性范围之内），出峰后分别测量峰面积A_i、A_s，（或h_i、h_s），然后代入相应关系式中，求出组分的相对校正因子。

3. 定量分析方法

气相色谱的定量分析方法主要有：归一化法、内标法、外标法和标准加入法四种方法。

（1）归一化法　归一化法是以样品中被测组分经校正过的峰面积（或峰高），占样品中各组分经校正过的峰面积（或峰高）之和的比例，来表示样品中各组分含量的定量方法。使用归一化法定量的条件是：试样中所有组分都能流出色谱柱，且在色谱图上都显示色谱峰。

设试样中有几个组分，各组分的质量分别为m_1、m_2、…、m_n，在一定条件下测得各组分峰面积分别为A_1、A_2、…、A_n，则组分i的质量分数w_i可按下式计算

$$w_i = \frac{m_i}{m} = \frac{m_i}{m_1 + m_2 + \cdots + m_n} = \frac{f_i'A_i}{f_1'A_1 + f_2'A_2 + \cdots + f_n'A_n} = \frac{f_i'A_i}{\sum f_i'A_i} \tag{1-29}$$

式中各组分的校正因子均采用相对质量校正因子。

若试样中组分是同分异构体或同系物，各组分f'值很接近，可以不用校正因子，将面积直接归一化，这样式（1-29）可简化为

$$w_i = \frac{A_i}{\sum_{i=1}^{n} A_i} \tag{1-30}$$

当色谱峰狭窄，峰形对称，操作条件稳定，各组分色谱半峰宽不变时，也可使用峰高归一化法计算组分含量，即

$$w_i = \frac{f'_{i(h)} h_i}{\sum_{i=1}^{n} f'_{i(h)} h_i} \tag{1-31}$$

式中，$f'_{i(h)}$为峰高校正因子，必须自行测定，测定方法与峰面积校正因子相同。

归一化法简便、准确，进样量的多少与测定结果无关，操作条件的变化对结果影响也较小，但如果试样中的组分不能全部出峰，则不能采用这种方法。

（2）内标法　内标法是将一定量选定的标准物（称内标物s）加入到一定量的试样中，混合均匀后，在一定操作条件下注入色谱仪，出峰后分别测量组分i

和内标物 s 的峰面积（或峰高），然后再按内标法公式计算组分的含量。当试样中并非所有组分均能出峰，或只要求测定试样中某个或某几个组分的含量时，可采用内标法。

将一定量选定的标准物（称内标物 s）加入到一定量试样中，混合均匀后，在一定操作条件下注入色谱仪，出峰后分别测量组分 i 和内标物 s 的峰面积（或峰高），按下式计算组分 i 的含量，即

$$w_i = \frac{m_i}{m_{试样}} = \frac{m_s \dfrac{f_i' A_i}{f_s' A_s}}{m_{试样}} = \frac{m_s}{m_{试样}} \frac{A_i}{A_s} \frac{f_i'}{f_s'} \tag{1-32}$$

式中，f_i'、f_s'分别为组分 i 和内标物 s 的质量校正因子；A_i、A_s 分别为组分 i 和内标物 s 的峰面积。也可以用峰高代替面积，则

$$w_i = \frac{m_s f'_{i(h)} h_i}{m_{试样} f'_{s(h)} h_s} \tag{1-33}$$

式中，$f'_{i(h)}$、$f'_{s(h)}$分别为组分 i 和内标物 s 的峰高校正因子。

在内标法中，常以内标物为基准，即 $f_s' = 1.0$，则式（1-32）可以写为

$$w_i = f_i' \frac{m_s A_i}{m_{试样} A_s} \tag{1-34}$$

式（1-33）可以写为

$$w_i = f'_{i(h)} \frac{m_s h_i}{m_{试样} h_s} \tag{1-35}$$

内标法的关键是选择合适的内标物，对于内标物的要求是：

1）内标物应是试样中不存在的纯物质。

2）内标物的性质应与待测组分性质相近，以使内标物的色谱峰与待测组分色谱峰靠近并与之完全分离。

3）内标物与样品应完全互溶，但不能发生化学反应。

4）内标物加入量应接近待测组分含量。

内标法的优点是准确度高，对进样量及操作条件要求不严格，使用没有限制。内标法的缺点是每次测定都要用分析天平准确称取内标物和样品，所以较费时。在式（1-30）改为式（1-32）中，若每次都称取同样量样品，加入固定量的内标物，则

$$\frac{f' m_s}{f_s' m_{试样}}$$

为一常数项，于是

$$w_i = \frac{A_i}{A_s} \times 常数 \tag{1-36}$$

即样品中组分 i 的含量正比于组分 i 与内标物 s 的峰面积比。因此可以通过

绘制 A_i/A_s-w_i 标准曲线求出试样中待测组分的含量，这就是内标曲线法，它适于工厂控制分析。

（3）外标法　外标法也称为已知样校正法或标准曲线法。其方法是：取待测组分的纯物质配成一系列不同浓度的待测组分的标准样，与试样在同一色谱条件下定量进样，出峰后依次测量各标准样及试样中待测组分的峰面积（或峰高），绘制峰面积（或峰高）对含量（w_i）的标准曲线，并从标准曲线中查出待测组分含量，如图 1-18 所示。

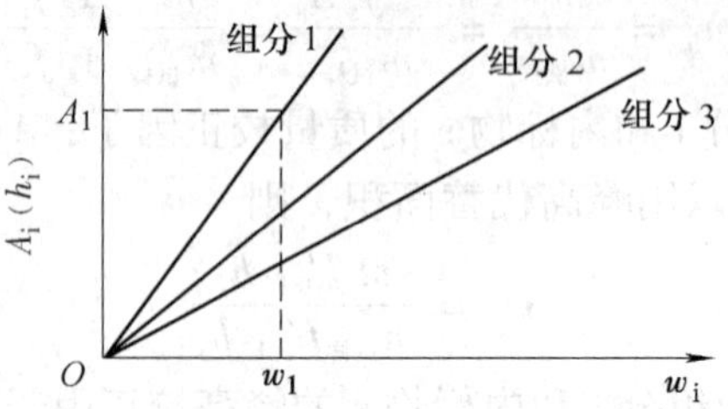

图 1-18　外标法定量

如果试样中待测组分的含量变化不大，例如生产过程控制分析，建议采用单点校正法，而不必做标准曲线。具体做法是：利用待测组分纯物质配制一个与待测组分含量相近的标准样（设含量为 w_s），在同一色谱条件下，分别将相同量的待测组分标准样及试样注入色谱仪，出峰后，测量其峰面积（或峰高），得相应的峰面积 A_s 和 A_i。由待测组分和标准样的峰面积比（或峰高比）求出待测组分含量，即

$$\frac{w_i}{w_s}=\frac{A_i}{A_s}$$

$$w_i=\frac{A_i}{A_s}w_s \tag{1-37}$$

外标法操作和计算都较简便，不必用校正因子。但要求操作条件稳定，进样量准确，重复性好，否则将影响测定结果。

（4）标准加入法　标准加入法又称为叠加法或内加法。如果没有合适的内标物或各组分峰之间没有适当位置插入内标峰时，可用标准加入法定量。此法是以样品中已有的组分为标准，比较加入该组分后标准信号的变化，计算被测组分的含量。其方法如下：在一定的色谱条件下，先注入原样品得色谱图，如图 1-19a 所示。然后在质量为 m 的原样品中加入质量为 m_s 的被测组分纯物质（样品及标准样均应准确称量），混匀后再进样（进样量以及色谱条件不变）得色谱图，如图 1-19b 所示。

测量原样品组分的峰面积 A_i（或峰高 h_i）和加入标准样后被测组分的峰面

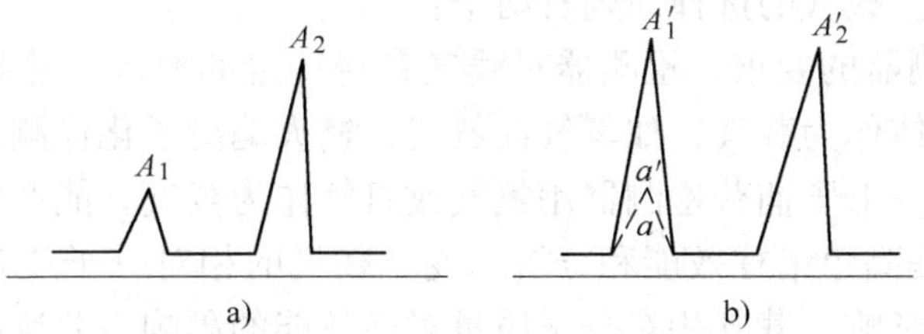

图 1-19　标准加入法示意图

积 $A_{(i+s)}$〔或峰高 $h_{(i+s)}$〕，按下式计算出组分 i 的含量，即

$$w_i = \frac{A_i m_s}{[A_{(i+s)} - A_i]m} \tag{1-38}$$

或

$$w_i = \frac{h_i m_s}{[h_{(i+s)} - h_i]m} \tag{1-39}$$

式中，A_i 为样品中被测组分峰的峰面积；$A_{(i+s)}$ 为加入标准样后组分峰的峰面积；h_i 为被测样品中被测组分峰的峰高；$h_{(i+s)}$ 为加入标准样后组分峰的峰高；m_s 为加入标准样后的质量；m 为被测原样品的质量。

标准加入法是一种相对测量法，它不需要另外的标准物，要求两次进样的色谱操作条件相同。

第七节　气相色谱操作条件的选择及操作

一、操作条件的选择

选择合适的操作条件是保证气相色谱分析结果准确性的一个重要方面。除了色谱柱本身的性能以外，操作条件的选择主要是为了达到最佳的分离效果。同样的一根色谱柱，由于操作条件的不同，其分离效果（或测定结果）将会有很大的差别。因此，操作条件的选择就成为气相色谱分析的关键技术之一。

所谓操作条件选择主要包括五个方面：①载气及流速的选择；②柱长及柱内径的选择；③柱温的选择；④汽化室温度的选择；⑤进样量与进样时间的选择。

在固定相确定后，对一项分析任务，主要以在较短时间内，实现试样中难分离的相邻两组分的定量分离为目标来选择分离操作条件。

1. 载气及其流速的选择

载气及其流速是影响柱效能和分析速度的重要因素，通常围绕着如何使色谱柱效能高、分析速度快这两个要求进行选择。

（1）载气的选择　气相色谱的载气是载送样品进行分离的惰性气体，是气

相色谱的流动相。载气的选择原则有两个:

1) 适应检测器的要求。检测器对载气有些特定的要求，热导池检测器应选择热导率大的气体作为载气，如氢气或氦气；氢火焰离子化检测器用氮气作为载气，灵敏度较高；电子捕获检测器用氮气或氩气作为载气，能产生适当的基流。

2) 有利于提高色谱柱效能和分析速度。载气的相对分子质量对色谱柱效能和分析速度都有影响。载气相对分子质量对柱效能的影响主要反映在对组分在载气中的扩散系数 D_g 的影响，而 D_g 又直接影响范氏方程中的分子扩散项和气相传质阻力项。

当载气流速 v 较小时，分子扩散项是色谱峰扩张的主要因素，这时可采用相对分子质量较大的气体作载气，如氮气、氩气，以减小分子扩散作用。

当载气流速 v 较大时，传质阻力项起主要作用，这时可采用相对分子质量较小的气体作载气，如氢气、氦气，以减小气相传质阻力。

另外载气相对分子质量较小时，气体粘度低，在同一柱压下其流速将增大，分析速度加快。反之，载气相对分子质量大，则气体粘度高，在同一柱压下其流速将减小，分析速度减慢。

此外，所选用的载气还应价廉易得，纯度高，使用安全、方便。

(2) 载气流速的选择　最佳流速一般通过实验来选择。其方法是：选择好色谱柱和柱温后，固定其他实验条件，依次改变载气流速，将一定量待测组分纯物质注入色谱仪，出峰后分别测出在不同载气流速下，该组分的保留时间和峰底宽，如图1-20所示。利用式（1-10），计算出不同载气流速下的塔板数 n 值，并由 $H=L/n$ 求出相应的塔板高度。以载气流速 v 为横坐标，板高 H 为纵坐标，绘制出 H—v 曲线。

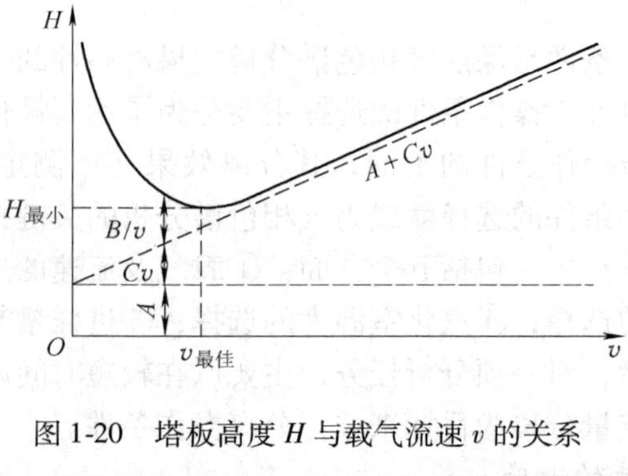

图1-20　塔板高度 H 与载气流速 v 的关系

曲线最低点处对应的塔板高度最小，相应的载气流速为最佳载气流速。使用最佳载气流速虽然柱效能高，但分析速度慢。因此实际工作中，为了加快分析速度，同时在又不明显增加塔板高度的情况下，常使用比 $v_{最佳}$ 稍大的流速进行测定。对一般色谱柱（内径 3 ~ 4mm）载气流速为 20 ~ 100mL/min。

2. 柱长及柱内径的选择

在其他条件相同的情况下，适当增加柱长，可以提高柱效能。但柱长太长将会使组分的保留时间增加，而延长了分析时间。对于柱长的要求是：只要待分离物质对分离度 R 达到所要求的数值就可以了。柱长 L 与分离度 R 之间有如下关系

$$L_{求} = \frac{R_{求}^2}{R_{原}^2} L_{原}$$

式中　$L_{求}$——将待分离物质对分离达到所要求的分离度时所需要的柱长；

$L_{原}$——原来所用的柱长；

$R_{原}$——待分离物质对在原来柱上的分离度；

$R_{求}$——待分离物质对所要求的分离度。

利用上式可以求出为达到一定分离度所需要的柱长。一般填充柱的柱长为 1 ~ 3m。

实验表明，柱内径增大将使塔板高度增加，柱效能下降，因此适当减小柱内径可以提高柱效能。但柱内径不能太小，否则将使装柱困难，并使柱内压增大容易发生漏气。常用的柱内径一般为 3 ~ 4mm。

3. 柱温的选择

柱温是气相色谱的重要操作条件，柱温直接影响色谱柱使用寿命、色谱柱的选择性、色谱柱效能和分析速度。柱温低有利于分析，有利于组分的分离；但柱温过低，被测组分可能在柱中冷凝，或者使传质阻力增加，使色谱峰扩张，甚至拖尾。柱温高，虽然有利于传质，但分配系数变小不利于分离。一般通过实验选择最佳柱温。其原则是：使物质既完全分离，又不使峰形扩张、拖尾。柱温一般选各组分沸点平均温度或稍低些。

当被分析组分的沸点范围很宽时，用同一柱温往往造成低沸点组分分离不好，而高沸点组分峰形扁平，此时采用程序升温的办法就能使高沸点及低沸点组分都能获得满意结果。在选择柱温时，还必须注意柱温不能高于固定液最高使用温度，否则会造成固定液大量挥发或流失。同时，柱温至少必须高于固定液的熔点，这样才能使固定液的作用有效地发挥。

4. 汽化室温度的选择

合适的汽化室温度既能保证样品迅速且完全汽化，又不引起样品分解。一般汽化室温度比色谱柱温高 30 ~ 70℃或比样品组分中最高沸点高 30 ~ 50℃，就可以满足分析要求。温度是否合适，可通过实验来检查。检查方法是：重复进样时，若出峰数目变化，重现性差，则说明汽化室温度过高；若峰形不规则，出现平头峰或宽峰，则说明汽化室温度太低；若峰形正常，峰数不变，峰形重现性

好，则说明汽化室温度合适。

5. 进样量与进样时间的选择

在进行气相色谱分析时，进样量要适当。若进样量过大，所得到的色谱峰的峰形不对称程度增加，峰变宽，分离度变小，保留值发生变化，峰的高峰面积与进样量不成线性关系，导致无法定量。若进样量太小，又会因检测器灵敏度不够，不能检出。色谱柱最大允许进样量可以通过实验确定。其方法是：其他实验条件不变，仅逐渐加大进样量，直至所出峰的半峰宽变宽或保留值改变时，此进样量就是最大允许进样量。对于内径为3～4mm、柱长为2m、固定液用量为15%～20%的色谱柱，液体进样量为0.1～10μL；氢火焰离子化检测器进样量小于1μL。

进样时，要求速度快，这样可以使样品在汽化室汽化后随着载气以浓缩状态进入柱内，而不被载气所稀释，因而峰的原始宽度就窄，有利于分离。反之若进样缓慢，样品汽化后被载气稀释，使峰形变宽并且不对称，既不利于分离也不利于定量。

为了使进样有较好的重现性，在进样时要注意以下操作要点：

1）用注射器取样时，应先用丙酮或乙醚抽洗5～6次后，再用被测试液抽洗5～6次，然后缓慢抽取一定量试液（稍多于需要量）。此时若有空气带入注射器内，可将针头朝上，待气泡排除后，再排去过量的试液，并用滤纸或擦镜纸吸去针杆处所沾的试液。

2）取样后就立即进样。进样时要求注射器垂直于进样口，左手扶着针头防止弯曲，右手拿着注射器，迅速刺穿硅橡胶垫圈，平稳、敏捷地推进针筒（针头尖尽可能刺深一些，且深度一定，针头尖不能碰着汽化室内壁），用右手食指平衡、轻巧、迅速地将样品注入，完成后立即拔出。

3）进样时要求操作稳当、连贯、迅速。进针位置及速度、针头尖停留和拔出速度都会影响进样重现性。一般进样相对误差为2%～5%。

进样技术是气相色谱操作中最基本也是最重要的技术，必须十分重视，要反复操作练习才能达到熟练准确的程度。

二、气相色谱仪的操作

使用气相色谱仪首先须安装合适的色谱柱，然后设定柱温、进样器温度、检测器温度、调整气体的压力和流量、调节检测器控制器，待仪器稳定后即可进样分析。

1. 热导气相色谱仪的操作

(1) 色谱柱安装和系统试漏　色谱柱预先安装到色谱仪中，再进行试漏。试漏可进行分段试漏，采用肥皂液涂抹或封闭系统压力法来检查漏区和漏点。

钢瓶阀口和压力调节器接口试漏，先打开钢瓶阀旋钮，压力调节器的高压表升高，指示出钢瓶及接口直到高压表部分的压力，然后关闭钢瓶阀。如果指示的压力很快下降，说明接口处和钢瓶阀口漏气；如果压力指示不变或下降很慢，说明不漏气。压力缓慢下降，可能是调节器低压阀口处漏气，这是压力调节器的低压阀口质量问题。然后检查压力调节器的出口到色谱仪气体入口这一段处的气路管线接头、干燥器接头。可采用加橡胶垫的螺母在色谱仪气体入口处将管线封闭，关闭气源后，看看压力是否下降，如果压力迅速下降说明有漏气点，可用肥皂液涂抹试验找出具体的漏气点。最后再将色谱载气出口处堵死，关闭气源，看看压力表指示是否下降，如果指示下降较快，说明仪器内部有漏气点，可用肥皂液涂抹试验找出漏气点，如果压力不下降，说明不漏气，此时转子流量计中的转子不应浮起。

（2）色谱条件的设置　首先设置柱温、检测器温度和进样口温度。当温度恒定后，再进一步调节载气流速，使其线速度在7～12cm/s。通常空气选作惰性的不被滞留的组分，测出其出峰时间 t_M，线速度为柱长 cm/t_M（s）。然后设置热丝电流，同时开动记录仪或色谱数据处理机，并设置各个参数。注意：热丝电流的设置要根据色谱仪说明书规定的条件去设置，电流不能太大，否则会烧毁热丝或缩短热丝寿命。

设置的热丝电流大小和载气种类有关：氢气和氦气作载气，允许的电流大，氮气作载气允许的电流小；另外，允许的电流还和检测器的温度有关。随着检测器温度升高，允许的电流减小。对于常量分析，氢气作载气时设置电流为180～200mA，氮气作载气时设置电流为70～120mA较合适。不同的仪器允许的热丝电流也不同，可参看说明书。任何情况下，都必须通入载气后再设置热丝电流。

（3）色谱测定　仪器稳定后，调节色谱仪输出零点，开始进样。液体试样进样量为1～2μL，气体试样为1～2mL。待色谱峰出现后，要不断调整灵敏度档（衰减档），使各组分在色谱记录仪上得到完整的峰。如果用积分仪进行面积积分运算，可以不改变灵敏度档。

（4）热导池检测器色谱仪的操作步骤

1）开启载气钢瓶（N_2 或 H_2）将压力调至0.6MPa，用仪器面板上减压阀调节柱前压力为0.02～0.03MPa，以主机稳压调节所需气体流量为20mL/min。

2）打开主机电源。

3）开启温控器电源，调节汽化室加热器，控制汽化温度为120℃。调节色谱柱温调节器，使色谱室温度为80℃。

4）开启热导池检测器电源，转动热导池电流调节旋钮，调节电流在120mA，不可以调得太大，否则容易烧坏钨丝。

5）半小时后开启记录仪，将衰减器置于1/1位置，调节平衡和调零电位器，使记录仪指针在零点附近，待基线走稳后进样。

6）进样前进一步检查温度是否在所需控制的温度点上。

7）仪器使用完后应将各种开关复位，将恒温室门打开，使其冷却，再关闭总电源和载气。

2. 氢焰色谱仪的操作

采用氢焰检测器的气相色谱仪的操作比热导气相色谱仪的操作略复杂，色谱柱的选择和系统试漏和上面相似。

（1）色谱条件的设置　当分析微量的有机化合物或分析水溶液中微量的有机物时，热导检测器灵敏度不够，应该使用氢焰检测器，它的灵敏度较热导检测器高出10～100倍，水不出峰，无干扰。氢焰检测器对色谱柱要求高，要求流失小，热稳定性好，最好使用气固色谱柱和低液相载荷量的柱子。

1）温度设置：柱炉温度、检测器温度、进样口温度的设置和热导色谱仪相似。不同的是，检测器温度必须高于110℃，以防水汽的冷凝。如果使用毛细管柱，由于进样量小，必须使用氢焰检测器，否则灵敏度不够。当使用毛细管柱时，相应的柱温比使用填充柱时要低。

2）气体流速的设置：氢焰检测器使用的气体比热导检测器复杂，除了载气外还有燃气和助燃气。

氢焰色谱仪使用氮气作载气，氢气作燃气，空气作助燃气。氢气和氮气的流量比对检测器灵敏度影响是$H_2:N_2=1:1\sim1:1.5$为好。

当使用毛细管柱时，载气流量很小（1mL/min以下），这时应使用辅助气（N_2）在柱尾进入检测器前加到载气中，使载气（N_2）的总量和氢气流量的比仍符合上述要求，而且尾吹气还可使色谱柱流出物快速流入检测器，防止因死体积过大、流速太小而使已经分离的组分又重新混合。

氢气流量低于上面数值时，点火困难；高于上面数值时，噪声大，基线波动。一般的做法是：先给定较大的氢气流量，点火后，再调节减小流量，直到达到正常值。

空气流量是氢气的1.0倍以上，当空气流量低于此值时，灵敏度不高。

（2）氢焰气相色谱仪的操作步骤

1）安装色谱柱，进行检漏。当N_2气、H_2气和空气都试漏完毕后，关闭H_2气和空气，只留载气N_2。

2）设置柱炉温度、检测器温度和进样口温度。待温度恒定后，打开检测器电源、记录器或数据处理机。

3）点火。氢焰点火是利用H_2气和空气混合比达到爆炸浓度范围，按动点火按钮，使设置于离子室上方的电阻丝发红而引起爆鸣点火。点火前，先打开

H_2 阀，再打开空气阀，稍停片刻，按动点火按钮，有时点不着火，可加大氢气气量。待点火后，再缓慢减小氢气气量，使其回到正常值。

用一个光亮的冷金属片放在氢焰检测器排气口上试验，可查出是否点着了火；如果金属片上有冷凝的水汽证明已经点着了火，这时输出有明显的信号，待仪器稳定半小时后，基线平稳，即可分析进样。

4）进样。氢焰色谱进样量比热导色谱进样量小，液体试样为 0.1 ~ 0.2μL，气体试样为 0.1 ~ 0.2mL。

后面的操作与分析步骤和前面热导色谱相同。

复习思考题

1. 什么是气相色谱法？它主要分为哪两类？
2. 气相色谱仪由哪些部件组成？各有什么作用？
3. 热导池检测器的工作原理是什么？
4. 什么是色谱的保留时间？如何校正保留时间？
5. 什么是定量校正因子？色谱定量分析时为何要测定校正因子？
6. 气相色谱定性分析有哪些方法？
7. 气相色谱分析的定量计算主要有哪几种？
8. 气相色谱法分析只含乙醇、正庚烷、苯和乙酸乙酯的混合样，测得各组分的相对质量校正因子及峰面积数据列于下表中，用归一化法计算样品中各组分的含量。

组　分	峰面积/cm^2	相对质量校正因子
乙醇	5.0	0.820
正庚烷	9.0	0.900
苯	4.0	1.000
乙酸乙酯	7.0	1.013

9. 用内标法测定环氧丙烷中的水分含量，称取 0.0115g 甲醇作内标物，加到 2.2679g 样品中，进行两次色谱分析，得到下表数据：

分析次数	水峰高/mm	甲醇峰高/mm
1	150	174
2	148.8	172.3

已知水和内标物甲醇的峰高相对质量校正因子分别为 0.55，0.85，计算试样中水分的平均含量。

10. 在 2m 长的某色谱柱上分离 a、b 混合组分，得到下列数据：死时间为 4s，a、b 两组分的保留时间分别为 12s 和 16s，两峰底宽度均为 2s，计算：

（1）a、b 两组分在该色谱柱上的分离度 R 为多少？

（2）当 $R=1.5$ 时，所需要的柱长为多少米？（设 H 不变）

11. 在1.40m的某色谱柱上测得甲苯的半峰宽为1.10cm，保留时间为3min12s，死时间为30s，记录纸速为300cm/h，计算：

（1）有效塔板数为多少块？

（2）有效塔板高度为多少毫米？

第二章

原子吸收分光光度法

培训学习目标 通过本章的学习，使高级化学检验工掌握原子吸收分光光度法的基本原理；熟悉原子吸收分光光度计的构造、使用和维护保养的方法；掌握定量分析方法中的标准曲线法、标准加入法、内标法；掌握方法评价指标；了解仪器测定条件的选择及干扰的来源及其消除方法。

第一节 概述

原子吸收分光光度法又称为原子吸收光谱法。它是基于从光源辐射出具有待测元素特征谱线的光，通过试样蒸气时被蒸气中待测元素的基态原子所吸收，由辐射特征谱线光被减弱的程度来测定试样中待测元素含量的分析方法。

原子吸收分光光度法和紫外-可见光吸光光度法，它们都遵循光的吸收定律——朗伯-比尔定律。但它们吸收物质的状态不同，紫外-可见光吸光光度法是基于溶液分子、离子对光的吸收，属于带宽为几个纳米到几十个纳米的宽带分子吸收光谱，因此，它可以用连续光源（钨灯、氢灯）。而原子吸收分光光度法是基于基态原子对光的吸收，属于带宽仅有 10^{-3}nm 数量级的窄带原子吸收光谱，因而它所使用的光源必须是锐线光源（如空心阴极灯、无线放电灯等），测量时必须将试样原子化，转化为基态原子，这就是两种方法的根本区别。由于这种区别，所以它们的仪器、分析方法和特点有许多不同。从图 2-1 的示意图可以大致看出两种方法在设备及分析流程方面的异同。

原子吸收分光光度法具有如下特点：

1）选择性高，干扰少。分析不同元素需选择不同元素的空心阴极灯，一般不需要分离共存元素就可以进行测定。

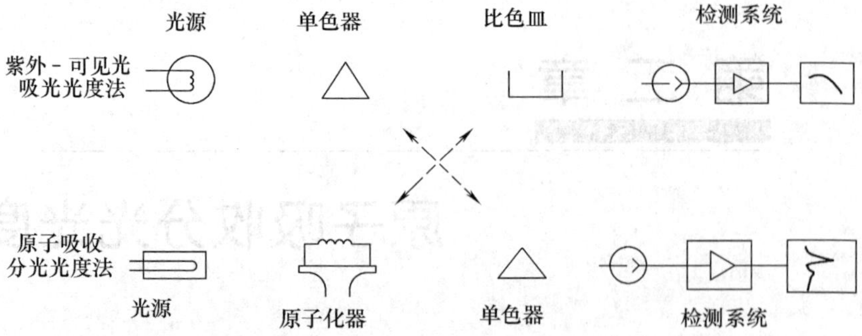

图2-1　比色法与原子吸收法设备比较

2）灵敏度高。用火焰原子吸收分光光度法可测到10^{-9}g/mL数量级。用石墨炉原子吸收分光光度法可测到10^{-13}g/mL数量级。

3）测定的范围广。它可用来测定70多种元素，既可做痕量组分分析，又可进行常量组分测定。应用无火焰法，试样溶液仅需1～100μL。

4）操作简便，分析速度快、用途很广。已在冶金、地质、采矿、石油、轻工、农药、医药、食品及环境监测等方面得到广泛应用。

第二节　原子吸收分光光度法的基本原理

一、共振线和吸收线

原子发射和原子吸收都与原子的外层电子在能级之间的跃迁有关。当电子从低能级跃迁到较高能级时，必须吸收两个能级的能量之差；从高能级跃迁到低能级时，也要放出相应的能量。电子从基态跃迁到能量最低的激发态（称为第一激发态）时要吸收一定频率的光，它再跃迁回基态时，则发射出同样频率的光谱线，这种谱线称为共振发射线，简称共振线。使电子从基态跃迁至第一激发态所产生的吸收谱线称为共振吸收线（也称为共振线）。

各种元素的原子结构和外层电子排布各不相同，因而各种元素的共振线也不同，这种共振线就是元素的特征谱线。对大多数元素来说，共振线是元素的灵敏线。原子吸收分光光度分析，就是利用处于基态的待测原子蒸气对光源辐射的共振线的吸收来进行分析测定。

二、基态与激发态原子的分配

在原子吸收分光光度分析中，由于采用火焰使试样蒸发而产生原子蒸气，由待测元素分子解离成的原子，绝大部分是基态原子，还有少量激发态原子，在一定温度下，两种状态的原子数有一定的比值，这个关系可用玻耳兹曼方程式表示，即

$$\frac{N_i}{N_0}=\frac{g_i}{g_0}e^{-\frac{E_i-E_0}{KT}} \tag{2-1}$$

式中 N_i、N_0——激发态和基态的原子数；

E_i、E_0——激发态和基态原子的能量；

T——热力学温度；

K——玻耳兹曼常数；

g_i、g_0——激发态和基态的统计权重。

对共振线来说，电子是从基态（$E_0=0$）跃迁到第一激发态，上式可以写成

$$\frac{N_i}{N_0}=\frac{g_i}{g_0}e^{-\frac{E_i}{KT}} \tag{2-2}$$

对一定波长的谱线，g_i/g_0 和 E_i 都是已知值，只要火焰温度 T 确定，就可求得 N_i/N_0 值。表 2-1 中列出了几种元素共振线的 N_i/N_0 值。

从表 2-1 可以看出，共振激发态的原子数与基态原子数的比值很小，只在高温下和波长较长的共振线跃迁时变得稍大。由于大多数元素的最强共振线波长都短于 600nm，且通常考虑的都是 3000K 以下的原子蒸气，所以 N_i/N_0 值都很小（$<10^{-3}$），N_i 可以忽略。因此可用基态原子数 N_0 值代表吸收辐射的原子总数。

表 2-1 几种元素共振线的 N_i/N_0

共振线的波长/nm	g_i/g_0	N_i/N_0			
		$T=2000K$	$T=3000K$	$T=4000K$	$T=5000K$
Cs852.1	2	4.44×10^{-4}	7.24×10^{-3}	2.98×10^{-2}	6.82×10^{-2}
Na589.0	2	9.86×10^{-6}	5.88×10^{-4}	4.44×10^{-3}	1.51×10^{-2}
Ca422.7	3	1.21×10^{-7}	3.69×10^{-5}	6.03×10^{-4}	3.33×10^{-3}
Zn213.9	3	7.29×10^{-15}	5.58×10^{-10}	1.43×10^{-7}	4.32×10^{-6}

三、原子吸收分光光度法的定量基础

物质的原子对光的吸收具有选择性，即原子对不同频率的光的吸收不同，因此透过光的强度 I_ν 随着光的频率 ν 而有所变化，其变化规律如图 2-2 所示。由图可知，在频率 ν_0 处，透过光最少，即吸收最大。可见原子蒸气在特征频率 ν_0 处有吸收线，而且具有一定的频率（或波长）范围，这在光谱学中称为吸收线

(或谱线)轮廓。常用吸收系数K_ν随着频率ν的变化曲线来描述吸收线轮廓，如图2-3所示。

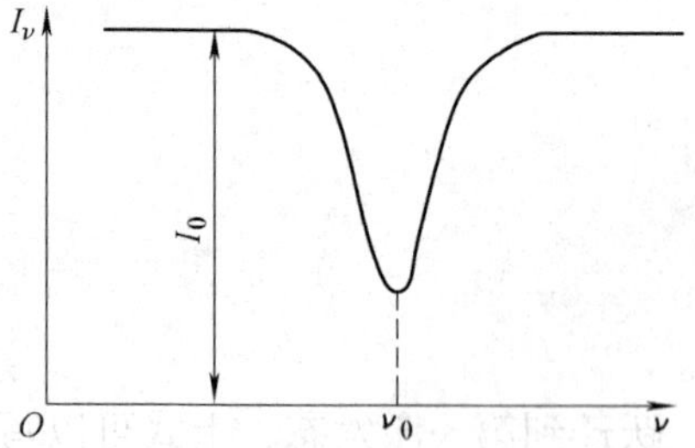

图2-2 I_ν与ν的关系

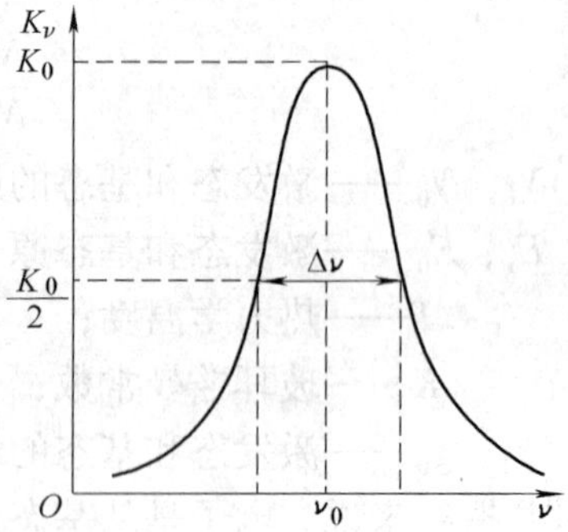

图2-3 吸收线轮廓与半宽度

从图2-3可见，当频率为ν_0时吸收系数有极大值，称为最大吸收系数或峰值吸收系数，以K_0表示。最大吸收系数所对应的频率ν_0称为中心频率。

最大吸收系数一半（$\frac{K_0}{2}$）时的频率范围$\Delta\nu$称为吸收线的半宽度，约为0.005nm。

图2-3中吸收线下面所包围的整个面积，是原子蒸气所吸收的全部能量，在原子吸收分析中称为积分吸收。但目前仪器还不能准确地测出半宽度如此小的吸收线的积分吸收值。可采用锐线光源测量谱线峰值吸收的办法来加以解决。

为了测量峰值吸收，必须使光源发射线的中心频率与吸收线的中心频率一致，而且发射线的半宽度（$\Delta\nu_e$）必须比吸收线的半宽度（$\Delta\nu_a$）小得多，如图2-4所示。在实际工作中，用一个与待测元素相同的纯金属或纯化合物制成的空心阴极灯来作锐线光源，这样不仅可得到很窄的锐线发射线，又可使发射线与吸收线的中心频率一致。

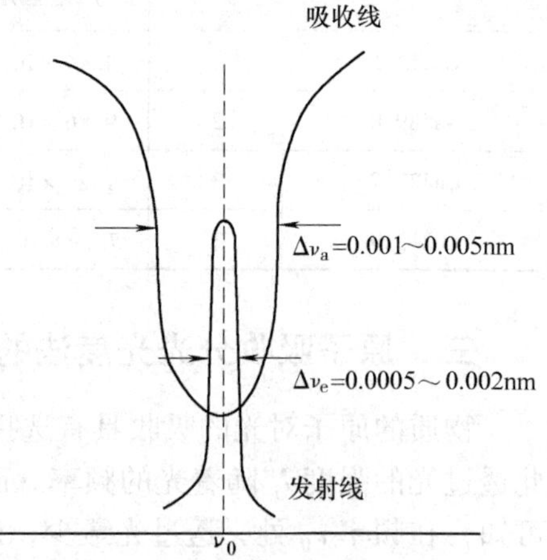

图2-4 峰值吸收测量示意图

可以把基态原子数看作吸收辐射的原子的总数。在使用锐线光源的情况下，原子蒸气对入射光的吸收程度和吸光光度法一样，是符合朗伯-比尔定律的。设入射光的强度为I_0，所透过的原子蒸气的厚度为b，被原子蒸气吸收后透过光的强度为I，则吸光度A与试样中基态

原子数目 N_0 的关系为

$$A = \lg \frac{I_0}{I} = KN_0 b \tag{2-3}$$

上式表示吸光度与待测元素吸收辐射的原子总数成正比。实际分析要求测定的是试样中待测元素的浓度，而此浓度是与待测元素吸收辐射的原子总数成正比的。在一定浓度范围和一定吸收光程的情况下，吸光度与待测元素的浓度关系可表示为

$$A = K'c \tag{2-4}$$

式中，K'为在一定实验条件下是常数。此式即为原子吸收分光光度法进行定量分析的基本公式。

第三节　原子吸收分光光度计的结构

原子吸收分光光度计主要由光源、原子化系统、分光系统和检测系统等四部分组成。通常有单光束型和双光束型两类。现以火焰原子化单光束型为例（见图 2-5），说明原子吸收分光光度计的主要部件。

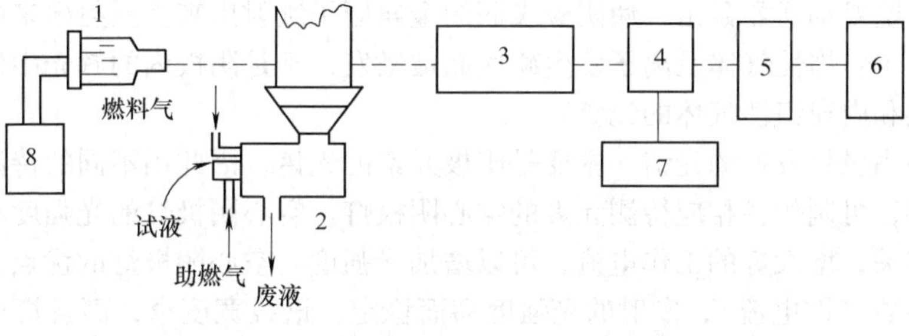

图 2-5　单光束原子吸收分光光度计结构示意图

1—光源（空心阴极灯）　2—原子化系统　3—单色器　4—检测器　5—放大器　6—读数器　7—高压电源　8—稳压电源

一、光源-空心阴极灯

光源的作用是发射待测元素的特征光谱（实际发射的是共振线和其他非吸收谱线），以供吸收测量之用。

1. 对光源的要求

为了获得较高的灵敏度和准确度，所使用的光源必须满足如下要求：

1）能发射待测元素的共振线。

2）能发射锐线光。

3）发射的光必须具有足够的强度，稳定且背景小。

空心阴极灯、蒸气放电灯及高频无极放电灯均符合上述要求，最通用的是空心阴极灯。

2. 空心阴极灯

高效能空心阴极灯是一种气体放电管，它包括一个阳极和一个空心圆筒形阴极。两电极密封于带有石英窗的玻璃管中，管中充有低压惰性气体。其结构如图2-6所示。

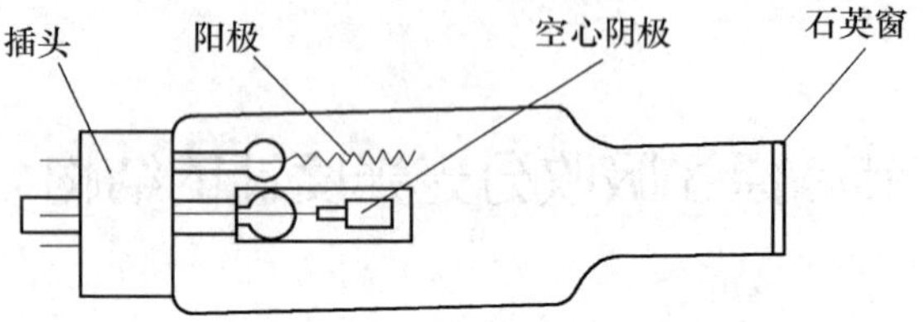

图 2-6 空心阴极灯结构示意图

当正负电极间施加适当电压时，电子将从空心阴极内壁流向阳极，在电子通路上与惰性气体原子碰撞而使之电离。在电场作用下，带正电荷的惰性气体离子向阴极内壁发动猛烈轰击，使阴极表面的金属原子溅射出来。溅射出来的金属原子再与电子、惰性气体及离子发生碰撞而被激发，于是阴极内的辉光中便出现了阴极物质和内充惰性气体的光谱。

空心阴极灯发射的光谱，主要是阴极元素的光谱，因此用不同的待测元素作阴极材料，可制作各相应待测元素的空心阴极灯。空心阴极灯的光强度与灯的工作电流有关，增大灯的工作电流，可以增加光强度。空心阴极灯的优点是只有一个操作参数（即电流），发射的光强度高而稳定，谱线宽度窄，而且灯也容易更换。其缺点是使用不太方便，每测定一个元素均需要更换相应的待测元素的空心阴极灯。

二、原子化系统

原子化系统的作用是将试样转化为所需的基态原子。被测元素由试样中转入气相，并解离为基态原子的过程，称为原子化过程。实现原子化的方法可分为两大类：火焰原子化法和无火焰原子化法。前者具有简单，快速，对大多数元素来说有较高的灵敏度和检测极限等优点，所以至今仍广泛使用。但是近年来无火焰原子化技术有了很大改进，它比火焰原子化技术具有较高的原子化效率、灵敏度和检测极限，因而发展也很快。

1. 火焰原子化装置

火焰原子化装置包括雾化器和燃烧器两部分。

（1）雾化器 其作用是将试液雾化，并除去较大的雾滴，使试液的雾滴均匀化。要求雾化器喷雾稳定和雾化效率高。目前普遍采用的是同心型雾化器（见图2-7）。

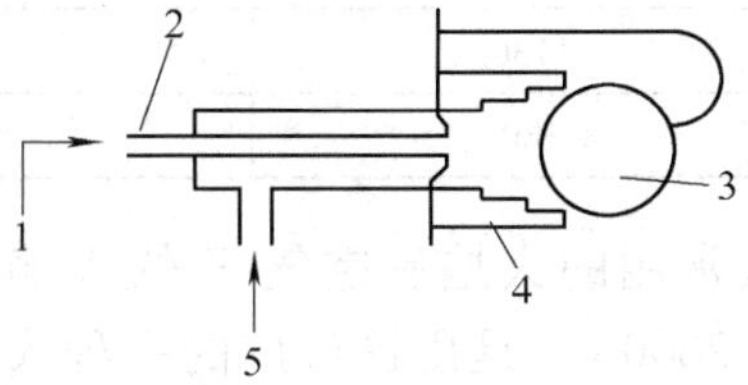

图2-7 雾化器

1—试液 2—毛细管 3—撞击球 4—节流管 5—载气

（2）燃烧器 图2-8为预混合型燃烧器。试液雾化后在预混合室（也叫雾化室）与燃气（例如乙炔、丙烷等）充分混合，其中较大的雾滴凝结在壁上经预混合室下方废液管排出，而最细的雾滴进入火焰中。预混合型燃烧器的主要优点是产生的原子蒸气多，火焰稳定，背景较小而且比较安全，所以目前应用最多，其缺点是雾化效率低。

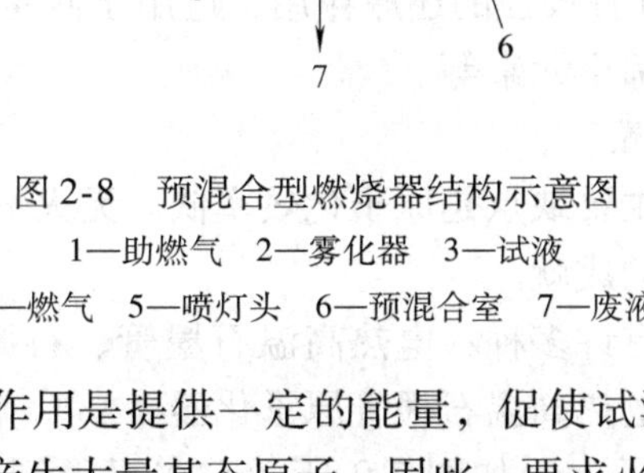

图2-8 预混合型燃烧器结构示意图

1—助燃气 2—雾化器 3—试液

4—燃气 5—喷灯头 6—预混合室 7—废液

（3）火焰 火焰的作用是提供一定的能量，促使试液雾滴蒸发、干燥并经过热解离或还原作用，产生大量基态原子。因此，要求火焰的温度能使待测元素解离成游离基态原子，如果超过需要的温度，激发态原子将增加，基态原子将减少，也不利于原子吸收。各种火焰的燃烧速度和温度见表2-2。

表2-2 各种火焰的燃烧速度和温度

气体混合物	燃烧速度/（cm/s）	温度/K
空气-丙烷	82	2198
空气-氢气	320	2318
空气-乙炔	160	2573
氧气-氢气	900	2973
氧气-乙炔	1130	3333
氧化亚氮-乙炔	180	3248

在原子吸收分析中最常用的火焰有空气-乙炔火焰和氧化亚氮-乙炔火焰两种。前者最高使用温度约2600K，是用途最广的一种火焰，能用于测定35种以上的元素；后者温度高达3300K左右，这种火焰不但温度高，而且形成强还原性气氛，可用于测定空气-乙炔火焰所不能分析的难解离元素，如铝、硅、硼、钨等，并且可消除在其他火焰中可能存在的化学干扰现象。

对于同一种类型的火焰，随着燃料气和助燃气的流量不同，火焰的燃烧状态也不相同，在实际测定中经常要通过控制不同的燃助比来选择较好的火焰。下面以应用最多的空气-乙炔火焰为例，介绍火焰的三种状态。

1）贫燃火焰。这种火焰使用的燃料气量较少，助燃气量较多，火焰燃烧显得很“贫弱”，燃烧不稳定，但是燃烧完全，火焰温度较低，氧化性较强，火焰原子化区域窄，适用于碱金属元素的测定。

2）化学计量火焰。这种火焰也称为中性火焰。火焰的燃料气量与助燃气量基本上是按它们之间的化学反应的计量关系提供的，这是日常分析中最常用的一种火焰状态。此种火焰燃烧时层次清晰，稳定，干扰少，背景低，火焰温度较高，稍具有还原性，适用于许多元素的测定。

3）富燃火焰。这种火焰燃料气量加大，由于火焰燃烧不完全，火焰中含有大量CN、CH、C等，具有较强的还原作用，适用于测定较易形成难熔氧化物的元素，如钼、铬、钨和稀土元素等。

2. *石墨炉原子化装置*

火焰原子化装置的主要缺点是原子化效率低。无火焰原子化装置在提高原子化效率方面取得了较大的成就。

石墨炉原子化装置有许多种：电热高温石墨管、石墨坩埚、空心阴极溅射、激光等，应用较多的是电热高温石墨管原子化器。

电热高温石墨管原子化器如图2-9所示。在石墨管上有三个小孔，直径为1～2mm，试样溶液加入量为1～100μL，从中央小孔注入。为了防止试液及石墨氧化，要在不断地通入惰性气体（如氩气）的情况下进行测定。气体从三个小孔进入石墨管，再从两端排出。用10～15V，400～600A的电流通过石墨管进行加热。测定时分干燥、灰化、原子化和净化等四个阶段。干燥的目的是蒸发除去试液中的溶剂。灰化的作用是在不损失待测元素的前提下，进一步除去有机物或低沸点无机物，以减少基体组分对待测元素的干扰。原子化就是使待测元素成为基态原子，最后升温至3300K的高温数秒钟，净化，以便除去残渣。这种电热原子化装置的原子化效率和测定灵敏度都比火焰法高得多，其检测极限可达10^{-12}g数量级。整个分析过程是在封闭系统里进行，故操作安全。

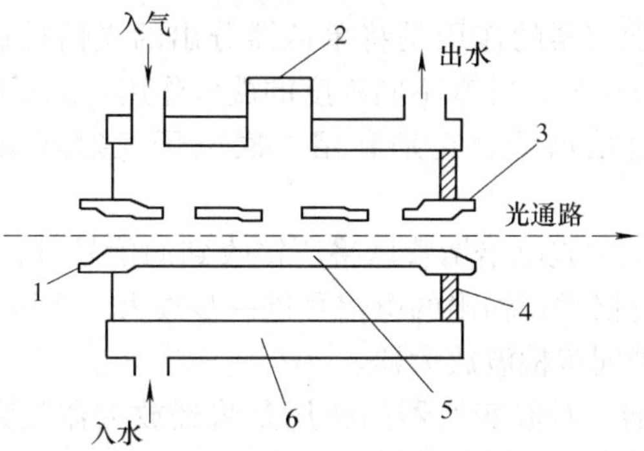

图2-9　电热高温石墨管原子化器

1、3—电接头　2—进样窗口　4—绝缘体　5—石墨管　6—金属套

三、分光系统

原子吸收分光光度计中分光系统的作用和组成元件，与其他分光光度法中的分光系统基本相同。不过在红外、可见和紫外等分子吸收光谱仪器中，分光系统多在光源辐射被吸收之前，而原子吸收分光光度计的分光系统却在光源辐射被吸收之后（见图2-1）。分光系统主要由色散元件、凹面镜和狭缝所组成，这样的系统也可简称为单色器。

原子吸收分光光度计中单色器的作用，是将待测元素的共振线与邻近线分开。单色器的色散元件可用棱镜或衍射光栅。分光系统如图2-10所示。从光源

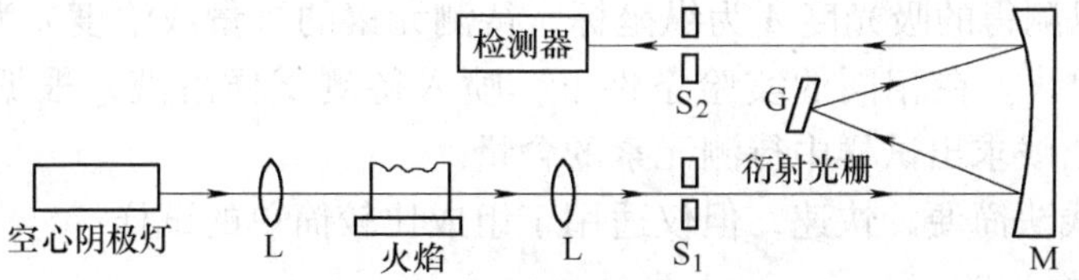

图2-10　分光系统示意图

M—反光镜　L—透镜　S_1，S_2—狭缝

辐射的光经入光狭缝 S_1 射入，被凹面镜 M 反射准直成平行光束射到光栅 G 上，经光栅衍射分光后，再被凹面镜 M 反射聚焦在出光狭缝 S_2 处，经出光狭缝得到平行光束的光谱。光栅可以转动，通过转动光栅，可以使光栅中各种波长的光按顺序从出光狭缝射出。光栅与波长刻度相联接，转动光栅即可从刻度盘上读出出射光的波长。

四、检测系统

检测系统主要由检测器、放大器、对数变换器和读数显示装置等组成。

（1）检测器　检测器的作用是将单色器分出的光信号进行光电转换，将微弱的光能量转换成电信号，并有不同程度的放大作用。原子吸收分光光度计的光电转换元件采用光电倍增管。它是利用二次电子发射现象放大光电流的光敏元件。

（2）放大器　虽然光电倍增管已将所接收到的信号进行了放大，但仍较弱，还需要放大器将光电倍增管输出的电信号进一步放大。在原子吸收测量中，常用交流放大器中的一种同步检波放大器。

（3）对数变换器　对数变换器的作用是将经放大器放大的信号进行对数转换，使电信号与含量之间呈线性关系。

（4）读数显示装置　读数显示装置包括表头读数（检流计）、自动记录及数字显示几种。许多商品仪器具有曲线校直、标尺扩展、浓度直读等功能，并用微型电子计算机进行程序控制和数据的自动处理及打印。

第四节　定量分析方法及方法评价

一、定量分析方法

1. 标准曲线法

配制一组合适的标准溶液，由低浓度到高浓度，依次喷入火焰，分别测定其吸光度 A。以测得的吸光度 A 为纵坐标，待测元素的含量或浓度 c 为横坐标，绘制 A-c 标准曲线。在相同的实验条件下，喷入待测试样溶液，根据测得的吸光度，由标准曲线求出试样中待测元素的含量。

标准曲线法简便、快速，但仅适用于组成比较简单的试样。

2. 标准加入法

若试样的基体组成复杂，且试样的基体对测定有明显的干扰，则在一定浓度范围内标准曲线呈线性的情况下，可用标准加入法测定。

取相同体积的试样溶液两份，分别移入容量瓶 A 及 B 中，另取一定量的标准溶液加入 B 中，然后将两份溶液稀释至刻度，测出 A 及 B 两份溶液的吸光度。设试样中待测元素（容量瓶 A 中）的浓度为 c_x，加入标准溶液（容量瓶 B 中）的浓度为 c_0，A 溶液的吸光度为 A_x，B 溶液的吸光度为 A_0，由此可得

$$A_x = K'c_x \tag{2-5}$$

$$A_0 = K'(c_0 + c_x) \tag{2-6}$$

由上两式可得：

$$c_x = \frac{A_x}{A_0 - A_x}c_0 \tag{2-7}$$

据上式可计算出试样溶液中待测元素的浓度或含量。

实际测定中，都采用下述作图法：取四份体积相同的试样溶液，从第二份开始分别按比例加入不同量的待测元素的标准溶液，然后用溶剂稀释至一定体积。设试样中待测元素的浓度为 c_x，加入标准溶液后浓度分别为 $c_x + c_0$、$c_x + 2c_0$、$c_x + 4c_0$，分别测得其吸光度为 A_0、A_1、A_2 及 A_3，以 A 对 c 作图，得到如图 2-11 所示的直线，与横坐标交于 c_x，c_x 即为所测试样中待测元素的浓度。

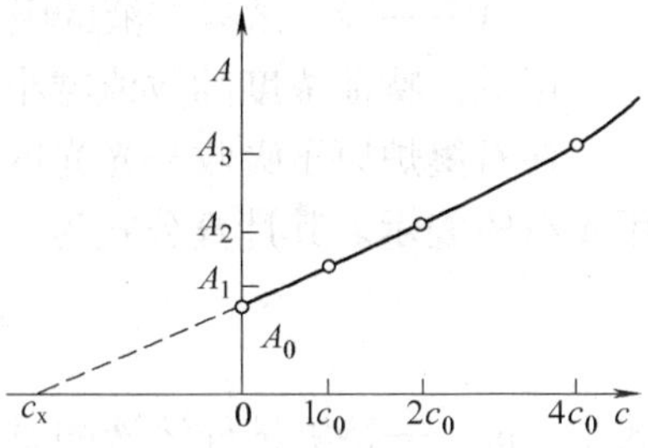

图 2-11 标准加入法

使用标准加入法时应注意以下几点：

1）待测元素的浓度与其对应的吸光度应呈线性关系。

2）为了得到较为精确的外推结果，最少应采用四个点（包括试样溶液本身）来作外推曲线，并且第一份加入的标准溶液与试样溶液的浓度之比要适当，即要求第一份加入量产生的吸光度约为试样原吸光度的一半。

3）本法只能消除基体效应带来的影响，不能消除背景吸收等的影响。

4）曲线的斜率太小或太大都将引起较大的误差。

3. *浓度直读法*

浓度直读法是在标准曲线的直线范围内，应用仪器上的标尺扩展或数字直读装置进行测量。吸喷标准溶液，把仪表指示值调到相应的浓度指示值，使待测的试样浓度在仪表上直接读出来。这种方法免去了绘制标准曲线的手续，分析过程快速。采用此法需注意以下几点：

1）仪器必须用标准溶液反复校正后再进行测定。

2）整个测量范围内吸光度和浓度之间应有良好的线性关系。

3）保证仪器工作条件稳定。

4）标准溶液与试样溶液应在操作条件完全相同之下进行测定。

二、原子吸收分析的灵敏度和检出极限

1. 灵敏度

国际纯粹与应用化学联合会（IUPAC）规定：某种分析方法在一定条件下的灵敏度是表示被测物质浓度或含量改变一个单位时所引起的测量信号的变化程度。在原子吸收分光光度法中可以理解为标准曲线的斜率（dA/dc），即被测元素的浓度（c）改变一个单位时吸光度（A）的变化量。人们常用特征浓度作为仪器对某种元素在一定条件下的分析灵敏度。特征浓度是指产生1%吸收或0.0044吸光度时所对应的被测元素的质量浓度或质量。在火焰原子吸收分光光度法中，特征浓度ρ_c单位用μg/（mL·1%）表示。其计算公式为

$$\rho_c = \frac{0.0044\rho_B}{A} \tag{2-8}$$

式中 ρ_B——待测试样溶液的质量浓度（μg/mL）；

A——待测试样溶液的吸光度。

可见，特征浓度的数值越小，原子吸收分光光度分析的灵敏度越高。

在石墨炉原子吸收分光光度分析中，常用特征质量m_c表示灵敏度，其单位用g/1%表示。其计算公式为

$$m_c = \frac{0.0044\rho_B V}{A} \tag{2-9}$$

式中 ρ_B——待测试样溶液的质量浓度（μg/mL）；

V——待测试样溶液的体积（mL）。

2. 检出极限（检出限）

检出极限是原子吸收分光光度计的综合性技术指标，它既反映仪器的质量和稳定性，也反映仪器对某元素在一定条件下的检出能力。

检出极限（D）是表示在选定的实验条件下，被测元素溶液能给出的测量信号3倍于标准偏差（σ）时所对应的质量浓度，其单位用mg/L表示，其计算公式为

$$D = \frac{\rho_B}{A}3\sigma \tag{2-10}$$

式中，σ是用空白溶液进行10次以上的吸光度测量所计算得到的标准偏差。石墨炉法中常用绝对检出极限表示，单位为g。

显然，检出极限比特征浓度有更明确的意义。因为当试样测量信号小于3倍仪器噪声时，将会被噪声所掩盖而检测不出。检出极限越低，说明仪器的性能越好，对元素的检出能力越强。

表2-3列出了原子吸收分光光度法测定部分元素的灵敏度和检出极限。在考

虑试样中某元素能否应用原子吸收分光光度法分析时，首先要查看待测元素的灵敏度和检出极限，如果灵敏度能达到要求，再进行工作条件的选择。

表 2-3 原子吸收分光光度法测定部分元素的灵敏度和检出极限

元 素	波长/nm	火焰法		石墨坩埚法	
		检出极限①/（μg/mL）	特征浓度②/［μg/（mL·1%）］	绝对检出极限/g	特征质量/（g/1%）
Ag	328.1	0.002	0.08	3×10^{-14}	1×10^{-13}
Al③	309.3	0.02	1.1	—	1×10^{-12}
As	193.7	0.05	1	—	—
Au	242.8	0.01	0.5	—	1×10^{-12}
Ba③	553.6	0.008	0.4	—	6×10^{-12}
Bi	223.1	0.025	0.7	—	—
Ca③	422.7	<0.0005	0.03	—	4×10^{-13}
Cd	228.8	0.002	0.03	3×10^{-15}	8×10^{-14}
Co	240.7	0.01	0.1	—	2×10^{-12}
Cr	357.9	0.006	0.15	—	2×10^{-12}
Cu	324.7	0.001	0.1	—	6×10^{-13}
Fe	248.3	0.005	0.15	—	1×10^{-12}
Ga	287.4	0.05	2.3	—	1×10^{-12}
Hg	253.7	0.25	5	—	8×10^{-11}
K	766.5	<0.002	0.1	—	—
Mg	285.2	<0.0001	0.008	—	4×10^{-14}
Mn	279.5	0.002	0.08	3×10^{-14}	2×10^{-13}
Na	589.0	<0.0002	0.04	—	—
Ni	232.0	0.002	0.1	—	—
Pb	283.3	0.01	0.5	—	2×10^{-12}
Sb	217.5	0.04	1	—	—
Se	196.0	0.05	2	—	9×10^{-12}
Si③	251.6	0.02	1.2	—	5×10^{-14}
Sn	224.6	0.01	1.2	—	—
Sr	460.7	0.002	0.2	—	1×10^{-12}
Ti③	364.3	0.04	1.4	—	4×10^{-11}
V③	318.4	0.04	1.3	—	—
Zn	213.8	<0.001	0.04	—	3×10^{-14}

① 用 Perkin-Elmer403 型原子吸收分光光度计。

② 用 Perkin-Elmer303 型原子吸收分光光度计。

③ 用 N_2O-C_2H_2 火焰。

3. 回收率

进行原子吸收光谱分析实验时，常常要测出方法的回收率 R，以此来评价方法的准确度及可靠性。回收率 R 的测定与计算，可采用以下两种方法。

（1）利用含量已知的标准物质进行测定　利用含量已知的待测元素标准物质作为样品，在与试样测定相同的实验条件下，包括相同的样品处理方法，相同的仪器操作条件，相同的定量方法等，以原子吸收测定其含量，则回收率等于含量测定值与含量真实值之比或称为保证值。

$$R=\frac{\text{含量测定值}}{\text{含量真实值}}$$

此法简便易行，但多数情况下，含量已知的待测元素标准样品往往不易找到，故此法应用有局限性。

（2）利用加入标准样法测定　这种方法测定的回收率称为加标回收率。其方法是：在给定的实验条件下，先测定未知试样中待测元素的含量，然后在一定量该试样中准确加入一定量待测元素，以同样方法对样品进行处理后，在同样条件下，测定其中待测元素的含量，则回收率等于加标样测定值与未加标样测定值之差再与标准加入量之比，即

$$R=\frac{\text{加标样测定值}-\text{未加标样测定值}}{\text{标准加入量}}$$

显然回收率越接近100%，则此法的准确度和可靠性越高。

第五节　最佳仪器条件的选择

一、吸收线的选择

1. 分析线

每一种元素都有若干条可以应用的吸收线，通常都选用灵敏度最高的共振线作为分析线。当测定高含量元素时，也可以选用灵敏度较低的非共振吸收线作为分析线。对于As、Se、Hg等元素，其共振线位于200nm以下的远紫外区，火焰组分对这些元素的共振线有明显吸收作用，故在以火焰原子吸收法测定上述元素时，不宜选用共振线作为分析线，而应选择其他谱线。

分析线的选择除了查资料的方法外，更多情况下是通过实验选择合适的分析线。其方法是：固定其他实验条件，从适当波长开始，依次改变波长，测量在不同的波长处待测元素标准溶液的吸光度，绘制 A-λ 曲线，找出具有最大吸光度的波长，并考虑在此波长处有无干扰情况，若无干扰，则可以确定该波长的谱线为

分析线。

2. 光谱通带

光谱通带是指单色器出射光束波长区间的宽度，以 W 表示，其单位为 nm。W 的大小取决于单色器的色散率和狭缝宽度，即

$$W = DS \tag{2-11}$$

式中，D 为单色器线色散率的倒数，它表示出射狭缝每毫米焦面包含光谱波多少纳米。对给定的仪器，其 D 值是固定的，如 WFX 系列原子吸收分光光度计的 D 值均为 2.0nm/mm；S 为出射狭缝宽度，单位为 mm，因此光谱通带的选择实际上就是狭缝宽度的选择。显然增大狭缝宽度 S，光谱通带增大，透射辐射（光）通量最大，集光本领大，但单色分辨率下降，有可能使共振线与干扰线分不开而产生干扰。反之狭缝宽度太小，由于光强度太弱，集光本领减小，信噪比下降。一般元素的光谱通带在 0.5～5nm 范围内就可以将共振线与非共振线分开，但对于谱线复杂的元素 Fe、Co、Ni 等，其光谱通带要小于 0.2nm。合适的狭缝宽度可通过实验选择。其方法是：固定其他实验条件，依次改变狭缝宽度，测量在不同的狭缝宽度 S 时，待测元素标准溶液或试样溶液的吸光度 A，绘制 A-S 曲线。开始，随着狭缝宽度 S 的增加，吸光度 A 逐渐增量大并达到一极大值。狭缝继续增大时，其他干扰谱线或非吸收光进入光谱通带内，吸光度 A 将立即减小，故吸光度 A 最大时狭缝宽度 S 为合适狭缝宽度。

二、阴极灯灯电流的选择

空心阴极灯灯电流的大小将影响测定的灵敏度、稳定性及阴极灯的使用寿命。

选择较小的阴极灯灯电流时，阴极灯内多普勒变宽、劳伦茨变宽都很小，可以得到很窄的发射线，有利于提高测定的灵敏度。但阴极灯灯电流过小时，则会使放电不稳定，光谱输出强度减弱，稳定性差。而阴极灯灯电流过大时，则使发射线变宽，灵敏度下降，曲线弯曲，并使阴极灯的使用寿命缩短。因此选择阴极灯灯电流的一般原则是：在保证有足够强度和稳定的光谱输出条件下，应尽量选用较低的阴极灯灯电流。对于大多数元素来讲，阴极灯灯电流选择在空心阴极灯额定灯电流的 40%～60% 较为合适。

三、燃气、助燃气、燃烧器高度的最佳水平

1. 火焰的种类及燃助比

在火焰原子吸收法中，火焰的种类及其特性包括火焰温度、氧化还原性、稳定性、燃烧速度等，是影响原子化效率的重要因素。不同种类的火焰具有不同的特性，因此应根据待测元素的性质及实验室条件选择合适种类的火焰。对于中低

温元素，可使用 C_2H_2-空气火焰；对于高温元素，宜采用 C_2H_2-N_2O 火焰；对于分析位于200nm以下的元素，使用 C_2H_2-空气火焰为宜。

火焰的特性除了与火焰的种类有关外，还与燃气与助燃气的流量比即燃助比有关，燃助比直接影响到测定的灵敏度、准确度及干扰程度。因此在确定火焰种类以后还要选择合适的燃助比。选择最佳燃助比时，通常是固定助燃气流量在一适当值，逐步改变燃气流量，测定在不同燃助比火焰中待测元素溶液的吸光度，绘制 A-燃助比关系曲线，吸光度最大时的燃助比为最佳燃助比。

2. 试样溶液提取量

在火焰原子吸收法中，试样溶液提取量的大小影响测定的灵敏度。试样溶液提取量是指单位时间内被吸入火焰中的试样溶液体积，一般以mL/min为单位。试样溶液提取量太小时，火焰中待测基态原子数相对较少，吸光度值较小，灵敏度低。若试样溶液提取量过大，火焰的热量除了用于分解盐类外，还要用于蒸发大量水分，降低了火焰的温度，使原子化效率下降，灵敏度降低。最佳试样溶液提取量应使测定灵敏度最高。一般来讲，试样溶液提取量选择在3～6mL/min范围内具有最佳的灵敏度。

3. 燃烧器高度

火焰中不同区域内的温度及其火焰特性是不同的，故在原子化过程中，不同区域火焰内基态原子密度、稳定性及干扰程度等也是不同的。测定时应使光源发出的待测元素特征谱线通过基态原子密度最大的区域，通常称为原子化区，以提高测定灵敏度。此外原子化区内火焰燃烧稳定，干扰也小。实验中使光束通过原子化区是通过调节燃烧器高度来实现的，常通过实验进行选择。其方法是：固定其他实验条件，由低到高依次改变燃烧器高度，测定在不同燃烧器高度下待测元素标准溶液的吸光度，绘制 A-燃烧器高度曲线，吸光度最大时的高度即为最佳燃烧器高度。

4. 占空比

原子吸收光谱仪大多是采用方波脉冲稳流供电方式，将空心阴极灯发射线调制成方波光束。占空比是指在方波脉冲供电的一个周期之内通电与断电时间之比。有些类型仪器光源供电方波脉冲占空比不是固定的，可以调节和选择。

占空比大小不仅影响阴极灯灯电流的大小、能量强度，而且对测定的灵敏度、线性范围、背景扣除等均产生影响。工作中可以通过实验选择合适的占空比。

第六节　原子吸收分光光度法中的干扰及其抑制

尽管原子吸收分光光度法由于使用锐线光源，光谱干扰较小，但在某些情况下干扰的问题还是不容忽视的，因此应当了解可能产生测量误差的各种干扰的来源及其抑制方法。

原子吸收分光光度法中干扰及其抑制方法主要有以下几种。

一、化学干扰及其抑制

化学干扰是由待测元素与其他组分之间的化学作用所引起的，它主要影响待测元素的原子化效率。这类干扰对试样中各种元素的影响各不相同，具有选择性，并随着火焰温度、火焰状态和部位、其他组分的存在、雾滴的大小等条件而变化。化学干扰是原子吸收分光光度法中的主要干扰来源。化学干扰主要有阳离子干扰和阴离子干扰。

在阳离子干扰中，有很大一部分是待测元素与干扰离子形成难熔混合晶体而引起的。例如在 HCl 介质中测定 Ca、Mg 时，当伴随有 Al、Ti 等阳离子存在，则形成一些耐高温的氧化物晶体，例如 $MgO \cdot Al_2O_3$、$3CaO \cdot 5Al_2O_3$ 等，因而抑制了被测元素 Ca、Mg 的原子化。

阴离子干扰比阳离子干扰复杂，这种干扰形成高熔点的热稳定化合物（例如碱土金属的硫酸盐、磷酸盐），或形成特殊的化合物（例如 Nb、Ta 在硝酸-氢氟酸溶液中，能与碱金属形成 $K_2NbOF_5 \cdot H_2O$ 及 K_2TaF_7 复盐晶体），它们都使待测元素的原子化受到抑制。

为了有效地进行测定，必须用相应的方法消除化学干扰，最常用的方法有：

（1）加入释放剂　加入一种过量的金属盐类，与干扰元素化合生成更稳定的或更难挥发的化合物，从而使待测元素释放出来。常用的释放剂有 La、Sr 等的盐。

（2）加入保护剂　保护剂能使待测元素不与干扰元素生成难挥发化合物。例如加入 EDTA、8-羟基喹啉、氰化物等。

（3）加入缓冲剂　在试样溶液和标准溶液中，均加入超过缓冲量（缓冲量即干扰不再变化的最低限量）的干扰元素化合物。例如用 $N_2O\text{-}C_2H_2$ 火焰测钛时，可在试样溶液和标准溶液中均加入 200μg/mL 以上的铝盐，使铝对钛的干扰趋于稳定。

除了采用上述方法外，还可以采用标准加入法抑制化学干扰，这是一种简便而有效的方法。如果采用这些方法都不能奏效，则应考虑采用其他的分离方法，其中以有机溶剂萃取法用得最多。

二、光谱干扰及其抑制

光谱干扰主要来源于：

1）由空心阴极灯内杂质引起的，在测定波长附近有单色器不能分离的非待测元素的邻近线。

2）试样中含有另一种也能部分吸收待测元素共振线的元素。

3）分子吸收。在原子化法中存在某些基态分子，其吸收带与待测元素共振线重叠；也来源于火焰本身或火焰中待测元素的辐射。

对于光谱干扰，通常是采用减小狭缝、使用高纯度的单元素灯、零点扣除、使用合适的燃气与助燃气，以及使用氘灯背景校正等方法来消除。

除上述化学干扰和光谱干扰外，还有电离干扰（电离电位低的元素易电离而使基态原子减少，吸收强度减弱）和物理干扰（溶质和溶剂物理性质的变化，使喷雾效率变化）等干扰因素，对这些干扰均可采用针对性的方法来消除。

第七节　原子吸收分光光度计的操作

以AA7000型原子吸收分光光度计为例简要介绍。

1. 仪器启动前的准备

1）根据使用方式联接气路，并认真检查联接的正确性与密封性。

2）仔细检查部件之间的连线。

3）将仪器灯电流、高压旋钮转至零位。

4）接通通风装置，连续通风10min后才能启动仪器。

2. 元素灯的安装与更换

打开仪器右上方的灯室盖，灯室中有两个灯电源插座、将工作灯放在电源灯架上，用弹簧固定好；另一个电源可预热下面将要用到的元素灯。元素灯安装与更换时，灯电流和高压旋钮均应调至零位。元素灯装好后，将高压与灯电流调到分析时所需要的数值，然后调节元素灯的位置，使其能量最大。元素灯能量的大小通过与本仪器配套使用的“工作站”中“采样”页面里的“能量条”来显示。元素灯的调节方法是：先前后推拉元素灯，然后转动元素灯本身，观察能量变化至最大。最后再旋转灯架旁边的垂直长螺杆来调节元素灯的垂直方向的位置，旋转水平螺杆旋钮来调节元素灯水平方向的位置，直至能量最大为止。需要注意的是：调节元素灯时要时刻观察“工作站”屏幕上的“能量条”，能量过大要马上降低高压，当元素灯的位置调节到合适时，“工作站”所显示的能量不一定是100%，这时可调“高压调节旋钮”，使“工作站”中能量显示达到100%，仪器便进入了正常工作状态。

3. 狭缝燃烧器的安装与调整

狭缝燃烧器是由燃烧头与预混室相连组成的。安装时只需将它插在与光学底座相连的承梁上，拧紧螺钉即可。将燃气管路接到预混室腔体上的气嘴上。助燃气管路接到雾化器上的气嘴上。预混室上的排水管用软塑料管连接好，注意一定要保持一段“水封”。狭缝燃烧头的位置可能发生变动，所以在点火前要用对光角板调节狭缝与光轴平行，在调节时转动前后调节旋钮和转动狭缝燃烧器自身同时进行，使狭缝在光轴的正下方并且平行，然后拧紧紧固螺钉。当以上工作都正确完成后，便可以点火，点火后再上下调节燃烧头，以达到最佳灵敏度。

用对光角板调节狭缝与光轴平行的方法如下：在没有放上对光角板之前，将光能量调到100%，由于当对光角板放置于狭缝上以后，对光角板应挡去一半光束，使光能量减少一半，这时在狭缝上选择三点——两头和中间，如果无论对光角板放在三点中的哪一点，光能量都显示在50%左右，则说明狭缝与光轴平行，否则需要继续调整燃烧头的位置，直至调整好为止。

4. 点火操作

（1）火焰的基本知识　在点火操作之前，初步了解火焰的基本知识是很必要的。标准的空气-乙炔燃烧头所产生的火焰由外观看来可分为四个区域：第一个区域为预热区，这个区域紧靠燃烧器的狭缝，其外观基本为无色而透明，实际上高度仅为0.5～1.5mm。在这个区域内被分析溶液的水分迅速蒸发而预热至着火温度；在第一区域的上面是所谓第一反应区，其外观呈深蓝色带状，高度随着火焰性质而变化，一般为3～5mm。在这个区域内，燃气与助燃气进行着复杂的燃烧反应，由于燃烧不充分，温度尚未达到最大值，因此一般不使用这个区域进行分析；在第一反应区的上面即为中间薄层区，其外观一般没有明显标志，看起来透明较好基本无色。此区域的高度正面看起来较小，且随着火焰状态变化较大。在此区域火焰温度达到最高值，被分析元素在此形成原子蒸气，是原子吸收分析最常用的区域；最上面为第二反应区，其外观呈淡蓝色，高度很大。火焰在这个区域内温度逐渐降低，被离解的基态原子又重新化合成化合物。因此不能使用这一区域进行分析。

N_2O-乙炔火焰的预热区、第一反应、第二反应区的外观皆与空气-乙炔火焰完全相同，但中间薄层区却有很大差别。在此由于火焰温度很高，形成大量的CN、NH等组分而形成红羽毛区，此区外观呈红黄色，高度随着火焰状态而改变，但一般不小于2～3mm。这一区域具有强烈的还原性，是原子吸收分析的主要区域。

在实际分析中，根据火焰的燃气和助燃气比例来进行火焰的分类，往往具有较大使用价值。燃助比不同，火焰的温度和性质（还原性、氧化性）也就相应变化，元素的原子化效率也会随之改变。因此可根据所测元素不同，选用不同类型的火焰。大多数元素可用化学计量性火焰（中性火焰）。不易氧化的元素，如Ag、Cu、Ni、Co和碱土金属等应用贫燃性火焰。难离解易氧化的元素，如Cr、Mo等可选择富燃性火焰。应该指出：富燃性火焰往往具有较大的噪声，稳定性较差。因此只有在采用化学计量火焰不能满足要求时才采用，但对于笑气-乙炔火焰来说，大多数情况下都采用富燃状态。

（2）空气-乙炔火焰的点火

1）仔细检查所有气路连接是否正确，排液容器内是否有“水封”，尤其要检查燃烧器的各接头是否接错，燃烧头是否正确插上。将气路控制的两调节阀顺时针调到最小，但不得用力关死，电磁阀开关应处于通空气、断燃气位置。

2）接通气源5～10min后，调节空压机调节阀，使供气压力达到正常工作状态。

3）接通气路控制单元电源，将乙炔钢瓶出口处的压力调到0.06～0.08MPa（0.6～0.8kgf/cm^2），接通燃气电磁阀，调节燃气流量为1.5L/min，若没有燃气流出，此时应立即将电磁阀关闭，找出原因并消除之。

4）打开燃烧器前方分析室大门，手握点火枪在燃烧器的狭缝上方点火，若按动点火枪一次没有点着火，可再按2～3次，此时即可点燃火焰。然后再微调乙炔流量，使火焰的第一反应区（蓝色带）为2～3mm，说明火焰已经正常。把雾化器的塑料毛细管放入纯水中，吸入纯水后再观察火焰状态不应有明显变化，到此点火程序完成。

如果要熄灭火焰，可依照以下规程操作：若只是暂时熄灭火焰，则可直接按气路操作面板上的“燃气控制按键”，关闭燃气控制电磁阀，切断燃气，待火焰熄灭后，再关掉空气压缩机电源；若要间隔几小时或一个工作日以上再点火，则必须将管道内的燃气排空，一定要先将乙炔钢瓶总阀门关闭，使燃气慢慢耗尽而熄灭，然后再关闭燃气控制电磁阀。

（3）N_2O-乙炔火焰的点火

1）点火前，首先换上0.6×50燃烧头并正确安装，接好气路。

2）接通空气压缩机，调节各气源压力。

3）调节雾化器调节阀，使助燃气压力保持在0.2MPa（2kgf/cm^2）。流量为5～6L/min，注意在任何情况下，助燃气流量不得小于4.5 L/min。

4）接通燃气电磁阀，调节燃气流量为1.5L/min，手握点火枪在燃烧器上方点火。

5）点火成功后约5～10s，按下气路操作面板上的空气-N_2O转换按键（绿色），按键上指示灯亮，此时空气关闭，N_2O气打开，稍过2～5s火焰即逐渐转蓝，美丽的“红羽毛”就会出现，“红羽毛”高度不应低于3～5mm。若发现“红羽毛”过低，可以增加燃气流量，反之过高（超过200mm），可降低燃气流量。

6）根据被分析元素的需要，调节燃气流量，相应改变“红羽毛”高度，但在任何情况下燃气流量不要低于3L/min，“红羽毛”高度不应低于3mm，否则是不安全的。若在燃烧头狭缝上发现积炭，可用不锈钢板（20mm × 200mm × 0.5mm）将积炭刮去。

在 N_2O 已经点燃的情况下，决不允许改变雾化器的工作状态。若发现分析灵敏度过低，可能是雾化器没有调节好，此时应转换到空气-乙炔火焰进行调节。因为点燃笑气后，调整雾化器是不安全的。

若需要熄灭火焰，则可依照以下规程操作。如果要再次点燃 N_2O-乙炔火焰，那么要重新重复上述操作步骤。

① 按气路操作面板上的“空气-N_2O 转换按键”（绿色），按键上指示灯熄灭，此时已切断了笑气供应。

② 将乙炔流量降低到 1.5L/min，让火焰燃烧 5～10s。

③ 关闭燃气，待火焰熄灭后，再关掉空气压缩机电源。

注意：N_2O-乙炔火焰能射出对人眼睛有害的紫外线，故不要长时间观察，一般不要超过 5min。

对于 N_2O 火焰，要永远坚持用空气-乙炔火焰点燃，再过渡到笑气-乙炔火焰，最后还要返回空气-乙炔火焰才能熄灭的原则。

复习思考题

1. 何谓原子吸收分光光度法？它具有哪些特点？

2. 原子吸收分光光度计主要有哪几部分组成？各部分的组成是什么？

3. 何谓锐线光源？在原子吸收分光光度分析中为什么要用锐线光源？

4. 应用原子吸收分光光度法进行定量分析的依据是什么？进行定量分析有哪些方法？试比较它们的优缺点？

5. 原子吸收分光光度法中对化学干扰和光谱干扰采用何种措施加以抑制？

6. 浓度为 0.2μg/mL 的镁溶液，在原子吸收分光光度计上测得吸光度为 0.2000，试计算镁元素的特征浓度。

7. 用标准加入法测定某水样中 Mg 的浓度，分别取试样 5 份，再各加入不同量的 100μg/mL 标准镁溶液，定容为 25mL，测得其吸光度见表 2-4，用作图法求出水样中 Mg 的浓度（结果以 mg/mL 表示）。

表 2-4　Mg 的吸光度测定值

序　号	试样溶液的体积/mL	加入 Mg 标准溶液的体积/mL	吸　光　度
1	20	0.00	0.091
2	20	0.25	0.181
3	20	0.50	0.282
4	20	0.75	0.374
5	20	1.00	0.470

8. 用原子吸收分光光度法测定某厂废液中Cd含量，从废液排出口准确量取水样100mL，经适当酸化处理后，准确加入10mL甲基异丁酮溶液萃取浓缩，被测元素，在波长228.8nm下进行测定，测得吸光度为0.182，在同样条件下，测得Cd的标准系列吸光度见表2-5。用作图法求该厂废液中Cd含量（以mg/mL表示）。

表2-5 Cd的吸光度测定值

Cd的质量浓度/（μg/mL）	0.0	0.1	0.2	0.4	0.6	0.8	1.0
吸光度	0.00	0.052	0.104	0.208	0.312	0.416	0.520

第三章

产品样品交接

培训学习目标 通过本章的学习，使高级化学检验工了解常见化工产品的性能和检测项目；会查阅一般化工产品的国家标准；掌握送检产品样品交接中出现的疑难问题的解决技巧。

第一节　了解送检产品样品的质量要求和标准

送检的产品样品在交接过程中，应按交接样品的规定由送样人员正确填写《样品检验申请单》，检验方的收验人与送样人员当面对样品的名称、种类、批号、规格、数量、检验内容等进行确认、核实，并由收验人填写《样品受理单》，经送样人、收验人签字，统一编号登记，记录在案。

送检的产品样品种类繁多，来源复杂，性质各异。在接受样品时，除按规定办理交接手续外，还应具有化工产品性能和检测的基本知识，了解常见化工产品质量方面的有关问题及相关标准，这样才能使下面的分析检验工作高效、准确。

一、送检产品样品的质量和检验要求

不同的化工产品的性质决定了它们的质量要求各不相同。对送检样品的采集、制备和分析方法也是不同的。具体情况应根据分析的要求、样品的性质、均匀程度、数量多少等来决定。

送检的样品在送检过程中对包装、携带和保存应按照相关国家标准、行业标准执行。送样人应以适当的方式封存，由样品所在单位以适当的方式运往检验部门。盛放样品的容器应使用不与样品发生化学反应、不被样品溶解、不使样品质量发生变化的材料制成。运输方式应不损坏样品的外观及性能。样品箱、样品

桶、样品的包装也应满足上述要求。当检验微量元素时，对容器要进行预处理。例如检验铅含量时，容器在盛放样品前应先进行去铅处理；检验铬、锌含量时，不能使用镀铬、镀锌的工具和容器；检验铁含量时，应避免与铁制工具和铁容器接触；检验3，4-苯并芘时，样品不能用蜡纸包装，并防止太阳光照射；检验黄曲霉素时，样品应避免阳光、紫外光的照射。

1. 不同形态物料样品的质量要求

送检样品若按物料的形态，可分为固态、液态和气态三种。

（1）固体物料样品的质量要求　固体物料种类繁多，形状各异，其均匀性一般较差。均匀的固体物料还可分为晶体和非晶体两种。

1）送检的固体物料样品应根据其类型、检验的目的，首先按照规定的采样方案采集和制备送检样品，以保证其具有代表性。

2）送检的固体样品须保存在对样品呈惰性的包装材质中（例如塑料袋、塑料瓶、玻璃瓶等），贴上标签，写明物料的名称、来源、编号、数量、包装情况等。对易吸潮的固体化工样品，应放在洁净、干燥、密闭、防潮的容器中。例如水泥样品，应放在防潮且不易破损的金属容器中。易氧化的样品应放在洁净、干燥、密闭的避光容器中。样品保存包装和运输情况、存放环境等，都应根据其性质采取适当的措施，例如避光、密封、防火、防震、低温等。样品保存时间一般为六个月，根据实际需要和物料的特性，可以适当延长和缩短。

（2）液态物料样品的质量要求　液态物料具有流动性，组成比较均匀，易采得均匀样品。

1）采集液态物料样品应根据检验目的，制定采样方案，在采样点、采样口或容器中采集需要的样品。挥发性液态物质（例如烃类）样品的采集，不宜使用塑料容器和气密性差的容器。

2）液体样品一般是在容器中储存和运输，注意包装容器不得受损、腐蚀、渗漏，并核对标志；观察容器内样品的颜色、粘度是否正常；表面或底部是否有杂质、分层、沉淀、结块等现象；判断物料样品的类型和均匀性。对化学性质活泼的易挥发、氧化、腐蚀、易燃、易爆等物料，也必须采取规范有效的措施运输和储存。

（3）气体物料样品的质量要求　气体容易通过扩散和湍流而混合均匀，成分上的不均匀性一般都是暂时的；气体往往具有压力、易于渗透、易被污染和难以储存。

1）气体组成均匀，但不同存在形式的气体取样的方法不同。气体压力接近大气压可在常压下取样；略高于大气压的气体用正压取样法采取；高压气体一般安装减压阀，将气体的压力降至略高于大气压后再取样；低于大气压的负压气体要用抽气泵在负压下取样。

2）气体样品的容器必须是密闭的，有以下几种：①气体采样管。②吸附剂采样管，包括活性炭采样管和硅胶采样管，活性炭采样管通常用来吸收浓缩有机气体和蒸气。③金属钢瓶，有不锈钢钢瓶、碳素钢钢瓶和铝合金瓶等。钢瓶必须定期作强度试验和气密性试验，而且要专瓶专用。④盛装气体样品的容器还有塑料袋和复合膜气袋等。

2. 不同化工产品的质量及检验要求

不同化工企业送检的产品各不相同，例如有的企业生产化学试剂，有的是生产农药、化肥、涂料、日用化工产品、焦化产品、硅酸盐等。显然对于不同的分析对象它们的性质各异，质量要求及检验项目也不相同。

（1）硅酸盐产品的质量及检验要求　天然硅酸盐产品常见的有长石、粘土、滑石、云母、石棉、石英等。人造硅酸盐产品有水泥、玻璃、陶瓷、水玻璃和耐火材料等。除此之外，在所有矿石中都含有硅酸盐杂质，例如煤渣及冶炼金属的炉渣等。硅酸盐属于固体物料，硅酸盐矿石还是非均匀固体，必须按国标要求采集后，经过一定程序的加工处理制备成供分析用的分析试样。

硅酸盐种类繁多，根据其生成条件的不同，其化学成分也各不相同。总体上说，化学元素周期表中的大部分天然元素几乎都可能存在于硅酸盐岩石中。在硅酸盐中，SiO_2 是其主要组成成分。硅酸盐水泥熟料中的 CaO、SiO_2、Al_2O_3 和 Fe_2O_3 四种主要氧化物占总量（质量分数）的95%以上，其中：CaO 占62%～67%，SiO_2 占20%～24%，Al_2O_3 占4%～7%，Fe_2O_3 占2.5%～6%。另外还有其他少量氧化物，例如 MgO、SO_3、TiO_2、P_2O_5、Na_2O、K_2O 等。

在硅酸盐工业中，应根据工业原料和工业产品的组成、生产过程控制等要求来确定分析项目，一般测定项目为水分、烧失量、不溶物、SiO_2、Al_2O_3、Fe_2O_3、TiO_2、CaO、MgO、Na_2O、K_2O 等。依据物料组成的不同，有时还要测定 MnO、F、Cl、SO_3、硫化物、P_2O_5、B_2O_3、FeO 等。

（2）化肥产品的质量及检验要求　化肥的理化性质一般比较稳定，易于储存，不易变质。其中氮、磷、钾是农作物生长需要的最主要的三种元素。

氮肥主要有铵盐和硝酸盐。尿素是有机化学氮肥。此外，如氨水、硝酸铵、硫酸铵、氰氨基化钙（石灰氮）等，也是常用的化学氮肥。氮在化合物中，通常以氨态（NH_4^+ 或 NH_3）、硝酸态（NO_3^-）和有机态（$—CONH_2$、$=CN_2$）三种形式存在。由于三种状态的性质不同，所以分析方法也不同。常见的这些化学氮肥除石灰氮以外，都溶于水。碳酸氢铵为白色结晶，且有氨气味，而氯化铵、硝酸铵、磷酸氢铵、磷酸铵和硫酸铵等虽然也是白色结晶，但没有氨味。氨水是有强烈氨味的液体化肥。

磷肥一般含有 PO_4^{3-}、HPO_4^{2-}、$H_2PO_4^-$ 或经转化生成含有这些成分的化学物质。例如过磷酸钙又叫普钙，是 $Ca(H_2PO_4)_2$ 和 $CaSO_4$ 的混合物，其有效成分是 Ca（H_2PO_4）$_2$；重过磷酸钙又叫重钙[Ca（H_2PO_4）$_2$]，不含 $CaSO_4$，肥效比普钙高。还有钙镁磷肥、磷矿石粉等。磷肥一般呈粉状，带有灰色，无嗅。有水溶性磷肥，指可以溶解于水的含磷化合物，例如磷酸、磷酸二氢钙（又名磷酸一钙）[Ca（H_2PO_4）$_2$]。过磷酸钙、重过磷酸钙中主要含水溶性磷化合物，故称为水溶性磷肥。有可溶于柠檬酸的磷肥，例如结晶磷酸氢钙，又名磷酸二钙（$CaHPO_4 \cdot 2H_2O$）、磷酸四钙（$Ca_4P_2O_9$ 或 $4CaO \cdot P_2O_5$）。钙镁磷肥和钢渣磷肥中主要含有柠檬酸溶性磷化合物，故称为柠檬酸溶性磷肥。过磷酸钙、重过磷酸钙中也常含有少量结晶磷酸二钙。还有难溶性磷肥，例如磷酸三钙［Ca（PO_4）$_2$］、磷酸铁、磷酸铝等。磷矿石几乎全部是难溶性磷化合物。化学磷肥中也常含有未转化的难溶性磷化合物。

在磷肥的分析中，水溶性磷化合物和柠檬酸溶性磷化合物中的磷称为有效磷。磷肥中所有含磷化合物中含磷量的总和则称为全磷。生产实际中，常分别测定有效磷及全磷含量。测定的结果一律以五氧化二磷（P_2O_5）计。

钾肥是指含有 K^+ 或经转化生成 K^+ 的化学物质。钾肥分为自然钾肥和化学钾肥两大类。自然钾肥有自然矿物和农家肥等，自然钾肥可以直接施用，也可以加工为较纯净的氯化钾或硫酸钾；化学钾肥主要有氯化钾、硫酸钾、硫酸钾镁、磷酸氢钾和硝酸钾等。钾肥一般呈白色结晶，且溶于水。

（3）农药的质量及检验要求　农药原药和制剂按照物理形态可分为固体农药、液体农药和气体农药三种。

固体农药，例如粉剂、可湿性粉剂、颗粒剂、片剂等，在储存时要注意湿度，因湿度大易结块，会使有效成分降低。

液体农药，例如乳油、水剂、超低容量剂等。这类农药因内含有机溶剂，燃点低，容易着火。

气体农药，例如气雾剂，出售时是液体，使用时是气体，储存时不要碰撞，防止爆炸。

农药产品在常温或一定温度下储存时，其有效成分会有一定程度的下降。为了在短期内预测常温储存产品的性能变化，在一些农药产品标准中规定了热贮稳定性（乳剂或悬浮剂）或加速储存实验（可湿性粉剂）的技术指标。农药储存总的要求是：农药不得与食品、饮料、饲料、化肥、五金、油漆、强酸和强碱等共放一储存室。

农药标准样品的正确储存是至关重要的。液体样品通常装入充有惰性气体的密封安瓿中，装瓶时农药必须不沾瓶口，否则熔封时会污染瓶口，有时甚至污染整瓶标准样品。开瓶时需防止玻璃碎片的污染。标准样品也可装入可密闭的玻璃小瓶中。储存稳定期及有效期也需标明。标准样品应置于低温贮藏，定期检查其含量。

商品农药一般都在不受日光直射条件下储存。粉剂、可湿性粉剂的储存，室内温度要控制在35℃以下，相对湿度控制在75%以下。乳油、水剂、胶悬剂、各类高毒农药的储存，室内温度要控制在30℃以下，相对湿度控制在30%以下。

影响农药储存期间质量变化的外界因素主要是温度、湿度、阳光直接照射等。

农药的检测项目，主要有：有效成分、杂质、水分、酸度、溶点、细度、乳化力、悬浮率、湿润性等。

（4）涂料的质量及检验要求　涂料属于精细化工产品，它是由不同的化工产品组成的混合物。液态涂料中的清漆，大多是不同化工产品的溶液，少数是分散体；色漆都是化工产品（颜料、填料）在溶液或分散液中的分散体；粉末涂料是化工产品的固-固分散体。

一般涂料产品都由四个部分组成，即成膜物质、颜料和填料、溶剂和水、助剂。

根据国家标准《GB 12268—1990 危险货物品名表》规定，涂料产品分为一级易燃液体和二级易燃液体两大类。

各类稀释剂、脱漆剂、乙烯防腐剂、过氯乙烯系列漆、环氧固化剂、硝基系列漆、聚氨酯系列漆、磷化底漆、纤维素清漆等属于一级易燃危险品。

各类丙烯酸底漆、磁漆、各种沥青漆类、环氧漆类、氨基漆类、酚醛漆类、铝粉漆类、醇酸漆类等属于二级易燃危险品。

各种规格的涂料产品，必须使用马口铁或黑铁皮包装，但不适宜用塑料制品包装，盖口及边缘应严密不渗漏，并装入大小适宜且坚固的花格木箱或瓦楞纸箱内。包装容器应留有5%的膨胀余地，以防液体受体积膨胀而容器破裂。

涂料危险品在装卸过程中，要轻拿轻放，禁止碰撞、乱抛乱掷和超高超重，应捆绑牢固。

涂料危险品应储存于干燥、阴凉、通风、隔热、无阳光直射、邻近无火源的室内，温度应控制在35℃以下，否则，应采取降温措施。涂料危险品不宜露天储存。并对储存过久而影响质量的超期产品应及时进行处理。

涂料的检测项目，主要是物理常数和性能，包括：粘度、细度、密度、闪点、稳定性；成分分析项目包括：主要成分、灰分、水分、不挥发分等。

（5）日用化工产品的质量及检验要求　日用化工产品主要有：合成洗涤剂、肥皂、化妆品、牙膏、香精、香料等。另外像电池、火柴、胶水、鞋油、油墨、墨水等也都属于日用化工产品。

合成洗涤剂是日用化工产品的一大类，它是由各种表面活性剂和各种助洗剂通过合适的比例配制而成的。其组成包括活性成分和辅助成分。活性成分即表面活性剂；辅助成分的有助剂、抗沉淀剂、荧光增白剂、酶、填充剂等。

合成洗涤剂的检验是工业分析的一个组成部分，其主要分析对象是合成洗涤剂的各种原材料、半成品及成品。合成洗涤剂的检验项目主要有：外观、颗粒度、表观密度、总活性物含量、总活性物、聚磷酸盐0.77倍4A氟石的含量之和、总五氧化二磷（P_2O_5）含量、水溶性硅酸盐含量（以SiO_2计）、pH值等。

化妆品是日用化工产品的另一大类，化妆品的检验项目有：色泽、香型、外观、pH值、粘度、相对密度、甲醇以及铅、砷、汞等重金属含量。

化妆品与合成洗涤剂的检验项目，除一般的组分含量测定、物理常数测定外，还有一些比较特殊的检测项目，例如合成洗涤剂的去污力，表面活性剂的生物降解度，化妆品的耐热、耐寒性能、卫生指标、微生物指标检验等。

二、不同性质的化工产品样品的交接和保管要求

（1）易燃类　易燃类液体极易挥发成气体，遇明火即燃烧，通常把闪点在25℃以下的液体均列入易燃类。这类物质要求单独存放于阴凉通风处，理想存放温度为-4~4℃。闪点在25℃以下的试剂存放室温最高不得超过30℃，特别要注意远离火源。

（2）剧毒类　专指由消化道侵入极少量即能引起中毒致死的试剂。生物试验半致死量在50mg/kg以下者称为剧毒物品，例如氰化钾、氰化钠及其他剧毒氰化物，三氧化二砷及其他剧毒砷化二氯化汞及其他极毒汞盐，硫酸二甲酯，有机氯和有机磷农药，某些生物碱和毒苷等。这类化工产品要置于阴凉干燥处，与酸类试剂隔离。应锁在专门的毒品柜中，皮肤有伤口时，禁止操作这类物质。

（3）强腐蚀类　指对人体皮肤、黏膜、眼、呼吸道和物品等有极强腐蚀性的液体和固体（包括其蒸气），例如发烟硫酸、硫酸、发烟硝酸、盐酸、苯无水肼、水合肼等。

这类物品存放处要求阴凉通风，并与其他药品隔离放置。应选用抗腐蚀性的材料，例如耐酸水泥或耐酸陶瓷制成架子来放置这类药品。料架不宜过高，也不要放在高架上，最好放在地面靠墙处，以保证存放安全。

（4）燃爆类　这类产品中，有遇水反应十分猛烈发生燃烧爆炸的；有本身就是炸药或极易爆炸的；有引火点低，受热、冲击、摩擦或与氧化剂接触能急剧燃烧甚至爆炸的。这类产品要轻拿轻放。存放室内温度不超过30℃，与易燃物、氧化剂均须隔离存放。料架用砖和水泥砌成，应有槽，槽内铺消防砂。将产品置于砂中，加盖，万一出事不致扩大事态。

（5）强氧化剂类　这类产品是过氧化物或含氧酸及其盐，在适当条件下会发生爆炸，并可与有机物、镁、铝、锌粉、硫等易燃固体形成爆炸混合物。如过

氧化物遇水就会有发生爆炸的危险。

这类物品存放处要求阴凉通风，最高温度不得超过30℃。要与酸类以及木屑、炭粉、硫化物、糖类易燃物、可燃物或易被氧化物（即还原性物质）等隔离，堆垛不宜过高过大，注意散热。

（6）放射性类　操作这类物质需要特殊防护设备知识，以保护人身安全，并防止放射性物质的污染与扩散。

以上6类均属于危险品。

（7）低温存放类　此类试剂需要低温存放才不至于聚合变质或发生其他事故，存放于温度在10℃以下。

（8）贵重类　单价贵的特殊试剂、超纯试剂和稀有元素及其化合物均属于此类。

三、送检产品样品的质量标准

我国的标准是由国家技术监督局或有关主管业务部门审核批准并作为法律公布施行。前者为国家标准（代号GB），后者为行业（部颁）标准。例如：化工行业标准（代号HG），冶金行业标准（代号YB）。此外也允许有地方标准或企业标准，但是只能在一定范围内施行。标准的前载用字母代号，推荐性标准则加“/T”。标准的后载用数字编号和年份号，如产品用类别，也应在标准中标示出来。强制性国家标准在字母GB后不加“/T”。

例如《钢的成品化学成分允许偏差》（GB/T 222—2006），为推荐性的国家标准，2006年颁布并执行。又如《尿素的测定方法　第7部分粒度　筛分法》（GB/T 2441.7—2010），也为推荐性的国家标准，2010年颁布并执行。

标准分析法不是固定不变的，随着科学技术的发展，旧的方法不断被新的方法代替，新标准颁布后，旧的标准即应作废。

不同种类的化工产品有不同的质量标准，例如采样：《水泥取样方法》（GB/T 12573—2008）；《天然气取样导则》（GB/T 13609—2012）；《化工产品采样总则》（GB/T 6678—2003）；《固体化工产品采样通则》（GB/T 6679—2003）；《液体化工产品采样通则》（GB/T 6680—2003）；《气体化工产品采样通则》（GB/T 6681—2003）。详见中华人民共和国国家标准目录及信息总汇。

第二节　产品样品交接中的疑难问题

送检的产品样品一般分为两类：一类是送检人明确样品，另一类是送检人不明确样品。接收样品时必须对样品来源、用途、送检目的等信息有所了解，然后才能确定分析检验的项目和内容。

一、了解产品样品送检的目的

（1）技术目的 ①确定原材料、半成品及成品的质量；②控制生产工艺过程；③鉴定未知物；④确定物料污染的性质、程度和来源；⑤验证物料的特性或特性值；⑥测定物料随着时间、环境的变化；⑦鉴定物料的来源等。

（2）商业目的 ①确定销售价格；②验证是否符合合同的规定；③保证产品销售质量，满足用户的要求等。

（3）法律方面 ①为了检查物料是否符合法令要求；②为了检查生产过程中泄漏的有害物质是否超过允许极限；③为了法庭调查，确定法律责任，进行仲裁等。

（4）安全方面 ①确定物料是否安全或危险程度；②分析发生事故的原因；③按危险性进行物料的分类等。

二、考察产品样品的一般性质

接收送检样品应注意厂家、商标、批号、包装、储存条件等信息，以确保样品来源的可靠性和代表性。非均一体系还要按分析化学的标准方法正确取样。样品来源不准确，取样没有代表性，样品被污染，或存放不合理而变质等都可能使分析检验复杂化，甚至徒劳无功。同一厂家不同批号的产品组成也可能不相同。

考察样品的一般性质可从以下几方面着手：

（1）询问样品的来源 根据样品的来源，可分析判断样品可能的成分和杂质。应调查物料的货主、种类、批次、生产日期、总量、包装堆积形式、运输情况、储存条件、储存时间、可能存在的成分逸散和污染情况，以及其他一切能揭示物料发生变化的材料。

（2）了解样品的用途 对用途的了解，可给出一些重要的信息。许多材料的用途-结构-成分之间有很密切的关系，例如高分子材料中高强度的聚合物大都是聚酰胺、聚甲醛和聚碳酸酯等工程塑料；耐高温的高分子材料则可能是含硅、氟或杂环聚合物等。

（3）观察样品的外观 仔细观察样品的状态、颜色、气味，可初步判断和了解样品是否为均一体系或为非均一体系。此外，样品的状态、颜色、嗅味、密度、硬度等物理性质也与其组成有密切关系。通过初步观察可得到许多有用的信息，例如液体样品分层或有沉淀说明该液体样品为混合物。

回答样品交接中出现的问题，是在没有现成途径可走，没有“标准方法”可遵循时，必须运用自己的经验、学识、技能，灵活地解决面临的问题。

复习思考题

1. 硅酸盐水泥主要由哪些化合物组成？一般测定的项目有哪些？

2. 化学氮肥中的氮在化合物中通常以哪三种形式存在？化学磷肥根据溶解性可分为哪几种？

3. 一般涂料产品都由哪四个部分组成？根据国家标准规定涂料的是何种危险品？分为哪几个等级？

4. 合成洗涤剂的检验项目主要有哪些？化妆品的主要检验项目有哪些？

5. 农药储存总的要求是什么？影响农药储存期间质量变化的外界因素是什么？

第四章

检验准备

培训学习目标 通过本章的学习，使分析工掌握仪器分析对水的要求；熟悉分析用水的分级及分析用水的制备方法。掌握仪器分析用标准溶液的制备方法。掌握气相色谱柱的制备方法、能正确选择毛细管色谱柱、原子吸收分光光度计的空心阴极灯、高效液相分析柱。熟悉设计检验记录表的一般知识。了解分析仪器中计算机的应用知识。

第一节 准备实验用水及溶液

一、仪器分析对水的要求

采用仪器分析法对高纯物质的痕量元素进行分析时，为了提高分析方法的准确度和灵敏度，减低实验空白，对水的纯净度有较高要求。例如ICP发射光谱分析、原子吸收光谱分析和化学光谱分析，测定钠、钾、钙、镁、铁、硼、硅等元素，要求使用的水必须有足够的纯净度。因为天然水中存在很多杂质，例如Na^+、K^+、Ca^{2+}、Mg^{2+}、Fe^{3+}等阳离子，例如CO_3^{2-}、SO_4^{2-}、Cl^-等阴离子，以及某些有机物质和泥沙、细菌、微生物等，所以不能直接用于仪器分析，必须根据各种的要求将水纯化后才能使用。

理论纯水是很难达到的，经过净化处理后的纯水中仍含有微量杂质，主要分为四类：一是无机物，主要有Ca^{2+}、Mg^{2+}、Na^+、K^+、Fe^{3+}、Fe^{2+}、Mn^{2+}、Al^{3+}、HCO_3^-、CO_3^{2-}、SO_4^{2-}、Cl^-、OH^-、NO_3^-、NO_2^-、$HSiO_3^-$、PO_4^{3-}等离子；二是有机物，主要有腐殖酸、烷基苯磺酸、油、有机碳、有机铁、有机碱、碳氢化合物等；三是微生物，主要有细菌、藻类、浮游生物等；四是溶解气体，主要

有 N_2、O_2、CO、CO_2、H_2S、CH_4 等。纯水中的这些杂质对分析技术并不都是有害的，不同的分析方法、分析对象、分析质量对纯水的要求均不相同。

1. 分析实验室用水的级别

国家标准《GB/T6682—1992 分析实验室用水规格和试验方法》，规定分析实验室用水共分三个级别：一级水、二级水和三级水。

分析实验室用水的技术要求见表 4-1。

表 4-1　分析实验室用水的技术要求

项 目	一级水	二级水	三级水
pH 值范围（25℃）	—	—	5.0～7.5
电导率（25℃）/（mS/m）≤	0.01	0.10	0.50
可氧化物质［以（O）计］/（mg/L）≤	—	0.08	0.4
吸光度（254nm，1cm 光程）≤	0.001	0.01	—
蒸发残渣（105±2）℃/（mg/L）≤	—	1.0	2.0
可溶性硅（以 SiO_2 计）/（mg/L）≤	0.01	0.02	—

1）由于在一级水、二级水的纯度下，难以测定其真实的 pH 值，因此对一级水、二级水的 pH 值范围不做规定。

2）一级水、二级水的电导率须用新制备的水在线测定。

3）由于在一级水的纯度下，难以测定可氧化物质和蒸发残渣，对其限量不做规定。可用其他条件和制备方法来保证一级水的质量。

2. 仪器分析对水的要求

仪器分析对水的要求取决于分析方法和分析对象，不同的分析方法和分析对象对水的要求也不完全相同。

1）高效液相色谱对水的要求比较严格，为了减少空白值，必须使用国家标准规定的一级水。一级水可用二级水经过石英设备蒸馏或离子交换混合床处理后，再经 0.2μm 微孔滤膜过滤来制取。

2）原子光谱分析需要用多次蒸馏或离子交换等方法制取的符合国家标准规定用于无机痕量分析等试验的二级水。

3）库仑滴定要求使用特殊要求的不含氧气的水。可通过通入氮气除去氧气。

4）电位滴定测定弱酸时需用无二氧化碳的水。使用前可煮沸除去溶于水中的二氧化碳。

5）对于一些特殊的样品分析应使用特殊要求的水，例如测定痕（微）量铅应使用无铅水；测定痕（微）量砷应使用无砷水；另外还有无氯水、无氨水、无醛水、无酚水、不含有机物的蒸馏水等。

6）无特殊要求，即可使用蒸馏或离子交换等方法制取的三级水。

3. 化验用水的制备

制备化验用水的方法很多，通常用蒸馏法、离子交换法、电渗析法等，下面分别作简单介绍。

（1）蒸馏法制备化验用水　蒸馏水是利用水与水中杂质的沸点不同，用蒸馏法制得的纯水。用于制备蒸馏水的蒸馏水器式样很多，现在多采用内加热式蒸馏器代替用电炉、煤气或煤炉等外加热式的蒸馏方法。实验室用的蒸馏器通常是用玻璃或金属制造的。蒸馏水中仍含有一些微量杂质，原因有二。

1）二氧化碳及某些低沸点易挥发物，随着水蒸气带入蒸馏水中。

2）冷凝管、蒸馏器、容器的材料成分微量地带入蒸馏水中。

化学分析用水，通常是经过一次蒸馏而得，称之一次（三级）蒸馏水。有些分析要求用水须经二次或三次蒸馏而得的二次（或三次）蒸馏水。对于高纯物分析，必须用高纯水。为此，可以增加蒸馏次数，减慢蒸馏速度，弃去头尾蒸出水，以及采用特殊材料例如石英、银、铂、聚四氟乙烯等制作的蒸馏器皿，可制得高纯水。高纯水不能贮于玻璃容器中，而应贮于有机玻璃、聚乙烯塑料或石英容器中。

（2）离子交换法制备化验用水　用离子交换法制得化验用水，称为去离子水或离子交换水。此法的优点是操作与设备均不复杂，出水量大，成本低。离子交换法能除去原水中绝大部分盐、碱和游离酸，但不能完全除去有机物和非电解质。因此，要获得既无电解质又无微生物等杂质的纯水，还须将离子交换水再进行蒸馏。为了除去非电解质杂质和减少离子交换树脂的再生处理频率，提高交换树脂的利用率，最好利用市售的普通蒸馏水或电渗水代替原水，进行离子交换处理而制备去离子水。

（3）电渗析法制纯水　在电渗析器的阳板和阴板之间交替平行放置若干张阴离子交换膜和阳离子交换膜，膜间保持一定间距，形成隔室，在通直流电后水中离子作定向迁移，阳离子移向负极，阴离子移向正极，阳离子只能透过阳离子交换膜，阴离子只能透过阴离子交换膜。在电渗析过程中能除去水中电解质杂质，但对弱电解质去除效率低。电渗析法常用于海水淡化，不适用于单独制取化验纯水。与离子交换法联用，可制得较好的化验用纯水。电渗析法的特点，是设备可以自动化，节省人力，仅消耗电能，不消耗酸碱，不产生废液等。

（4）超纯水制备装置　在仪器分析中，例如原子光谱和高效液相色谱，为了减少空白值，需要超纯水。

超纯水的制备方法是将蒸馏法、离子交换法或电渗析法制备的纯水作为制备超纯水的水源，由齿轮泵将水送入纯化柱，纯化柱由四个填充柱组成（内填活性炭、阴阳离子交换树脂、超滤膜、无菌滤膜等物），纯化后的水流经电阻传感器，可连续监测纯化水的电阻值，其电阻值为1～18MΩ·cm，任意可调，最后经过孔径为0.22μm的过滤器，除去0.22μm以上的微粒及微生物。整个装置由内装微机控制，液晶显示工作条件，每分钟可制1.5L电阻率为10～15MΩ·cm的超纯水，其总有机碳量<10μg/L，微生物<1CFU/me，重金属<1μg/L。

（5）特殊要求的化验用水的制备

1）无氯水。在自来水中加入亚硫酸钠等还原剂，将水中的余氯还原为氯离子，以N-二乙基对苯二胺（DPD）检查不显色。继续用附有缓冲球的全玻璃蒸馏器进行蒸馏即可制取无氯水。

2）无氨水。在水中加入硫酸至其pH值小于2，使水中各种形态的氨或胺最终都变成不挥发的盐类，再用全玻璃蒸馏器进行蒸馏，即可制得无氨纯水（注意避免实验室空气中氨气的重新污染，应在无氨气的实验室中进行蒸馏）。

3）无二氧化碳水。采用煮沸法将蒸馏水或去离子水煮沸至少10min（水多时），或使水量蒸发10%以上（水少时），加盖冷却即可制得无二氧化碳纯水。制得的无二氧化碳水应储存于一个附有碱石灰管的橡皮塞盖严的瓶中。

4）无氧水。采用曝气法将惰性气体或纯氮通入蒸馏水或去离子水至饱和，即可制得无氧、无二氧化碳水。

5）无砷水。一般蒸馏水或去离子水大多能够达到基本无砷的要求。应注意避免使用软质玻璃（钠钙玻璃）制作的蒸馏器、树脂管和储水瓶。进行痕量砷的分析时，须使用石英蒸馏器和聚乙烯的离子交换树脂柱管和贮水瓶。

6）无铅（无重金属）水。用氢型强酸性阳离子交换树脂柱处理原水，即可制得无铅（无重金属）的纯水。贮水器应预先进行无铅处理，即先用6mol/L硝酸溶液浸泡过夜后再以无铅水洗净。

7）无酚水。向水中加入氢氧化钠至pH值大于11，使水中酚生成不挥发的酚钠后，用全玻蒸馏器蒸馏制得（蒸馏之前，可同时加入少量高锰酸钾溶液使水呈紫红色，再进行蒸馏）。

8）不含有机物的蒸馏水。加入少量高锰酸钾的碱性溶液于水中，使之呈红紫色，再以全玻蒸馏器进行蒸馏即可制得。在整个蒸馏过程中，应始终保持水呈红紫色，否则应随时补加高锰酸钾。

二、仪器分析用标准溶液的配制

在高效液相色谱和原子吸收分析中，除了应使用国标规定的一级、二级去离子水，还应使用清洗干净的聚乙烯、聚丙烯塑料容器。

新容器在使用前，需用盐酸溶液（体积分数为20%）浸泡2～3h，再用去离子水反复冲洗，并注满去离子水浸泡6h以上。

用来配制标准溶液的试剂，应有一定的纯度，必须使用基准物质或纯度在分析纯以上的试剂配制，以满足实际工作的需要为准则。一般的标准溶液不需要特别高纯度的试剂，分析纯即可。但对于以下的试剂，例如用来溶解试样的酸碱、光谱缓冲剂、电离抑制剂、释放剂、萃取溶剂、配制标准基体等的试剂，则必须是高纯试剂，尤其是不能含有被测元素，否则由此而引入的杂质量是相当可观的，甚至会使以后的操作完全失去意义。

避免被测痕（微）量元素的损失是标准溶液制备过程中的又一重要问题。由于容器表面吸附等原因，浓度低于1μg/mL的溶液是不稳定的，不能作为储备溶液，使用时间不要超过1～2天。吸附损失的程度和速度，有赖于储存溶液的酸度和容器的质料。作为储备溶液，通常是配制浓度较大（例如0.1mg/mL或1mg/mL）的溶液。浓度低于0.1mg/mL的标准溶液，应于使用前配制或稀释。无机储备溶液应置放在聚乙烯容器里，保持必要的酸度，并保持在清洁、低温、阴暗的地方。在有机溶液在储存过程中，应避免其与塑料、胶木瓶盖等直接接触。

原子吸收光谱法的定量结果是通过与标准溶液相比较而得出。配制的标准溶液的组成要尽可能接近未知试样的组成。溶液中含盐量对雾珠的形成和蒸发速度都有影响，其影响大小与盐类性质、含量、火焰温度、雾珠大小均有关。当总含盐量的质量分数为0.1%以上时，在标准样品中也应加入等量的同一盐类，以期在喷雾时和火焰中所发生的过程相似。在石墨炉高温原子化时，样品中痕量元素与基体元素的含量比对测定灵敏度和检出限有重要影响。因此，对于样品中的含盐量与基体元素的含量比能达到0.1μg/g。

非水标准溶液，是将金属有机化合物（例如金属环烷酸盐）溶于合适的有机溶剂中来配制，或者将金属离子转为可萃取配位化合物，用合适的有机萃取溶剂萃取。有机相中的金属离子的含量可通过测定水相中它的含量间接地加以标定。最合适的有机溶剂是C_6或C_7脂肪族酯或酮，C_{10}烷烃（例如甲基异丁酮、石油溶剂等）。芳香族化合物和卤素化合物不适合作有机溶剂，因为它们燃烧不完全，产生浓烟，会改变火焰的物理化学性质。简单的溶剂例如甲醇、乙醇、丙酮、乙醚、低分子量的烃等，因为其易挥发，也不适合作有机溶剂。

仪器分析的标准溶液配制方法见附录A。

在火焰原子吸收法中，标准溶液的浓度单位通常为μg/mL；在无火焰原子吸收法中，标准溶液的浓度单位通常为μg/L。在配制标准溶液时，通常使用各被测元素合适的盐类（基准物），当没有合适的盐类可供选择时，也可直接将相应的高纯（质量分数大于99.99%）金属丝、棒、片溶解于合适的溶剂中，然后稀释成所需浓度范围的标准溶液，但不能使用海绵状金属或金属粉末来配制。金属在溶解之前，要磨光，用稀酸清洗，以除去表面的氧化层。

对于非水标准溶液，可将金属有机物溶于适宜的有机溶剂中配制（或将金属离子转化成萃取的化合物)，用合适的溶剂萃取，通过测定水相中的金属离子含量间接加以标定。

当所需标准溶液的浓度低于0.1mg/mL时，应先配成比使用的浓度高1~3个数量级的浓溶液（大于1mg/mL）作为储备液，然后经稀释配成所需低浓度的溶液。

在配制标准溶液时，应注意使用去离子水，尤其在测定常见元素（如钙、镁、铁、铜、锌、钠等）时更应注意保证去离子水的纯度及所用玻璃器皿（如容量瓶、刻度移液管等）的洁净和不被沾污。溶解高纯金属时通常使用优级纯的硝酸或盐酸，而避免使用磷酸或硫酸。储备液应保存在玻璃或聚乙烯试剂瓶中（金、银等元素的储备液应保存在棕色试剂瓶中，有些含氟的储备液只能用聚乙烯试剂瓶储存)，且储备液应保持一定的酸度，以防止金属离子水解，达到能存放较长时间的目的。浓度很小（小于1μg/mL）的标准溶液不稳定，使用时间不应超过1~2天。

例如，100μg/mL Cu离子标准溶液的配制：准确称取1.000g金属铜粉（质量分数>99.99%）溶解于20mL1+1硝酸中，然后定量转移至1000mL容量瓶中，用去离子水稀释至刻度，配制成1mg/mL的Cu^{2+}储备液，然后再取上述Cu^{2+}储备液100mL置于1000mL容量瓶中，用去离子水稀释至标线，摇匀，则配制成浓度为100μg/mL的Cu^{2+}标准溶液。

第二节 准备仪器设备

一、气相色谱填充柱的制备

色谱柱分离效能的高低，不仅与选择固定液和载体有关，而且与固定液的涂渍和色谱柱的填充情况也有密切关系。因此，色谱柱的制备是气相色谱法的重要操作技术之一。气相色谱填充柱的制备过程主要包括下面四个步骤。

1. 色谱柱柱管的选择与清洗

(1) 柱管的选择　色谱柱形、柱内径、柱长度都会影响柱的分离效果，一般直形管效果优于U形、螺旋形，但后者体积小，为一般仪器常用。

柱的内径大小要合适，若内径太大，柱的分离效果不好；若内径太小，容易造成填充困难和柱压降增大，给操作带来麻烦。所以一般选择内径为3~4mm。

柱子长，柱的分离效果好，但柱子太长，柱的压降增大，保留时间长，甚至会出现扁平峰，使分离效果下降。因此，选择柱长的原则是：使最难分离的物质得以分离的情况下，尽量选择短柱，通常使用1~2m长的不锈钢柱子。

（2）柱管的试漏和清洗　在选定色谱柱后，需要对柱子进行试漏和清洗。试漏方法是将柱子出口堵住，将柱子全部浸入水中，另一端通入气体，在高于使用时的操作压力下，不应有气泡冒出，否则应更换柱子。

柱子的清洗方法应根据柱的材料来选择。若使用的是不锈钢柱，可以用50～100g/L的热NaOH水溶液抽洗4～5次，以除去管内壁的油渍和污物，然后用自来水冲洗至中性，烘干后备用。若使用的是玻璃柱，可注入洗涤液浸泡洗涤两次，然后用自来水冲洗至中性，再用蒸馏水洗两次（洗净的玻璃柱内壁不应挂有水珠），在110℃烘箱中烘干后使用。对于铜柱，则需要使用 w（HCl）=10%的盐酸溶液浸泡，抽洗，直至抽吸液中没有铜锈或其他悬浮杂质为止，再用自来水冲洗至中性，烘干备用。对经常使用的柱管，在更换固定相时，只要倒出原来装填的固定相，用水冲净后，再用丙酮、乙醚等有机溶剂冲洗2～3次，然后烘干，即可重新装填新的固定相。

2. 固定液的涂渍

（1）固定液用量的选择　固定液的用量要视载体的性质及其他情况而定。通常将固定液与载体的质量比称为液载比。液载比的大小会直接影响载体表面固定液液膜厚度，因而也将影响柱的分离效果。理论和实践都证明，液载比低可以提高柱的分离效果。但液载比不能太低，如果载体表面不能全部被固定液覆盖，则载体会出现吸附现象，出现峰的拖尾。因此固定液不是越少越好；若用量太少，柱的容量也小，进样量也就要减少。一般常用的液载比是5∶100～20∶100。

（2）固定液的涂渍　固定液的涂渍是一项很重要的基本操作，它要求固定液能均匀地涂敷在载体表面，形成一个牢固的液膜，其方法如下：

在确定液载比后，先根据柱的容量，称取一定量的固定液和载体分别置于两个干燥烧杯中，然后在固定液中加入适当的低沸点有机溶剂（所用的溶剂应能够与固定液完全互溶，并易挥发。常用的溶剂有乙醚、甲醇、丙酮、苯、氯仿等）。溶剂用量应刚好能浸没所称取的载体，待固定液完全溶解后，倒入一定量经预处理和筛分过的载体，在通风橱中轻轻晃动烧杯，让溶剂均匀挥发，以保证固定液在载体表面上均匀分布。然后在通风橱中或红外灯下除去溶剂，待溶剂挥发完全后，过筛。除去细粉，即可准备装柱。

对于一些溶解性差的固定液，如硬脂酸盐类、氟橡胶、山梨醇等，则需要采用回流法涂渍。

3. 色谱柱的装填

将已洗净烘干的色谱柱的一端塞上玻璃棉，包以纱布，接入真空泵；在管的另一端放置一专用小漏斗，在不断抽气下，通过小漏斗加入涂渍好的固定相。在装填时，应不断轻敲柱管，使固定相填得均匀紧密，直至填满。取下柱管，将柱入口端塞上玻璃棉，并标上记号。

4. 色谱柱的老化

新装填好的柱不能马上用于测定，需要先进行老化处理。色谱柱老化的目的有两个：一是彻底除去固定相中残存的溶剂和某些易挥发性杂质；二是促使固定液更均匀、更牢固地涂布在载体表面上。

老化方法是：将色谱柱接入色谱仪气路中，将色谱柱的出气口（接真空泵的一端）直接通大气，不要接检测器，以免柱中逸出的挥发物污染检测器。开启载气，在稍高于操作柱温下（老化温度可选择为实际操作温度以上30℃），以较低流速连续通入载气一段时间（老化时间因载体和固定液的种类及质量而异，2~72h 不等）。然后将色谱柱出口端接至检测器上，开启记录仪，继续老化。待基线平直、稳定、无干扰峰时，说明柱的老化工作已完成，可以进样分析。

色谱柱的制备是气相色谱实验中一项技术性很强的工作。为了制备性能良好的填充柱，在操作中应遵循以下几条原则：第一，尽可能筛选粒度分布均匀的载体和固定相；第二，保证固定液在载体表面涂渍均匀；第三，保证固定相在色谱柱内填充均匀；第四，避免载体颗粒破碎和固定液的氧化作用等。

二、毛细管柱的正确选用

毛细管柱是色谱柱的一大类，它和普通填充柱相比具有分离效率高、分析速度快、样品用量少等优点。选用毛细管柱应根据实际情况，结合各类毛细管柱的特点来选择。

1. 毛细管柱的分类

（1）填充型

1）填充毛细管柱。

2）微型填充柱。

（2）开管型

1）按制备方法分类

① 涂壁开管柱（WCOT）

a. 经典涂壁开管柱。

b. 内壁化学改性的开管柱。

c. 涂壁开管柱（WTOT）。

② 多孔层开管柱（PLOT）

a. 吸附型开管柱。

b. 分配型开关柱（SCOT）。

③ 键合型开管柱。

④ 交联型开管柱。

2）按柱材分类

① 金属、塑料开管柱（现已很少应用）。

② 玻璃开管柱。

③ 石英（FSOT）开管柱。

2. 常用的毛细管柱的特点及适用性

（1）填充毛细管柱　一般柱内径≤1.0mm。把粒度与柱径比值为0.2~0.3的载体或吸附剂松散地装入玻璃原料管中，然后拉制成毛细管，此时固体微粒将部分嵌入柱子内壁，构成牢固的固体层。其渗透性介于普通填充柱与开管柱之间，理论塔板数为3000~4000。柱子性能良好，与普通填充柱相比，具有速度快、柱效高、保留温度低等优点。大都以吸附型为主，适合于分离气体组分和低分子量的烃类。

（2）微型填充柱　也称为细直径填充柱。将已拉好直径小于1mm的毛细管柱填入涂有固定液的细粒填料（30~50μm），填料粒度与柱径比值小于0.2。因固定液含量低，颗粒很细，间隙度小，柱效高，理论塔板数可达4000~6000。载气线速对柱效影响小，因此有利于快速分析。又因样品容量大，对测定复杂混合物中痕量组分也很有用。但柱阻力大，柱长受到限制，对系统的气密性等问题，特别是高反压下的进样问题均难以解决，限制了这类柱型的广泛应用。

（3）涂壁开管柱（WCOT）　涂壁开管柱一般都先经过内壁的化学处理，以增加表面浸润性和减少活性，然后再涂渍固定液。这类柱子也有人称之为WTOT柱，柱效高、柱渗透性好，可使用长柱子，是分离复杂混合物的有效工具，也是当今柱技术发展的重点。

（4）多孔层开管柱（PLOT）　在管壁上涂有一层多孔性物质，例如硅藻土、二氧化硅等惰性物质，可以先沉渍在管壁上，然后再涂渍各种固定液。也可以将这些载体和固定液混合一次涂在管壁上，制成分配型的载体涂层开管柱。这两类柱型的柱容量较经典的WCOT柱高，柱流失小，有利于分配比较小组分的分离和痕量组分的测定，应用广泛。但因相比大，柱长有限（标准柱长15m），柱子的总柱效不如WCOT柱。

（5）键合型开管柱　将固定液用化学键合的方法与玻璃表面的硅羟基反应，键合到毛细管内壁上，从而大大提高柱子的热稳定性和固定液的使用上限温度。

（6）交联型开管柱　被涂渍在柱壁上的固定液在自由基引发或高能辐射诱导下，产生原位分子间共价连接交联，使固定液固化。它具有耐高温、柱效高、热和化学稳定性好、抗溶剂冲洗能力强、柱寿命长等优点，特别适合与质谱、红外等仪器联用，有利于微量组分的分离和定量。

（7）石英开管柱　用高纯度熔融氧化硅或天然石英为柱材制成的毛细管柱。为了保持柔性，柱子外表面涂有一层聚酰亚胺高分子材料或金属（例如铝）保护层，柱子惰性好，不易脆断，便于操作，应用日益广泛。

3. 毛细管柱（WCOT）的选用

毛细管柱的选用应考虑固定相、柱内径、固定相膜厚度以及柱长等因素。

（1）固定相 选择固定相的方法可参照填充柱。但是由于 WCOT 柱有很高的柱效，固定相的选择性不如填充柱那样重要。一般可用非极性固定相进行样品的分离分析。因为这种柱性能较好，例如柱效较高、对氧不敏感、最高使用温度高，因而柱寿命较长。必要时应选用极性较高的固定相，以增加成分与溶剂的相互作用，达到必要的分离。

（2）柱内径与固定相膜厚度 内径为 0.25mm、膜厚为 0.25μm 的柱是常规柱，兼顾了柱效和样品容量。为了增加样品容量，可选择内径较大、液膜较厚的柱，例如内径为 0.35mm、膜厚为 0.50μm 的柱。但是增加样品容量是在牺牲柱效的条件下获得的。为了提高柱效，可选用细内径、薄涂层的柱，以分析复杂的、宽沸程样品，例如内径为 0.15mm、膜厚为 0.1μm 的柱。

内径为 0.53mm 的柱涂以厚固定液膜（例如 1～5μm），则在一定程度上可代替填充柱，且具有较高的柱效，对仪器及操作者的要求较低，定量分析的再现性也可提高。

（3）柱长 WCOT 柱一般有 12m、25m、50m 3 种，所需柱长取决于样品复杂性及成分的性质。复杂样品需用较长的柱；如样品中成分不多，性质不同，则用短柱比较有利，这包括分析速度快，固定相流失少，费用少等。

（4）柱的老化、维护与储存 与填充柱一样，新柱需要老化，以除去残留溶剂及低分子量聚合物。此外，旧柱也应定期老化，尤其是基线漂移、某些色谱峰开始拖尾时，老化可除去样品中的难挥发物在柱头的积累。

载气纯度不高常常会缩短柱的寿命。毛细管柱的前端数厘米易于破坏，如不挥发物的积累、进样溶剂的侵蚀及机械损伤等。由于 WCOT 柱柱效很高，切割除去受损伤的几厘米，不至于影响总的柱效。

洗涤 WCOT 柱，一般用 2mL 溶剂。选用一装置，加压使溶剂缓缓通过色谱柱。洗涤后，应在低温下除去溶剂并进行老化处理。

色谱柱如不使用，应小心储存，将两端封闭，置于盒中。

三、原子吸收分光光度计的空心阴极灯的选用

选择原子吸收分光光度计空心阴极灯的原则是测定什么元素就选择什么元素的空心阴极灯。空心阴极灯在安装调整之前，应先对仪器各部件及气路进行检查，在确认无误后，再进行安装和调试工作。

（1）空心阴极灯的安装 先打开灯源室门，将所要用的元素灯引脚对准灯电源插座适配插入；轻轻提起扭簧，将灯插入灯架中，灯阴极处于槽口处即可。

阴极灯的位置会影响测定灵敏度。因此安装好的阴极灯需要仔细调整灯的

位置。

（2）空心阴极灯的位置调整　灯装好后，应将灯电源打开，将灯电流和灯负高压（增益钮）调到分析时所需要数值，然后调节灯的位置使其能量最大。具体调节方法是：先选择合适的波长，使能量表指示最大，再用“增益钮”调至中间位置。然后再将元素灯作前后左右微动，观察能量表指针，使其指在最大值，然后再用“增益钮”调至中间位置。

（3）使用空心阴极灯的注意事项

1）空心阴极灯在使用前应经过一段时间预热，使灯的发光强度达到稳定。预热时间随灯的不同而不同，一般在20～30min以上。

2）灯在点燃后要从灯的阴极辉光的颜色判断灯的工作是否正常。判断的一般方法如下：充氖气的灯负辉光的颜色是橙红色；充氩气的灯光正常是淡紫色；汞灯是蓝色。灯内有杂质气体时，负辉光的颜色变淡。例如充氖气的灯，颜色可变为粉红，发蓝或发白，若遇到这种情况，应该对灯进行处理。

3）元素灯长期不用，应定期（每月或每隔二三个月）点燃处理。即在工作电流下点燃1h。若灯内有杂质气体，辉光不正常，可进行反接处理。

4）使用元素灯时应轻拿轻放，低熔点的灯用完后，要等冷却后才能移动。

四、高效液相（HPLC）分析柱的选用

1. 高效液相色谱柱的类型及选择

（1）高效液相色谱柱的类型　色谱柱是高效液相色谱最重要的部件，它要耐高压及流动相和样品的腐蚀，所以一般都用不锈钢制作。通常按内径大小分为三种：

1）内径小于2mm的称为细管径柱或微管径柱。

2）内径为2～5mm的是常规HPLC色谱柱。

3）内径大于5mm的称为半制备柱或制备柱。

HPLC色谱柱与柱接头大都用不锈钢制成，具有耐腐蚀、抗氧化、耐压等优点。此外，也有氟塑料、玻璃和玻璃衬里等材料的色谱柱。

为了获得较高柱效能，柱管内表面必须光滑、无刻痕、裂缝及颗粒物，因此内壁必须作抛光处理。HPLC色谱柱通常是直管形，长度为5～40cm，特殊需要时可以增长。色谱柱一般为直柱，柱内径一般为2～5mm，最常用的是4mm左右的。

（2）高效液相色谱柱的选择　稳定的、高性能的色谱柱是建立耐用、重现方法的根本。不同来源的色谱柱可能有很大的差异，即使同一来源的柱也有差别。因此，对色谱柱的选择非常重要。

分离柱有各种长度和直径。在HPLC中柱内径标准为4～5mm。填料应该粒度一致，机械稳定性好。多数常用的柱填料粒度的范围是4～7μm。柱长的范围

为 10～30cm。

如果使用窄径柱（2mm），采用与标准相同的流动相线速度，分析时间可保持不变。窄径柱具有优于标准柱的优点：

1）当柱的内径减半时，样品组分的检测器信号可增加 3 倍。

2）溶剂消耗是标准柱的 1/4，从而可以相当大地节省溶剂和处理废液的费用。

3）因为溶剂消耗较低，可以使用非传统或高纯度溶剂。

4）填充密度更具均匀性。

5）好的柱渗透性允许较小粒度填料，而不会超过 HPLC 中惯用的压力。

6）摩擦热散逸好，所以柱径向的温度梯度小。

7）多根短柱能够连在一起来增加总柱长而不损失柱效。

柱外效应必须考虑，一般来说，如果使用 3μm 填料的短柱，这就要求使用池体积较小的检测器和内径为 1.3～1.8mm 的短连接管。

2. 色谱柱的填充方法

高效液相色谱法的装柱是一项技巧性很强的工作，对色谱分离效果影响很大。根据固定相微粒的大小，色谱柱的填充方法有干法和湿法两种。微粒大于 20μm 可用干法填充。如果微粒直径在 10μm 以下，只能用湿法填充。

（1）干法填充　是把所需要的填料以少量、等量多次倒入柱内，并以适当的力和频率垂直轻叩柱子，这样可以使柱床紧密、均匀。

（2）湿法填充　一般是把填料和一种所谓的匀浆溶剂按一定比例，例如质量分数为 10%～15% 混合。这种匀浆溶剂应当具有合适的粘度和密度，使填料在其中不易沉降，且有良好的分散能力，有利于消除结团效应，还应当不与填料发生不可逆化学吸附或反应，最后还应易于洗除。配好的匀浆在超声波作用下处理数分钟，使其高度分散，然后用泵在 40～80MPa 的压力下，通过一种加压溶剂（例如己烷或甲醇）迅速压入柱内。此时填料即在柱内淤积成一紧密均匀的填充床。

装填后的色谱柱应用标准混合物测定柱效。

3. 使用色谱柱的注意事项

1）色谱柱需用标准混合物，在标准试验色谱条件下进行检验，此检验数据将作为检定柱子性能变化的参数依据。它将用于确定什么时候需要再生、修理和更换柱子。

2）色谱柱在任何情况下都不能碰撞、弯曲或强烈振动。

3）当柱子和色谱仪连接时，配件（阀件、管路）一定要清洗干净，否则易出现无名峰。

4）配制两种或两种以上洗脱液时，一定要先脱气，再使用，以免产生气泡，影响分析工作的正常进行。

5）柱子与进样阀、检测器连接时，不要用力过大，以免压紧螺丝时折断。以不漏液为宜，通常先用手拧紧再以扳手旋紧1/4～1/3扣即可。

6）高粘度的溶剂（例如乙醇、异丙醇等）会增加柱压降，使样品谱带扩宽，影响柱效。

第三节 操作计算机

一、分析仪器用计算机的分类及在分析中的作用

1. 分析仪器用计算机的分类

（1）专用计算机　这是为扩大与提高分析仪器的功能与性能而专门设计的，它的辅件配置与软件也是根据分析仪器性能与用途的需要而确定的。专用计算机只能配合分析仪器使用而不能单独工作。专用计算机与分析仪器结合形式大概分成两种，一种是计算机与分析仪器组装成为一个整体；另一种是分立式的，微机控制器、数据处理器、显示器、打印机与分析仪器分立组装，根据需要情况，然后把它们连接起来使用。

（2）通用计算机　分析仪器可直接把通用计算机与分析仪器连接，通过软件的开发应用，使分析仪器计算机化。许多分析仪器上都留有与计算机相连接的接口，可以与通用计算机相连接。还有关于分析仪器的各种功能的操作软件与应用软件，可以根据需要选用。这种与分析仪器相连接的通用计算机，可以与分析仪器脱机，作为计算机独立工作。

2. 计算机技术在分析仪器中的作用

计算机技术在分析仪器中的作用有下列几方面：

（1）计算机提高了分析仪器数据处理能力　分析仪器中一些基本数据的处理，例如信号的平均、微分、换算、线性化、比较求差以及多次测量误差计算、平均值、均方误差、相对误差、多重线性的回归、相关系数等计算。分析仪器中比较复杂的数据处理，例如用于定性分析的谱图检索和各种交换谱仪如傅里叶变换等。计算机化的分析仪器还可以设计和选择合适的测量分析步骤、处理大量的有用信息、进行谱图识别、多组分混合物分析、实验条件的最优化、干扰校正、多变量拟合、多指标综合评价。

（2）计算机提高了分析仪器自动化程度　配有计算机的分析仪器提供了自动化的基本条件：例如仪器可以很好地完成数据测量、收集、计算、处理、显示；可进行分析条件的设定、实验参数的最优化、分析过程的控制；异常状态的警报安全系统，例如对缺水、泄漏、超温等给出警报；自动进样与控制；动态的

显示、储存、打印等。

(3) 计算机大大发展了分析仪器数字图像处理功能 常见的计算机化的分析仪器，均具有 CRT 显示屏，显示数据、直线、曲线、谱图、列表等，同时可用打印机打印出来。数字图像处理系统与其应用软件已成为现代分析仪器（扫描电镜、透射电镜、显微镜、能谱仪、波谱仪、电子探针、离子探针等）的一个重要组成部分，使得图像清晰、分辨率高。

(4) 计算机使分析仪器趋于智能化 计算机与分析仪器的结合，可以达到数码化、自动化、最优化。它包括理解、推理、推断与分析等一系列功能，可进行数值、逻辑与知识的综合分析。

二、分析仪器中计算机的应用

1. 计算机在电化学分析仪器中的应用

计算机技术已被广泛地运用于各种电化学分析仪器，例如计算机离子计、计算机 pH 计、计算机自动电位滴定仪、计算机极谱仪、计算机溶出分析仪和计算机库仑计等。这些仪器自动化程度高，实验过程的数据采集、处理、绘图和输出，全由计算机程序控制，可实现包括标样加入、样品稀释和混合、样品的导入、测量电解池的废液排空和清洗等全自动操作。有的计算机化的电化学分析仪器取消了中间的微处理器，而是把电化学分析仪器直接连接通用型计算机上，直接使用计算机中的硬件和软件资源。与仪器连接的计算机还可以脱机使用，即可与分析仪器脱离连接，作为计算机使用。

2. 计算机在原子吸收分光光度计中的应用

(1) 原子吸收分光光度计专用计算机的功能 原子吸收分光光度计专用计算机的主要功能是接收仪器输出的检测信号，并向仪器发出控制信号，然后处理所接收的检测信号和控制信号，最后输出处理结果。

(2) 原子吸收分光光度计的计算机控制

1) 控制内容：计算机对分析仪器的控制目的是实现分析操作自动化。其控制内容主要有分析操作过程的自动控制，分析操作参数的自动选择，仪器的操作监督及故障诊断。

采用原子吸收分光光度计分析样品时，大致有如下过程：制样→选光源→选波长→调狭缝→进样→原子化→测吸收值→重复测量→取平均值→输出结果。要实现分析过程的自动化，首先必须对上述过程中每一个操作单元都实现自动化。然后将这些操作单元根据实际需要按一定顺序连接起来，以形成整个过程的自动化。

① 制样：目前主要以手工操作为主，人工配制。

② 选光源：选光源时，首先将各元素编号，然后将与被测元素相对应的空

芯阴极灯一个个同时安装在多个灯座架上，每个灯的位置又赋予一个与此相对应的相同元素的相同编号。计算机可以根据编码，自动选择与被测元素相对应的空芯阴极灯的最佳灯电流。

③ 选波长：计算机通过快速扫描，首先将被测元素的特征波长置于狭缝位置，然后再在此位置附近进行往返慢速扫描，寻找被测元素特征浓度的峰值位置。

④ 狭缝选择：计算机通过快速和慢速扫描，一方面得到被测元素特征波长峰值位置，另一方面，也得到了该谱线的宽度。计算机可以根据被测谱线的宽度，自动选择和调节狭缝宽度。

⑤ 进样装置的控制：全自动进样器主要是将自动进样装置和自动换样装置分别进行控制，然后将二者匹配起来。全自动进样可自动按选定进样量、进样次数，依次按样品号顺序进样，目前主要仅可与石墨炉原子化器配合使用。在应用石墨炉时，通常由一个专用计算机担任石墨炉原子化系统的程序控制，它包括取样→干燥→灰化→原子化→清洗→通知读数等操作步骤。

在应用火焰原子化时，计算机主要用于选择燃气和助燃气的种类，并控制其流量，也可用于对气路系统的安全监控。

2）操作参数的自动选择：为了得到最佳分析结果，对不同试样和不同待测元素的许多仪器参数，例如特征波长、灯电流、燃气及助燃气流量、火焰高度、石墨炉测样品时的干燥、灰化和原子化温度都是不同的。因此，计算机对仪器操作参数要进行优化标准、优化项目和优化方法三个问题进行优化选择与控制。目前多用信噪比作为优化标准。优化项目在火焰中是选择灯电流和燃气及助燃气的流量。石墨炉法中是选择样品的干燥、灰化和原子化的温度及时间。常用的优化方法有单项优化法和多项优化法两种。单项优化法是在固定其他参数的情况下，计算机自动改变一个参数并找出具有最大信噪比的那个参数值，即为最优化操作参数值。

多项优化法，是用计算机自动改变几项参数进行 $n+1$ 次测量，得到 $n+1$ 个数据，然后按单纯形法计算下一次实验的几个参数的优化值。计算机再按通过计算机得到的几项优化参数值调节实验，得到一组新的信噪比，去掉 $n+1$ 次实验中信噪比最小的那次结果，组成新的单纯形。重复上述过程，直到所得到的信噪比变化不大为止，这时所得到的几项参数值就是最优化值。

3）操作仪器的监督和故障诊断：当仪器操作完成自动化后，计算机对仪器操作监控和故障诊断是必不可少的。对原子吸收分光光度计的监督，主要包括仪器各部分是否运行正常，操作步骤是否按规定程序进行，操作参数是否在允许范围等。如果操作者遗漏了某一项目或给错了操作参数，按错了操作键等，计算机都会拒绝接受错误的命令而停止工作。

对仪器电子线路的故障诊断或者对计算机系统的故障诊断是：将仪器或计算机系统主要测试点的参数正常值，先存入计算机内，然后将这些测试点与计算机连接起来，并定时测定这些数据的参数值，与计算机内存入的数值相比较。若超出误差范围，计算机就随时发出故障报警和显示故障点。计算机自身的诊断是一种专用的自检程序，它收集计算机主要测试点的参数值和状态，并随时与正常值比较，然后作出故障情况或故障部位的诊断与显示。

（3）原子吸收分光光度计的计算机数据处理

1）原始数据的平滑：原子吸收分光光度计专用计算机通过 A/D 转换后收集的检测信号，通常需要对其进行平滑处理，以进一步提高分析结果的信噪比。

在火焰法中一般采用等权重平均法，其计算公式为

$$\bar{Y}_i = \frac{y_{i-m} + L + y_{i-11} + y_i + y_{i+1} + L + y_{i+m}}{2m + 1}$$

在石墨炉法中多采用不等权重平均法，其计算公式为

$$\bar{Y}_i = \frac{a_m y_{i-m} + L + a_1 y_1 + a_0 y_i + b_1 y_{i+1} + L + b_m y_{i+m}}{a_m + L + a_1 + a_0 + b_1 + L + b_m}$$

式中，$a_m \cdots a_0$、$b_1 \cdots b_m$ 均为常数，称为权重因子。

2）背景的自动校正。

3）数据的取舍：当一个试量经过多次重复测量时，由于受到某种偶然因素的影响，在一组数据中有可能出现一个或几个异常值，为保证分析的精确度，必须剔除异常值，然后再取平均值。

4）工作曲线或标定：根据原子吸收分光光度法的基本原理，即吸光度与元素浓度成正比，$A_1 = kx_1$。所谓标定，就是用已知不同浓度 x_s 的标准物质求出 k 值。在实际应用中只有浓度在一定范围内变化时，A_1 与 x_1 才有线性关系，超过一定范围，曲线就会弯曲。因此，计算机就要分别不同情况，用不同方法求 k 值。x_1 在线性范围内时，

$$A_1 = kx_1 + b$$

x_1 在非线性范围内时，

$$A_1 = a + bx_1 + cx_1^2 + L + mx_1^n$$

5）计算分析结果的算术平均值、标准偏差、变异系数，采用最小二乘法进行曲线的回归等。

6）分析结果的输出：分析结果的输出常用 LED（液晶显示）、屏幕显示、绘图打印机打印。输出常为两部分：

① 原始数据储存单。输出内容包括：仪器操作条件，例如空心阴极灯种类、灯电流、狭缝宽度、波长、火焰种类、燃气和助燃气的流量、燃烧器长度、测量火焰高度、信号处理方法、预喷时间、积分时间、重复测量次数、信号输出放大

倍数、绘图方式、走纸速度、标准样品数及其编号和标准浓度值等。也可绘制每次测量信号的图形和标准工作曲线、打印曲线方程及其系数。

② 分析报告单。输出的主要内容包括：选送单位、选送日期、分析结果(样品号、浓度值、吸光度值、标准偏差和变异系数等)、分析者、审校者以及出示数据报告日期等。

（4）AA7000型数据工作站使用说明

1）校准操作：见表4-2。

表4-2 AA7000型数据工作站校准操作说明

序号	步骤名称	操作过程	注释
1	设定分析参数	在主页面按“Alt+1键”，或者按鼠标左键选择菜单项“1设置分析参数”	打开设置分析参数页面
		用鼠标点取“时间常数（1~127）”，用键盘输入“2”	设定时间常数为2
		用鼠标点取“积分时间（0~30s）”，用键盘输入“1”	设定积分时间为1s
		用鼠标点取“工作模式”下的分析选项	设定工作模式为校准
		用鼠标点取“统计方式”下的“平均值”和“SD”	选择统计方式平均值和SD
		使其旁边的指示框为选中状态	选择计算方法
		用鼠标点取“计算方法”下的“峰高”选项，取“示范模拟采样”使其选中状态	使用模拟示范采样（实际分析时取消）
		用鼠标点取“确认”按钮	确认返回
2	设定标准样品	在主页面按“Alt+2键”，或者按鼠标左键选择菜单项“2”校准曲线	打开校准曲线界面
		用鼠标点取“曲线选择按钮”，打开曲线选择窗口，点取“一次曲线过（零点）”选项，然后按确认返回	选择曲线类型（一次曲线）
		用鼠标点取标样列表，在列表浓度下从第一行起依次输入标样的浓度“10”、“15”、“20”、“25”…	输入标样的浓度
		用鼠标在1、2、3、4行的开关选项上依次连点两下，或按回车键，开关成打开状态“ ”	打开标样开关，使其生效
		按鼠标右键或者键盘Esc键返回到主页面	返回
3	采样计算	用鼠标选取“3采样分析”菜单按“Alt+3键”，打开采样分析页面，按“F1键”或用鼠标按“启动按钮”开始启动采样	启动采样
		当屏幕上开始出现空白之后，按“B键”	空白积分
		样品出现之后，按空格键进行积分	标样1积分
		连续积分三次（样品一的进样完毕），用鼠标“+”	标样2积分
		按钮，样品号加一	换标样3
		按前两次的方式，对标样3、4连续积分三次	标样3，标样4积分
		用鼠标左键点取“结束按钮”，打开报告页面	结束分析得出计算结果

（续）

序号	步骤名称	操作过程	注释
4	制作校准曲线	按鼠标右键或键盘 Esc 键退出分析报告页面，返回到主页面 选择菜单项“2 校准曲线”，打开校准曲线页面，按“重绘曲线按钮”	求曲线方程，画校准曲线

2）分析操作：见表4-3。

表 4-3 AA7000 型数据工作站分析基本操作说明

序号	步骤名称	操作过程	注释
1	设定分析参数	按 Alt + 1 打开分析参数页面，选择工作模式为“分析” 用鼠标“确认”返回到主页面	设定分析参数
2	设定样品名称	在主页面用鼠标选取“4：样品表”菜单项或按 Alt + 4 键，打开样品表页面，从样品表的第一行依次输入名称“samp1”，“samp2”，“samp3”，“samp4”，“samp5”，将光标条移到注释项下按键盘 Alt + F2 组合键，打开拼音输入法，将光标条移第一行，依次输入各个样品的注释 按 Esc 键或鼠标右键返回到主页面	输入样品名称，注释
3	采样分析	在主页面按键盘 Alt + 3 键，打开采样分析页面，按“启动按钮”，或按键盘 F1，开始起动采样，屏幕显示出空信号时，按“B 键”对空白进行积分 样品出现时按空格键，对样品进行积分，积分完毕样品积分的结果会显示在结果列表框中，连续积分 5 次用鼠标“ + ”按钮样品号加一 当样品信号出现时继续对样品进行积分，同上次一样，积分 5 次，然后按“ + 按钮”，样品号加一 开始进下一样品同样方法，对 4、5 进行积分运算 按“结束按钮”结束分析，打开分析报告页面	空白积分 样品 1 积分 切换样品 2 样品 3 积分 分析结束，得出分析结果

3）检出极限测试：见表4-4。

表4-4 AA7000型数据工作站检出极限测试操作说明

序号	步骤名称	操作过程	注释
1	设定分析参数	在主页按Alt+1，或用鼠标选择“1分析参数”菜单项，打开参数设置页面 选择工作模式为“测试检出极限”，其他参数根据需要而定 按“确认按钮”确认返回	打开参数设置页面设置分析参数
2	设定样品名称	按Alt+2键打开校准曲线页面 用鼠标点取“修正标样号”输入数字1，在标样列表的第一行浓度项输入样品的浓度值 按Esc键或用鼠标右键退回到主页面	设定样品的序列号，指明样品的浓度
3	采样分析	按Alt+3组合键打开采样分析页面，按“启动按钮”开始采样分析，对空白进行积分计算后便可以进样，当样品信号出现在屏幕之上时，按空格键开始积分 分析结束之后，按“结束按钮”得出检出极限报告	分析得出每一次进样结果

3. 计算机在气相色谱分析中的应用

（1）计算机控制的气相色谱仪　计算机控制的气相色谱仪内容包括以下几个方面。

1）温度监控：包括柱箱及辅助温度，对柱箱要求能程序升温控制。配用冷却剂时还可作低温控制。辅助加热区（进样器、检测器、阀区等）的温度控制，用一小块电路板就可实现数字化和键盘操作。当超过柱箱的最高温度时，仪器会报警、自动断路。常用的温度传感器是铂电阻，加热系统常用晶闸管脉冲产生电路。

2）流量的控制与监视：配合流量传感器对载气或其他辅助气作数字监控，有时只作定量监视。

3）实时控制功能：在色谱运行中可对进样系统、阀的切换、检测器的选择等进行控制。

4）仪器的自检系统：在仪器起动后，仪器能进行自检，如有故障，会指示故障所在，以便检修。

5）编辑时间程序：设定仪器自动起动时间，仪器终止时间，仪器休息时间。设定多阶程序升温选择、开关阀门选择、自动进样等，仪器可按时间程序自动进行操作。

6）储存、修正、转录文件及操作参数。

（2）计算机处理在色谱定量分析中的应用　目前在色谱定量分析中使用计算机处理数据，代替了手工测量峰面积和计算各组分含量。下面简单介绍色谱数据处理机和色谱数据工作站在色谱分析中的应用。

1）色谱数据处理机：色谱数据处理机是用于处理色谱数据的专用微处理机。可以在键盘上置入各项用于检测色谱峰和用于定量计算的参数。还可以进行基线的校正、峰的检测、未分离峰的分割处理。可自动测量峰面积或峰高，在分析完成后，还能迅速计算出结果，并打印出色谱图和定量分析结果。

① 校准运行（校正因子的测定）：先配制一种标准混合物，用单点法求校正因子。

将数据处理机打开并设置好峰宽、斜率、漂移等参数。调节色谱仪零点，用“电平键”检查使其为零（±1000 范围内）。设置好定量方法：42（修正面积归一法），43（内标法），44（外标法），45（带比例因子的修正面积归一法）。

开始分析标样，进样，同时按动“开始键”。分析结束，按动“停止键”，打印出各组分保留时间和峰面积。利用打印的保留时间，编制 ID 表。如果使用外标法，还要设置样品量。再设置校准运行次数，例如 3，然后按“重复计算键”，利用上面分析的面积进行一次校正因子的运算，打印出校准运行中的结果。

```
CDMC-2
SMPL#                  00
FILE#                  7（设置的文件号）
REPT#                  1
METHOD#                42
CLB      C1            3
#  NAME    TIME     CONC    MC    AREA
1          0.36                   2459
2          0.70                   3974
3          1.03                   1353
           TOTAL    0             7786
```

再第二次进标样，按“开始键”，运行结束，按“停止键”，打印出和上面同样格式的结果，不同的是 $CLBC_12$。

再第三次进标样，同上面操作，打印出与上面同样的格式后，马上打印出校准结果。

ID	TBL	7		
	MAX	5		
	MODE	0		
#	TIME	WINDOW	F_1/F_2	C_1/C_2
1	0.36	5	8.13E-3	20
2	0.70		1.25E-2	50
3	1.03		2.21E-2	30

② 分析运行（分析未知样品），如果采用外标法，要设置样品量。如果和校准运行中的标准样样品量一样，可不用再设。如果使用内标法（43），还要设置内标物量。

开始分析未知样品，每进样一次打印出一次结果。分析次数根据需要而定。最后可求出算术平均值作为分析结果。

③ 各种定量方法的具体应用

a. 归一化法：将“方法”置为41，不需要校准运行即可进行面积归一化法定量计算。如将“方法”置为42，编制 ID 表中 F_1/F_2 项全设置为1，也能进行面积归一化法计算。

b. 修正面积归一化法：将“方法”置为42，编制 ID 表，表中 F_1/F_2 项可采用文献值，能进行修正面积归一化法计算。这时不用进行校准运行。

如果校正因子未知，可先进行校准运行，“方法”设置为42，编制 ID 表，表中 F_1/F_2 设置为0，C_1/C_2 设置为标准试样中该组分的量（质量 m，或浓度 c 均可），校准运行后，再分析运行。

c. 带比例因子的校正面积归一化法：如果已知某试样有不出峰的组分，采用其他分析方法测出该组分含量（质量分数）为5.0%，那么其余组分总含量（质量分数）为 $100\% - 5.0\% = 95.0\%$。可将方法设置为45，样品量（质量分数）设置为95%。

如果计算结果想用千分数表示，则方法设置45，样品量设置为1000。

d. 内标法：如果校正因子已知，不需再进行校准运行，方法设置43，编 ID 表中，内标峰为1#，F_1/F_2 项设置校正因子，C_1/C_2 项设置为0，再设内标物量和样品量，进行分析运行。如果校正因子未知，要先进行校准运行。编制 ID 表时，将 F_1/F_2 项置0，C_1/C_2 项设置为标样的组分量或浓度，校准运行后再进行分析运行。内标物量和样品量设置，单位要相同。

e. 外标法：将方法设置为44，校准运行之前，ID表设置F_1/F_2为0，C_1/C_2为标准样的组分量或浓度，校准运行后进行分析运行。

如果校准运行中设置的样品量和分析运行中设置的样品量相同，分析结果的单位和标准混合物的单位相同。即：如果校准运行中，组分量为%，则分析结果组分量也是%；如果校准运行中，组分质量是质量（mg），则分析结果组分的量也是质量（mg）。

如果校准运行中设置的样品量为100，组分的量是质量（mg），而分析运行中样品量设置为实际的质量（mg），则分析结果组分的量是百分含量。

2）色谱数据工作站：新一代的气相色谱仪采用了由一台式计算机来实施控制色谱仪的操作，并能自动进行数据采集和处理的色谱数据工作站。色谱数据工作站由硬件和软件两部分组成。目前广泛使用的系统是IBMPC/XT/AT486及其兼容机，配备上色谱数据采集卡、色谱仪控制卡和色谱数据处理软件构成的。色谱数据工作站在数据处理方面的主要功能有：色谱峰的识别、基线的校正、重叠峰和畸型峰的解析、计算峰参数（例如保留时间、峰高、峰面积、半峰宽等）。定量方法有归一化法、内标法、外标法等。最终用设定的定量方法打印出分析结果、有关表格及色谱图，并以文件形式将上述数据存盘。另外，工作站的软件还具有谱图再处理功能，包括对已存储的谱图整理或局部的调出检查、色谱峰的加入、删除谱图、放大或缩小、谱图叠加或相减运算、人工调整起落点等。有的工作站还具有色谱柱效评价功能。

4. 计算机在液相色谱中的应用

计算机控制液相色谱仪的内容与气相色谱仪相似，只是控制的流动相是溶剂，通过微处理器控制输液泵，实现单元或多元溶剂的稳流或梯度淋洗。有的液相色谱仪包括柱系统、进样系统、检测系统、数据收集和数据处理等，全部操作都用一台计算机控制，即工作站控制。

5. 计算机在分光光度计中的应用

将计算机引入分光光度计以后，增加了光度法测量的精密度、准确度和灵敏度，使得仪器的操作更加简单和方便。

（1）光度计专用计算机的分类　分光光度计专用计算机的分类相似于原子吸收分光光度计专用计算机的分类，按其功能和复杂性可分为如下3类：

1）简易型的微处理系统：它们仅对测量结果进行数字化及简单计算，以数字（液晶）显示并打印结果。

2）中档的半自动化分光光度计微处理器系统：能进行光源切换、波长扫描、测量参数与工作曲线的屏幕显示，数据（包括色谱图）的加、减、乘、除，微分导数的运算，结果的显示打印等。

3）高档的全自动分光光度计微处理系统：波长扫描，参数的自动选择及最优化，定性及定量软件、多功能软件包、数据处理与数据库、彩色显示、打印，以及能与自动化学处理单元连接的整机完全自动化。

按照计算机与分光光度计的连接方式可分成两类：一类是计算机在分光光度计内部，为整体式的；另一类是计算机作为一个独立部件，通过接口与分光光度计连接。这种计算机可以是专用计算机，也可以是通用计算机。通用计算机可以脱离分光光度计，单独作为计算机使用。

(2) 分光光度计中计算机的功能

1) 自动控制功能

① 光源切换，紫外区光源常用氘灯，可见区光源常用钨丝灯，两光源切换时要求光源准确地在同一光路上，且被测的吸收光谱具有连续性。

② 自动调节狭缝合适的宽度。

③ 波长定位与波长扫描，通常要用计算机来检查波长驱动机构是否运行正常，波长是否准确。常用的波长驱动机构是用同步电动机转动凸轮机构，而凸轮机构又推动杠杆，转动光栅，改变光栅对光束的入射角及出射角，使单色光依次地通过单色器的出射狭缝，这样就可以完成波长的扫描过程。通常用计算机来确定波长的位置，确定波长扫描的区间及波长扫描的速度。

④ 控制扇形镜（斩波器）的旋转速度，进行光束的调制或变向。

⑤ 利用氘灯法或塞曼法进行光谱背景的校正。

⑥ 控制记录纸的走纸速度、走纸方向及记录笔的起落（记录笔升起——不记录，降落——记录）。

⑦ 样品池的自动更换（可多至6个样品）。

⑧ 与自动化学处理单元连接，能进行自动取样、稀释、加试剂、恒温等操作，可使整个分析过程自动化。操作者只要由功能键盘输入实验所需的全部参数，整个过程就可在计算机控制下自动进行，分析结果可以打印输出。若过程中发生故障，仪器可自动停机，并打印故障原因。

2) 数据处理功能

① 可在任何波长完成0%T、100%T（透光率）调整、自动进行本底校正和基线校正。完成原始数据的平滑、峰谷检测（峰/谷图形）、吸收曲线的绘制和局部放大。

② 测光范围的设定、扩大和缩小、光谱之间的运算、与图谱重叠。

③ 光谱的导数（微分）1~4阶光量的积分、多次测量值的标准偏差、吸收值与浓度的换算。

④ 图形坐标轴的变换，横轴mm、K/cm、eV、Hz；纵轴吸收值与透光率。

⑤ 定量程序，用标准曲线法与标准样品加入法。直线或曲线的回归分析，两个波长的基线校正，统计误差计算，相关系数的计算，多组分定量

分析。

⑥ 时间扫描程序，固定波长下的吸收值或透光率随着时间变化求出其时间变化率。

⑦ 多波长测定程序，可连续测定 2 ~4 个波长下的吸光度或透光率，求出其差值和比值，可用于多色或混浊溶液的测定。

⑧ 数据包，记忆定量、工作曲线等的各种测试条件和光谱、时间扫描等数据。

⑨ 专用软件包，例如快速准确地进行水质测定的软件包，蛋白质程序的程序包，DNA/蛋白酶活性分析软件，凝胶扫描分析软件。

3） 显示功能

① 中低档仪器中常用液晶数字显示，显示内容包括：扫描起始和结束波长测光范围的上限与下限；测定波长值和测光值（吸光度或透光率）；扫描速度、波长、测光值的现时显示。

② 中高档仪器常用屏幕显示，显示内容随着仪器档次不同而异，大致有以下内容：操作参数有波长、狭缝、测光区间、标准溶液及样品号等。各种测量值有吸收值、透光率、工作曲线样品值、计数的误差汇总表、试验报告等。

③ 打印功能，常用的打印设备有 x-y 记录仪（单笔和多笔），仅可打印波长及吸收值。中档打印机，可打印各项测量的数据等，还可打印样品名称、输入注释、实验日期、实验人员等。高档的打印设备，可打印和绘出全部屏幕显示的内容，并可以打印三维多色图像。

6. 计算机在红外光谱中的应用

傅里叶变换红外光谱仪，主要由干涉仪和计算机两部分组成。若没有能快速采集、归纳、整理、变换、计算、处理大量信息数据的计算机，根本就不可能生产高分辨率、广阔光谱范围、快速的傅里叶变换红外光谱仪，也不可能完成它与气相-液相色谱-超临界色谱、显微镜、热重分析、气相色谱-质谱、傅里叶变换拉曼光谱等仪器的联机。

计算机在红外光谱中使用有以下四个优点：

1） 红外光谱中数据处理的方式方法已有 25 种以上，有差示光谱、基线平直、平滑、吸收值扩张、吸光度与透光度的变换、导数、去卷积、指定区域的峰值、峰高、峰面积、膜厚度、最小二乘法线性拟合、光谱的校正和比较、峰信噪比、对光谱背景校正、合成带光谱的校正、加权因子卷积光谱、最大最小纵坐标的平均值等软件功能。

2） 使红外光谱的定量分析得以发展与应用，现有 14 种定量分析的软件包寸口最小二乘法、非负最小二乘法、K 矩阵法、户矩阵法、修正矩阵法、主因子分析法、Rosenbrock 法、卡尔曼滤波法、岭回归法、偏最小二乘法、线性规划法、非线性规划法、共轭梯度法、坐标轮换法等。

3）20世纪90年代初，已存入计算机的红外光谱谱库的谱图数量已近9万张（全峰和谱峰），并已分类入库，便于应用单位分别购买所需的谱库。如Sadtler的傅里叶红外光谱检索谱库，有固定专业内容的软件包形式的谱库已达46种以上。还有各种有机化合物的凝聚相和气相光谱库、实用商品谱库等。检索方式有谱峰检索、全谱检索、给出主要基团检索，检索出的光谱并附有相似度值。

4）三维红外光谱是最近几年发展起来的新功能，利用计算机的三维绘图功能，给出分子在微扰作用下，用红外光谱研究分子相关性。

7. 有机质谱仪的计算机系统

现代有机质谱仪都配有完善的计算机系统，它不仅能快速准确地采集数据和处理数据，而且能监控仪器各单元的工作状态，实现仪器的全自动操作，能代替人工进行有机化合物的定性、定量分析，并具有下列功能：

1）数据采集和简化：一个有机物样品可能有数百个质谱峰，若每个峰采数15~20次，则每次扫描系数总量在2000次以上，这些数据是在很短的时间内收集起来，并进行处理和简化，最后变成峰位（时间）和峰强储存起来，经过简化后每个峰由两个数据——峰位（时间）和峰强表示。

2）质量数的转换：质量数的转换就是把获得的峰位（时间）谱转换为质量谱（即质量数-峰强关系图）。对于低分辨率质谱仪，先用标样（全氟煤油）作出质量内标，而后用指数内插及外推法，将峰位（时间）转换成质量数（质荷比，离子质量与电荷比）。在作高分辨质谱图时，未知样和标样同时进样，未知样的谱峰夹在标样谱峰的中间，并能很好地分开。按内插和外推法，用标样的精确质量数计算出未知物的精确质量。

3）扣除本底或相邻组分的干扰：利用“差”谱技术将样品谱图中的本底谱图或干扰组分的谱图扣除，得到所需组分的真正谱图，便于解析。

4）谱峰强度归一化：把谱图中所有峰的强度对基峰（最强峰）的相对百分数列成数据表或给出棒图（质谱图）。也可将全部离子强度之和作为100，每一谱峰强度用总离子强度的百分数表示。

5）标出高分辨率质谱的元素组成。

6）根据总离子流的变化（反映样品中某组分的浓度变化）自动对质谱峰强度进行校正。

7）按选定扫描次数，把多次扫描的质谱图累加，并按扫描次数取平均，可有效地提高仪器的信噪比，提高仪器的灵敏度。

8）计算机系统可将每次扫描所得质谱峰的离子流全部加和，以总离子流输出，绘出总离子流图或称为质量色谱图。可输出质量碎片色谱图。

9）进行单离子检测和多离子检测。

10）谱库内存储约10万多张的有机化合物标准谱图，可进行自动检索，给出相似化合物的名称、相对分子质量、化学式、结构式和相似性系数。

第四节 设计检验记录表格

一、对检验记录的要求

检验原始记录是对检测全过程的现象、条件、数据和事实的如实记载。原始记录要做到记录齐全、反映真实、表达准确、整齐清洁。其具体要求是：

1）记录要用记录本或原始记录单，不得用白纸或其他记录纸替代。

2）原始记录不准用铅笔或圆珠笔书写，也不准先用铅笔书写后再用墨水笔描写。

3）原始记录不可重新抄写，以保证记录的原始性。

4）原始记录须填写完整并有检测人员和校核人员的签名。校核者必须认真核对检测数据，凡是可以重复检测的项目，校核量不得少于5%。

5）原始记录不能随意划改，如需更改记载错误的数据，应在作废数据下面划条形水平线，将正确的数据写在划改数据的上方，涂改后应签字盖章，不得磨、刮改写。

6）原始记录要由检验人员签名并注明日期，负责人要定期检查原始记录并签上姓名与日期。

7）原始记录在检验报告发出的同时归档，有专门资料室的则送资料室保存。保存期不少于五年。

二、检验记录表格的设计

设计原始记录表格，应本着真实、准确地记载检测全过程的现象、条件、数据和事实的原则，并按照化验测试工作的标准化、规范化、制度化和科学化管理的要求，设计化验测试工作的原始记录表格。下面是某单位制定的一套检验报告的原始记录表格供参考。

《分析报告》为原始记录表格成册后之封面。《分析原始记录》为每批样品检测完毕后，所有测试项目原始记录汇总装订成册之封面。

×××　　　　　　　　　　　　　　　　　　　　实验室

分 析 报 告

送样单位____________________

分析批号____________________

样品名称____________________

样品数量____________________

分析项目____________________

收样日期____________________

报告日期____________________

报告页数____________________

主任__________　　技术负责人__________

分析批号__________

分析原始记录

送样单位__________检测类别__________样品数量__________

分析编号__________至__________页数__________

分析项目______________________________

收样日期______年______月______日　完成日期______年______月______日

组长__________质检员__________负责人__________

质量保证负责人______________技术负责人______________

质量分析原始记录

分析批号　　　　　　　　　　分析日期　　年　月　日　　　　　第一页共　页

分析项目				计算公式：							
方法编号											
序 号		1	2	3	4	5	6	7	8	9	0
分析编号											
取样质量/g											
灼烧或烘干后质量/g	1										
	2										
	3										
	恒重										
空坩埚质量/g	1										
	2										
	3										
	恒重										
沉淀质量/ g											
减空白质量/ g											
含量/(质量分数,%)											

分析者＿＿＿＿＿＿＿＿＿　　　　校核者＿＿＿＿＿＿＿＿＿

注：重量分析原始记录每张纸可记录10个样品测试数据，测试结果以“含量%”表示。分析和校核人必须在每一原始记录上签字。其他各种原始记录均按此要求。校核者可以是组长或组内明确负责人。

滴定分析原始记录

分析批号　　　　　　　　　　　　　分析日期　　年　月　日　　　　　　　第一页共　页

分析项目		计算公式：								
方法编号										
标准滴定溶液的标定、浓度或滴定度										
序 号	1	2	3	4	5	6	7	8	9	0
分析编号										
取样量/g(mL)										
终读数/ mL										
初读数/ mL										
滴定数/ mL										
减空白数/ mL										
含量/(质量分数，%）(mg/L)										

分析者＿＿＿＿＿＿＿＿　　　　　　校核者＿＿＿＿＿＿＿＿

原子吸收光谱分析原始数据

分析日期　　年　月　日　　　　　　　第一页共　页

分析批号		试样量/g（mL）		仪器型号		灯电流/mA	
分析项目		试液介质		仪器编号		温度/℃	
方法编号		试液体积/mL		波长/nm		湿度（%）	
测量方式		标准曲线体积/mL		狭缝/nm			
标准曲线				计算公式			
				备　注			

序 号	1	2	3	4	5	6	7	8	9	0
分析编号										
取样量/g（mL）										

分析者＿＿＿＿＿＿＿＿　　　　　　校核者＿＿＿＿＿＿＿＿

光度分析原始数据

分析日期　　年　月　日　　　　　　第一页共　页

分析批号		试样量/g（mL）		仪器型号		比色温度/℃	
分析项目		试液体积/mL		仪器编号			
方法编号		标准曲线体积/mL		波长/nm			
测量方式		标液浓度/（μg/mL）		比色池/cm			
标准曲线				计算公式			
				备　注			

序 号	1	2	3	4	5	6	7	8	9	0
分析编号										
取样量/g（mL）										

分析者＿＿＿＿＿＿＿＿　　　　校核者＿＿＿＿＿＿＿＿

极谱分析原始数据

分析日期　　年　月　日　　　　　　第一页共　页

分析批号		试样量/g（mL）		峰电位/V		湿度（%）	
分析项目		试液体积/mL		仪器型号			
方法编号		标准曲线体积/mL		仪器编号			
测量方式		参比电极		温度/℃			
标准曲线				底液			
				计算公式			

序 号	1	2	3	4	5	6	7	8	9	0
分析编号										
取样量/g（mL）										
电流倍率										

分析者＿＿＿＿＿＿＿＿　　　　校核者＿＿＿＿＿＿＿＿

发射光谱定量分析原始数据

分析批号　　　　　　分析日期　　年　月　日　　　　　第一页共　页

方法编号		摄谱仪型号和编号		黑度仪型号及编号	
分析元素		狭缝宽度/μm		测量标尺	
分析线对/nm		电流（交直）/A		狭缝宽度/mm	
试样量/g		折光板高度/mm		狭缝高度/mm	
		曝光时间/s		温度/℃	
		相板仪型号及编号		湿度（%）	
标准曲线				备 注	

序 号	1	2	3	4	5	6	7	8	9	0
分析编号										
元素黑度										
内标黑度										
黑度差										

分析者＿＿＿＿＿＿＿＿　　　　校核者＿＿＿＿＿＿＿＿

原子荧光分析原始数据

分析日期　　年　月　日　　　　　第一页共　页

分析批号		试样量/g（mL）		仪器型号		负高压/V	
分析项目		试液介质		仪器编号		温度/℃	
方法编号		试液体积/mL		输入功率/W		湿度（%）	
测量方式		标准曲线体积/mL		反射功率/W			
标准曲线				计算公式			
				备注			

序 号	1	2	3	4	5	6	7	8	9	0
分析编号										
取样量/g（mL）										

分析者＿＿＿＿＿＿＿＿　　　　校核者＿＿＿＿＿＿＿＿

仪器分析通用原始数据

分析批号　　　　　　　　分析日期　　年　月　日　　　　　　　第　页

序号	1	2	3	4	5	6	7	8	9	0
分析编号										
取样量/g(mL)										
ω( )/10^{-2}										
ρ( )/(mg/L)										
序号	1	2	3	4	5	6	7	8	9	0
分析编号										
取样量/g(mL)										
ω( )/10^{-2}										
ρ( )/(mg/L)										

分析者＿＿＿＿＿＿＿＿　　　　校核者＿＿＿＿＿＿＿＿

复习思考题

1. 分析用水有几个等级？高效液相色谱分析对水有何要求？原子吸收分光光度法应用几级水？
2. 配制仪器分析用标准溶液对试剂的纯度有何要求？储备标准溶液的浓度有何要求？
3. 气液色谱柱的制备过程主要包括哪几个步骤？
4. 选择原子吸收分光光度计空心阴极灯的原则是什么？使用时应注意哪些问题？
5. 分析仪器用计算机分为几类？在分析中的作用有哪些？
6. 选择毛细管柱应考虑哪些因素？
7. 高效液相色谱柱按孔径可分为哪些类型？高效液相色谱柱如何填充？
8. 检验报告对分析数据的要求有哪些？

第五章

检测与测定

培训学习目标 通过本章的学习，使高级化学检验工进一步熟悉气相色谱仪和原子吸收分光光度计的操作条件，熟练掌握气相色谱仪和原子吸收分光光度计的操作方法，掌握用气相色谱法和原子吸收分光光度法测定化工产品的方法。

第一节 气相色谱法技能训练

• 训练1 填充柱的制备

1. 训练目的

通过训练，学习固定液的涂渍技术，以及色谱柱的填装和老化技术。

2. 仪器

托盘天平、分析天平、真空泵、标准筛、102-G气相色谱仪、不锈钢柱管。

3. 训练步骤

（1）柱管的选择、清洗、试漏和烘干　选择一根内径为3mm，柱长为1～2m的不锈钢柱管（若使用已用过的柱管，则应先倒出原装填的固定相）。

将选好的柱管的内壁用50～100g/L氢氧化钠热溶液反复抽洗三四次后，用自来水抽洗，再用体积分数为10%的盐酸溶液抽洗3次，最后用自来水冲至中性。

将柱管一端堵住，另一端通入气体，用肥皂水检查有无漏气。若无漏气，再将柱管用蒸馏水冲洗至无Cl^-，并抽去水分后于120℃左右的烘箱内干燥。

（2）载体预处理　称取100g 60～80目[1]的6201红色硅藻土载体置于400mL烧杯中，加入1+1的盐酸溶液，浸泡20～30min，然后用水清洗至中性，抽滤后转移至蒸发皿中，于105℃的烘箱内烘干4～6h，冷却后，再用60～80目标准筛过筛，并保存在干燥器内备用。若为已经预处理的市售商品载体，则可不必酸洗，但需要在105℃的烘箱内烘干4～6h后再使用。注意：载体在浸泡、清洗过程中不可用玻璃棒搅拌。

（3）估算载体及固定液的用量　估算载体用量：先根据柱长（L）和柱管内径（d）计算柱管容积，再过量20%～40%。

$$柱管容积\ V_{柱} = 1/4\pi d^2 L$$

当 $L=2\text{m}$，$d=3\text{mm}$ 时，$V_{柱}=1/4\times3.14\times0.3^2\times200\text{cm}^3\approx14.0\text{cm}^3=14.0\text{mL}$

按过量30%计算：$V_{实际}=14.0\times(1+0.3)\ \text{mL}=18.2\text{mL}$

用量筒量取经筛分为60～80目的红色载体18mL，然后称出其质量 m_s（准确至0.01g）。

计算固定液用量：根据液载比及载体质量 m_s，计算出固定液用量。本实验选用液载比为15∶100，则

$$m_i = m_s \times (15/100)$$

在台秤上称取 m_i(g) 固定液邻苯二甲酸二壬酯置于400mL烧杯中。

估算溶解固定液的溶剂用量：溶剂用量以恰能完全浸没载体为宜。一般按体积计算，为载体体积的0.8～1.2倍。本实验（选用乙醚为溶剂）取1.1倍，即20mL。

（4）涂渍

1）配制固定液溶液：在盛有固定液的烧杯中，加入20mL乙醚，搅拌，使固定液溶解。

2）涂渍：把载体倒入所配的固定液中，轻轻摇匀。注意：涂渍时，切忌用玻棒搅拌载体。

（5）挥发溶剂　将烧杯放在通风橱中任溶剂自然挥发，并随时轻摇，待近干后再将烧杯置于红外干燥箱内，烘干20～30min，最后再用60～80目筛子筛分。

注意事项：烘烤温度不宜过高，以免载体爆裂；在烘干过程中要经常轻摇烧杯；溶剂挥发过程应缓慢，不可操之过急，否则涂渍不均匀。

（6）柱子的装填　在已清洗并烘干的不锈钢柱管一端塞入一小段玻璃棉，并用纱布包扎管口，通过三通活塞开关和缓冲瓶接真空泵，进行减压抽气；另一端安装一个小漏斗，向小漏斗中连续加入固定相，并用小木棒轻轻敲打柱管，当

---

[1] 60～80目相当于0.28～0.18mm。下同。

漏斗中固定相不再下降时，说明柱已填满，此时使三通活塞开关通大气，然后关泵，去掉漏斗，并在这一端塞入一小段玻璃棉，在进气端和出气端做好标记。

（7）老化处理　把填充好的色谱柱的进口端（接小漏斗的那一端）接入仪器的汽化室，另一端连接一小段细接管，抵住玻璃棉后放空。注意：不可接反，否则影响柱的分离效果。

通入氮气，控制较低流速（10～15mL/min）。

开启色谱仪上的总电源和柱室温度控制器开关，调节柱室温度至110℃，老化处理4～8h，然后接上检测器，并起动记录仪电源，若记录的基线平直，则说明老化处理完成，即可用于测定。

（8）老化结束后的操作　按仪器操作中的有关步骤关闭仪器和气源。

（9）填写实验记录。

• 训练2　气相色谱仪的使用维护及检测器灵敏度的测定

1. 训练目的

通过训练，学会使用和维护气相色谱仪，了解检测器的基本构造及检测原理，掌握操作条件的选择方法。

2. 仪器与试样

（1）仪器

1）气相色谱仪

① 色谱柱（内径为3mm，长度为2m）。

② 热导检测器。

③ 氢火焰检测器。

④ 80～100目[⊖]的6201载体上涂布体积分数为15%的邻苯二甲酸二壬酯。

2）微量注射器。

3）氢气钢瓶。

（2）试样　吸取体积分数为0.05%的苯（色谱纯）5μL置于10mL容量瓶中，以CS_2稀释至刻度。

3. 训练步骤

1）设置热导检测器实验条件：柱温为80～100℃，汽化室温度为150℃，桥电流为120mA，载气（H_2）流速约为20mL/min，走纸速度为5mm/min，衰减比为1:1。

2）设置氢火焰检测器实验条件：柱温为80～100℃，汽化室温度为150℃，燃气（H_2）流速约为30mL/min，载气（N_2）流速约为20mL/min，助燃气空气流

⊖ 80～100目相当于0.180～0.154mm。下同。

速约为600mL/min，走纸速度为5mm/min，衰减比为1:1。

3）连接电源，连接减压阀及气路。

4）按逆时针方向打开载气钢瓶总阀门（高压表指针指示钢瓶内的气压）。

5）按顺时针方向打开减压阀，并将输出气压调至0.2～0.5MPa（低压表指针指示输出气压）。

6）打开载气稳压阀，按逆时针方向打开仪器主机中的载气稳压阀，并调节至主机上的压力表显示选定值。注意：钢瓶的输出压力应比柱前压力高0.05MPa。

7）检查气路的气密性。

8）打开主机电源总开关。

9）打开温度控制器上的“层析室加热电源开关”，加热开关右边指示灯亮，同时主机上的加热指示灯亮，柱室升温（升温情况可通过主机面板上方的选择开关，在测温毫伏表上读出，也可以在柱室左侧面用水银温度计从主机左侧测温孔中测得）。当加热指示灯呈半亮状态或闪动时，表示柱室开始恒温，调节温度控制器上的“层析室温度调节”旋钮（顺时针方向为升温），使柱室逐步恒温在所设定的温度上。

10）打开温度控制器上的“汽化器加热电源开关”，其指示灯亮，调节“汽化氢焰温度调节钮”，使汽化室升温到所需温度。升温情况可通过主机上的测温毫伏表读得。注意：加热时应逐步升温，防止调压加热温度控制得过高，使电热丝烧毁。测温毫伏表上读出的温度加上室温即为实际测得温度。

11）调节桥电流，升温1h后，使用热导池检测器，将热导池电源及氢焰离子放大器上的“氢焰-热导转换开关”置于热导处。打开热导电源及氢焰离子放大器左下侧的电源开关，其指示灯亮，调节“热导电流旋钮”，顺时针旋至电流表指示出桥电流选定值。使用氢火焰离子化检测器时，将“氢焰-热导转换开关”置于氢焰处。打开“氢焰离子放大器电源开关”，将“灵敏度选择开关”调至需要值。

12）调节池平衡，0.5h后打开“记录仪电源开关”，用“热导平衡”（粗调）及“热导零调”（细调）反复调节至记录仪指针移动不超过1mV为止。

13）将衰减挡置于适当位置（若不需要衰减，则置于1:1处）。

14）测定热导池检测器灵敏度：待基线平直后，用微量注射器取苯0.5μL，注入汽化室，记录色谱图（或使用色谱数据处理机自动记录）；重复进样3次，测量峰高和半峰宽，计算峰面积，求平均值。

测定氢火焰检测器灵敏度：用微量注射器取质量分数为0.05%的苯-CS_2液0.5μL，注入汽化室，记录色谱图（或使用色谱数据处理机自动记录）；重复进样3次，测量峰高和半峰宽，计算峰面积，求平均值。

15）实验完毕0.5h后，关闭“记录仪电源开关”，抬起记录笔。

16）将桥电流调节至最小（逆时针方向旋转“热导电流旋钮”）。关闭“热导电源开关”及“氢焰离子放大器电源开关”。

17）先依次将柱室、汽化室各升温旋钮旋到最小，再关闭“层析室加热电源开关”及“汽化室加热电源开关”，最后关闭“主机电源总开关”。

18）打开柱室，等柱温降至近于室温时，关闭钢瓶总阀门、减压阀及主机载气稳压阀（顺时针松开）。

19）清洗进样器，整理实验室，填写仪器使用记录。

4. 数据处理

检测器的灵敏度S是指一定量的组分通过检测器时所产生的电信号［电压（mV）、电流（A）］的大小。通常把这种电信号称为响应值（或应答值），以S表示。灵敏度可利用色谱图的峰高或峰面积来计算。

液体样品：常采用单位体积（mL）载气中含有单位质量（mg）的样品所产生的信号（mV）来表示，单位为mV·mL/mg，其计算公式为

$$S_g = \frac{A_i F_0 v_2}{m_i v_1}$$

式中 S_g——对液体样品的灵敏度；

A_i——组分i色谱峰的面积（cm^2）；

F_0——柱后载气流速（mL/min）；

v_2——记录仪灵敏度（mV/cm）；

v_1——记录纸移动速度（cm/min）；

m_i——组分的进样量（mg）。

• 训练3　苯、甲苯、二甲苯混合样的色谱分析

1. 训练目的

通过训练，进一步熟悉气相色谱仪的操作方法，掌握测定校正因子的方法，学会用相对校正因子分析混合物。

2. 仪器与试样

（1）仪器

1）102—G型气相色谱仪（或其他型号）。

2）氢气（或氮气）钢瓶。

3）记录仪（或数据色谱处理机）。

4）色谱柱（使用训练1制备的邻苯二甲酸二壬酯柱）。

5）微量注射器（5μL、10μL）和医用注射器（1mL）。

6）10mL容量瓶（3个）。

（2）试剂

1）苯、甲苯、邻二甲苯（均为 AR 级）。

2）苯、甲苯、邻二甲苯（均为色谱纯）。

3. 训练步骤

1）配制混合试样：称取苯 0.4g（精确至 0.001g）、甲苯 0.4～0.5g（精确至 0.001g），置于 50mL 容量瓶中，用邻二甲苯稀释至标线，摇匀备用。

2）连接电源及相应连线，接通载气，检查气路气密性。

3）启动色谱仪，设置实验条件如下：柱温为 110℃，汽化室温度为 150℃，检测器用热导池的检测器温度为 110℃，桥电流为 110mA，衰减比为 1:1，进样量为 3μL，载气为氢气，记录仪纸速为 5mm/min。

4）按仪器操作步骤将仪器调节至可进样状态（待仪器电路和气路系统达到平衡，记录仪基线平直后即可进样）。

5）用微量注射器分别准确吸取色谱纯苯、甲苯、邻二甲苯各 1μL，在上述操作条件下，依次注入色谱仪，出峰后分别测量保留时间，作为定性依据，然后测量出 3 组分的峰高和半峰宽，重复 3 次，计算各自的平均峰面积。

6）用微量注射器吸取混合试样 3μL 进样，再重复进样 3 次，得各组分的色谱图和相对保留时间，与 3 种纯物质的相对保留时间对照定性（各组分出峰顺序为：纯苯、甲苯、邻二甲苯），然后测量出 3 组分的峰高和半峰宽，计算各自的平均峰面积，用归一化法求出各组分的质量分数。

7）实验完成后，清洗进样器，并按仪器操作步骤中的有关程序关闭仪器和气源。

8）数据处理。

① 记录实验条件。

② 测定校正因子：按下式计算出以纯苯为标准物时甲苯、邻二甲苯的相对质量校正因子（见表 5-1）。

$$f_i = \frac{m_i A_s}{m_s A_i} = \frac{V_i \rho_i A_s}{V_s \rho_s A_i} = \frac{\rho_i A_s}{\rho_s A_i}$$

式中　ρ——密度。

表 5-1　校正因子的测定

标准样	苯	甲苯	邻二甲苯
t_R/s			
ρ/（g/mL）			
h/cm			
$W_{1/2}$/cm			
A/cm^2			
f_i'（以苯为标准物）			

③ 测量混合样色谱图上苯、甲苯、邻二甲苯的峰高、半峰宽，计算峰面积 A，并填入表5-2。用归一化法计算各组分质量分数 w_i。

$$w_i = \frac{f'_i A_i}{\sum f'_i A_i} \times 100\%$$

表5-2 归一化法计算

混合样	苯	甲苯	邻二甲苯
t_R/s			
h/cm			
$W_{1/2}$/cm			
A/cm^2			
$f'_i A_i$			
$\sum f'_i A_i$			
w_i			

• 训练4 用气相色谱法测定乙醇中的微量水分

1. 训练目的

通过训练，进一步熟悉气相色谱仪的操作方法，掌握用外标法测定含量的方法。

2. 仪器与试样

(1) 仪器

1) 102—G气相色谱仪（或其他型号）。

2) 色谱柱（GDX101）。

3) 60mL分液漏斗（1个）。

4) 微量进样注射器（10μL、50μL等）。

5) 氢气钢瓶。

6) 记录仪（或色谱数据处理机）。

(2) 试剂 GDX101（40～60目[⊖]）、苯（AR级）。

3. 训练步骤

1) 连接电源及相应连线，接通载气（以氢气为载气），检查气路气密性。

2) 制备水饱和苯溶液：将一定量AR级的苯置于分液漏斗中，用同体积的蒸馏水振荡洗涤，去掉水溶性物质，如此洗涤次数（应不少于5次），最后一次

⊖ 40～60目相当于0.450～0.280mm。下同。

振荡均匀后连水一起装入容量瓶中备用。

3）启动色谱仪，设置实验条件如下：固定相为 GDX101（40～60 目），不锈钢柱管规格为 ϕ3mm×1m，柱温为 100℃，载气（氢气）流量为 40mL/min，检测器为热导池，桥电流为 180mA，汽化室温度为 200℃，衰减比为 1:1，记录仪纸速为 5mm/min。

4）按仪器使用步骤将仪器调试到可进样状态（待基线平直后即可进样）。

5）抽洗微量注射器 5～10 次，分别按 2.0μL、3.0μL、4.0μL、5.0μL、6.0μL 的进样量进样。量取水峰峰高，同时记录苯层温度，再重复进样两次。

注意：水饱和苯溶液在每次开始使用前，都需要振荡 30s 以上，静止 2min 后才可取苯层进样，同时用温度计准确测量苯层温度；进样量要准确，进样速度要快，针尖在汽化室停留时间要短且统一，否则工作曲线会出现线性差。

6）严格控制同一操作条件，取 3μL 乙醇试样进样，出峰后，量取水峰高，重复进样两次。

注意事项：平行测定的水峰峰高相对偏差要小于 5%，否则应重做；在取样以及整个分析过程中要尽量保证样品瓶密封，防止样品吸潮或挥发。

7）实验完成后清洗进样器，并按仪器操作步骤中的有关细节关闭仪器和气源。

4. 数据处理

1）记录及处理数据。

2）测量试样水饱和苯的水峰峰高和苯层温度，并将数据填入表 5-3。

表 5-3 测量结果

进样量/μL		水饱和苯溶液					试样
		1.0	2.0	3.0	4.0	5.0	3.0
$h_{水}$/min	1						
	2						
	3						
	平均值						
苯层温度/℃							
含水量/mg							

3）绘制标准工作曲线。

4）计算乙醇中水的含量。

训练 5 用气相色谱法测定苯胺的含量

1. 训练目的

通过训练，进一步熟练地操作气相色谱仪，熟悉检测器的基本构造及检测原理，熟练掌握操作条件的选择方法，能快速、准确地测定苯胺含量。

2. 仪器与试剂

1）仪器：气相色谱仪、微量进样器。

2）试剂

① 标准样品：苯胺，其色谱法主体含量（体积分数）不得低于99.9%。

② 氢气和氮气：其纯度（体积分数）不低于99.8%，使用前需用脱水装置、硅胶、分子筛或活性炭等进行净化处理。

③ 空气：应无腐蚀性杂质，使用前需进行脱脂、脱水处理。

3. 训练步骤

（1）确定实验条件

1）检测器：采用热导池检测器。

2）载气及流量：载气为氢气，其流量为40mL/min。

3）柱长：采用不锈钢柱，柱长为3m。

4）固定相：将质量分数为10%的SE—52（甲基苯基硅油，含苯基质量分数为5%）涂于101白色载体（250～150μm，60～80目）上，于190℃老化4h以上。

5）柱温度：140℃。

6）汽化室温度：200℃。

7）检测器温度：160℃。

8）进样量：2～4μL。

9）色谱柱有效板高：$H_{eff} \leqslant 3.6$mm。

10）不对称因子：$f \leqslant 1.1$。

11）难分离物质对的分离度：$R \geqslant 5.4$（苯胺和氯代苯）。

12）组分相对主体的相对保留值：$r_{硝基苯,苯胺}=1.74$，$r_{氯代苯,苯胺}=0.48$。

（2）制备色谱柱

1）固定液涂渍法：将固定液溶于溶剂中，使其成为均匀相溶液，将载体浸泡在该溶液中（必要时加热回流），轻轻搅拌或摇匀（注意：勿使载体粉碎），然后置于通风橱内，于低温下使溶剂挥发、干燥。

2）色谱柱填充法：将预处理过的柱的一端用玻璃纤维和铜丝网塞紧，然后接真空泵，减压抽空；另一端加入固定相，同时用按摩器振动，使载体均匀紧密地装入色谱柱内。

3）色谱柱老化法：老化色谱柱时必须在氮气气流中缓缓升温，温度升至低于固定液最高使用温度后，保持4h以上（温度切不可过高，以防流失）。老化完毕后必须在载气流中逐渐降温，以防止载体结块。

（3）进样

1）将清洁干净的注射器或其他进样装置，用样品抽洗三次后，抽取规定量的样品，迅速插入汽化室，将样品一次推入，然后迅速取出进样器。

2）进样量必须控制在具有线性响应的范围内，并将各杂质峰和内标物峰在该进样量时记录清楚。当采用归一化法时，主体峰高（或衰减后）应在记录仪上占满标度70%以上。

3）对实验数据进行处理，要求精密度和准确度达到相关要求。

① 精密度：同一样品测定不少于12次，取置信度95%进行数据分析及取舍，计算标准偏差。

② 准确度：准确度以回收率表示，回收率应在80%～120%。

4. 数据处理

对于苯胺含量的测定采取归一化法，采用归一化法定量时必须满足下列要求：

1）色谱图中所显示的色谱峰不能有平头峰和畸变峰。

2）进样量必须在检测器的线性范围内，所有组分在实验条件下应全部流出。

归一化法计算公式为

$$w_i = \frac{f_i A_i}{\sum (f_i A_i)} \times 100\%$$

式中　w_i——试样中组分i的含量（质量分数）；

f_i——组分i的校正因子；

A_i——组分i的峰面积（cm^2）。

5. 注意事项

仪器应在室温为5～35℃，相对湿度低于85%的条件下放置，防止腐蚀性气体侵入、振动、日光直射及强磁场对仪器的损害，操作场所必须有良好的通风条件。

6. 安全事项

① 仪器电源必须良好接地。

② 采用氢气作为载气或燃烧气时管道应无渗漏现象，仪器操作场所不能有明火。

③ 色谱柱出口的气体必须排放至室外或通风处。

④ 使用高压钢瓶时，应按气瓶安全监察规程进行操作。

训练6　用气相色谱法测定农药敌敌畏的含量

1. 训练目的

通过训练，能熟练地操作气相色谱仪，掌握农药样品含量测定操作条件的选择方法，能够快速、准确地测定敌敌畏乳油中敌敌畏的含量。

2. 仪器与试剂

(1) 仪器

1) 气相色谱仪：具有氢火焰离子化检测器或热导池检测器。

2) 微量进样器：10μL。

3) 旋转蒸发器。

(2) 试剂

1) 三氯甲烷。

2) 十五烷：内标物（没有干扰色谱分析的杂质）。

3) 固定液：液硅酮（DC—550）。

4) 载体：101 白色载体（180～250μm，60～80 目），经王水处理。

5) 敌敌畏标准样品：质量分数为 98.0%。

6) 内标溶液：准确称取约 10g 十五烷，置于 50mL 容量瓶中，用三氯甲烷溶解并稀释至刻度，摇匀（供氢火焰离子化检测器使用）。

3. 训练步骤

(1) 确定实验条件

1) 色谱柱：2cm×3mm，硼硅玻璃（或不锈钢柱管），柱内填充物为经质量分数为 5% 的 DC—550 液硅酮固定液涂渍的载体（载体为上海试剂厂生产的 101，规格为 180～250μm，60～80 目，经王水处理）。

2) 温度：柱箱温度为 174℃；汽化室温度为 200℃；检测器温度为 250℃。

3) 气体流速：载气为氮气（N_2），流速约为 37mL/min，氢气流速约为 32mL/min，空气流速为 300～400mL/min。

4) 放大与衰减：调节放大与衰减，使敌敌畏和十五烷的色谱峰高为记录仪满量程的 60%～80%。

5) 保留时间：敌敌畏约为 2.2min，十五烷约为 3.8min。可根据仪器性能和色谱柱的差异，适当调整色谱操作条件，以期获得最佳效果。

(2) 制备色谱柱

1) 固定液的涂渍：准确称取 2g DC—550，置于 25mL 标准口的圆底烧瓶中，加入足够量的三氯甲烷，使 DC—550 全部溶解后，按固定液的配比，加入确定量（约 20g）的载体，并且正好被固定液溶液所浸没。然后，用旋转蒸发器进行涂渍。在减压条件下，启动旋转蒸发器，用水浴或红外线灯加热，直至溶剂近干时，将它置于 120℃ 的烘箱中干燥 2h，取出并冷却后，过筛，备用。

2) 色谱柱的填充：将洗净、烘干的玻璃柱（或不锈钢柱）的入口端接一小漏斗，出口端塞入适量的玻璃棉（经硅烷化处理）并裹以纱布后，通过橡胶管与真空泵相连。启动真空泵，从漏斗处分数次加入柱填充物，同时不断轻敲柱管，使填充物均匀、紧密地填满色谱柱管后停止真空泵。在入口端也塞入一小团玻璃棉，并适当压紧，使填充物不能移动。

3）色谱柱的老化：将色谱柱的入口端与气相色谱仪的汽化室连接好，出口端暂不接检测器，以大约 15mL/min 的载气（氮气）流速，分阶段升温至 220℃，并在此温度下至少老化 24h，降温后将柱出口与检测器连接好。

（3）标样溶液和试样溶液的制备

1）标样溶液：准确称取 0.15g（精确至 0.0002g）敌敌畏标准样品，置于一个 10mL 的具塞玻璃瓶中，用移液管准确加入 2mL 内标溶液，小心混合均匀。

2）试样溶液：准确称取约含 0.15g（精确至 0.0002g）敌敌畏的试样，置于另一个 10mL 的具塞玻璃瓶中，用同一支移液管准确加入 2mL 内标溶液，小心混合均匀。

标样溶液和试样溶液要求尽量同时制备。

（4）进样分析　在规定的色谱操作条件下，待仪器稳定后，注入数针标样溶液，直至相邻两针的峰面积比基本稳定（变化不大于 1.5%），再按下列顺序进行进样分析：

1）标样溶液。

2）试样溶液。

3）试样溶液。

4）标样溶液。

4. 数据处理

将求得的 1）、4）两针标样溶液和 2）、3）两针试样溶液的峰面积比分别进行平均后，按下式计算试样中敌敌畏的含量 w（质量分数）。

$$w = \frac{r_1 m_2 w_0}{r_2 m_1} \times 100\%$$

式中　r_1——两针试样溶液中敌敌畏与内标物峰面积比的平均值；

r_2——两针标样溶液中敌敌畏与内标物峰面积比的平均值；

m_1——敌敌畏试样的称样量（g）；

m_2——敌敌畏标准样品的称样量（g）；

w_0——敌敌畏标准样品的质量分数（%）。

注意事项：平行测定结果之差应不大于 1.0%。

• 训练 7　用气相色谱法测定聚氨酯涂料中的游离 TDI 单体

1. 训练目的

了解甲苯二异氰酸酯（TDI）单体的测定条件及方法，掌握用氢火焰离子化检测器检测、内标法定量的方法，能够准确地完成聚氨酯涂料中未反应的 TDI 单体含量的测定。

2. 仪器与试样

（1）仪器

1）气相色谱仪：配有氢火焰离子化检测器。

2）微量进样器：10μL。

（2）试剂及材料

1）乙酸乙酯：分析纯，经5Å（1Å=0.1nm）分子筛脱水、脱醇，水的质量分数<0.03%，醇的质量分数<0.02%。

2）甲苯二异氰酸酯（TDI）：分析纯（80/20）。

3）1，2，4-三氯代苯（TCB）：分析纯（也可以使用色谱纯十四烷）。

4）载气：氮气，体积分数≥99.8%。

5）燃气：氢气，体积分数≥99.8%。

3. 训练步骤

（1）确定实验条件

1）柱温：150℃。

2）汽化温度：150℃。

3）载气流速：载气为氮气，其流速为50mL/min。

4）氢气流速：90mL/min。

5）空气流速：500mL/min。

6）进样量：1μL。

（2）固定相的配制　准确称取1g固定液甲基乙烯基硅氧烷树脂（UC—W982）溶解于50mL二氯甲烷中，将此溶液放在蒸发皿中，缓慢搅拌，待固定液完全溶解后，将9g载体倒入，在通风柜中用红外灯加热至50℃左右，直至溶剂挥发至干，并且能自由流动，干燥30min，过筛后备用。

（3）色谱柱的填充与老化　将洗净烘干的色谱柱一端用玻璃棉堵好，接在真空泵上，另一端接上漏斗，缓慢加入配制好的固定相，并轻轻敲打色谱柱至固定相不再进入为止，塞上玻璃棉，将色谱柱接到色谱仪上（不接检测器），通载气，进行不同温度的分步老化（在80℃、120℃、160℃分别老化4h），连上检测器，直到记录仪基线走直为止。

（4）试剂的脱水　将250g 5Å分子筛放在500℃罐式炉中灼烧2h，待炉温降至100℃以下，取出放入装有无水硅胶的干燥器中冷却后，倒入刚启封的500mL乙酸乙酯中，摇匀，静置24h，然后用气相色谱法测定其含水量、含醇量。

（5）定量方法

1）校正因子的测定

① 配制A溶液：称取1g（准确至0.1mg）1,2,4－三氯代苯，放入干燥的

容量瓶中，用乙酸乙酯稀释至100mL。

② 配制B溶液：称取0.25g（准确至0.1mg）甲苯二异氰酸酯，放入干燥的容量瓶中，加入10mL A溶液，将样品充分摇匀，密封，静止20min（该溶液保存期为1天）。

待仪器稳定后，按上述色谱条件进行分析。计算甲苯二异氰酸酯的相对质量校正因子。

$$f_w = \frac{A_s m_i}{A_i m_s}$$

式中　f_w——甲苯二异氰酸酯的相对质量校正因子；

A_s——内标物1,2,4－三氯代苯的峰面积；

m_i——B溶液中甲苯二异氰酸酯的质量（g）；

A_i——甲苯二异氰酸酯的峰面积；

m_s——A溶液中1,2,4－三氯代苯的质量（g）。

2）样品的配制

① 当样品中含有质量分数为0.1%～1%未反应的甲苯二异氰酸酯时，称取5g试样（准确至0.1mg）放入25mL的干燥容量瓶中，用移液管取1mL A溶液和乙酸乙酯移入容量瓶中，密封后充分混合均匀，待测。

② 当样品中含有质量分数为1%～10%未反应的甲苯二异氰酸酯时，称取5g试样（准确至0.1mg）放入25mL的干燥容量瓶中，用移液管取10mL A溶液，密封后充分混匀（此时不需加入乙酸乙酯），待测。

（6）样品的分析　在注入上述配制好的样品之前，按色谱条件待仪器稳定后，首先用进样器注入约1μL纯TDI，使色谱柱很快达到饱和，然后注入1μL配好的样品溶液进行分析。

注意：当样品中有溶剂影响内标物和甲苯二异氰酸酯峰时，可能会产生拖尾峰现象，此时甲苯二异氰酸酯拖尾峰应回归到基线，否则将给积分结果带来很大的误差，因此建议采用谷谷积分方式。

各组分出峰顺序见表5-4。

表5-4　各组分出峰顺序

序　　号	组　　分	时间/min
1	乙酸乙酯	0.4
2	涂料中的溶剂	0.5～0.7
3	1，2，4-三氯代苯	2.2
4	甲苯二异氰酸酯	4.4

按下式计算甲苯二异氰酸酯的质量分数。

$$w_{\text{TDI}} = \frac{m_s A_i f_w}{m_i A_s} \times 100\%$$

式中 w_{TDI}——样品中游离甲苯二异氰酸酯的质量分数；

m_s——内标物1，2，4-三氯代苯的质量（g）；

A_i——游离甲苯二异氰酸酯的峰面积；

f_w——甲苯二异氰酸酯的相对质量校正因子；

m_i——样品的质量（g）；

A_s——内标物1，2，4-三氯代苯的峰面积。

• 训练8 用气相色谱法测定焦化产品中邻甲酚的成分

1. 训练目的

通过实验，掌握气相色谱法测定焦化产品中邻甲酚成分的方法及测定要点，熟练掌握气相色谱仪的使用方法。

2. 仪器与试剂

（1）仪器

1）气相色谱仪：配有氢火焰离子化检测器。

2）微量进样器：10μL。

（2）试剂

1）色谱固定液：阿匹松L。

2）色谱固定液：聚乙二醇—20000。

3）抗坏血酸：分析纯。

4）6201红色载体：酸洗，40～60目。

5）丙酮：分析纯。

6）苯：分析纯。

7）邻甲酚：无苯酚、间对甲酚和2,6-二甲酚等杂质，杂质含量已知。

8）苯酚：含量（质量分数）不小于99%。

9）间甲酚：含量（质量分数）不小于99%。

10）对甲酚：含量（质量分数）不小于99%。

11）二甲酚：含量（质量分数）不小于99%。

3. 训练步骤

（1）确定实验条件

1）固定液：体积分数为0.13%的聚乙二醇—20000+体积分数为0.5%的抗坏血酸+体积分数为13%的阿匹松L。

2）载体：6201红色载体，酸洗，40～60目。

3）色谱柱：长度为3m，内径为4mm。

4）柱温：130℃。

5）检测器温度：150℃。

6）汽化温度：270℃。

7）载气：氢气。

8）柱前压：0.08MPa（0.8kgf/cm²）。

9）检测器：氢火焰离子化检测器。

10）进样量：1～2μL。

11）组分：苯酚，相对保留值为0.67；邻甲酚，相对保留值为1.00；间对甲酚，相对保留值为1.24；二甲酚，相对保留值为1.54。

（2）柱填料的制备　称取聚乙二醇—20000 0.0200g和抗坏血酸0.0750g，置于250mL烧杯中，加入与15g载体和等体积的丙酮，在搅拌下使固定液完全溶解（若溶解速度较慢，则可在水浴上适当加热；若溶剂挥发，则应补充）。称取15.0g6201载体加入溶液中，混匀，在不时翻动下，挥发出全部溶剂，然后置于100℃干燥箱中烘干。另外称取阿匹松L 1.95g，加入与上述载体等体积的苯，在搅拌下使固定液全部溶解。将上述烘干并已涂渍过的载体加入溶液中，混匀，在不时翻动下，让溶剂完全挥发，然后置于100℃干燥箱中烘干备用。

（3）色谱柱的填充与老化　在振动下将制备好的填料紧密装入已洗净并干燥的柱管中，两端用玻璃棉封住，然后将填充好的色谱柱安装于色谱仪中，通入小流量的载气，在160℃下老化约4h，使基线稳定。

（4）标样的配制　准确称取5份各为10g左右的邻甲酚试剂，再分别准确加入不同量的苯酚、间对甲酚（间甲酚和对甲酚按2∶1质量比混合）和2,6-二甲酚，使各杂质组分含量（质量分数）在0.2%～2%之间变化，将标样充分混匀后备用。

（5）操作条件的调节

1）间对甲酚和邻甲酚的相对分离度R值，必须满足如下要求：

$$R=\frac{t_{r(间对)}-t_{r(邻)}}{y_{\frac{1}{2}(间对)}+y_{\frac{1}{2}(邻)}}$$

式中　R——相对分离度，数值应大于1.80；

$t_{r(间对)}$——间对甲酚的保留值（mm）；

$t_{r(邻)}$——邻甲酚的保留值（mm）；

$y_{\frac{1}{2}(间对)}$——间对甲酚的半峰宽（mm）；

$y_{\frac{1}{2}(邻)}$——邻甲酚的半峰宽（mm）。

2）进样量和仪器的灵敏度应控制在苯酚、间对甲酚和1,6-二甲酚峰高的线性响应范围内，质量分数为1%的间对甲酚峰高应不低于20mm。

（6）标准曲线的绘制 将标准试样置于温度约为50℃的水浴中使其完全溶化，摇匀。调节好色谱仪的操作条件。用微量注射器准确注入一定量的标样。每个标样至少进两次，得到色谱图后测定各杂质组分的峰高。分别以各杂质组分的含量对平均峰高绘出三条标准曲线。

（7）分析方法 调节仪器的操作条件与绘制标准曲线时相同，使各杂质组分的保留时间也与绘制标准曲线时相同。试样在温度约为50℃的水浴中溶化混匀后，注入与绘制标准曲线时同样量的试样，得到色谱图，然后按图所示方法测量各杂质组分的峰高。两次平行试验所测得峰高的相对偏差应不大于5%，然后根据各杂质组分的平均峰高，从相应的标准曲线上查得含量。

（8）分析结果计算 邻甲酚的质量分数（$w_{邻}$）按下式计算。

$$w_{邻} = 1 - \sum w_i$$

式中 $w_{邻}$——邻甲酚的质量分数；

w_i——i杂质组分的质量分数。

注意事项：同一化验室平行试验误差，2,6-二甲酚不超过0.10%，邻甲酚不超过0.30%。

第二节 原子吸收分光光度法技能训练

• 训练1 空心阴极灯的选择与安装

1. 训练目的

1）会进行开机前的各项检查。

2）能在4～5min内正确完成空心阴极灯的选择、安装和调整工作。

2. 仪器

1）阴极灯。

2）AA7000型原子吸收分光光度计。

3. 训练步骤

1）认真阅读仪器的使用说明书。

2）检查仪器各部件连接是否正确。

3）将仪器面板上所有的开关置于关断位置，将仪器面板上的各调节器均逆时针转到底。

4）选择所要使用的空心阴极灯，小心地将其取出，打开灯源室门，将元素灯引脚对准灯电源插座适配插入。轻轻提起扭簧，将灯插入灯架中，使灯阴极与灯架上的标记大致相平。

5）按下“电源按键”，接通供电电源。打开灯架旁的“灯电源开关”，预热20min。调节“灯电流旋钮”，使灯电流毫安表指示到所需的灯电流值，预热30min，使灯的发射强度达到稳定。

注意事项：预热灯电流应与实际测量时的电流相同；灯在点燃后应观察发光的颜色以判断灯的工作是否正常（充氖气的灯辉光的颜色是橙色，充氩气的灯正常为淡紫色）。灯内若有杂质气体存在，则光的颜色变淡。例如，充氖气时光的颜色变为粉红、发蓝或发白，此时应对灯进行处理。

6）降低燃烧器高度至光束下面，拉开燃烧室右壁上的两块挡光板，使光束通过燃烧室。

7）将“方式选择开关”置于“调整”位置。

8）选择合适的波长、狭缝和负高压（调节“增益钮”），使能量表的指针指在正中位置（约2.6V，灯预热后能量可能增大）。

9）用波长手调轮调波长，使能量表指示达到最大值。如果能量大于2.6V，则可调“增益旋钮”，降低光电倍增管负电压，使之回到中间位置。

10）光源对光：将元素灯缓慢旋转，使能量表指示达到最大值；分别调节元素灯的调节螺杆、高低调节鼓轮、左右位移鼓轮，均使能量表指示达到最大值。如果能量大于2.6V，则可调“增益”旋钮，使指针回到中间位置。

11）燃烧器对光：先调节燃烧器转柄，使燃烧器缝隙与光束大致平行，再使对光板骑在燃烧器缝隙上，调节“燃烧器前后调节钮”，使光斑均匀分布在对光板中间垂线的两边；调节“燃烧器上下调节钮”，至所需的燃烧器高度；调节“燃烧器转柄”，使缝隙与光束平行（对光板沿缝隙左右移动时，光斑一直均匀分布在对光板垂线的两边）。

12）训练完毕，逆时针旋转“增益旋钮”，使能量表指针恢复至零。旋转“灯电流调节钮”，使灯电流降至零后，关闭“灯电源开关”，最后关闭“主机电源开关”。

13）清理实验工作台，填写仪器使用记录。

● 训练2　原子吸收条件的选择（以测定镁为例）

1. 训练目的

1）正确使用原子吸收光谱仪。

2）在1.5h内完成波长、燃助比、燃烧器高度、狭缝宽度等测量条件的调试，并使仪器进入正常工作状态。

2. 仪器和试剂

1）AA320型原子吸收分光光度计及配套辅助设备、镁空心阴极灯（1个）、100mL烧杯（1个）、100mL容量瓶（3个）、10mL吸量管（1支）。

2）镁标准储备液的配制：准确称取于800℃灼烧至恒重的氧化镁（AR）1.6583g，加入1mol/L的盐酸至溶解，定量移入1000mL容量瓶中，用水稀释至标线，摇匀。此溶液含镁量为1.0mg/mL。

3. 训练步骤

1）先完整阅读这一训练的各项要求和步骤。

2）配制试验溶液

① 用吸量管吸取1.0mg/mL镁标准储备液10.00mL置于100mL容量瓶中，用去离子水稀释至标线。此溶液含镁量为0.10mg/mL。

② 准确移取0.10mg/mL镁标准溶液5.00mL置于100mL容量瓶中并稀释至标线，此溶液为含镁量为0.0050mg/mL的镁标准溶液。

③ 用0.0050mg/mL的镁标准溶液配制100mL 0.30μg/mL镁标准溶液。

3）检查气源辅助设备的安放位置和周围环境。

注意事项：空压机应距离仪器数米远，放在通风良好、洁净的地方，连接软管不应靠近热源。高压钢瓶（例如乙炔、氧化亚氮钢瓶）必须放在通风良好的环境中，周围3m之内禁绝烟火，以免发生意外事故。检查水封管水封情况。若需要加水，则按如下步骤进行：取下燃烧器，从预混合室的“脖子”上慢慢注入一定体积的水，使废液排放管内形成水柱，然后再装回燃烧器。

4）选择镁空心阴极灯，并小心安装好。开启仪器电源开关、灯电源开关，预热镁空心阴极灯，并调整至最佳位置。

5）将波长调节在285.2nm附近，旋转波长手调轮到能量指示最大。

6）调节燃烧器位置，将“方式开关”置于吸光度，将“信号开关”置于连接，按下“调零旋钮”，使显示为“0.000”。旋动“燃烧器上下调节钮”，使燃烧器慢慢上升，直至有吸光度显示，再旋动“燃烧器上下调节钮”，慢慢降低燃烧器，使显示恰好为零，再将旋钮按逆时针方向转动半圈，使燃烧器进一步降低，这是许多元素分析的最佳高度。

7）打开“通风机开关”，通风10min。

8）点燃空气-乙炔焰，调节空气与乙炔的流量比例（乙炔流量为1L/min，空气流量为5.5L/min），并用去离子水喷雾。

注意事项：在点火时，应尽量远离燃烧器，以防止发生爆炸。若发生爆炸，不要慌张，因为预混合室的体积较小，爆炸能量不大。事实证明，重大事故往往是忘记通风而贸然点火所造成的。因此，在仪器起动前一定要先通风10min，然后再点火。

9）最佳实验条件的选择。初步固定镁的测量条件见表5-5。

表 5-5　镁的测量条件

吸收线波长 λ/nm	285.2
空心阴极灯电流 I/mA	4
狭缝宽度 L/mm	0.08
乙炔流量/（L/min）	1.0

① 选择分析线：根据对试样分析灵敏度的要求和干扰情况，选择合适的分析线。试液浓度低时，选最灵敏线；试液浓度高时，要选择没有干扰的谱线。

② 选择空心阴极灯工作电流：吸喷 0.30μg/mL 镁标准溶液，固定其他实验条件，改变灯电流从 2mA 开始，每次增加 0.5mA，以不同灯电流测定镁标准溶液的吸光度并记录下对应的灯电流和吸光度。将上述测定数值填入表 5-6。

表 5-6　灯电流和吸光度

灯电流/mA					
吸光度 A					

③ 选择燃助比：固定其他实验条件和助燃气流量，改变乙炔流量，喷入镁标准溶液，记录吸光度。将上述测定数值填入表 5-7。

表 5-7　燃助比和吸光度

空气流量/（L/min）				
乙炔流量/（L/min）				
燃助比				
吸光度 A				

④ 选择燃烧器高度：吸喷镁标准溶液，改变燃烧器高度，记录对应的吸光度。将上述测定数值填入表 5-8。

表 5-8　燃烧器高度和吸光度

燃烧器高度/mm						
吸光度 A						

⑤ 选择狭缝宽度：在上述最佳燃助比及燃烧器高度条件下，使用不同狭缝宽度测定镁标准溶液的吸光度。将上述测定数值填入表5-9。

表 5-9　狭缝宽度和吸光度

狭缝宽度/mm						
吸光度 A						

10）实验结束后的工作：实验结束后，吸喷去离子水2～3min，先关“乙炔气阀门”，再关“空气阀门”；关闭“灯电流开关”、“总电源开关”，将仪器上各旋钮转至零位；清理实验台面，填写仪器使用登记卡。

4. 数据处理

1）绘制吸光度-灯电流曲线，选出最佳灯电流。

2）绘制吸光度-燃气流量曲线，选出燃助比。

3）绘制吸光度-燃烧器高度曲线，选出燃烧器最佳高度。

4）绘制吸光度-狭缝宽度曲线，选出最佳狭缝宽度。

注意事项：

① 仪器工作环境要求室温为5～35℃，相对湿度≤85%，室内保持清洁，以防止光学零件污染。

② 为了确保安全，使用燃气、助燃气时应严格按操作规程进行。如果在实验过程中突然停电，则应立即关闭“燃气阀门”，然后将空气压缩机及主机上所有的开关和旋钮都恢复至操作前的状态。在操作过程中，若嗅到乙炔气味，则可能是气路管道或接头漏气，应立即仔细检查。

③ 在每次分析工作后，都应该让火焰继续点燃，并吸喷去离子水1～3min清洗原子化器。定期检查废液收集容器的液面，既要及时倒出过多的废液，又要保证足够的水封。

④ 为了保证分析结果有良好的重现性，应该注意燃烧器缝隙的清洁、光滑。当发现火焰不整齐，中间出现锯齿状分裂时，说明缝隙内已有沉积物堵塞，此时应该仔细进行清理。清理方法是：将仪器关机，待燃烧器冷却后，取下燃烧器，用洗衣粉溶液刷洗缝隙，然后用水冲洗，即可清除沉积物。

• 训练3　原子吸收光谱仪的使用、维护及水中微量铜的测定

1. 训练目的

1）掌握AA7000型原子吸收分光光度计的使用方法。

2）掌握用标准曲线法测定水样中微量铜的实验技术。

2. 仪器与试剂

（1）仪器　AA7000型原子吸收光谱仪（配有空气压缩机、乙炔钢瓶等）；铜空心阴极灯。

（2）试剂　100μg/mL Cu^{2+}标准溶液的配制：称取金属铜（质量分数为99.9%）0.100g，置于250mL烧杯中，加入1+1硝酸溶液20mL，加热溶解，蒸至小体积，冷却，再加入硝酸溶液5mL，加水煮沸溶解盐类，冷却后移入1000mL容量瓶中并稀释至刻度，摇匀。

3. 训练步骤

1）正确地连接好仪器的气路、电源线以及仪器与工作站之间的信号线。

2）装上元素灯，打开“主机开关”，按顺时针旋转电位器，使灯电流达到工作电流（根据元素灯而定），电位器长针转一圈短针转一格表示2mA。

3）选择好所需要的狭缝（根据元素灯而定）。

4）选择好波长，用快速或慢速扫描挡找准所测元素的特征波长，而后按下述步骤6）所叙述的方法手动细微调节波长。

5）起动与仪器相配套的工作站，使之进入正常工作状态。

6）调节波长。在调节波长时，首先调高电压至200～300V，然后在元素波长附近转动“波长微调”旋钮，寻找光谱峰值，同时观察工作站屏幕上的“能量条”（或能量电平数值），直至能量最大，找准峰值为止。

注意事项：在调节波长时，若能量过大，超过100%，则需降低电压；若能量过小，“能量条”变化不很明显，则要慢慢升高电压。波长调准后调整好元素灯的位置，再调整电压，使能量达到100%。

7）调节灯室中的“工作方式转换旋钮”，使之指向所需要的工作方式。这里要说明的是当使用“火焰方式”工作时，在点火后，建议使用该方式中的第2挡，这样能降低噪声，提高分析的精度。

8）对仪器预热30min。由于AA7000型原子吸收分光光度计的稳定性好，所以预热后无需重新调整波长及灯的位置。

9）在点火前，用对光角板调节狭缝与光轴平行。

10）起动空气压缩机，经过一段时间后，空气的压力、流量才能稳定。

11）点火时，先打开“乙炔钢瓶的总阀门”，再按下气路操作面板上的“燃气控制键”，用点火枪点火（此步操作应尽快），然后调节好乙炔的压力，压力一般在0.06MPa（0.6kgf/cm^2），乙炔流量根据分析需要而定（一般为1.6L/min左右）。

12）待火焰稳定一段时间后，喷入空白溶液，调节电压，使工作站屏幕上所显示的“吸光值”为0或接近0。

13）喷入标准溶液，微调撞击球，以获得最佳灵敏度。

14）进行分析。本仪器的分析数据、谱图、报告的处理和打印均可由计算机完成。

15）仪器工作环境条件

① 温度为5～35℃。

② 相对湿度≤85%。

③ 远离振荡区，无强电磁场干扰和腐蚀性气体。

④ 电源要求有稳压器，电压为220V±22V，频率为（50±1）Hz，功率为

500W，有通风排气装置。

⑤ 室内要保持清洁，最好配有吸尘器。

16）仪器的维护

① 在每次分析工作后都应让火焰继续点燃，吸收纯水1~3min清洗原子化器，若喷过高浓度的样品，则清洗时间可适当加长。定期检查废液收集容器的液面，既要及时倒出过多的废液，又要保证足够的水封。

② 燃烧头狭缝内表面应保持光洁，这对仪器的分析重复性具有重要意义。当发现火焰不整齐，中间出现锯齿状分裂时，说明狭缝内已有沉积物堵塞，应仔细进行清理。清理方法是：将仪器关机，等燃烧头冷却以后，取下燃烧头，用洗衣粉溶液冲洗狭缝，并用0.2~0.4mm厚的不锈钢板（注意不要使用Cu、Al板）在狭缝内捅、擦，然后再用水冲，以清除沉积物。若还不能清洗好，则应将紧固狭缝板用的6个螺钉拧开，取下缝板，甚至可将拼接两个缝板用的两个螺钉拧下，仔细修光工作表面，然后复原。一定要保持两个狭缝板紧密地靠到燃烧头座体上，并拧紧有关螺钉。

③ 在日常使用中，应尽量保持仪器环境的清洁，防止污染光学零件。使用日久，光学零件镀膜灰尘过多使光能过低时，应由专门技术人员对镜片进行细致的清洗，一般用脱脂棉蘸上足够的高纯度酒精轻轻擦拭即可。这项工作应小心进行。在一般情况下，除非万不得已，不要清洗反射镜。

④ 单色器除非发生损坏或重大问题，一般不可打开。

⑤ 定期检查气路系统的密封性，以保证安全。

17）测定

① 选择仪器工作条件：波长为324.7nm，灯电流为2mA，狭缝宽度为0.2mm，燃烧器高度为6mm，空气压力为0.3MPa（$3kgf/cm^2$），乙炔压力为0.09MPa（$0.9kgf/cm^2$），空气流量为6.5L/min，乙炔流量为1.0L/min，火焰类型为蓝色火焰。

② 标准曲线的绘制及试液的测定：准确移取Cu^{2+}标准溶液0mL、0.50mL、1.00mL、1.50mL、2.00mL、2.50mL、3.00mL，分别置于50mL容量瓶中，另移取含Cu^{2+}水样10.00mL（或视含Cu^{2+}量而定），置于另一个50mL容量瓶中，将上述标准溶液和试液用体积分数为2%的硝酸稀释至刻度。

在上述工作条件下，依次测定标准系列溶液及试液的吸光度，绘制A-c工作曲线，由曲线上查出试液的浓度，并求出原始水样中的铜含量。

• 训练4　用原子吸收标准加入法测定水中的微量铜

1. 训练目的

1）巩固AA7000型原子吸收分光光度计的使用方法。

2）掌握用标准加入法测定水样中微量铜的实验技术。

2. 仪器与试剂

1）AA7000 型原子吸收光谱仪（配有空气压缩机、乙炔钢瓶等）；铜空心阴极灯。

2）100μg/mL Cu^{2+} 标准溶液的配制：称取金属铜（质量分数为 99.9%）0.100g，置于 250mL 烧杯中，加入 1 + 1 硝酸溶液 20mL，加热溶解，蒸至小体积，冷却，再加入浓硝酸溶液 5mL，加水煮沸溶解盐类，冷却后移入 1000mL 容量瓶中并稀释至刻度，摇匀。

3. 训练步骤

1）仪器工作条件：波长为 324.7nm，灯电流为 10mA，狭缝宽度为 0.2mm，燃烧器高度为 6mm，空气压力为 0.3MPa（3kgf/cm²），乙炔压力为 0.09MPa（0.9kgf/cm²），空气流量为 6.5 L/min，乙炔流量为 1.0 L/min，火焰类型为蓝色火焰。

2）按仪器操作规程开启仪器，并调节至最佳实验条件。

3）配制标准加入法溶液：按表 5-10 中所给数据移取试液，置于 4 个 50mL 容量瓶中，以体积分数为 2% 的稀硝酸稀释至刻度。

表 5-10　*A-m* 数据记录

容量瓶编号	1	2	3	4
含 Cu^{2+} 水样/mL	25.00	25.00	25.00	25.00
100μg/mL 的 Cu^{2+} 标准溶液/mL	0.00	1.00	2.00	3.00
Cu^{2+} 标准溶液加入量/μg	0	100	200	300
吸光度				

4）在实验条件下，依次测定上述溶液的吸光度，记录相应的吸光度值，然后在方格坐标纸上绘制 *A-m* 曲线，将直线外推求出试液中的 Cu^{2+} 含量（以 μg/mL 表示）。

● 训练 5　用原子吸收法测定锌的实验条件的选择

1. 训练目的

1）进一步掌握原子吸收分光光度计的使用及维护方法。

2）掌握原子吸收法测定锌的实验条件的选择方法。

2. 仪器与试剂

1）AA7000 型原子吸收分光光度计；锌元素空心阴极灯；50mL 容量瓶 10 只；5mL 移液管 1 只。

2）100μg/mL Zn^{2+}标准溶液。

3. 训练步骤

（1）分析线波长的选择　吸取100μg/mL锌标准溶液5.0mL加入到50mL容量瓶中，用去离子水稀释至刻度，摇匀，此溶液作为条件选择用。固定其他实验条件，从210nm波长开始，每次改变0.2nm，测定在不同波长处Zn^{2+}标准溶液的吸光度，测至300nm，绘制A-λ曲线，从曲线上确定λ_{max}作为分析线。

（2）燃气、助燃气流量比的选择　用乙炔-空气火焰原子化测定锌，测定时先调好空气的压力和流量，使雾化效率最高（溶液的提升量与废液排出量之比最大)，然后固定乙炔压力在（4.9～9.8）$\times 10^4$Pa内，调节乙炔流量使火焰刚能点着，然后增加乙炔流量，测定并记录不同流量下锌标准溶液的吸光度（每次改变流量后，都要用去离子水调节吸光度0点）。绘制吸光度-燃助比曲线，从中选出稳定性好、灵敏度高的燃气和助燃气流量比，作为测定操作条件。

（3）灯电流的选择　固定其他条件，从0.5mA灯电流开始，每次增加0.5mA，以不同的灯电流测定Zn^{2+}标准液的吸光度。测定时用去离子水和标准锌溶液分别喷雾，每测一个数值后，都必须用去离子水作为空白液重新调节仪器吸光度0点，绘制吸光度-灯电流曲线，确定适宜的灯电流。选择原则是：在保证吸光度稳定，又有一定光强输出的情况下，灯电流应尽可能小。

（4）燃烧器高度的选择　用锌标准溶液喷雾，缓慢上下移动燃烧器高度，以调节火焰高度，测定不同燃烧器高度下的吸光度值，绘制吸光度-燃烧器高度曲线，从中找出灵敏度高、稳定性较好的高度位置。

（5）狭缝宽度的选择　在上述最佳乙炔和空气流量比及燃烧器高度条件下，使用不同狭缝宽度测定标准锌溶液吸光度，绘制吸光度-狭缝宽度曲线，以测得最大吸光度时的狭缝宽度作为选定值。

4. 数据处理

（1）分析线　根据对试样分析灵敏度的要求和干扰情况，选择合适的分析线。试液浓度低时，选择最灵敏线；试液浓度高时，选择没有干扰谱线，绘制A-λ曲线，并将相关数据记入表5-11。

表5-11　A-λ数据记录

λ/nm						
吸光度A						

（2）空心阴极灯工作电流的选择　吸喷0.30μg/mL锌标准溶液，固定其他实验条件，改变灯电流从2mA开始，每次增加0.5mA，以不同灯电流测定锌标准溶液的吸光度并记录下对应的灯电流和吸光度，绘制A-i曲线，并将相关数据

记入表5-12。

表5-12　*A-i* 数据记录

灯电流/mA						
吸光度 *A*						

(3) 选择固定其他实验条件和助燃气流量　改变乙炔流量，吸喷锌标准溶液，记录吸光度，绘制 *A*-燃助比曲线，并将相关数据记入表5-13。

表5-13　*A*-燃助比数据记录

空气流量/(L/min)				
乙炔流量/(L/min)				
燃助比				
吸光度 *A*				

(4) 燃烧器高度的选择　吸喷锌标准溶液，改变燃烧器高度，记录对应的吸光度，绘制 *A-h* 曲线，并将相关数据记入表5-14。

表5-14　*A-h* 数据记录

燃烧器高度/mm						
吸光度 *A*						

(5) 狭缝宽度的选择　在上述最佳燃助比及燃烧器高度的条件下，使用不同狭缝宽度测定锌标准溶液的吸光度并进行记录，绘制 *A-s* 曲线，并将相关数据记入表5-15。

表5-15　*A-s* 数据记录

狭缝宽度/mm						
吸光度 *A*						

5. 实验结束的操作。

• 训练6　用原子吸收法测定化妆品中的铅含量

在用火焰原子吸收分光光度法测定化妆品中的铅含量时，需要首先将样品进行预处理，使铅以离子状态存在于试液中，在试液中铅离子被原子化后，基态原子吸收来自铅空心阴极灯发出的共振线，其吸收量与样品中的铅含量成正比。在其他条件不变的情况下，根据测量被吸收后的谱线强度，与标准系列比较，即可进行定量。

1. 训练目的

通过训练，熟练地操作火焰原子吸收分光光度计，进一步熟悉火焰原子吸收分光光度计的基本构造及检测原理，熟练掌握操作条件的选择，能够快速、准确地用原子吸收法测定化妆品中的铅含量。

2. 仪器与试样

（1）仪器

1）原子吸收分光光度计及其配件。

2）离心机。

3）硬质玻璃消解管或小型定氮消解瓶。

4）比色管：10mL 及 25mL。

5）分液漏斗：100mL。

6）瓷坩埚：50mL。

7）箱形电炉。

（2）试剂

1）去离子水或同等纯度的水：将一次蒸馏水经离子交换净水器净水，储存于全玻璃瓶或聚乙烯瓶中，所有试剂的配制及分析步骤中所用的水均为此水。

2）硝酸（密度为 $1.42g/cm^3$）：优级纯；1+1 硝酸溶液。

3）高氯酸（质量分数为 70%～72%）：优级纯。

4）过氧化氢（质量分数为 30%）：优级纯。

5）混合酸：硝酸和高氯酸按 3:1 混合。

6）铅标准溶液①：称取质量分数为 99.99% 的金属铅 1.000g，加入 20mL 的 1+1 硝酸溶液，加热使其溶解，转移到 1000mL 容量瓶中，用水稀释至刻度。此标准溶液 1mL 相当于 1.00mg 铅。

铅标准溶液②：移取铅标准液①10.0mL 置于 100mL 容量瓶中，加入 2mL 的 1+1 硝酸溶液，用水稀释至刻度，此溶液 1mL 相当于 100μg 铅。

铅标准溶液③：移取铅标准液②10.0mL 置于 100mL 容量瓶中，加入 2mL 的 1+1 硝酸溶液，用水稀释至刻度，此溶液 1mL 相当于 10.0μg 铅。

7）MIBK（甲基异丁基酮）：分析纯。

8）7mol/L 盐酸：吸取 30mL 盐酸（密度为 $1.19g/cm^3$），加水至 50mL。

9）BTB（麝香草酚蓝）（质量分数为 0.1%）：称取 100mgBTB，溶于 50mL 95% 乙醇溶液中，加水至 100mL。

10）质量分数为 25% 的柠檬酸铵。

11）1+1 氨水：优级纯。

12）质量分数为 40% 的硫酸铵。

13）质量分数为2%的DDTC（二乙氨基二硫代甲酸钠）。

14）质量分数为2%的APDC（吡啶烷二硫代甲酸铵）。

15）质量分数为20%的柠檬酸 。

3. 训练步骤

（1）采集样品

1）受检的化妆品应按随机抽样原则抽取并应满足检验所需的样品量（不得少于六个最小包装单位），以确保采集的样品具有代表性。

2）供检样品应严格保持原有的包装状态，容器不得破损。

（2）样品预处理

1）湿式消解法：称取1.00～2.00g试样置于消化管中，同时做试剂空白。

含有乙醇等有机溶剂的化妆品，应先在水浴或电热板上将有机溶剂挥发。若为膏霜型样品，则可预先在水浴中加热，使瓶颈上的样品熔化，流入消化管底部。加入数粒玻璃珠，然后加入10mL硝酸，由低温至高温加热消解，当消解液体积减少到2～3mL时，移去热源，冷却，然后加入2～5mL高氯酸，继续加热消解，不时缓缓摇动使其均匀，消解至冒白烟，消解液呈淡黄色或无色溶液，浓缩消解液至1mL左右，冷却至室温后定量转移至10mL（若为粉类样品，则转移至25mL）具塞比色管中，以去离子水定容至刻度。如果样液浑浊，则离心沉淀后，可取上部清液进行测定。

2）干湿消解法：称取1.00～2.00g试样，置于瓷坩埚中，在小火上缓缓加热直至炭化，然后移入箱形电炉中，在500℃下灰化6h左右，冷却后取出。向瓷坩埚内加入混合酸2～3mL，同时做试剂空白。注意：小心加热消解，直至冒白烟，但不得干涸。若有残存炭粒，则应补加2～3mL混合酸，反复消解，直至样液为无色或微黄色，微火浓缩至近干，然后定量转移至10mL刻度试管（若为粉类，则置于25mL刻度试管）中，用水定容至刻度。必要时应进行离心沉淀。

3）浸提法（本方法不适用于含蜡质样品）：称取约1.008g试样，置于比色管中，同时做试剂空白。

样品中若含有乙醇等有机溶液，则应先在水浴中挥发，但不得干涸。加入2mL硝酸及5mL过氧化氢，摇匀，置于沸水浴中加热2h，冷却后加水定容至10mL（若为粉类样品，则定容至25mL）。如果样品浑浊，则在离心沉淀后，取上部清液备用。

4）萃取处理

① 样品中若含有大量铁离子，则将标准、空白和样品溶液转移至蒸发皿中，在水浴上蒸发至干，然后加入10mL 7mol/L盐酸溶解残渣，用等量的MIBK萃取二次，再用5mL 7mol/L盐酸洗MIBK层，合并盐酸溶液，必要时赶酸，定容。

② 样品中若含有大量铋等离子干扰，则将标准、空白或样品溶液转移至

100mL分液漏斗中，加入2mL柠檬酸铵、1滴BTB指示剂，用氨水调节溶液为绿色，加入2mL硫酸铵，加水到30mL，加入2mLDDTC，混匀。放置数分钟，加入10mLMIBK，振摇3 min，静置分层，取MIBK层进行测定。

③ 当样品中含有大量铝、钙等离子时，将标准试剂、空白和样品溶液转移至100mL分液漏斗中，加入2mL柠檬酸，用1+1氨水调节pH值至2.5~3.0，加水至30mL，加入2mL 2% APDC，混合，放置3min，静置片刻，加入10mL MIBK振摇萃取3min，将有机相转移至离心管中，置于3000r/min的离心机中离心5min，取MIBK层溶液进行测定。

(3) 测定　移取0mL、0.50mL、1.00mL、2.00mL、4.00mL、6.00mL铅标准溶液③，分别置于数支10mL比色管中，加水至刻度，按仪器规定的程序，分别测定标准、空白和样品溶液。但是，如果样品溶液中含有大量离子（如铁、铋、铝、钙等）干扰测定，则应预先进行萃取处理。

绘制浓度-吸光度曲线，计算样品中含铅的质量分数w。

(4) 分析结果计算

$$w=\frac{(c-c_0)V\times10^{-6}}{m}\times100\%$$

式中　w——样品中含铅的质量分数；

c——从标准曲线查得样品溶液的铅浓度（μg/mL）；

c_0——从标准曲线查得试剂空白的铅浓度（μg/mL）；

V——样品溶液总体积（mL）；

m——样品质量（g）。

训练7　用原子吸收法测定叶面肥中的锌、锰、铁、铜含量

1. 训练目的

通过训练，进一步熟练地操作原子吸收分光光度计，熟悉原子吸收分光光度计的基本构造及检测原理，熟练掌握操作条件的选择，能快速、准确地测定叶面肥中的锌、锰、铁、铜等元素的含量。

2. 锌的测定

试样溶液中的锌在微酸性介质中，于空气-乙炔火焰中原子化，所产生的原子蒸气吸收从锌空心阴极灯射出的特征波长为213.9nm的光，吸光度大小与火焰中锌的基态原子浓度成正比。

(1) 仪器与试剂

1) 仪器

① 常用实验室仪器、设备。

② 原子吸收分光光度计：附有空气-乙炔燃烧器及锌空心阴极灯。

③ 振荡器：35 ~ 40r/min 上下旋转式振荡器或其他相同效果的水平往复式振荡器。

2）试剂

① 盐酸。

② 1 + 1 盐酸溶液。

③ 硫酸。

④ 释放剂溶液：称取 60.9g 氯化锶（$SrCl_2 \cdot H_2O$），溶解于 300mL 水和 420mL 盐酸中，用水稀释到 1000mL。

⑤ 0.1mg/mL 锌标准溶液的配制：称取 0.1250g 基准氧化锌（ZnO，试剂纯），精确至 0.0001g，溶于 100mL 水及 1mL 硫酸中，转移至 1000mL 容量瓶中，稀释至刻度，摇匀，储于聚乙烯瓶中。1mL 此溶液含 0.1mg 锌。

（2）训练步骤

1）试样溶液的制备：称取试样 1 ~ 5g（预计试样中的锌含量均不大于 200mg），精确至 0.001g，置于 500mL 容量瓶中，加水约 350mL，在振荡器上充分振荡 30min，加水至刻度，摇匀，干过滤，弃去最初几毫升滤液后，保留滤液，用于锌的测定。

2）空白溶液的制备：空白溶液除了不加试样外，用相同试剂溶液，按上面规定的步骤进行制备。

3）标准溶液系列的配制及标准曲线的绘制：准确吸取锌标准溶液 0mL、1.00mL、2.00mL、4.00mL、6.00mL、8.00mL、10.00mL，分别置于 100mL 容量瓶中，每个容量瓶中锌的质量分别为 0μg、100μg、200μg、400μg、600μg、800μg、1000μg，然后分别加入 2mL 盐酸和 10mL 释放剂溶液，用水稀释至刻度，混匀。在进行测定前，根据待测元素的性质，对测定所用空心阴极灯的类别、光谱带宽、灯电流、燃烧器高度、空气-乙炔流量比进行最佳条件选择，然后以零标准溶液为参比，在原子吸收分光光度计上，于波长 213.9nm 处测量标准系列溶液锌的吸光度。以标准溶液中锌的质量（μg）为横坐标，相应的吸光度为纵坐标，绘制标准曲线。

4）试样溶液的测定：吸取试样溶液 1.00 ~ 10.00mL 置于 100mL 容量瓶中，加入 2mL 盐酸及 10mL 释放剂溶液，加水定容，在原子吸收分光光度计上以零标准溶液为参比，于波长 213.9nm 处测定试样溶液中锌的吸光度。

按照上述步骤同时进行空白实验。

5）分析结果计算：锌（Zn）的质量分数 w 按下式计算。

$$w = \frac{m_1 - m_0}{m\frac{V}{500}} \times 10^{-6} \times 100\%$$

$$= \frac{m_1 - m_0}{mV} \times 5 \times 10^{-4} \times 100\%$$

式中 m_1——从锌标准曲线上查到的试样溶液中锌的质量（μg）；

m_0——从锌标准曲线上查到的空白溶液中锌的质量（μg）；

V——测定时所取试样溶液的体积（mL）；

m——称取样品的质量（g）。

允许误差：取平行测定结果的算术平均值作为测定结果，平行测定结果的绝对差值应符合表5-16的要求。

表5-16 原子吸收法测定锌的允许误差

锌含量（质量分数,%）	0.200～0.500	>0.500～1.00	>1.00～3.00	>3.00～5.00	>5.00
绝对差值（质量分数,%）≤	0.030	0.060	0.120	0.200	0.300

3. 锰的测定

试样溶液中的锰在微酸性介质中，于空气-乙炔火焰中原子化，所产生的原子蒸气吸收从锰空心阴极灯射出的特征波长为279.5nm的光，吸光度的大小与火焰中锰的基态原子浓度成正比。

（1）仪器与试剂

1）仪器：同前。

2）100μg/mL锰标准溶液的配制：称取0.3080g硫酸锰（$MnSO_4 \cdot H_2O$，高纯试剂），精确至0.0001g，用少量水溶解后，转入1000mL容量瓶中，用水稀释至刻度，此溶液1mL含100μg锰。

（2）训练步骤

1）试样溶液的制备：称取试样1～5g（预计试样中锰含量均不大于200mg），精确至0.001g，置于500mL容量瓶中，加水约350mL，在振荡器上充分振荡30min，加水至刻度，摇匀，干过滤，弃去最初几毫升滤液后，保留滤液，用于锰的测定。

2）空白溶液的制备：空白溶液除了不加试样外，用相同试剂溶液，按试样溶液制备规定的步骤进行制备。

3）标准溶液系列的配制及标准曲线的绘制：标准溶液系列的配制同锌的测定，于波长279.5nm处测量标准系列溶液中锰的吸光度，以标准溶液中锰的质量（μg）为横坐标，相应的吸光度为纵坐标，绘制标准曲线。

4）试样溶液的测定：吸取试样溶液1.00～10.00mL置于100mL容量瓶中，加入2mL盐酸溶液及10mL释放剂溶液，用水定容，在原子吸收分光光度计上以零标准溶液为参比，于波长 279.5nm 处测定试样溶液中锰的吸光度。

按照上述步骤同时进行空白实验。

5）分析结果计算：锰（Mn）的质量分数 w 按下式计算。

$$w = \frac{m_1 - m_0}{m\dfrac{V}{500}} \times 10^{-6} \times 100\% = \frac{m_1 - m_0}{mV} \times 5 \times 10^{-4} \times 100\%$$

式中　m_1——从锰标准曲线上查到的试样溶液中锰的质量（μg）；

m_0——从锰标准曲线上查到的空白溶液中锰的质量（μg）；

V——测定时所取试样溶液的体积（mL）；

m——称取样品的质量（g）。

允许误差：取平行测定结果的算术平均值作为测定结果，平行测定结果的绝对差值应符合表 5-17 的要求。

表 5-17　原子吸收法测定锰的允许误差

锰含量（质量分数,%）	0.200～0.500	>0.500～1.00	>1.00～3.00	>3.00～5.00	>5.00
绝对差值（质量分数,%）≤	0.030	0.060	0.120	0.200	0.300

4. 铁的测定

试样溶液中的铁在微酸性介质中，于空气-乙炔火焰中原子化，所产生的原子蒸气吸收从铁空心阴极灯射出的特征波长为 248.3nm 的光，吸光度的大小与火焰中铁基态原子浓度成正比。

（1）仪器与试剂

1）仪器：同前。

2）100μg/mL 铁标准溶液的配制：准确称取 0.863g 硫酸铁铵［$NH_4Fe(SO_4)_2 \cdot 12H_2O$］，精确至 0.0001g，溶于 20mL 水中，加入 10mL 硫酸，定量转移到 1000mL 容量瓶，用水稀释至刻度，混匀，储存于塑料瓶中。此溶液 1mL 含 100μg 锰。

（2）训练步骤

1）试样溶液的制备：称取试样 1～5g（预计试样中铁含量均不大于 200mg），精确至 0.001g，置于 500mL 容量瓶中，加水约 350mL，在振荡器上充分振荡 30min，加水至刻度，摇匀，干过滤，弃去最初几毫升滤液后，保留滤液，用于铁的测定。

2）空白溶液的制备：空白溶液除了不加试样外，用相同试剂溶液，按上述步骤进行制备。

3）标准溶液系列的配制及标准曲线的绘制：标准溶液系列的配制同锌的测定，于波长248.3nm处测量标准系列溶液中铁的吸光度，以标准溶液中铁的质量（μg）为横坐标，相应的吸光度为纵坐标，绘制标准曲线。

4）试样溶液的测定：吸取试样溶液1.00～10.00 mL置于100mL容量瓶中，加入2mL盐酸溶液及10mL释放剂溶液，用水定容，在原子吸收分光光度计上以零标准溶液为参比，于波长248.3nm处测定试样溶液中铁的吸光度。

按照上述步骤同时进行空白实验。

5）分析结果计算：铁（Fe）的质量分数w按下式计算。

$$w = \frac{m_1 - m_0}{m\dfrac{V}{500}} \times 10^{-6} \times 100\% = \frac{m_1 - m_0}{mV} \times 5 \times 10^{-4} \times 100\%$$

式中 m_1——从铁标准曲线上查到的试样溶液中铁的质量（μg）；

m_0——从铁标准曲线上查到的空白溶液中铁的质量（μg）；

V——测定时所取试样溶液的体积（mL）；

m——称取样品的质量（g）。

允许误差：取平行测定结果的算术平均值作为测定结果，平行测定结果的绝对差值应符合表5-18的要求。

表5-18 原子吸收法测定铁的允许误差

铁含量（质量分数,%）	0.200～0.500	>0.500～1.00	>1.00～3.00	>3.00～5.00	>5.00
绝对差值（质量分数,%）≤	0.030	0.060	0.120	0.200	0.300

5. 铜的测定

试样溶液中的铜在微酸性介质中，于空气-乙炔火焰中原子化，所产生的原子蒸气吸收从铜空心阴极灯射出的特征波长为324.6nm的光，吸光度的大小与火焰中铜的基态原子浓度成正比。

（1）仪器与试剂

1）仪器：同前。

2）试剂

① 0.5mol/L硫酸溶液。

② 1mg/mL铜标准储备溶液的配制：准确称取3.928g硫酸铜（$CuSO_4 \cdot 5H_2O$，二级纯），精确至0.0001g，溶于硫酸溶液中，将溶液移入1L容量瓶中，用硫酸溶液稀释至刻度，混匀，储存于塑料瓶中。此溶液1mL含1mg铜。

③ 100μg/mL铜标准溶液的配制：准确吸取铜标准储备液10mL置于100mL

容量瓶中，加水至刻度，摇匀。

（2）训练步骤

1）试样溶液的制备：称取试样 1～5g（预计试样中铜含量均不大于 200mg），精确至 0.001g，置于 500mL 容量瓶中，加水约 350mL，在振荡器上充分振荡 30min，加水至刻度，摇匀，干过滤，弃去最初几毫升滤液后，保留滤液，用于铜的测定。

2）空白溶液的制备：空白溶液除了不加试样外，用相同试剂溶液，按上面规定的步骤进行制备。

3）标准溶液系列的配制及标准曲线的绘制：标准溶液系列的配制同锌的测定，于波长 324.6nm 处测量标准系列溶液中铜的吸光度，以标准溶液中铜的质量（μg）为横坐标，相应的吸光度为纵坐标，绘制标准曲线。

4）试样溶液的测定：吸取试样溶液 1.00～10.00mL 置于 100mL 容量瓶中，加入 2mL 盐酸溶液及 10mL 释放剂溶液，用水定容，在原子吸收分光光度计上以零标准溶液为参比，于波长 324.6nm 处测定试样溶液中铜的吸光度。

按照上述步骤同时进行空白实验。

5）分析结果计算：铜（Cu）的质量分数 w 按下式计算。

$$w = \frac{m_1 - m_0}{m\dfrac{V}{500}} \times 10^{-6} \times 100\% = \frac{m_1 - m_0}{mV} \times 5 \times 10^{-4} \times 100\%$$

式中　m_1——从铜标准曲线上查到的试样溶液中铜的质量（μg）；

m_0——从铜标准曲线上查到的空白溶液中铜的质量（μg）；

V——测定时所取试样溶液的体积（mL）；

m——称取样品的质量（g）。

允许误差：取平行测定结果的算术平均值作为测定结果，平行测定结果的绝对差值应符合表 5-19 的要求。

表 5-19　原子吸收法测定铜的允许误差

铜含量（质量分数,%）	0.200～0.500	>0.500～1.00	>1.00～3.00	>3.00～5.00	>5.00
绝对差值（质量分数,%）≤	0.030	0.060	0.120	0.200	0.300

• 训练 8　用原子吸收法测定水泥中的氧化钠、氧化钾、氧化镁含量

水泥（刚玉粉）中三氧化二铁、氧化钙、氧化镁、氧化钠、氧化钾的含量可用原子吸收分光光度测定法测定。将水泥试样置于密封增压溶样器内套中，在

235～240℃下用盐酸进行分解，保温7h，自然冷却。由于铝对钙、镁的测定有抑制作用，故在标准溶液中加入与样品相同量的三氧化二铝，以消除其干扰。测出吸光度，用标准曲线法计算结果。

1. 训练目的

通过训练，掌握原子吸收法测定水泥中的氧化钠、氧化钾、氧化镁含量的方法及测定要点，熟练掌握原子吸收分光光度计的使用方法。

2. 仪器和试剂

（1）仪器

1）原子吸收分光光度计及配套设备。

2）密封增压溶样器：由聚四氟乙烯内套及保护钢套组成。

（2）试剂

1）1+1盐酸溶液。

2）碳酸钙。

3）氧化镁。

4）三氧化二铁。

5）氧化钾。

6）氯化钠。

7）三氧化二铝：光谱纯。

8）1mg/mL氧化钙标准溶液的配制：准确称取经110℃烘干2h的碳酸钙1.7855g，置于100mL烧杯中，以水湿润，慢慢加入1+1盐酸溶液30mL，加热溶解后，煮沸赶掉二氧化碳，冷却至室温，移入1L容量瓶中，用水稀释至刻度，摇匀，储存于干燥塑料瓶中备用。

9）1mg/mL氧化镁标准溶液的配制：准确称取经900℃灼烧2h的氧化镁1.0000g，置于100mL烧杯中，加入1+1盐酸溶液20mL，加热溶解后冷却至室温，移入1L容量瓶中，稀释至刻度，摇匀，储存于干燥的塑料瓶中备用。

10）1mg/mL三氧化二铁标准溶液的配制：准确称取经110℃烘干2h的三氧化二铁1.0000g，置于200mL烧杯中，加入1+1盐酸溶液50mL，加热溶解后冷却至室温，移入1L容量瓶中，稀释至刻度，摇匀，储存于干燥的塑料瓶中备用。

11）1mg/mL氧化钾标准溶液的配制：准确称取经450℃灼烧0.5h的氯化钾1.5830g，置于150mL烧杯中，加水溶解，移入1L容量瓶中，加入1+1盐酸溶液10mL，稀释至刻度，摇匀，储存于干燥的塑料瓶中备用。

12）1mg/mL氧化钠标准溶液配制：准确称取经450℃灼烧0.5h的氯化钠1.8859g，置于150mL烧杯中，加水溶解，移入1L容量瓶中，加入1+1盐酸溶液10mL，稀释至刻度，摇匀，储存于干燥的塑料瓶中备用。

13）三氧化二铝基体溶液的配制：称取两份三氧化二铝，每份0.5g，分别置于密封增压溶样器内套中，加入 1+1 盐酸溶液 12mL，摇动使试样均匀湿润。密闭后放入烘箱中，在 235~240℃下保持 7h，自然冷却。将溶解好的试样转入同一只 100mL 容量瓶中，加入 20mL 浓盐酸稀释至刻度。

14）混合标准溶液的配制：分别吸取 1mg/mL 氧化镁、氧化钾、氧化钠的标准溶液 5mL，放入 200mL 容量瓶中，稀释至刻度，摇匀，储存于干燥的塑料瓶中。此溶液中氧化镁、氧化钾、氧化钠浓度均为 25μg/mL。

15）测定用混合标准溶液系列的配制：吸取上述混合标准溶液 0mL、0.50mL、1.00mL、2.00mL、4.00mL，分别置于 50mL 容量瓶中，各加入三氧化二铝基体溶液 20mL，稀释至刻度，摇匀。此标准系列混合溶液含量分别为 0μg/mL、0.25μg/mL、0.50μg/mL、1.00μg/mL、2.00μg/mL。

3. 训练步骤

（1）确定仪器测定条件　原子吸收法各元素的测定条件见表 5-20。

表 5-20　原子吸收法各元素的测定条件

元　素	波长 λ/nm	允许最大光谱通带/nm	火焰类型	火焰状态
Ca	422.7	2	氧化亚氮-乙炔	化学计量火焰
Mg	285.2	2	氧化亚氮-乙炔	化学计量火焰
Fe	248.3	0.4	空气-乙炔	微富燃性火焰
K	766.5	2	空气-乙炔	贫焰
Na	589.6	2	空气-乙炔	贫焰

注：1. Ca、Mg 测定采用乙炔-空气火焰时，需加 2.5mL 质量分数为 20% 的 $SrCl_2$。

2. 空心阴极灯电流按各种灯出厂时规定的工作电流调整使用。

（2）样品的处理　准确称取经 110℃烘干 2h 的试样 0.2000g，放入高压坩埚内套中，加入 1+1 盐酸溶液 12mL，摇动，使试样均匀湿润。密封后放入烘箱中，在 235~240℃下保温 7h，自然冷却。取出溶解后的样品，移入 50mL 容量瓶中，用水稀释至刻度，摇匀，同时做试剂空白。

（3）测定方法　按照选定的仪器工作条件调整仪器。空心阴极灯预热 20min 后，点燃火焰，调节空气（或氧化亚氮）和乙炔流量，用水喷雾调整零点，然后分别测定标准系列溶液、试样溶液和空白溶液㊀，读取相应的吸光度。用标准系列溶液的吸光度减去标准系列的空白溶液吸光度㊁，绘制标准曲线。根据试样溶液的吸光度在曲线上查出待测元素的含量 c_x㊂。

㊀ 镁、钠的灵敏度较高，需缩小量程或稀释后测定。

㊁ 此步骤是为了扣除光谱纯三氧化二铝和盐酸中所含的测定元素引起的吸收。

㊂ 如果样品空白（试剂空白）吸光度很小或没有，则可以直接从试样吸光度中减去后查出 c_x。如果样品空白吸光度较大，则要用标准加入法求出所含测定元素的含量，然后对试样进行校正。

(4) 分析结果计算 试样中各元素氧化物质量分数按下式计算。

$$w_{MO} = \frac{c_x V \times 10^{-6}}{m} \times 100\%$$

式中 w_{MO}——试样中各元素氧化物的质量分数;

c_x——试样中氧化物的含量(μg/mL);

V——试样溶液的体积(mL);

m——试样质量(g)。

第三节 "三废"排放的监测

"三废",指企业生产排放的废气、废水、废渣。这些排放物可能对人体、环境、农作物、养殖业、渔业等诸多方面产生直接或间接的毒害作用。排放的污染物通过呼吸、饮水、进食、皮肤吸收等途径进入人体,并在人体器官内积聚,刺激皮肤和呼吸道,从而产生致癌、致变、致畸作用。污染物还可通过传播,被作物、水产动物吸收,通过食物链影响人体。有些废弃物还可能引起燃烧、腐蚀等事故。

一、废气的监测

废气有两类:一类是来自各种工业用炉的烟道气,即燃料燃烧后的产物,主要成分为N_2、O_2、CO、CO_2、SO_2、水蒸气及少量的其他气体;另一类是化工生产中排放出来的大量尾气。后一类废气的组成较为复杂,应根据具体情况监测。

1. 固定污染源排气中二氧化硫的测定

二氧化硫是大气中的主要污染物之一,来源于煤和石油等燃料的燃烧、含硫矿物的冶炼、硫酸等化工产品生产排放的废气等。二氧化硫对呼吸道黏膜有强烈的刺激作用,是诱发支气管炎疾病的原因之一,特别是当它与烟尘等气溶胶共存时,可加重对呼吸道黏膜的损害。

测定固定污染源排气中二氧化硫含量的方法有两种:碘量法(参见HJ/T 56—2000)和定电位电解法(参见HJ/T 57—2000)。

(1) 碘量法

1) 原理:固定污染源排气中二氧化硫被氨基磺酸铵混合溶液吸收,用碘标准溶液滴定,按滴定量计算二氧化硫含量。反应式如下:

$$SO_2 + H_2O = H_2SO_3$$

$$H_2SO_3 + H_2O + I_2 = H_2SO_4 + 2HI$$

2) 测定方法:以加入乙二胺四乙酸二钠盐作为稳定剂的氨基磺酸铵、硫酸铵混合液作为吸收液，淀粉溶液作为指示液，用碘标准溶液滴定至蓝色，记录消耗量 V（mL）。另取相同体积的吸收液，用相同的方法进行空白滴定，记录消耗量 V_0（mL）。

3）计算公式

$$c' = \frac{(V - V_0)c(1/2\ I_2) \times 32.0}{V_{nd}} \times 1000$$

式中 c'——标准状况下二氧化硫的含量（mg/m^3）；

$c(1/2\ I_2)$——碘标准溶液浓度（mol/L）；

V_{nd}——标准状况下固定污染源排气的采样体积（L）；

32.0——1L 1mol/L 的碘标准溶液（$1/2\ I_2$）相当的二氧化硫（$1/2\ SO_2$）的质量（g）。

（2）定电位电解法 固定污染源排气中二氧化硫（SO_2）通过传感器渗透膜，进入电解槽，在恒电位工作电极上发生如下氧化反应：

$$SO_2 + 2H_2O = SO_4^{-2} + 4H^+ + 2e$$

由此产生极限扩散电流 i，在一定范围内，其电流大小与二氧化硫含量成正比，即

$$i = \frac{ZFSD}{\delta}c$$

在规定工作条件下，电子转移数 Z、法拉第常数 F、扩散面积 S、扩散系数 D 和扩散层厚度 δ 均为常数，所以二氧化硫含量 c 可由极限电流 i 来测定。

测定二氧化硫常用的方法有分光光度法、紫外荧光法、电导法、库仑滴定法、火焰光度法等。国家规定的标准分析方法是甲醛吸收-副玫瑰苯胺分光光度法和四氯汞钾溶液吸收-盐酸副玫瑰苯胺分光光度法。

1）甲醛吸收-副玫瑰苯胺分光光度法

① 原理：二氧化硫被甲醛缓冲溶液吸收后，生成稳定的羟甲基磺酸加成化合物。在样品溶液中加入氢氧化钠，使加成化合物分解，释放出二氧化硫，与副玫瑰苯胺、甲醛作用，生成紫红色化合物，于波长 577nm 处测定吸光度。

② 测定：用二氧化硫标准溶液配制标准色列，以蒸馏水为参比测其吸光度，计算标准曲线的回归方程，以同样的方法测定显色后的样品溶液，经试剂空白校正后，按下式计算样气中 SO_2 的含量。

③ 分析结果计算：空气中的二氧化硫含量 c_{SO_2}（mg/m^3）计算公式为

$$c_{SO_2} = \frac{(A - A_0)B_s}{V_s}\frac{V_t}{V_a}$$

式中 A——样品溶液吸光度；

A_0——试剂空白溶液的吸光度；

B_s——校正因子［μgSO_2/（12mL · A］；

V_t——样品溶液总体积（mL）；

V_a——测定时所取样品溶液体积（mL）；

V_s——换算成标准状态下（0℃，101.325kPa）的采样体积（L）。

注意事项：掌握显色温度和显色时间，严格控制反应条件是实验的关键；配制二氧化硫溶液时，加入EDTA液可使亚硫酸根稳定；显色剂的加入方式要正确，否则精密度差；用此方法测定二氧化硫，避免了使用毒性大的四氯汞钾吸收液，其灵敏度、准确度相同，且样品采集后相当稳定，但操作条件要求严格。

此方法适用于环境空气中的二氧化硫的测定。当用10mL吸收液采样30L时，测定下限为0.007mg/m³；当用50mL吸收液连续24h采样300L时，测定下限为0.003mg/m³。

2）四氯汞钾溶液吸收-盐酸副玫瑰苯胺分光光度法：此方法是用氯化钾和氯化汞配制成四氯汞钾吸收液，吸收样气中的二氧化硫，生成稳定的二氯亚硫酸盐配位化合物。

$$(HgCl_4)^{2-} + SO_2 + H_2O = (HgCl_2SO_3)^{2-} + 2Cl^- + 2H^+$$

此配位化合物再与甲醛和盐酸副玫瑰苯胺作用，生成紫色配位化合物，在548nm波长测定吸光度，其颜色深浅与二氧化硫含量成正比。

$$(HgCl_2SO_3)^{2-} + HCHO + 2H^+ = HgCl_2 + HOCH_2SO_3H$$

此方法测定灵敏度高，选择性好，但吸收液毒性较大，在这里不做详细介绍。

2. 氮氧化合物的测定

废气中的氮氧化合物主要以NO、NO_2的形式存在，它们主要来源于石化燃料高温燃烧和硝酸、化肥等生产排放的废气以及汽车排气等。

常用的测定方法有盐酸萘乙二胺分光光度法、化学发光法、恒电流库仑滴定法等。国家规定的标准分析方法是盐酸萘乙二胺比色法，即Saltzman法。

现将盐酸萘乙二胺分光光度法介绍如下：

（1）原理　用乙酸、对氨基苯磺酸和盐酸萘乙二胺配成吸收液。空气中的二氧化氮与吸收液中的对氨基苯磺酸进行重氮化反应，再与N—（1—萘基）乙二胺盐酸盐作用，生成粉红色的偶氮染料，在波长540～545nm之间测定吸光度。NO不与吸收液发生反应，测定NO_x总量时，必须先使样气通过三氧化铬-氧化管，将NO氧化成NO_2后，再通入吸收液进行吸收和显色。因此，样气不通过氧化管时测的是NO_2含量，通过氧化管时测的是NO_2＋NO的总量，二者之差为NO的含量。

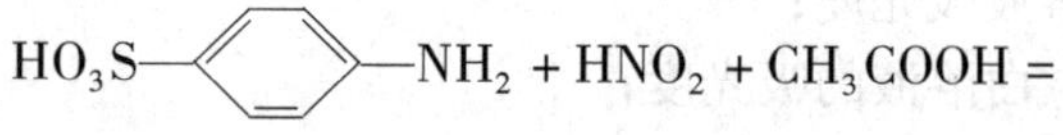

（2）测定　用亚硝酸钠标准溶液配制成标准色列，于波长540nm处测其吸光度及试剂空白溶液的吸光度，以经试剂空白修正后的标准色列的吸光度对亚硝酸根含量绘制出标准曲线，并用最小二乘法计算标准曲线的回归方程。采样后，与标准曲线制作方法一样，测定样品吸光度，计算空气中的二氧化氮的含量。

注意事项：吸收液应避光，并且不能长时间暴露在空气中，以防止光照使吸收显色或吸收空气中的氮氧化物而使试剂空白液吸光度增高。亚硝酸钠应妥善保存，防止在空气中氧化成硝酸钠。注意氧化管颜色变化，应及时更换。

3. 一氧化碳的测定

一氧化碳主要来源于石化燃料的不完全燃烧。

测定大气中一氧化碳的方法有非分散红外吸收法、气相色谱法、间接冷原子吸收法、汞置换法等。在此简单介绍国家规定的标准分析方法——非分散红外吸收法。此方法广泛用于 CO、CO_2、CH_4、SO_2、NH_4 等气态污染物的监测，测定简便、快速，能够不破坏被测物质，适用于连续自动监测。

测定原理：当 CO、CO_2 等气态分子受到红外辐射（$1\sim25\mu m$）时吸收各自特征波长的红外光，引起分子振动和转动能级的跃迁，形成红外吸收光谱。在一定浓度范围内，吸收光谱的峰值（吸光度）与气态物质浓度之间的关系符合朗伯-比尔定律，因此，测其吸光度即可确定气态物质的含量。

4. 臭氧的测定

能源不完全燃烧、企业生产排放的碳氢化合物和氮氧化合物，经一系列光化学反应可生成臭氧。臭氧是一种强氧化性气体，具有强烈的刺激性，易损伤人体的呼吸道和肺。

臭氧的测定方法有分光光度法、化学发光法、紫外线吸收法等。国家规定的标准分析方法是靛蓝二磺酸钠分光光度法和紫外光度法。

（1）靛蓝二磺酸钠分光光度法　空气中的臭氧在磷酸盐缓冲剂存在的情况下，与吸收液中黄色的靛蓝二磺酸钠等物质反应后，褪色生成靛红二磺酸钠，在610nm处测量吸光度。此方法适用于测量高含量环境空气中的臭氧，当采样体积为5～30L时，测定范围为 $0.030\sim1.200mg/m^3$。

（2）紫外光度法

1）测定原理：当空气样品以恒定流速进入紫外臭氧分析仪的气路系统时，样品空气直接或交替地进入吸收池，或经过臭氧涤去器再进入吸收池。臭氧对254nm波长的紫外光有特征吸收，规定零空气（不含能使臭氧分析仪产生可检测响应的空气，也不含与臭氧发生反应的一氧化碳、乙烯等物质）样品通过吸收池时被光检测器检测的光强度为 I_0，臭氧样品通过吸收池时被检测的光强度为

I，I/I_0 为透光率。每经过一个循环周期，仪器的微处理系统就可求出臭氧的含量。用此方法测定环境空气中的臭氧，当测定条件为 25 ℃和 101.325kPa 时，臭氧的测定范围为 2.14μg/m^3 ~2mg/m^3。

2）测定：用臭氧发生器制备不同含量的臭氧，将一级紫外臭氧校准仪和臭氧分析仪连接在输出支管上同时进行测定。若将臭氧分析仪与记录仪、数据处理器、计算机等连接，则可记录臭氧含量。

注意事项：在仪器运转期间，至少每周检查一次仪器的零点、跨度和操作参数，三个月校准一次。

二、废水的监测

工业废水的排放直接影响地表水的质量。由于各企业生产所用的原料、动力不同，生产工艺也有极大差异，因此废水中的污染物和污染程度也就不同。工业废水监测项目见表 5-21。

表 5-21　工业废水监测项目

类别		监测项目
黑色金属矿山（包括磁赤铁矿、锰矿等）		pH 值、悬浮物、硫化物、铜、铅、锌、镉、汞、六价铬等
黑色金属冶金（包括选矿、烧结、炼焦、炼铁、炼钢等）		pH 值、悬浮物、COD、硫化物、氟化物、挥发酚、氰化物、石油类、铜、铅、锌、砷、镉、汞等
选矿药剂		COD、BOD、悬浮物、硫化物、挥发酚等
有色金属矿山及冶炼（包括选矿、烧结、冶炼、电解、精炼等）		pH 值、悬浮物、COD、硫化物、氟化物、挥发酚、铜、铅、锌、砷、镉、汞、六价铬等
火力发电、热电		pH 值、悬浮物、硫化物、砷、铅、镉、挥发酚、石油类、水温等
煤矿（包括洗煤）		pH 值、悬浮物、砷、硫化物等
焦化		COD、BOD、悬浮物、硫化物、挥发酚、石油类、氰化物、氨氮、苯类、多环芳烃、水温等
石油开发		pH 值、COD、BOD、悬浮物、硫化物、挥发酚、石油类等
石油炼制		pH 值、COD、BOD、悬浮物、硫化物、挥发酚、氰化物、石油类、苯类、多环芳烃等
化学矿开采	硫铁矿	pH 值、悬浮物、硫化物、砷、铜、铅、锌、镉、汞、六价铬等
	雄黄矿	pH 值、悬浮物、硫化物、砷等
	磷　矿	pH 值、悬浮物、氟化物、硫化物、砷、铅、磷等
	氟石矿	pH 值、悬浮物、氟化物等
	汞　矿	pH 值、悬浮物、硫化物、砷、汞等

（续）

类别		监测项目
无机原料	硫酸	pH值（或酸度）、悬浮物、硫化物、氟化物、铜、铅、锌、镉、砷等
	氯碱	pH值（或酸、碱度）、COD、悬浮物、汞等
	铬盐	pH值（或酸度）、总铬、六价铬等
有机原料		pH值（或酸、碱度）、COD、BOD、悬浮物、挥发酚、氰化物、苯类、硝基苯类、有机氯等
化肥	磷肥	pH值（或酸度）、COD、悬浮物、氟化物、砷、磷等
	氮肥	COD、BOD、挥发酚、氰化物、硫化物、砷等
橡胶	合成橡胶	pH值（或酸、碱度）、COD、BOD、石油类、铜、锌、六价铬、多环芳烃等
	橡胶加工	COD、BOD、硫化物、六价铬、石油类、苯、多环芳烃等
塑料		COD、BOD、硫化物、氰化物、铬、砷、汞、石油类、有机氯、苯类、多环芳烃等
化纤		pH值、COD、BOD、悬浮物、铜、锌、石油类等
农药		pH值、COD、BOD、悬浮物、硫化物、挥发酚、砷、有机氯、有机磷等
制药		pH值（或酸、碱度）、COD、BOD、石油类、硝基苯类、硝基酚类、苯胺类等
染料		pH值（或酸、碱度）、COD、BOD、悬浮物、挥发酚、硫化物、苯胺类、硝基苯类等
颜料		pH值、COD、悬浮物、硫化物、汞、六价铬、铅、镉、砷、锌、石油类等
油漆		COD、BOD、挥发酚、石油类、氰化物、镉、铅、六价铬、苯类、硝基苯类等
其他有机化工		pH值（或酸、碱度）、COD、BOD、挥发酚、石油类、氰化物、硝基苯类等
合成脂肪酸		pH值、COD、BOD、油、锰、悬浮物等
合成洗涤剂		COD、BOD、油、苯类、表面活性剂等
机械制造		COD、悬浮物、挥发酚、石油类、铅、氰化物等
电镀		pH值（或酸度）、氯化物、六价铬、铜、锌、镍、镉、锡等
电子、仪器、仪表		pH值（或酸度）、COD、苯类、氰化物、六价铬、汞、镉、铅等
水泥		pH值、悬浮物等

(续)

类　别	监测项目
玻璃、玻璃纤维	pH值、悬浮物、COD、挥发酚、氰化物、砷、铅等
油毡	COD、石油类、挥发酚等
石棉制品	pH值、悬浮物、石棉等
陶瓷制品	pH值、COD、铅、镉等
人造板、木材加工	pH值(或酸、碱度)、COD、BOD、悬浮物、挥发酚等
食品	pH值、COD、BOD、悬浮物、挥发酚、氨氮等
纺织、印染	pH值、COD、BOD、悬浮物、挥发酚、硫化物、苯胺类、色度、六价铬等
造纸	pH值(或碱度)、COD、BOD、悬浮物、挥发酚、硫化物、铅、汞、木质素、色度等
皮革及皮革加工	pH值、COD、BOD、悬浮物、硫化物、氯化物、总铬、六价铬、色度等
电池	pH值(或酸度)、铅、锌、汞、镉等
火工	铅、汞、硝基苯类、硫化物、锶、铜等
绝缘材料	COD、BOD、挥发酚等

1. 化学需氧量的测定

化学需氧量(简称COD)也称为化学耗氧量,是废水中还原性物质含量的综合指标,特别是有机污染物的综合指标。它代表水体用氧化剂处理时,污染物消耗氧的量,以mg/L O_2为单位。COD测定有$KMnO_4$法和$K_2Cr_2O_7$法两种,分别记为COD_{Mn}和COD_{Cr}。$KMnO_4$法简便,分析时间短,一般适用于较清洁水的化学耗氧量测定。$K_2Cr_2O_7$法是控制工业排水水质的主要指标之一。

(1) 测定$KMnO_4$指数(COD_{Mn})　$KMnO_4$在酸性条件下将水样中的还原性物质氧化,用Ag_2SO_4作$KMnO_4$氧化有机物的催化剂,并减轻水样中氯离子对测定的影响。用$H_2C_2O_4$标准溶液除去过量$KMnO_4$,再用$KMnO_4$标准溶液滴定过量的$H_2C_2O_4$。以高锰酸钾总量和草酸量之差计算水样的化学需氧量。

$$4MnO_4^- + 5C + 12H^+ = 4Mn^{2+} + 6H_2O + 5CO_2\uparrow$$

$$5H_2C_2O_4 + 2KMnO_4 + 3H_2SO_4 = K_2SO_4 + 2MnSO_4 + 8H_2O + 10CO_2\uparrow$$

测定$KMnO_4$指数时要求水样中氯化物的含量不可超过300 mg/L,否则$KMnO_4$氧化Cl^-而使结果偏高。

(2) $K_2Cr_2O_7$法(COD_{Cr})　$K_2Cr_2O_7$在酸性条件下氧化水样中的还原性物质,加入Ag_2SO_4作为氧化有机物的催化剂,以试亚铁灵为指示剂,用硫酸亚铁标准溶液回滴过量的重铬酸钾,以绿色转紫红色为终点。在同样条件下做空白实验。

$$Cr_2O_7^{2-} + 14H^+ + 6e = 2Cr^{3+} + 7H_2O$$

$$Cr_2O_7^{2-} + 6Fe^{2+} + 14H^+ = 2Cr^{3+} + 6Fe^{3+} + 7H_2O$$

$$Fe^{2+} + 3C_{12}H_8N_2 = [Fe(C_{12}H_8N_2)_3]^{2+}$$

在测定COD时要同时陪测一个COD = 500mg/L的标准溶液。若测定值在480~20mg/L之间，则操作步骤和测定结果有效，否则需检查原因重测。

此方法的最低检出限为10mg/L。分析报告中测定值保留到mg/L个位。

2. 生化需氧量（BOD）

生化需氧量是在有氧的条件下，由于微生物的作用，水中可以分解的有机物完全氧化分解时，所需要的溶解氧量，简称为BOD，表示为（O_2，mg/L）。

微生物的活动与温度有关，所以测定生化需氧量时必须规定温度，一般以20℃作为测定的标准温度。目前，规定以20℃培养五天作为测定生化需氧量的标准条件。在此条件下测得的生化需氧量称为五天生化需氧量，用BOD_5表示。

将污水在20℃下培养五天，分别测定水样培养前和培养后的溶解氧，二者之差即为BOD_5。如果水中有机物很多，溶解氧不够培养五天的需要，那么在测定前需将污水水样用含有一定养分和饱和溶解氧的稀释水进行适当稀释，以保证微生物有良好的生活条件。

3. 溶解氧的测定

测定水中溶解氧的方法有膜电极法、比色法和碘量法。

（1）碘量法　在水样中加入硫酸锰和碱性碘化钾，水中溶解氧在碱性条件下将Mn^{2+}定量氧化为Mn（Ⅲ）和Mn（Ⅳ），而Mn（Ⅲ）和Mn（Ⅳ）又将I^-定量氧化为I_2，用硫代硫酸钠滴定所生成的I_2，即可求出水中溶解氧的含量。

在碱性条件下，二价锰生成白色的氢氧化亚锰沉淀。

$$Mn^{2+} + 2OH^- = Mn(OH)_2\downarrow$$

水中溶解氧与Mn（OH）$_2$作用生成Mn（Ⅲ）和Mn（Ⅳ）。

$$2Mn(OH)_2 + O_2 = 2H_2MnO_3\downarrow$$

$$4Mn(OH)_2 + O_2 + 2H_2O = 4Mn(OH)_3\downarrow$$

在酸性条件下，Mn（Ⅲ）和Mn（Ⅳ）将I^-氧化为I_2。

$$H_2MnO_3 + 4H^+ + 2I^- = Mn^{2+} + I_2 + 3H_2O$$

$$2Mn(OH)_3 + 6H^+ + 2I^- = I_2 + 6H_2O + 2Mn^{2+}$$

用硫代硫酸钠标准滴定溶液滴定定量生成的碘。

$$I_2 + 2S_2O_3^{2-} = 2I^- + S_4O_6^{2-}$$

（2）修正的碘量法（叠氮化钠修正法）　水样中含有的亚硝酸盐会干扰碘量法测定溶解氧，可用叠氮化钠将亚硝酸盐分解后再用碘量法测定。分解亚硝酸盐的反应为

$$2NaN_3 + H_2SO_4 = 2HN_3 + Na_2SO_4$$

$$HNO_2 + HN_3 = N_2O + N_2 + H_2O$$

亚硝酸盐主要存在于经生化处理的废水和河水中，能与碘化钾作用释放出游离碘而产生正干扰，即

$$2HNO_2 + 2KI + H_2SO_4 = K_2SO_4 + 2H_2O + N_2O_2 + I_2$$

如果反应到此为止，引入误差尚不大，但当水样和空气接触时，新溶入的氧将和 N_2O_2 作用，再形成亚硝酸盐。

$$2N_2O_2 + 2H_2O + O_2 = 4HNO_2$$

如此循环，不断地释放出碘，将会引起相当大的误差。

当水样中三价铁离子含量较高时，会干扰测定，可加入氟化钾或用磷酸代替硫酸酸化来消除其影响。

注意事项：叠氮化钠是剧毒、易爆试剂，不能将碱性碘化钾-叠氮化钠溶液直接酸化，以免产生有毒的叠氮酸雾。

4. 水中挥发酚的测定

酚类化合物是有特殊气味的结晶固体，对人体及其他生物的毒性较大。如苯酚能使蛋白质凝固，损坏人体的蛋白质，对皮肤有腐蚀性。水体中含酚量达到每升几毫克时，对鱼类就能产生毒害。

酚类的污染主要来源：一类是直接或间接制造酚的工业，包括焦化厂、炼油厂、煤气发生站及酚合成厂等；另一类是使用酚为原料的工业，如塑料厂、合成纤维、农药等工业。

大多数一元酚在常压下能与水蒸气一起挥发，这种酚类化合物称为挥发性酚。不能和水蒸气一起挥发的酚称为不挥发性酚。多元酚大多属于不挥发性酚。目前酚类的比色测定是先用蒸馏法把挥发性酚自水样中分离出来，然后进行比色法测定。因此，这样测得的只是挥发性酚。

测定原理：在 pH = 9 ~ 10 及氧化剂铁氰化钾 $K_3[Fe(CN)_6]$ 存在的情况下，4-氨基安替比林与挥发酚形成安替比林红色染料，其颜色深浅与酚类的含量成正比。

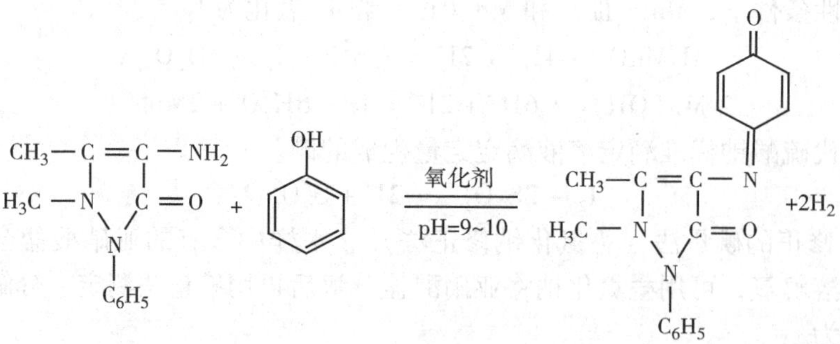

5. 铬的测定

铬的工业来源主要是含铬矿石的加工、金属表面处理、皮革鞣制和印染等行业。铬在废水中的存在形式有三价和六价两种。两者都具有一定的毒性。六价铬的毒性比三价铬要高100倍。六价铬更容易为人体吸收而且在体内蓄积。我国饮用水卫生标准规定六价铬含量不得超过0.05mg/L。

废水中铬的测定可采用二苯碳酰二肼分光光度法、吸收分光光度法，水中铬含量大于1mg/L时可采用滴定法。

二苯碳酰二肼分光光度法测定六价铬：在酸性溶液中，六价铬与二苯碳酰二肼［$CO(NHNH \cdot C_6H_5)_2$］反应，生成紫红色化合物，在540nm处进行比色测定。

测定废水中总铬的方法是：在酸性条件下，以银盐为催化剂，用过硫酸铵将三价铬氧化成六价铬，加入少量的NaCl亚煮沸，除去过量的过硫酸铵及反应中生成的Cl_2，用二苯碳酰二肼分光光度法测定总铬含量。

如果铬含量大于1mg/L，则用硫酸亚铁铵滴定法，以苯基代邻氨基苯甲酸作为指示剂，用硫酸亚铁铵溶液滴定至溶液呈绿色为终点。

6. 镉、铅、汞的测定

镉的毒性很大，可在人体内积蓄，潜藏期长达10～30年。镉的主要污染源有电镀、采矿、冶炼、染料、电池和电子元器件等工业。

铅是可在人体和动物组织中积蓄的有毒金属。铅的主要来源是蓄电池、五金、机械、涂料和电镀等工业排放的废水。我国饮用水卫生标准规定铅的含量不得超过0.05mg/L，污水最高允许排放浓度为1.0mg/L。

汞及其化合物属于剧毒物质，可在人体内积蓄。进入水体的无机汞离子可转变为毒性更大的有机汞，由食物链进入人体，引起全身中毒。汞的污染源主要是仪表、食盐电解、金属冶炼、军工等工业废水。我国饮用水卫生标准规定汞含量不得超过0.001mg/L，污水最高允许排放浓度为0.05mg/L。

国家标准规定镉、铅、汞都可用双硫腙分光光度法测定。Cd^{2+}在强碱性溶液中，与双硫腙生成红色配位化合物，用氯仿萃取分离后，在518nm处比色测定。Pb^{2+}在$pH = 8.5 \sim 9.5$的碱性溶液中，与双硫腙生成红色的配位化合物，用氯仿萃取后，在510nm处测定。在酸性溶液中，Hg^{2+}与双硫腙生成橙红色配位化合物，用CCl_4萃取，再用碱液除去过量的双硫腙，然后在485nm处比色测定。

镉和铅也可用原子吸收分光光度法测定，把溶解处理好的水样直接喷入空气-乙炔火焰。镉空心阴极灯辐射特征谱线波长为228.8μm，铅空心阴极灯辐射波长为283.3μm。

金属汞由于蒸气压低，在常温下就可以蒸发为原子状态，所以测定汞时用的是冷原子吸收装置，称为测汞仪。汞在被污染的水体中很大一部分是以有机汞的形式存在的。测定时需要氧化，将有机物破坏分解。一般是在 H_2SO_4-HNO_3 介质中和加热条件下，用 $KMnO_4$ 和过硫酸钾将试样消解，使各种形态的汞全部转化为二价汞离子，过量的氧化剂用盐酸羟胺去除，然后再用 $SnCl_2$ 将 Hg^{2+} 还原为金属汞。在室温下用 N_2 或空气作为载气将汞蒸气送入测汞仪，在253.7μm处测定吸光度。

三、固体废弃物的监测

固体废弃物样品的组成是相当复杂的，其存在形态往往不符合分析测定的要求，所以在分析测定之前，需要进行适当的预处理，以使被测组分适于测定方法要求的形态、浓度和消除组分干扰的试样体系。预处理方法包括湿法消化、碱熔法、灰化法及溶剂提取法。

1. 固体废弃物监测项目

1）水分。

2）pH值：玻璃电极电位法。

3）总汞：冷原子吸收分光光度法（参见HJ 597—2011）。

4）总镉：原子吸收分光光度法。

5）总铬：二苯碳酰二肼分光光度法（参见GB/T 15555.4—1995）。

6）铅：双硫腙分光光度法。

7）氰化物：容量法和分光光度法（参见HJ 484—2009）。

8）砷：原子吸收分光光度法（AAS）。

9）有害特性的监测。

2. 固体废弃物的监测方法

（1）急性毒性的监测　有害废弃物中往往含有多种有害成分，组分分析难度较大。急性毒性的初筛试验可以简便鉴别并表达其综合急性毒性。

（2）易燃性试验　鉴别易燃性即测定闪点。闪点较低的液态废弃物和燃烧剧烈而持续的非液态废弃物，由于摩擦、吸湿、点燃等自发的化学变化会发热、着火，或可能由于它的燃烧引起对人体或环境的危害。

仪器采用闭口闪点测定仪。温度计采用1号温度计（-30～170℃）或2号温度计（100～300℃）。防护屏采用镀锌铁皮制成，高度为550～650mm，宽度以适用为度，屏身内壁漆成黑色。

测定时，按标准要求加热试样至一定温度，停止搅拌，每升高1℃点火一次，至试样上方刚出现蓝色火焰时，立即读出温度计上的温度值，该值即为测定结果。

（3）腐蚀性试验　腐蚀性是指通过接触能损伤生物细胞组织或腐蚀物体而引起危害。其测定方法：一种是测定pH值；另一种是测定在55.7℃以下对钢制品的腐蚀深度。当固体废弃物浸出液的 pH≤2 或 pH≥12.5 时，有腐蚀性；当在 55.7℃以下对钢制品的腐蚀深度大于 0.64cm/年时，有腐蚀性。实际应用中一般是采用 pH 值来判断腐蚀性。

（4）反应性试验 其测定方法包括撞击感度测定、摩擦感度测定、差热分析测定、爆炸点测定、火焰感度测定等五种方法，具体测定可查阅相关标准。

浸出毒性试验是采用规定的方法浸出固体废弃物的水溶液，然后对浸出液进行分析。国家标准规定分析项目主要有：汞、镉、砷、铅、铜、锌、镍、锑、铍、氟化物、氰化物、硝基苯类化合物。

浸出方法是：称取 100g 固体干试样，置于浸出容积为 2L（130～160mm）的具塞广口聚乙烯瓶中，加水 1L（先用氢氧化钠或盐酸调节 pH 值至 5.8～6.3），将瓶子垂直固定在水平往复振荡器上，调节振荡频率为（110±10）次/min，振荡 40min，在室温下振荡 8h，静止 16h。

通过 0.45μm 滤膜过滤。滤液按各种分析项目要求进行保护，于合适条件下储存备用。每个样品做两个平行浸出试验，每瓶浸出液对欲测项目平行测定两次，取算术平均值作为测定结果。

四、技能训练

● 训练 1 固定污染源排气中氮氧化合物含量的测定

1. 训练目的

1）掌握固定污染源排气中二氧化氮测定的基本原理和方法。

2）熟悉各种仪器的使用方法。

2. 仪器和试剂

（1）仪器

1）吸收瓶：内装 10mL、25mL 或 50mL 吸收液的多孔玻板吸收瓶。

2）便携式空气采样器：流量范围为 0～1L/min，当采气流量为 0.4L/min 时，误差小于 ±5%。

3）分光光度计。

4）硅胶管：内径约为 6mm。

（2）试剂

1）N-（1-萘基）乙二胺盐酸盐储备液的配制：称取 0.50g N-(1-萘基）乙二胺盐酸盐置于 500mL 容量瓶中，用水溶解稀释至刻度。此溶液储于密封的棕色瓶中，在冰箱中冷藏，可以稳定 3 个月。

2）显色液的配制：称取 5.0g 对氨基苯磺酸溶于约 200mL 热水中，将溶液冷却至室温，全部移入 1000mL 容量瓶，加入 50mL 冰乙酸和 50.0mL N-（1-萘基）乙二胺盐酸盐储备液，用水稀释至刻度。此溶液置于密闭的棕色瓶中，在25℃以下暗处存放，可稳定3个月。

3）吸收液：使用时将显色液和水按4:1比例（体积比）混合，即为吸收液。此溶液于密闭的棕色瓶中，在25℃以下暗处存放，可稳定3个月。若呈现淡红色，则应弃之重配。

4）亚硝酸盐标准储备溶液的配制（NO_2 的含量为250mg/L）：准确称取0.3750g亚硝酸钠（$NaNO_2$，优级纯，预先在干燥器内放置24h），移入1000mL容量瓶中，用水稀释至标线。此溶液储于密闭瓶中于暗处存放，可稳定3个月。

5）亚硝酸盐标准工作溶液的配制（NO_2 的含量为2.50mg/L）：用亚硝酸盐标准储备溶液稀释，临用前现配。

3. 训练步骤

（1）采样　取一支多孔玻板吸收瓶，装入10.0mL吸收液，以0.4L/min流量采气6～24L。在采样、样品运输及存放过程中应避免阳光照射。空气中臭氧含量超过0.25mg/m^{3}时，会使吸收液略显红色，从而对二氧化氮的测定产生负干扰。采样时在吸收瓶入口端串接一段15～20cm长的硅胶管，可以将臭氧含量降低到不干扰二氧化氮测定的水平。

（2）标准曲线的绘制　取6支10mL具塞比色管，制备标准色列，见表5-22。

表5-22　标准色列

项　目	管　号					
	0	1	2	3	4	5
标准工作溶液体积/mL	0	0.40	0.80	1.20	1.60	2.00
水体积/mL	2.00	1.60	1.20	0.80	0.40	0
显色液体积/mL	8.00	8.00	8.00	8.00	8.00	8.00
NO_2 含量/（μg/mL）	0	0.10	0.20	0.30	0.40	0.50

将各管混匀，于暗处放置20min（室温低于20℃时，应适当延长显色时间，如室温为15℃时，显色40min），用10mm比色皿，以水为参比，在波长540～545nm处测量吸光度。扣除空白试验的吸光度后，以对应的 NO_2 含量（μg/mL），用最小二乘法计算标准曲线的回归方程。

（3）样品的测定　采样后放置20min（气温低时，适当延长显色时间，如室温为15℃时，显色40min），用水将采样瓶中吸收液的体积补至标线，混匀，以水为参比，在540～545nm处测量其吸光度和空白试验样品的吸光度。

若样品的吸光度超过标准曲线的上限，则应用空白试验溶液稀释，再测其吸光度。

4. 数据处理

$$\rho_{NO_2} = \frac{(A - A_0 - a)VD}{bfV_0}$$

式中 ρ_{NO_2}——NO_2 的密度（mg/m^3）；

A——样品溶液的吸光度；

A_0——空白试验溶液的吸光度；

b——标准曲线的斜率；

a——标准曲线的截距；

V——采样用吸收液体积（mL）；

D——样品的稀释倍数；

V_0——换算为标准状态（273K，101.3kPa）下的采样体积（L）；

f——Saltzman 实验系数，取 0.88（当空气中二氧化氮的含量高于 $0.720mg/m^3$ 时，f 值为 0.77）。

注意事项：

① 采样后应尽快测量样品的吸光度。若不能及时分析，则应将样品置于低温暗处存放。样品在 30℃ 暗处存放，可稳定 8h；在 20℃ 暗处存放，可稳定 24h；在 0 ~ 4℃ 冷藏，至少可稳定 3 天。

② 空白试验与采样使用的吸收液应为同一批配制的吸收液。

③ 空气中臭氧含量超过 $0.25mg/m^3$ 时，会使吸收液略显红色，对二氧化氮的测定产生干扰。采样时可在吸收瓶入口端串接一段 15 ~ 20cm 长的硅胶管，即可将臭氧含量降低到不干扰二氧化氮测定的水平。

• 训练 2　水中 COD_{Cr} 的测定

1. 训练目的

1）掌握化学需氧量（COD_{Cr}）的测定原理和操作。

2）了解回流操作的基本要点。

3）熟练运用滴定分析法进行测定。

2. 仪器和试剂

（1）仪器

1）酸式滴定管：25mL 或 50mL。

2）回流装置：带有 24 号标准磨口的 250mL 锥形瓶的全玻璃回流装置。回流冷凝管的长度为 300 ~ 500mm。若取样量在 30mL 以上，则可采用 500mL 锥形瓶的全玻璃回流装置。

（2）试剂

1）硫酸（$\rho = 1.84g/L$）。

2）硫酸银-硫酸溶液：向1L硫酸中加入10g硫酸银，放置1~2天使之溶解并混均，使用前小心摇动。

3）重铬酸钾标准溶液的配制 [$c(1/6K_2Cr_2O_7)=0.250mol/L$]：将12.258g在105℃干燥2h后的重铬酸钾溶于水中，稀释至1000mL。

4）硫酸亚铁铵标准滴定溶液的配制 {$c[(NH_4)_2Fe(SO_4)_2 \cdot 6H_2O] \approx 0.10mol/L$}：溶解39g硫酸亚铁铵于水中，加入20mL浓硫酸，待溶液冷却后稀释至1000mL。

硫酸亚铁铵标准滴定溶液的标定：取10.00mL重铬酸钾标准溶液置于锥形瓶中，稀释至约100mL，加入30mL硫酸混匀冷却后，加3滴（约0.15mL）试亚铁灵指示剂，用硫酸亚铁铵滴定，溶液的颜色由黄色经蓝绿色变为红褐色，即为终点。记录硫酸亚铁的消耗量 V（mL），并按下式计算硫酸亚铁铵标准滴定溶液的浓度。

$$c[(NH_4)_2Fe(SO_4)_2 \cdot 6H_2O] = 10.00 \times 0.250mol/L$$

5）苯二甲酸氢钾标准溶液的配制 [$c(KC_8H_5O_4)=2.0824mmol/L$]：称取经过105℃干燥2h的邻苯二甲酸氢钾0.4251g溶于水，并稀释至1000mL，混均，以重铬酸钾为氧化剂，将邻苯二甲酸氢钾完全氧化的COD值为1.176（指1g邻苯二甲钾耗氧176g），故该标准溶液的理论COD值为500mg/L。

6）试亚铁灵指示液的配制：溶解0.7g七水合硫酸亚铁（$FeSO_4 \cdot 7H_2O$）置于50mL的水中，加入1.5g试亚铁灵（1，10－邻菲罗啉），搅拌至溶解，加水稀释至100mL。

7）防爆沸玻璃珠。

3. 训练步骤

（1）采样　采取不少于100mL具有代表性的水样。

（2）样品的保存　水样要采集于玻璃瓶中，并尽快分析，若不能立即分析，则应加入硫酸至pH<2，置于4℃下保存，但保存时间不得超过5天。

（3）回流　清洗所要使用的仪器，安装好回流装置。将水样充分摇匀，取出20.0mL作为水样（或取适量水样加水稀释至20.0mL），置于250mL锥形瓶内，准确加入10.0mL重铬酸钾标准溶液及数粒防爆沸玻璃珠，连接磨口回流冷凝管，从冷凝管上口慢慢加入30mL H_2SO_4-Ag_2SO_4 溶液，轻轻摇动锥形瓶使溶液混匀，回流2h，冷却后用20~30mL水自冷凝管上端冲洗冷凝管后取下锥形瓶，再用水稀释至140mL左右。

（4）水样的测定　溶液冷却至室温后，加入3滴1，10－邻菲罗啉指示液，用硫酸亚铁铵标准滴定液滴至溶液由黄色经蓝绿色变为红褐色为终点，记下硫酸亚铁铵标准滴定溶液的消耗体积 V。

（5）空白溶液　按相同步骤以20.0mL水代替水样进行空白实验，记录下空白滴定时消耗硫酸亚铁铵准滴定溶液的消耗体积 V_0。

(6) 进行校核实验　按测定水样同样的方法分析 20.0mL 邻苯二甲酸氢钾标准溶液的 COD 值，用以检验操作技术及试剂纯度。该溶液的理论 COD 值为 500mg/L，如果校核实验的结果大于该值的 96%，即可认为实验步骤基本上是适宜的，否则，必须寻找失败的原因，重复实验，使之达到要求。

4. 数据处理

COD_{CR} (mg/L) 分析结果计算

$$COD_{CR} = \frac{c(V_0 - V) \times 8 \times 1000}{V_{样}}$$

式中　c——硫酸亚铁铵标准溶液的浓度 (mol/L)；

V_0——空白实验所消耗的硫酸亚铁铵标准溶液的体积 (mL)；

V——水样测定所消耗的硫酸亚铁铵标准溶液的体积 (mL)；

$V_{样}$——水样的体积 (mL)；

8——1/4 O_2 的摩尔质量 (g/mol)。

测定结果一般保留 3 位有效数字，对于 COD_{CR} 值小的水样，当计算出的 COD_{CR} 值小于 10mg/L 时，应表示为 COD_{CR} <10mg/L。

注意事项：

① 此方法对未经稀释的水样的 COD_{CR} 测定上限为 700mg/L，超过此限时必须经稀释后测定。

② 在特殊情况下，需要测定的水样在 10.0～50.0mL 之间，试剂的体积或质量可按表 5-23 做相应的调整。

③ 对于 COD_{CR} 小于 50mg/L 的水样，应采用低浓度的重铬酸钾标准溶液（用本实验中所用的重铬酸钾标准溶液稀释 10 倍）氧化，加热回流以后，采用低浓度的硫酸亚铁铵溶液（用本实验中所用的硫酸亚铁铵溶液稀释 10 倍）回滴。对于污染严重的水样，可选取所需体积 1/10 的水样和 1/10 的试剂，放入 10×150mm 硬质玻璃中，摇匀后，用酒精灯加热至沸数分钟观察，溶液是否变成蓝绿色。如呈蓝绿色，则应再适当少加试料。重复以上实验，直至溶液不变蓝绿色为止，从而确定待测水样适当的稀释倍数。

表 5-23　试剂体积或质量数据

水样体积/mL	0.250mol/L 重铬酸钾溶液/mL	硫酸-硫酸银溶液/mL	硫酸汞/g	$(NH_4)_2Fe(SO_4)_2 \cdot 6H_2O$/(mol/L)	滴定前的体积/mL
10.0	5.0	15	0.2	0.050	70
20.0	10.0	30	0.4	0.100	140
30.0	15.0	45	0.6	0.150	210
40.0	20.0	60	0.8	0.200	280
50.0	25.0	75	1.0	0.250	350

• 训练3 水中BOD的测定

1. 训练目的

1）掌握生化需氧量（BOD）的测定原理和操作。

2）熟悉稀释水、接种液、接种稀释水的配制和使用方法。

2. 仪器和试剂

（1）仪器

1）恒温培养箱。

2）量筒：1000～2000mL。

3）玻璃搅棒：棒长应比所用量筒高度长20cm，在棒的底端固定一个直径比量筒直径略小并带有几个小孔的硬橡胶板。

4）溶解氧瓶：200～300mL，带有磨口玻璃塞，并具有供水封闭的钟形口。

5）细口玻璃瓶：5～20mL。

6）虹吸管：供分取水样和稀释水用。

（2）试剂

1）磷酸盐缓冲溶液的配制（pH = 7.2）：将8.5g磷酸二氢钾（KH_2PO_4）、21.75g磷酸氢二钾（K_2HPO_4）、33.4g磷酸氢二钠（$Na_2HPO_4 \cdot 7H_2O$）和1.7g氯化铵（NH_4Cl）溶于水中，稀释1000mL。

2）硫酸镁溶液：22.5g/L。

3）氯化钙溶液：27.5g/L。

4）氯化铁溶液：0.25g/L。

5）盐酸溶液：0.5mol/L。

6）氢氧化钠溶液：0.5mol/L。

7）亚硫酸钠溶液的配制［$c(1/2Na_2SO_3) = 0.025mol/L$］：将1.575g亚硫酸钠溶于水，稀释至1000mL。此溶液不稳定，需当天配制。

8）1+1硫酸（GB/T 625—2007）溶液。

9）340g/L硫酸锰（GB/T 15899—1995）溶液：称取34g硫酸锰，加入1mL硫酸溶液，溶解后，用水稀释至100mL，若溶液不清，则需过滤。

10）碱性碘化钾混合液的配制：称取30g氢氧化钠（GB/T 629—1997）、20g碘化钾（GB/T 1272—2007）溶于100mL水，摇匀。

11）10g/L淀粉溶液：新鲜配制。

12）碘酸钾（GB/T 651—2011）标准溶液的配制［$c(1/6KIO_3) = 0.01000mol/L$］：称取于180℃下干燥的碘酸钾3.567g，准确至0.002g，溶于水，转移至1000mL容量瓶中，稀释至刻度，摇匀［$c(1/6KIO_3) = 0.1000mol/L$］。吸取碘酸钾溶液［$c(1/6KIO_3) = 0.1000mol/L$］100.0mL置于1000mL容量瓶中，用

水稀释至刻度，摇匀［$c(1/6KIO_3)=0.01000mol/L$］。

13）硫代硫酸钠标准滴定溶液的配制［$c(Na_2S_2O_3)=0.01mol/L$］：溶解2.50g硫代硫酸钠（GB/T 637—2006）置于新煮沸且冷却的水中，加入0.4g氢氧化钠（GB/T 629—1997），用水稀释至1000mL，储于棕色玻璃瓶中，放置15～20天后标定。

标定方法：移取25.00mL稀释的碘酸钾溶液置于锥形瓶中，加入100mL左右的水、0.5g碘化钾、5mL硫酸溶液，用硫代硫酸钠标准滴定溶液滴定，当出现淡黄色时加入淀粉指示剂，滴定至蓝色完全消失，计算硫代硫酸钠标准滴定溶液的浓度。

14）高锰酸钾（GB/T 643—2008）溶液：$c(1/5KMnO_4)=0.01mol/L$。

15）葡萄糖-谷氨酸标准溶液的配制：将葡萄糖和谷氨酸在103℃干燥1h后，各称取150mg溶于水中，移入1000mL容量瓶中并稀释至标线，混合均匀。此标准溶液应在临用前配制。

16）稀释水：在5～20L玻璃瓶内装入一定量的水，控制水温在20℃左右，然后用无油空气压缩机或膜泵，将此水曝气2～8h，使水中溶解氧接近饱和，也可以鼓入适量纯氧。瓶口盖以两层洗涤晾干的纱布，置于20℃培养皿中放置数小时，使水中溶解氧含量达8mg/L左右。临用时向每升水中加入氯化钙溶液、氯化铁溶液、硫酸镁溶液、磷酸盐缓冲溶液各1mL，混合均匀。稀释水的pH值应为7.2，其BOD_5应小于0.2μg/L。

17）接种液：可选以下任一种，以获得适用的接种液。

① 城市污水：一般采用生活污水，在室温下放置一昼夜，取上层清液使用。

② 表层土壤浸出液：取100g花园土壤或植物生长土壤，加入1L水，混合并静置10min，取上层清液使用。

③ 其他：含城市污水的河水或湖水；污水处理厂的出水。

当分析含有难于降解物质的污水时，在排污口下游3～8m处取水样作为污水的驯化接种液。若无此种水源，则可取中和或经适当稀释后的污水进行连续曝气，每天加入少量该种污水，同时加入适量表层土壤或生活污水，使能适应该种污水的微生物大量繁殖。当水中出现大量絮状物，或检查其化学耗氧量的降低值出现突变时，表明适用的微生物已进行繁殖，可用做接种液。一般驯化过程需要3～8天。

18）接种稀释水的配制：取适量接种液，加入稀释水中，混匀。每升稀释水中接种液的加入量：生活污水为1～10mL；表层土壤浸出液为20～30mL；河水、湖水为10～100mL。

接种稀释水的pH值为7.2，BOD_5值在0.3～1.0mg/L范围内为宜。接种稀释水配制后应立即使用。

3. 训练步骤

（1）采样 按要求采取具有代表性的水样。

（2）水样的预处理

1）水样的pH值若超过6.5～7.5范围，则可用盐酸或氢氧化钠稀溶液调节至pH=7，但用量不要超过水样体积的0.5%。

2）水样中含有铜、铅、锌、镉、铬、砷、氰等有毒物质时，可使用经驯化的微生物接种液的稀释水进行稀释，或增大稀释倍数，以减少有毒物的含量。

3）含有少量游离氯的水样，一般放置1～2h后游离氯即可消失。对于游离氯在短时间内不能消散的水样，可加入亚硫酸钠溶液将其除去。

4）从水温较低的水域中采集的水样，可能遇到含有过饱和溶解氧，此时应将水样迅速升温到20℃左右，充分振摇，以赶出过饱和的溶解氧。

对于从水温较高的水浴或污水排放口取得的水样，则应迅速使其冷却到20℃左右并充分振摇，使其中氧的分压与空气中氧的分压接近平衡。

（3）不经稀释的水样溶解氧含量的测定 溶解氧含量较高、有机物含量较少的地表水，可不经稀释，而直接以虹吸法将约20℃的混匀水样转移至两个溶解氧瓶内，转移过程中应注意不使其产生气泡。以同样的操作使两个溶解氧瓶充满水样，加塞水封，立即测定其中一瓶的溶解氧。

用一根细长的玻璃管吸取1mL左右的硫酸锰溶液，将玻璃管插入溶解氧瓶的中部，放入硫酸锰溶液，然后再用同样的方法加入5mL碱性碘化钾混合液、2.00mL高锰酸钾标准溶液，待瓶中出现沉淀后，打开瓶塞，加入5mL硫酸溶液，盖紧瓶塞，摇匀。在瓶中再加入5mL硫酸溶液，然后在加入硫酸的同一位置加入1mL左右的硫酸锰溶液、5mL碱性碘化钾混合液、2.00mL高锰酸钾标准溶液，不得有沉淀产生。盖紧瓶塞，摇匀。将瓶中溶液倒入500mL锥形瓶或烧杯中，用硫代硫酸钠标准滴定溶液滴至淡黄色，加入1mL淀粉溶液继续滴定，以溶液由蓝色变无色为终点。

将另一溶解氧瓶放入培养箱中，在20℃培养5天后测其溶解氧。

（4）需稀释水样的测定 稀释倍数的确定：对于地表水，可用测得的高锰酸盐指数乘以适当的系数求出稀释倍数，见表5-24。

表5-24 高锰酸盐指数和系数

高锰酸盐指数/（mg/L）	系 数	高锰酸盐指数/（mg/L）	系 数
<5	0.2，0.3	10～20	0.4，0.6
5～10		>30	0.5，0.7，1.0

工业废水的稀释倍数可由重铬酸钾法测得的COD值确定。通常需做3个稀释比，即使用稀释水时，由COD值分别乘以系数0.075、0.15和0.225，获得3

个稀释倍数。使用接种稀释水时，则分别乘以0.075、0.15和0.25，获得3个稀释倍数。稀释倍数确定后按下法之一测定水样。

1）一般稀释法：按照选定的稀释比例，用虹吸法沿筒壁先引入部分稀释水（或接种稀释水）置于1000mL量筒中，加入需要量的均匀水样，再引入稀释水（或接种稀释水）至800mL，用带胶板的玻璃棒小心上下搅匀。搅拌时勿使玻璃棒的胶板露出水面，以防止产生气泡。按不经稀释水样的测定步骤进行装瓶，测定当天溶解氧和培养5天后的溶解氧含量。另取两个溶解氧瓶，用虹吸法装满稀释水（或接种稀释水）作为空白，分别测定5天前、后的溶解氧含量。

2）直接稀释法：直接稀释法是在溶解氧瓶内直接稀释。在已知两个容积相同（其差小于1mL）的溶解氧瓶内，用虹吸法加入部分稀释水（或接种稀释水），再加入根据瓶容积和稀释比例计算出的水样量，然后引入稀释水（或接种稀释水）至刚好充满，加塞，勿留气泡于瓶内，其余操作与上述稀释法相同。

在BOD测定中，用碘量法测定溶解氧。若遇干扰物质，则应根据具体情况采用其他测定法。

4. 数据处理

分析结果计算公式为

$$c_x = \frac{V'c \times 0.008}{V - V_0} \times 10^6$$

$$BOD = \frac{(c_1 - c_2) - (b_1 - b_2)f_1}{f_2}$$

式中 c——硫代硫酸钠标准滴定溶液的浓度（mol/L）；

V'——滴定水样消耗的硫代硫酸钠标准滴定溶液的体积（mL）；

V——溶解氧瓶的容积（mL）；

V_0——瓶中所加硫酸锰溶液、碱性碘化钾混合液、硫酸以及高锰酸钾溶液的体积之和（mL）；

0.008——与1.00mL硫代硫酸钠标准滴定溶液［$c(Na_2S_2O_3) = 1.000mol/L$］相当的，以克表示的氧的质量；

c_x——稀释水（或接种稀释水）在培养前或后溶解氧的质量浓度（mg/L）；

c_1——稀释水（或接种稀释水）在培养前溶解氧的质量浓度（mg/L）；

c_2——稀释水（或接种稀释水）在培养后解氧的质量浓度（mg/L）；

b_1——空白溶液在培养前溶解氧的质量浓度（mg/L）；

b_2——空白溶液在培养后溶解氧的质量浓度（mg/L）；

f_1——稀释水（或接种稀释水）在培养液中占的比例；

f_2——水在培养液中占的比例。

注意事项：

① 测定一般水样的 BOD_5 时，硝化作用很不明显或根本不发生。但生物处理池出水中含有大量硝化细菌，因此，在测定 BOD_5 时也包括了部分含氮化合物的需氧量。对于这种水样，如果只需测定有机物的需氧量，则应加入硝化抑制剂，例如丙烯基硫脲（ATU，$C_4H_8N_2S$）等。

② 在2个或3个稀释比的样品中，消耗溶解氧大于2mg/L和剩余溶解氧大于1mg/L都有效，计算结果时应取平均值。

③ 为检查稀释水和接种液的质量以及化验人员的操作技术，可将20mL葡萄糖-谷氨酸标准溶液用接种稀释水稀释1000mL，测其 BOD_5，其结果应在180～230mg/L之间，否则应检查接种液、稀释水或操作技术是否存在问题。

复习思考题

1. 气相色谱仪的操作规程有哪几项？如何选择气相色谱实验条件？
2. 如何使用和维护气相色谱仪？如何测定检测器的灵敏度？
3. 简述气-液色谱柱的制备步骤。
4. 如何选择原子吸收分光光度计的最佳条件？
5. 指出原子吸收光谱仪与紫外可见分光光度计在结构上的主要区别。
6. 若在操作原子吸收光谱仪的过程中突然停电，应如何处理？
7. 指出标准加入法和标准曲线法有什么不同？
8. 标准加入法对待测组分标准加入量有何要求？
9. 固定污染源排气中二氧化硫含量的测定方法有哪两种？
10. 废水化学耗氧量的测定方法有哪两种？它们的适用范围是什么？

第六章

测后工作

培训学习目标 通过本章的学习，使高级化学检验工进一步熟悉检验报告的要求，具有审核分析检验报告的能力；了解化工生产的简单工艺知识和原材料的一般知识，能协助技术管理部门分析产生不合格品的原因。

第一节 检验报告的审核

检验报告是分析检验人员记录检验过程，检验依据，给出检验结果的书面文件，检验人员必须本着严肃、负责、实事求是的态度认真填写。为了保证其内在的和外观的质量，必须由相关人员进行严格的审核，在审核中发现错误应由原填写人重新填写，审核人不得自行更改。审核后的检测报告交质量负责人签署意见，由技术负责人批准，注明份数。按管理规定审核检验人员制作的检验报告是分析高级工应具备的能力。审核检验报告可按下面几个方面进行。

一、检验报告记录内容的审核

检验报告应采用统一的格式，各检测数据均应采用法定计量单位。项目应填写完整，签名齐全，文字简洁，字迹清晰，数据准确，结论正确。检测报告不准用铅笔填写，不允许更改。

1. 检验报告记录内容

检验报告记录内容应包含如下几个方面：

1）检测数据。

2）检验依据的标准。

3）检验结论意见。

4）检验结果与依据标准及试验要求的比较。

5）样品的简单说明。

6）检验地点、检验人员、检验日期等。

2. 审核检验报告记录的内容

审核检验报告记录的内容应注意以下问题：

1）检验报告记录的内容是否与原始记录吻合。

2）检验报告是否写明测试分析实验室的全称。

3）检验报告是否写明委托单位或委托人。

4）检验报告是否写明样品名称、样品数量、分析项目、分析批号。

5）检验报告是否写明编号、交样日期。

6）检验报告是否写明试验人员、审核人员、负责人等签字和日期。

7）检验报告是否写明检验报告的页数。

二、试验条件的检查

试验条件是保证检验报告质量的必要条件。试验条件包括仪器设备条件和环境条件，这些都直接影响检验的结果。

1. 仪器设备的条件

仪器设备是化验室不可缺少的重要的物质基础，是开展化验工作的必要条件。分析检验的成功与失败，常与使用的仪器设备密切相关。因此仪器设备必须根据分析检验的需要，选择合适的仪器设备，要得到正确的数据，只有合适的仪器设备是不够的，还必须正确地使用和保养好这些仪器设备，使仪器设备产生误差的因素处于控制之中，才能得到合乎质量要求的数据。

（1）测量仪器的精度　记录的原始数据位数必须与仪器的测量精度相一致。例如，用分析天平称量样品应准确到±0.0001g，用台秤称量样品则应准确到0.1g或0.01g。用25mL滴定管及移液管移取溶液，应准确到0.01mL。用10mL量筒量取试液则应准确到0.1mL。

（2）常用仪器设备的校准　分析检验所用仪器，大部分测量是相对测量技术，必须以标准物质（标准溶液）对仪器设备的响应值进行校正。校正的标准，可以用国家质量管理部门监制的标准物质，也可用制造厂家标定的设备和厂家标明的一定纯度的化学试剂。是否使用标准物质取决于使用仪器设备的分析方法所需的准确度，有时还与经费开支有关。因为标准物质的价格通常比较昂贵，只在必要时才用它。分析方法的校正常通过制作标准溶液的工作曲线来实现。

1）分析天平的校正：常用50g或100g高质量的砝码（或标准砝码）来校正。电子分析天平内常装有已知质量的标准砝码，用于天平的校正。天平校正的时间间隔长短取决于天平的使用次数，如果使用次数较多，须每天或每周校正一次。

2）容量玻璃器皿：若使用著名厂家生产的标有“一等”字样的玻璃量器，除非要求方法准确度高于0.2%，一般不用校正。在要求准确度高的分析工作中，必须对量器进行校准。容量器皿的校准方法有称量法和相对校准法两种。

称量法是指用分析天平称量出容量器皿所量入或量出的纯水的质量，然后根据该温度下水的密度，将水的质量换算为体积，计算出容量器皿在20℃时的容积。校准时要求室温波动不得大于1℃/h。要确保量器或称量瓶以及校准用水都处于同一室温下。

相对校准法是用一个已校准的容器，间接地校准另一个容器，称为相对校准法。在滴定分析中，要求确知两种量器之间的比例关系时，可用此法。实际工作中，常用校准过的移液管校准容量瓶的容积。

3）烘箱的校正：烘箱应使用校正过的温度计（可以根据生产厂家提供的证明），烘箱的温度每天需要进行校正。

4）马弗炉的校正：马弗炉的温度通常不需要校正，若需要校正可采用光学高温计。

5）紫外-可见分光光度计波长的校正：可用钕玻璃滤光器进行波长校正。也可以用0.0400g/L的K_2CrO_4或0.05mol/L的KOH溶液进行波长校正。$KMnO_4$溶液可用于检查可见区526nm和546nm吸收峰的分辨能力。吸光度的校正采用工作曲线法。分光光度的波长和吸光度至少每周要校正一次。

6）pH计的校正：采用标准pH缓冲溶液进行校正，pH计每次使用均应校正。

7）红外光谱仪的校正：可用聚苯乙烯薄膜进行波数的校正及分辨率的校正。

8）荧光计的校正：荧光强度可用已知浓度的硫酸奎宁溶液校正。荧光计的激发光光谱和荧光光谱，可采用罗丹明B标准光子计数器进行校正。其波长的分辨率可以用汞灯的波长365.0nm、365.5nm和366.3nm三条线的分辨情况来检查。

9）原子吸收光谱仪的校正：每次使用均需要使用被测元素的空心阴极灯进行波长的校正，用标准溶液进行浓度校正或制作工作曲线。

10）电导仪的校正：电导值可用一定浓度的KCl或NaCl标准溶液校正，至少每周校正一次。

11）气相色谱仪和高效液相色谱仪的校正：每批样品测定至少需要用工作曲线校正一次。必要时还要采用内标法。

（3）仪器设备的管理

1）仪器室的条件和要求：安放仪器设备的实验室应符合该仪器设备的要求，以确保仪器的精度及使用寿命。仪器室应防尘、防腐蚀、防振、防晒、防湿等。仪器应在单独房间安放，不能与化学操作室混用。

2）使用仪器的条件：使用仪器之前应经专人指导培训或认真仔细阅读仪器设备的说明书，弄懂仪器的原理、结构、性能、操作规程及注意事项等方能进行操作。操作时应非常小心地按操作规程进行。未经准许的人、未经专门培训的人，应严禁使用或操作贵重仪器。胡乱拨弄仪器、猛拨开关、乱按键盘的做法是不允许的行为，应严加阻止。

3）仪器设备的管理：仪器设备应建立专人管理的责任制。仪器名称、规格、型号、数量、单价、出厂和购置年月以及主要的零配件都要准确登记。

每台大型精密仪器都须建立技术档案，其内容包括：①仪器的装箱单、零配件清单、合同复印件、说明书等。②仪器的安装、调试、性能鉴定、验收等记录。③使用规程、保养维修规程。④使用登记本、事故与检修记录。

大型精密仪器的管理使用、维修等应由专人负责。使用与维修人员经考核合格后方能上岗。如确须拆卸、改装固定的仪器设备均应有一定的审批手续。出现事故应及时报告有关部门处理。

2. 环境条件

环境条件是指实验室温度、湿度、气压、照度、振动、电源、仪器设备的布局等。环境条件必须以满足分析检验要求为准则。

1）实验室的环境，应符合装备技术条件所规定的操作环境的要求，例如要防止烟雾、尘埃、振动、噪声、电磁、辐射等可能的干扰。

2）保持环境的整齐清洁。除有特殊要求外，一般应保持正常的气候条件。

3）仪器设备的布局，要便于进行试验和记录测试结果，并便于仪器设备的保养、维护和维修。

三、检验结果的判断

1. 判断分析数据

在定量分析中，经常重复地对试样进行测定，然后求出平均值。但多次测出的数据是否都参与平均值的计算，必须进行判断。如果在消除了系统误差之后，所测出的数据出现显著的大值与小值，这样的数据是值得怀疑的，称为可疑值。对可疑值应作如下判断：

1）确知原因的可疑值应弃去不用。操作过程中有明显的过失，例如称样时的损失、溶样有溅出、滴定时滴定剂有泄漏等，则该次测定结果必是可疑值。在复查分析结果时，对能找出原因的可疑值应弃去不用。

2）不知原因的可疑值，应按 $4\bar{d}$ 法或 Q 检验法进行判断，决定取舍。

① $4d$ 法。即 4 倍于平均偏差法，适用于 4 ~ 6 个平行数据的取舍。具体做法如下：

第一步是除了可疑值外，将其余数据相加求出平均值 $\bar{x}$ 及平均偏差 $\bar{d}$。

第二步是将可疑值与平均值 $\bar{x}$ 相减。

若　可疑值 $-\bar{x} \geqslant 4\bar{d}$，则可疑值应舍去。

若　可疑值 $-\bar{x} < 4\bar{d}$，则可疑值应保留。

例 1　测得如下一组数据：30.18，30.56，30.23，30.35，30.32，其中最大值是否舍去？

解　30.56 为最大值，定为可疑值。

则
$$\bar{x} = \frac{30.18 + 30.23 + 30.35 + 30.32}{4} = 30.27$$

$$\bar{d} = \frac{0.09 + 0.04 + 0.08 + 0.05}{4} = 0.065$$

$4\bar{d} = 0.065 \times 4 = 0.26$

因为 $30.56 - 30.27 = 0.29 \geqslant 4\bar{d}$，所以最大值 30.56 应舍去。

$4d$ 法判断可疑数据的取舍有一定的误差，因而此法只能处理一些要求不高的试验数据。

② Q 检验法。其步骤如下：

第一步将所有测定结果数据按大小顺序排列，即

$$x_1 < x_2 < \cdots < x_n$$

第二步计算 Q 值

$$Q\text{值} = \frac{|x_? - x|}{x_{max} - x_{min}}$$

式中　$x_?$ ——可疑值；

x ——与 $x_?$ 相邻之值；

x_{max}——最大值；

x_{min}——最小值。

第三步查 Q 表（表 6-1），比较由 n 次测量求得的 Q 值，与表中所列的相同测量次数的 $Q_{0.90}$之大小比较。$Q_{0.90}$表示 90% 的置信度。

若 $Q > Q_{0.90}$，则相应的 $x_?$ 应舍去。

若 $Q < Q_{0.90}$，则相应的 $x_?$ 应保留。

表 6-1　置信水平的 Q 值　（%）

测量次数	3	4	5	6	7	8	9	10
$Q_{0.90}$	0.94	0.76	0.64	0.56	0.51	0.47	0.44	0.41
$Q_{0.95}$	1.53	1.05	0.86	0.76	0.69	0.64	0.60	0.58

例2 对轴承合金中锑含量进行了10次测定，得如下结果(质量分数)：15.48%，15.51%，15.52%，15.53%，15.52%，15.56%，15.53%，15.54%，15.68%，15.56%，试用Q检验法判断有无可疑值需弃去（置信度为90%）？

解 第一步将所有测定结果数据（质量分数）按大小顺序排列：

15.48%，15.51%，15.52%，15.52%，15.53%，15.53%，15.54%，15.56%，15.56%，15.68%。

第二步计算Q值

检查最大值：

$$Q = \frac{|x_? - x|}{x_{max} - x_{min}} = \frac{15.68\% - 15.56\%}{15.68\% - 15.48\%} = \frac{0.12\%}{0.20\%} = 0.60$$

查表6-1，当$n = 10$时$Q_{0.90} = 0.41$，$0.60 > 0.41$，即$Q > Q_{0.90}$，所以最大值15.68%应舍去。

检查最小值：

$$Q = \frac{|x_? - x|}{x_{max} - x_{min}} = \frac{15.51\% - 15.48\%}{15.56\% - 15.48\%} = \frac{0.03}{0.20} = 0.38$$

查表6-1，当$n = 9$时$Q_{0.90} = 0.44$，$0.38 < 0.44$，即$Q < Q_{0.90}$，所以最小值15.48%应保留。

2. 分析结果的报告

不同的分析任务，对化验结果准确度的要求不同。平行测定的次数也不同，化验结果的报告也不同。

（1）例行分析 例行分析中，一般一个试样做两次平行测定。如果两次化验结果之差不超过双面公差（即公差的2倍），则取平均值报告化验结果；如果超过双面公差，则须再做一次化验，最后取两个差值小于双面公差的数据，以平均值报告化验结果。

例3 钢中硫的测定，两次化验结果w（S）分别为0.050%、0.066%，应如何报告化验结果。

解 因为$0.066\% - 0.050\% = 0.016\%$

按规定，在此含量范围内允许的误差为0.07%。则$0.016\% \geqslant 2 \times 0.07\%$。

所以应再做一次化验，其化验结果w（S）为0.060%。

$0.066\% - 0.060\% = 0.006\% \leqslant 2 \times 0.07\%$

故取w（S）$= 0.066\%$与0.060%的平均值0.063%作为报告化验结果。

（2）多次测量结果 多次测量结果通常可用两种方式报告结果：一种是采用测量值的算术平均值及算术平均偏差；另一种是采用测量值的算术平均值及标准偏差。

（3）平均值的置信区间 在报告化验结果仅写出平均值$\bar{x}$的数值是不够确

切的，有时还应当指出在 $\bar{x} \pm tS_{\bar{x}}$ 范围内的概率是多少，这就须用平均值的置信区间来说明。

在一定置信度下，以平均值为中心，包括真实值的可能范围称为平均值的置信区间，又称为可靠性区间界限。由下式表示：

$$\text{平均值的置信区间} = \bar{x} \pm t\frac{S}{\sqrt{n}} = \bar{x} \pm tS_{\bar{x}}$$

式中　$\bar{x}$——算术平均值；

S——标准偏差；

n——测定次数；

t——置信系数；

$S_{\bar{x}}$——平均值的标准偏差。

在化验分析中，通常只做较少量数据，根据所得数据，平均值（$\bar{x}$），标准偏差（S），测量次数（n），再根据所要求的置信度（P），自由度（f）$=n-1$，从表 6-2 中查出 t 值，再按上式即可计算出平均值的置信区间。

表 6-2　置信系数 t 值

自由度 $f=n-1$	置信度 P			自由度 $f=n-1$	置信度 P		
	90%时 t 值	95%时 t 值	99%时 t 值		90%时 t 值	95%时 t 值	99%时 t 值
1	6.31	12.71	63.66	9	1.83	2.26	3.25
2	2.92	4.30	9.92	10	1.81	2.23	3.17
3	2.35	3.18	5.84	20	1.72	2.09	2.84
4	2.13	2.78	4.60	30	1.70	2.04	2.75
5	2.01	2.57	4.03	60	1.67	2.00	2.66
6	1.94	2.45	3.71	120	1.66	1.98	2.62
7	1.90	2.36	3.50	∞	1.64	1.96	2.58
8	1.86	2.31	3.35				

3. 分析检验的依据标准

判断检验结果还应与依据标准及试验要求进行比较。每一个检测项目都必须按依据标准要求进行。例如，化学试剂草酸钠的检验应与草酸钠国家标准（GB 1254—1990）对照，检验方法、检测条件应与国家标准一致，检测的各项指标的数据应与国家标准对照。表 6-3 是试剂草酸钠的规格。

表 6-3 试剂草酸钠的规格

名　称	容量工作基准
含量（$Na_2C_2O_4$）/（质量分数,%）	99.95～100.05
pH（50g/L 溶液 25℃）	7.5～8.5
澄清度试验	合格
干燥失重/（质量分数,%）	≤0.01
氯化物（Cl）/（质量分数,%）	≤0.001
硫化合物（以 SO_4 计）/（质量分数,%）	≤0.002
总氮量（N）/（质量分数,%）	≤0.001
钾（K）/（质量分数,%）	≤0.005
铁（Fe）/（质量分数,%）	≤0.0005
重金属（以 Pb 计）/（质量分数,%）	≤0.001
易炭化物质	合格

检验结果应根据《工作基准试剂（容量）草酸钠》（GB 1254—1990）检验上述项目，判断结果符合规定（或不符合规定）。

第二节 不合格产品的原因分析

工业分析是确保生产正常运行的不可或缺的一个环节，在企业质量保证体系认证中，分析测试与生产工艺同等纳入质量体系的管理。

生产流程中的每一个环节，包括原料、辅料、废料、中间产品和产品，都需要分析检验的参与，生产工艺也需要分析测试监控生产工艺条件，当生产出不合格产品时可通过分析测试找出不合格产品的原因（如原料、辅料不合格；生产工艺条件不当），及时改进，确保生产正常顺利运行。

配合工艺流程的分析测试要求检验项目针对工艺的关键问题，主要是控制生产工艺过程中的关键部位。

一、常见化工产品的生产工艺及不合格产品的原因分析

化工产品种类很多，烧碱和硫酸是重要的化学工业产品，它被广泛地用于科研、生产、国防以及日常生活之中。在国民经济中占有很重要的地位。下面分别讨论其生产工艺并通过质量控制点分析产品不合格原因。

1. 烧碱的生产工艺及不合格产品的原因分析

烧碱即氢氧化钠，又称苛性钠，为白色不透明的羽状结晶，熔点为 328℃，

质脆易溶于水并放出大量的热。烧碱在空气中易潮解，并能吸收二氧化碳，它对许多物质都有强烈的腐蚀性。其产品可分为固体烧碱（固碱）、液体烧碱（液碱）、片状烧碱（片碱）等。目前烧碱的工业生产工艺是电解食盐溶液和氯气的方法，因电解槽所用的阴极材料不同而分为隔膜法和汞阴极法。较新的方法是离子膜法。下面以隔膜电解法生产工艺为例。

（1）生产工艺简介

1）盐水的制备与精制：盐水中加入精制剂除去杂质，其反应式为

$$Ca^{2+} + CO_3^{2-} = CaCO_3 \downarrow$$

$$Mg^{2+} + 2OH^- = Mg(OH)_2 \downarrow$$

$$SO_4^{2-} + Ba^{2+} = BaSO_4 \downarrow$$

对于不溶解的机械杂质，则可借澄清和过滤的方法除去。即得精盐水。

2）精盐水电解：当精盐水连续进入阳极室，阳极液不断地从阳极室通过隔膜孔流入阴极室。阴极室生成的电解液，经电解槽底部的管子连续流出。氯气和氢气分别连续排出。在阳极（石墨棒）上进行的主要电极反应为

$$2Cl^- - 2e = Cl_2 \uparrow$$

精盐水经电解后发生的主要变化为溶液中部分 Cl^- 在阳极上放电并逸出氯气，阳极液中剩下的 Na^+ 向阴极迁移，这与阳极液从阳极室通过隔膜的孔流入阴极室在方向上是一致的。

在铁阴极上进行的主要反应为

$$2H^+ + 2e = H_2 \uparrow$$

H_2 在铁阴极上放电，并逸出氢气的同时，H_2O 不断地离解成 H^+ 和 OH^-

$$H_2O = H^+ + OH^-$$

所以阴极室的溶液又称为电解碱液，或称为电解液。氢气和氯气逸出后，电解液中剩下 Na^+ 和 OH^-。

3）电解液的蒸发和固碱生产：隔膜电解槽制得的电解液，含质量分数为 11% ~12% 的氢氧化钠和大量的氯化钠，所以碱液必须经过蒸发，把氢氧化钠的浓度提高到质量分数为 30% ~42%。与此同时，由于食盐在碱液中的溶解度随着碱浓度的增加而降低，可以除去大部分食盐，浓缩后的碱液可以作为产品（液碱）或送去熬制固碱。

（2）工艺流程中各控制点及不合格产品的原因分析

1）生产工艺流程及控制点：生产工艺流程及控制点如图 6-1 所示。

2）产品不合格的原因分析：通过对电解法制碱工艺流程中九个控制点的应测项目分析即能达到监控整个生产过程保证产品质量的目的。

① 第一控制点测定原料盐水中 Cl^-、SO_4^{2-}、Ca^{2+}、Mg^{2+} 等杂质的含量。工

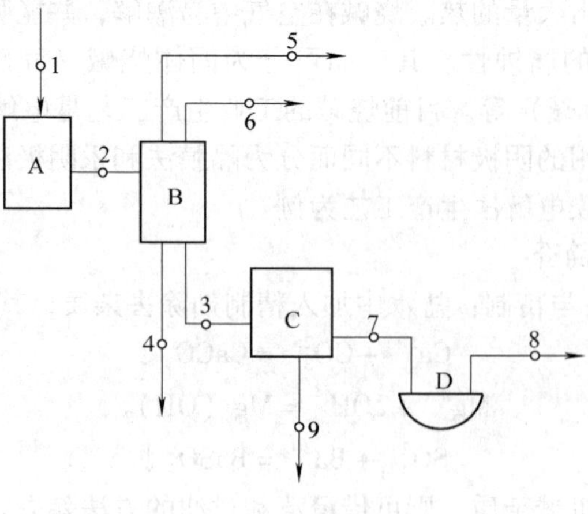

图 6-1 电解法制碱的生产工艺流程及控制点简图

A—盐水净化池 B—电解槽 C—液碱蒸发器

D—浓缩器 1～9—控制点

业用食盐溶解成盐水后，其中所含的 Ca^{2+}、Mg^{2+}、SO_4^{2-}、机械杂质等对电解有害，必须除去。根据分析结果计算出精制剂（纯碱、烧碱及氯化钡）的用量，对第一道工序盐水净化提供依据。

② 第二控制点测定精盐水中 SO_4^{2-}、Na_2CO_3、总硬度（以 Ca^{2+} 计）等含量及 pH 值。纯碱和烧碱的加入量，必须稍微超过理论需要量。而氯化钡的加入量则应按照精盐水中的 SO_4^{2-} 含量不超过 3.5kg/m^3 这一标准进行控制。精盐水中 SO_4^{2-}、Na_2CO_3、Ca^{2+}、Mg^{2+} 等含量超标说明前面盐水净化加入的精制剂用量不合适。

③ 第三控制点测定阴极电解液中 NaOH、Na_2CO_3、NaCl、NaClO、$NaClO_3$ 等含量。由于电解液中的 OH^- 是带负电荷的阴离子，它向阳极迁移和扩散时导致一系列副反应，生成 Na_2CO_3、NaCl、NaClO、$NaClO_3$ 由各种副反应产生的副产品，不仅消耗了产品，还使生产造成一定的危害，使产品的纯度下降。

④ 第四控制点测定阳极电解液中 Cl^-、NaClO、$NaClO_3$ 等含量。同③阳极电解液中 NaClO、$NaClO_3$ 也为副反应产生的副产品。

⑤ 第五控制点测定氯气中 Cl_2、O_2、CO_2 等含量。O_2、CO_2 是副反应产生的副产品。如分析③④⑤副产品含量超标，都将使产品纯度降低，说明电解槽的隔膜失效，应考虑选用性能良好的隔膜，提高电解温度，或者用汞电解法，以保证产品质量。

⑥ 第六控制点测定氢气含量。

⑦ 第七控制点测定蒸发浓缩后液碱含量。此控制点能监控液碱蒸发流程的工艺条件和工艺指标。

⑧ 第八控制点测定成品分析（固碱）。

⑨ 第九控制点测定成品分析（液碱）。

2. 硫酸的生产工艺及不合格产品的原因分析

硫酸系指三氧化硫和水以任意比例混合的溶液，如果三氧化硫和水的分子比小于1，就是硫酸溶液，分子比大于1，就是发烟硫酸。发烟硫酸的三氧化硫蒸气压较大，暴露在空气中能释放出三氧化硫，三氧化硫和空气中的水蒸气迅速化合成硫酸并凝聚成酸雾。

生产上硫酸浓度的表示方法，以其中所含硫酸质量分数来表示，发烟硫酸的浓度，以其中所含游离三氧化硫或者以所含总的三氧化硫的百分数来表示。

（1）硫酸的生产工艺简介　生产硫酸的方法有硝化法和接触法。现将接触法制硫酸的生产工艺简介如下。

1）硫铁矿的焙烧-沸腾焙烧法：硫铁矿是生产硫酸的原料，在焙烧时它的化学反应很复杂，它随着控制条件的不同可得到不同的产物，焙烧过程主要分为下列两个步骤：

硫铁矿在高温下受热分解为硫化亚铁和硫

$$2FeS_2 = 2FeS + 2S$$

500℃时，反应速度较快，随着温度的升高反应速度加快。硫蒸气燃烧和硫化亚铁被氧化都能生成二氧化硫

$$S + O_2 = SO_2 \uparrow$$

$$4FeS + 7O_2 = 2Fe_2O_3 + 4SO_2 \uparrow$$

$$3FeS + 5O_2 = Fe_3O_4 + 3SO_2 \uparrow$$

反应中硫与氧化合生成的二氧化硫及其他气体统称为炉气，铁与氧生成的氧化物及其他固体物质统称为炉渣。

炉气中的二氧化硫在高温炉渣（Fe_2O_3）的催化作用下，被氧化为三氧化硫

$$2SO_2 + O_2 = 2SO_3 \uparrow$$

2）炉气除尘、净化、干燥

① 除尘：由沸腾焙烧炉制得的炉气，含有矿尘，其量可达200～300g/m^3，必须除去。

② 净化：由除尘器出来的炉气温度在290～350℃，进入第一洗涤塔。该塔一般采用空塔（称为冷却塔），塔顶用质量分数为70%～80%的硫酸进行喷淋洗涤。洗涤后的炉气温度降至70～90℃，然后进入第二洗涤塔，用质量分数为30%左右的硫酸进行喷淋，进一步把炉气中的矿尘除净。

炉气经净化后，矿尘含量应小于0.002g/m^3，砷含量应小于0.001g/m^3，氟含量应小于0.005g/m^3，水分含量应小于0.1g/m^3，酸雾含量应小于0.035g/m^3。

③ 炉气干燥：含水分的净化炉气用浓硫酸吸收水分。干燥后的炉气送去转

化工段。

3）二氧化硫的催化氧化　在接触法制造硫酸中，二氧化硫的氧化在催化剂的存在下按下反应式进行

$$2SO_2 + O_2 = 2SO_3$$

4）三氧化硫的吸收：将催化氧化后的气体用含有硫酸的水溶液吸收，使三氧化硫溶于硫酸中，与硫酸中的水结合生成硫酸

$$nSO_3 + H_2O = H_2SO_4 + (n-1)SO_3$$

当 $n>1$ 时生成发烟硫酸，当 $n=1$ 时生成无水硫酸，当 $n<1$ 时生成含水的硫酸（稀硫酸）。

（2）工艺流程及控制点　接触法生产硫酸的工艺流程及控制点如图6-2所示。

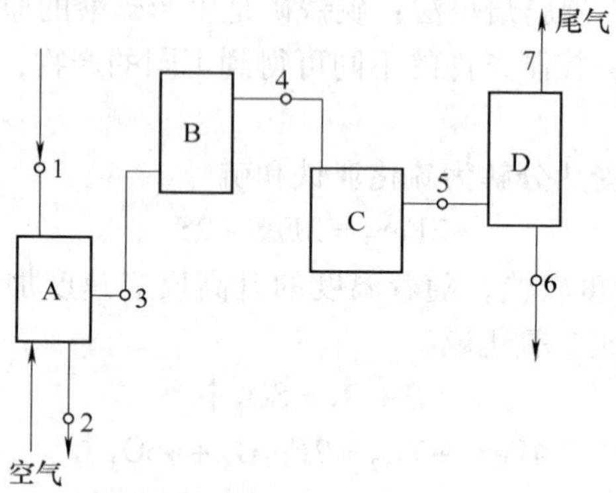

图6-2　接触法生产硫酸的工艺流程及控制点简图

A—黄铁矿焙烧炉　B—炉气净化　C—转化

D—吸收　1～7—控制点

1）控制点分析项目：①黄铁矿中硫及水分含量测定。②炉渣中硫含量测定。③炉气中 SO_2 含量测定。④炉气中 SO_2、砷、水分等含量测定。⑤炉气中 SO_2、SO_3 等含量测定。⑥成品硫酸分析。⑦尾气中 O_2、SO_2、SO_3 等含量测定。

2）工业硫酸生产中各控制点分析项目

① 黄铁矿中硫及水分含量测定：黄铁矿中的硫一般以硫化物和硫酸盐的形式存在。在硫酸生产中只是利用能在燃烧条件下，生成二氧化硫的硫化物中的硫，即“有效硫”。而硫酸盐中的硫在燃烧条件下，不能生成二氧化硫，不能被利用。有效硫与硫酸盐中的硫之和称为“总硫”。在硫酸生产的分析检验中，主要是测定有效硫。测定铁矿中硫及水分含量可监控原材料的质量。

② 炉渣中硫含量测定：由于矿石中的有效硫在焙烧过程中，有一部分能转化为硫酸盐，测定总硫含量，如过高说明炉温控制不当，黄铁矿中的硫没能达到

足够的转化率。

③ 炉气中 SO_2 含量测定：炉气的有效成分 SO_2，测定 SO_2 含量反应出工艺条件控制的情况。

④ 炉气中 SO_2、砷、水分等含量测定：一些物质（例如砷、氟等）在高温下也成为气体进入炉气中，成为有害杂质。测定 SO_2、砷、水分可以监控净化工序的正常与否。

⑤ 炉气中 SO_2、SO_3 等含量测定：通过测定 SO_2、SO_3 的含量，可以得知 SO_2 的转化率，监控转化工序的条件。

⑥ 成品硫酸分析：此控制点是监控最后一道吸收工序的指标的条件。

⑦ 尾气中 O_2、SO_2、SO_3 等含量测定：通过 O_2、SO_2、SO_3 含量测定，可以知道吸收是否完全，吸收工艺条件是否合理。

二、日用化工产品的常用原料知识及不合格产品的原因分析

日用化工产品是指人们在日常生活中所需要的化工产品，也称为日用化学品或日化产品。日用化工产品门类很多，品种不计其数，列入我国《化学工业年鉴》，单独统计产量的日用化工产品主要有：合成洗涤剂、肥皂、化妆品、牙膏、香精、香料等。另外，像电池、火柴、胶水、鞋油、油墨、墨水等也都属于日用化工产品，在这里主要讨论化妆品的常用原料和一般工艺知识。

1. 化妆品的常用原料及一般分析项目

化妆品主要是由各种原料经过配制加工而制成的一种复杂的混合物。其产品质量的优劣，除了取决于配方和加工工艺及制造设备条件等原因外，主要与选用原料的质量有关。在制造化妆品时，首先必须对原料具备广泛的知识，只有了解每种原料的构成成分、特性及质量，才能生产出优质化妆品。

化妆品的原料种类繁多，有表面活性剂、天然的和合成的有机化合物、香精香料、颜料、防腐剂及添加剂等，根据其在化妆品中的作用，大体可分为基质原料和辅助原料两类。基质原料是组成化妆品的主体，在产品中起主要功效的作用；而辅助原料一般用量不大，能起使产品成形、稳定或赋色、赋香等特定作用，其功效也是重要的。基质原料和辅助原料两者之间没有绝对的界限，在不同的配方产品中所起的作用也不一样。根据原料的性质可分为下面几种：

（1）油性原料　包括油脂、蜡类、高碳烃类、高级脂肪酸、高级脂肪醇、酯类、硅油等。

（2）粉质原料　包括滑石粉、高岭土、膨润土又名皂土、碳酸镁（$MgCO_3$）、钛白粉（TiO_2）、锌白粉（ZnO）等。

（3）胶质原料

1）天然水溶性高分子化合物，主要有淀粉、阿拉伯树胶、明胶。

2）半合成水溶性高分子化合物，主要有：甲基纤维素简称MC、乙基纤维素简称EC、阳离子纤维素聚合物又称为聚纤维素醚季铵盐等。

3）合成水溶性高分子化合物，主要有：聚乙烯醇简称PVA、聚乙烯吡咯烷酮简称PVP。

（4）溶剂原料　包括水、醇类［乙醇C_2H_5OH、异丙醇$(CH_3)_2CHOH$、正丁醇$CH_3(CH_2)_3OH$］、酮类（丙酮CH_3COCH_3、丁酮$CH_3COCH_2CH_3$）、醚、酯类（二乙二醇单乙醚$HOC_2H_4OC_2H_4OC_2H_5$、乙酸乙酯$CH_3COOC_2H_5$）。

2. 化妆品配方及工艺

化妆品的品种很多，洁肤化妆品是其中的一类能够去除污垢、洁净皮肤而又不会刺激皮肤的化妆品。现以洁肤化妆品中的清洁霜为例，简介其配方、工艺及不合格原因分析。

（1）清洁霜的配方　清洁霜多是乳化型，它可分为O/W（油包水）型和W/O（水包油）型两类。无论是哪类，其油相质量分数占65%～75%，水相质量分数占25%～35%，下面举例说明清洁霜的配方及生产。

清洁霜配方1（W/O型）见表6-4。

表6-4　清洁霜配方1

组　分	质量分数（%）	组　分	质量分数（%）
蜂蜡	6.0	硼砂	0.6
白油	50.0	丙二醇	3.0
鲸蜡醇	2.4	防腐剂	适量
单硬脂酸甘油酯	1.0	香精	适量
Span—65	2.0	去离子水	35

配方1是由蜂蜡-硼砂生成皂基乳化剂及与非离子表面活性剂单硬脂酸甘油酯、Span—65一起构成混用式乳化方式。配方中的丙二醇属多元醇，它是一种保湿剂，具有使W/O型清洁霜保持湿润、防止干缩的作用。

清洁霜配方2（O/W型）见表6-5。

表6-5　清洁霜配方2

组　分	质量分数（%）	组　分	质量分数（%）
蜂蜡	6.0	Tween—20	3.0
凡士林	18.0	甘油	6.0
白油	30.0	防腐剂	适量
十六醇	2.0	香精	适量
单硬脂酸甘油酯	2.0	去离子水	33.0

配方 2 是以单硬脂酸甘油酯和 Tween—20 为乳化剂的非反应式乳化方法。

（2）清洁霜的一般生产工艺　图 6-3 为清洁霜的一般生产工艺流程。

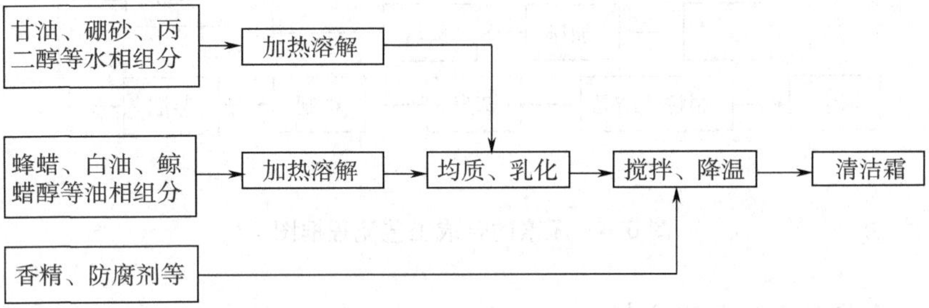

图 6-3　清洁霜的一般生产工艺流程框图

制备方法：将油相组分置于油相锅内加热至灭菌且熔化，将水相组分置于另一锅内加热至相同温度，然后将水相缓缓加入油相内，由均质乳化机搅拌达到均质乳化，冷却至 45 ℃左右，加入防腐剂、香精。

3. 不合格化妆品的原因分析

不合格化妆品的原因之一是源于化妆品原料，化妆品原料的质量直接影响化妆品的品质，对原料的分析检验应针对原材料的不同也有所不同，例如重要原料之一的油脂需要通过检测如下项目以控制其油脂的质量：色泽、气味、熔点、凝固点、相对密度、酸值、酸度、碘值、皂化值和不皂化值等。对于粉质原料应注意重金属含量不要超过质量标准规定的含量。

化妆品的生产工艺和制备方法比较简单，主要控制原料的质量。工艺中则需控制加热温度、原料配比和搅拌均匀。

三、化肥产品的生产工艺及不合格产品的原因分析

化肥产品可分为只含氮、磷、钾三要素中一种元素的单一肥料和含有两种或两种以上元素的多效肥料。

氮肥是化肥的一个大类，主要有：尿素、碳酸氢铵、硝酸铵、氯化铵、硫酸铵、氨水和液体氨等。其中尿素和碳酸氢铵是氮肥的主要品种。

尿素的化学名称为碳酰二胺，化学式为 $CO(NH_2)_2$，其中氮的质量分数为 46.6%，易溶于水。尿素的熔点为 132.6℃，常压下温度超过熔点即可分解。

1. 尿素的合成工艺（图 6-4）

工业上生产的尿素是由氨与二氧化碳直接合成的。工业生产过程包括 4 个步骤：氨与二氧化碳的供给与净化；氨与二氧化碳反应；反应生成的尿素熔融液与未反应物的分离；将尿素熔融液加工成尿素成品。

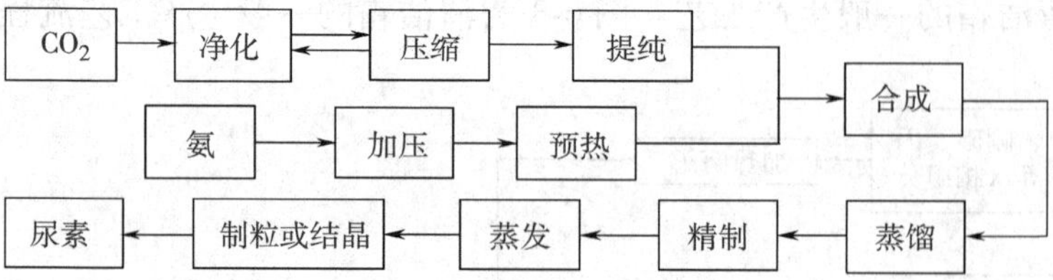

图6-4 尿素的合成工艺流程框图

2. 不合格尿素的原因分析

（1）氨与二氧化碳的供给与净化 净化前后需检测氨与二氧化碳气的纯度。

（2）氨与二氧化碳反应合成尿素 其转化率取决工艺条件的选择。影响尿素合成的主要因素有：温度、氨碳比、水碳比、压力、反应时间等。

1）温度：液相甲铵脱水生成尿素是一个微吸热、反应速率较慢的控制反应，故提高温度，甲铵脱水速度加快，平衡转化率提高。

2）氨碳比：氨碳比是指原始反应物料中 NH_3/CO_2 的摩尔比，常用符号 α 表示。二氧化碳过量时对尿素的产率并无影响，而氨过量却能提高二氧化碳的转化率。从反应速度来看，提高氨碳比能防止甲铵分解和尿素水解，抑制副反应的进行，从而加快甲铵的脱水速度，缩短反应时间，这一点对加快合成尿素反应速度尤为重要。但过高的氨碳比，容易导致氨的转化率降低。

3）水碳比：水碳比是指进入合成的 H_2O/CO_2 的摩尔比，常用符号 b 表示。根据甲铵的性质，有水存在时可以降低甲铵的熔点，反应初期可以加快甲铵的脱水速度。但水的存在对尿素合成带来的危害很大，水碳比增加，会降低甲铵生成物的浓度，同时阻碍甲铵的脱水，使二氧化碳的转化率降低。对于水溶液全循环法，当 $\alpha=4$ 时，水碳比控制在0.6~0.7。对于全循环二氧化碳气提法，水碳比应控制在0.35左右。

4）压力：尿素合成总反应是一个体积减小的反应，因而提高压力对甲铵的生成和甲铵的脱水均有利，二氧化碳转化率随着压力增加而增大。

5）反应时间：在一定条件下，甲铵生成反应速度极快，而且反应比较完全，所以尿素合成反应时间主要是指甲铵脱水生成尿素的反应时间。甲铵脱水速度随着温度升高和氨碳比加大而加快，并且在开始时反应速度较快，随着转化率的增加而减慢，为了使甲铵脱水反应进行得比较完全，就必须使物料在合成塔内有足够的停留时间。

此步骤需检验水分、氨碳比、水碳比等。

（3）分离纯化 检测尿素的纯度。

四、农药加工助剂产品的一般知识及不合格产品的原因分析

1. 农药加工助剂

农药助剂是化学农药加工剂型中除有效成分之外所使用的各种辅助剂的总称。助剂本身一般没有生物活性，但在剂型配方中或施药中是不可缺少的添加物。

（1）农药加工助剂的作用　使用助剂总的目的是为了最大限度地发挥药效或有助于安全施药，它具有以下四个方面的作用：

1）分散作用：农药加工有多种目的，但首先是为了分散，把原药均匀地分散到广阔的田地或防治对象上，不借助于助剂是不可能实现的。

2）充分发挥药效：有些农药必须同时使用配套助剂才能保证药效，如草甘磷等除草剂必须使用配套的润湿剂、渗透剂和安全剂才能使用。有些农药使用适合的助剂可使药效明显提高。

3）满足应用技术的特殊性能要求：先进的应用技术，只有借助于各种性能的助剂，才能使之实用化。

4）保证安全：例如，加入抗蒸腾剂和防漂移剂，可减少农药漂移对邻近敏感作物、人、畜等的危害。添加特殊臭味的拒食助剂、特殊颜料，可向人们发出警告，避免误食或中毒等。

（2）农药助剂的分类　根据农药助剂在农药剂型和施用中所起的作用，可分为四类：①为了农药有效成分的分散，使用了分散剂、乳化剂、溶剂、稀释剂、载体、填料等。②为了发挥药效、延长药效和增强药效，使用了稳定剂、控制释放助剂、增效剂等。③为了有助于被处理对象接触和吸收农药有效成分，使用了润湿剂、渗透剂、展着剂、黏着剂等。④为了安全性和方便使用，使用了防漂移剂、药害减轻剂、安全剂、解毒剂、消泡剂、警戒色等。

2. 常见农药生产工艺及不合格产品的原因分析

农药的品种很多，最为常用的是高效、低毒、低残留，在土壤植物、动物体内最容易降解的有机农药，例如拟除虫菊酯类、乐果、敌百虫、硫逐磷酸酯类等。高残毒的有机农药已受到限制或停止使用。

硫逐磷酸酯类农药是有机磷类农药中最重要的一类，与磷酸酯类农药相比毒性更低、更稳定。硫逐磷酸酯类农药常见品种是二烷基芳基（包括芳杂环基）硫逐磷酸酯、二烷基－烷硫乙基硫逐磷酸酯，另外也有肟的酯类品种。

农药中硫逐磷酸酯类农药品种很多，其合成方法都是利用硫代磷酰氯与醇反应。图 6-5 是甲基对硫磷的合成工艺流程框图。

甲基对硫磷不合格原因有：碳酸钠、铜粉、苯对硝基酚、酰氯等原材料的纯度和配比；反应程度；洗涤和蒸馏条件等。

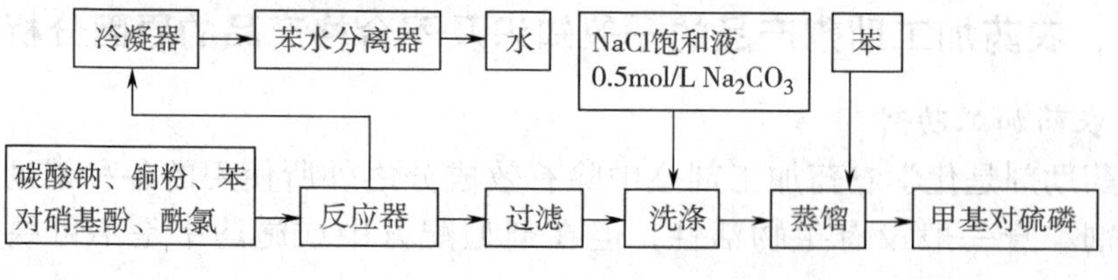

图 6-5 甲基对硫磷的合成工艺流程框图

五、涂料产品的生产工艺及不合格产品的原因分析

涂料是涂于物件表面，能形成坚韧、连续的涂膜，具有保护、装饰、标志和其他特殊功能作用的产品总称。

涂料品种繁多，用途各异。溶剂型涂料是其中的一个大类。溶剂型涂料树脂有很多品种，不同树脂由于化学组成及结构不同，其性能及其在涂料中的应用范围各异。尽管溶剂型涂料树脂存在着生产和施工过程溶剂挥发对环境造成污染的严重缺陷，但由于其成膜和施工等方面的优异性能，其用量仍占涂料用树脂的绝大部分。现以溶剂型醇酸树脂合成工艺为例简要介绍产品不合格原因。

1. 醇酸树脂的合成工艺

醇酸树脂合成通常采用溶液聚合法，溶液聚合是利用有机溶剂（主要为芳香烃类）作共沸液体，以便尽快除去酯化产生的水分从而提高酯化转化率。它是在熔融聚合基础上改进的方法，是目前常用的醇酸树脂的合成方法。

醇酸树脂的合成可采用醇解法。醇解法合成醇酸树脂，就是将油脂先与甘油进行醇解，形成甘油的不完全脂肪酸酯，再与苯酐酯化制备醇酸树脂。其中醇解是使油的成分改组，形成甘油的不完全脂肪酸酯（主要是甘油单酸酯），以便能使其与苯酐进行均相酯化。其工艺过程如图 6-6 所示。

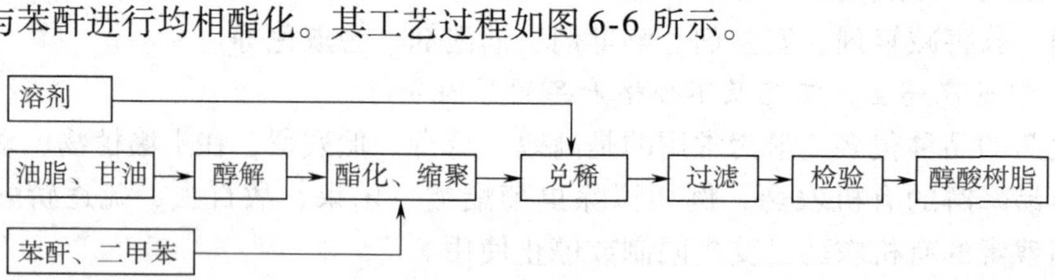

图 6-6 醇解法合成醇酸树脂工艺流程框图

（1）操作步骤 现以某配方为例，其操作步骤如下：

1）按配方计量，将精制豆油、梓油加入反应釜，向反应釜内通入一定量的氮气或二氧化碳作为保护气体，开动搅拌机械并加热升温至 120℃。

2）停止搅拌，加入氧化铅并继续搅拌，升温到 240℃，在 1h 内加完季戊四醇。

3）在240℃保温40min以上，测定质量分数为95%的乙醇容忍度，至试样达到醇容忍度为5（25℃）时为醇解终点。

4）降温到200℃，加入二甲苯作为回流剂并在40min内分批加完邻苯二甲酸酐，升温到200℃保温1 h，然后再升温到220℃进行酯化缩合，保温2 h后，测定酸值与粘度，当酸值小于或等于12，粘度达到2.5～3s即停止加热。

5）将树脂抽至稀释罐，降温到150℃，加入溶剂汽油制成质量分数为55%的树脂溶液。

（2）所得产品规格　见表6-6。

表6-6　产品规格

固体分含量（质量分数,%）	55
酸值/（mgKOH/g）	≤15
粘度/s（25℃，体积分数为50%的溶剂汽油，加氏管）	7～9

除了用植物油（或脂肪酸）、多元醇、多元酸为原料合成醇酸树脂外，另外加入其他组分合成的树脂称为改性醇酸树脂。改性醇酸树脂常见的品种有：松香改性醇酸树脂、酚醛树脂改性醇酸树脂、乙烯类单体改性醇酸树脂、有机硅改性醇酸树脂等。

2. 产品不合格原因分析

1）醇解法合成醇酸树脂，一般先将植物油经碱漂除去磷脂、固醇、色素等杂质，再与多元醇进行醇解反应，使植物油中甘油三酸转化为甘油单酸酯，使其能与苯酐互溶，然后再进行酯化、缩聚反应。

2）酯化缩聚反应通常在150～250℃进行。

3）为了达到所要求的酯化程度、羟值和酸值，必须注意多元醇、多元酸和脂肪酸之间的比例。

4）为了防止早期凝胶化，通常需要采用多元醇过量的办法来降低反应体系的平均官能度。

六、硅酸盐水泥的生产工艺及不合格产品的原因分析

在无机盐工业中，具有广泛用途的硅酸盐制品主要分为三个大类：水泥、玻璃和陶瓷。下面主要讨论硅酸盐水泥的生产工艺及不合格产品的原因。

1. 硅酸盐水泥及其生产工艺

加入适量水后可成塑性浆状，既能在空气中硬化又能在水中硬化，并能将砂、石等材料牢固地胶结在一起的细粉状水硬性胶凝材料，统称为水泥。水泥的种类很多，按照所含的主要水硬性矿物，可分为硅酸盐水泥、铝酸盐水泥、硫铝

酸盐水泥、氟铝酸盐水泥以及以工业废渣和地方材料为主要成分的水泥。其中以硅酸盐水泥最为多用。

（1）硅酸盐水泥的生产过程　硅酸盐水泥的生产分为三个阶段：①生料制备：石灰质原料、粘土质原料以及少量的校正材料，经破碎后按一定的比例配合、磨细，并经均化调配为成分合适、分布均匀的生料。②熟料煅烧：将生料在水泥工业窑内煅烧至部分熔融，经冷却后得到以硅酸钙为主要成分的熟料。③水泥的制成：将熟料、石膏，有时加入适量混合材料共同磨细即成为水泥。以上三个过程可以简称为“两磨一烧”。

（2）水泥的生产方法　按生料制备方法的不同可分为干法和湿法两大类。

1）原料经烘干、粉碎制成生料粉，然后喂入窑内煅烧成熟料的方法称为干法。将生料粉与适量的水分混合制成生料球，再喂入窑内煅烧成熟料的方法一般称为半干法，也可归入干法。

2）将原料加水粉磨成生料浆，再喂入回转窑内煅烧成熟料的方法称为湿法。将生料浆脱水制成生料块，喂入窑内煅烧，或将生料块烘干、破碎成生料粉再喂入干法窑内煅烧成熟料的方法，一般称为半湿法，也可归入湿法。

2. 硅酸盐水泥产品不合格的原因

造成水泥产品不合格的因素一般有：入窑生料是否质量均匀、是否具有适当的化学组成，原料、燃料等化学成分的配料是否精确，出磨生料是否调配均化。当干法生产的原料较复杂时，原料在入磨前也应在预均化堆场预先进行均化。

复习思考题

1. 检验报告记录应包含哪些内容？
2. 怎样用 $4\bar{d}$ 检验法和 Q 检验法判断分析结果的可疑值？
3. 什么是平均值的置信区间？
4. 简述一种化工产品不合格的原因有哪些？

第七章

修检仪器设备

培训学习目标 通过本章的学习，使高级化学检验工进一步熟悉一般分析仪器的工作原理和结构组成；掌握分析仪器的常见故障的排除方法；能按操作规程安装、调试和验收分析仪器。

第一节 仪器设备的安装、调试、验收

一、新购置仪器设备验收的一般内容与程序

仪器设备验收工作是设备供应工作的重要组成部分，是仪器设备技术管理的起点，是排除隐患，确保仪器设备正常工作的重要环节。因此，对每一台仪器设备都必须履行严格的验收手续。其基本验收程序规定如下：

1. 外观检查

对于新购置的仪器设备，在其送达实验室后要及时进行验收。首先要进行外观检查，应对其包装、外观、标牌或有关标记进行严格检查，确保不收错或提错，并判断在运输过程是否有损坏现象发生。如果外包装有破损或污渍，应查明原因，严重的应拒收或缓提，并进行拍照，以取得分清责任，办理有关索赔或退货、换货手续的必要证据。

2. 开箱检查

在货物外包装完好、数量与合同相符的情况下，设备采购人员应会同供货商、使用单位管理人员，依照交货单并对照订货合同开箱验收，逐一清点、查

验，装箱单应与合同所列货物完全一致，若发现存在短缺、错发、损伤、锈蚀、有使用过的迹象等问题，要做好记录，保留所有包装材料，及时向供货商办理退换、索赔手续。在验收大型仪器时，要做好开箱验收过程的记录。

GC4000A 型气相色谱仪装箱单上的内容为：

1）主机	1 台
2）备件（见备件清单）	1 套
3）安装使用说明书	1 份
4）产品合格证	1 份
5）装箱清单	1 份
6）本机性能测试谱图	1 份
7）本机流量曲线图	1 份

选配部件：视订购情况确定。

上述检查结束后，负责人员应在验收单上签字，若发现问题，则应及时与厂家或商家联系。

卸下主机后盖上的固定螺钉，抽出电动机底座下的泡沫塑料板和各气路接口的保护帽和检测器的覆盖物。

3. 功能验收

在确认到货的仪器设备外观良好，品名、型号、规格等与供货合同相符的情况下，使用单位应组织技术责任人、供货商，对仪器设备的功能、技术指标、参数进行逐一调试，务求达到仪器设备应具有的全部功能和技术指标，若有不符，则应做好详细记录，分析原因，分清责任。若属仪器质量问题，则设备处应迅速向供货商办理退换、索赔等手续。

4. 指标考核

不仅仪器设备的功能及技术指标应完全符合合同要求，而且应考核其可靠性及测试结果的重现性和稳定性。

5. 填写验收报告表

如果仪器设备经过验收考核，其功能、性能均能达到合同规定（或仪器说明书规定）的各项指标要求，那么用户应填写固定资产验收合格报告表，要按仪器设备厂牌上标明的产品名称、型号、规格等信息逐一填写。

6. 记账、报增

仪器设备到货后，应在一周内完成验收考核，验收合格后，设备管理人员应凭固定资产验收合格报告表、发票等到设备科或资产处办理记账、报增手续。

二、新购置仪器设备的安装与调试（以 GC4000A 型气相色谱仪为例）

一般新购置仪器设备的安装和调试所需工具，均由设备生产厂家安装人员自带，当个别情况需用户方提供时应在采购合同中标明。设备安装一般由设备厂家主导，用户方只需提供必要的协助，以利于在安装过程中了解元器件的作用，熟悉设备结构，以便日后维护。

现以安装 GC4000A 型气相色谱仪为例，先了解色谱仪的性能参数和检查备品、备件，以便进一步了解色谱仪的工作原理，熟悉色谱仪的结构部件；同时对色谱工作站也有个大致的了解。气相色谱仪工作环境的温度最好在 20℃左右，相对湿度应小于或等于 80%；需要有排风设备，以保持空气流通。工作台的高度为 0.8m 左右，为求稳固，最好为水泥台。供电设备最好增加一台稳压器，如果是经常断电，最好再增加一台 UPS 不间断电源，否则万一分析过程中断电，造成色谱柱污染就得不偿失了。要确保氢气、氮气和空气气源的压力和气体的纯净度，即使纯度为 99.999% 以上的气体进入设备前也需要经过净化，一般是采用 5Å 分子筛、活性炭、硅胶等。气路管道一般采用塑料管或不锈钢管，例如，空气气路可采用塑料管，而氮气和氢气气路最好采用不锈钢管。

在设备安装完成后，设备安装人员要对设备进行调试，以检验设备的准确性和稳定性。调试时，可多次分析标准样品或者其他已知含量的试样，以检查设备的分析结果的准确性和重复性。如果安装有软件，例如色谱工作站等，还应检查软件运行的稳定性。

安装和调试 GC4000A 型气相色谱仪的主要内容包括：

1. 分析室的要求

（1）工作环境要求

1）温度：10～35℃。

2）相对湿度：≤80%。

3）周围空气中应无腐蚀性气体及易燃易爆气体。

4）无强烈外磁场干扰及机械振动。在进行高灵敏度操作时，应防止强烈的空气对流。

（2）仪器的安放　仪器必须安放在平稳的工作台上，工作台的面积除了应考虑各单元放置合理外，各单元之间还要留出一定的空隙，以利于空气循环。另外，工作台与墙壁之间应留出 40～50cm 的距离，以确保操作方便。

2. 供电要求

GC4000A 型气相色谱仪需要以下稳定的单相交流电源：

电压	220V ±22V
频率	50Hz ±0.5Hz
功率	2500W

注意：系统应单独供电，电源接地良好，中性线对地电压不超过 3V。

三、新购置仪器设备的技术参数的验证（以GC4000A型气相色谱仪为例）

在做色谱仪性能验证之前，必须再对仪器的安装进行一次检查，只有在仪器安装好的前提下，才可进行性能验证。色谱仪性能验证用的样品见表7-1。色谱仪性能测试操作参数见表7-2。

验证方法可采用与仪器同时发运的测试色谱柱，柱长为1m，外径为4mm，内径为3mm，内填质量分数为5%的SE—30，其粒度为60~80目，为上海试剂厂生产的101固定相的不锈钢色谱柱（或采用其他色谱柱）。

表7-1　色谱仪性能验证用的样品

检测器	样　　品
FID	饱和苯蒸气
TCD	苯液
ECD	丙酮中50pg/μL的丙体六六六
FPD	正己烷中10ng/μL的噻吩（C_4H_4S）对硫 正己烷中10ng/μL的对硫磷（$C_{10}H_{14}O_5PSN$）对磷

表7-2　色谱仪性能测试操作参数

项　　目		TCD	FID	ECD	FPD
极限温度/℃	柱箱	250	250	250	250
	汽化室	350	350	350	350
	检测器	300	350	350	250
活化温度/℃	柱箱	250	250	250	250
	汽化室	250	250	250	250
	检测器	250	300	320	250
检测噪声、漂移条件	柱温/℃	100	100	190	60（S）220（P）
	汽化温度/℃	150	150	250	250
	检测器温度/℃	100	150	225	250
	TCD桥温/℃	100~140			
	衰减	1	1	适当	适当
	灵敏度选择		高档	2	适当
	载气流量/(mL/min)	$H_2$30	$N_2$30	$N_2$30	$N_2$10（S）30（P）
	空气流量/(1mL/min)		300		200
	空气流量/(2mL/min)				30
	氢气流量/(mL/min)		30		140

（续）

项 目		TCD	FID	ECD	FPD
检测器灵敏度中敏感度试验条件	柱温/℃	100	100	190	60（S）220（P）
	汽化温度/℃	150	150	250	250
	检测器温度/℃	100	150	225	250
	TCD 桥温/℃	100～140			
	衰减	9	9	适当	适当
	灵敏度选择		高档	2	适当
	载气流量/(mL/min)	30	30	40	10（S）30（P）
	空气流量/(1mL/min)		300		200
	空气流量/(2mL/min)				30
	氢气流量/(mL/min)		30		140

（1）TCD 性能试验

1）建立实验条件：以上表中所列条件对色谱柱活化 8～24h。

2）噪声和漂移检查：仪器稳定后，按上表所列噪声和漂移检测条件记录 30min 基线，然后测定噪声和漂移。

3）灵敏度测试：按上表中所列灵敏度试验条件，注入 1μL 测试样品，记录峰高和半峰宽，用下式计算灵敏度

$$S = 1.065AC_1C_2v_cK/m$$

式中 S——灵敏度（mV·mL/mg）；

A——苯峰的面积（cm^2）；

C_1——记录仪的灵敏度（mV/cm）；

C_2——记录仪纸速的倒数（min/cm）；

v_c——校正后的载气流量（mL/min）；

m——进样量（mg）；

K——色谱峰的输出衰减倍数。

（2）举例 进样 1μL 的苯液，质量为 0.88mg，测得峰高为 21.4cm，半峰宽为 0.31cm，测峰面积 $A=6.634cm^2$。在这里 $C_1=10/25=0.4$；$C_2=1/6$；$K=9$，相当于 $2^8=256$。实测流量为 30mL/min，室温为 26℃。

则：$S=1.065AC_1C_2v_cK/m$

$=1.065\times6.634\times0.4\times1/6\times30\times256/0.88$mV·mL/mg $=4110.7$mV·mL/mg

如果用色谱工作站进行信号处理时，则可用下式计算灵敏度

$$S_1=A_1v_cK/m$$

◈◈◈ 第二节 仪器设备的故障排除

一、设备技术档案管理

所购仪器设备均应建立技术档案，一台仪器设备均需建立一份档案，在档案中应包括仪器设备说明书一份，维修卡及维修记录，合格证，计量检验证书等相关文件。

二、设备的一般故障现象及排除方法

1. 分光光度计的故障现象及排除方法

（1）721—100 型仪器的调校与故障修理　该仪器使用较长时间后，可能会产生一些故障，或者性能指标会有所变化，需要进行调校或修理，现分别简单介绍如下，以供使用维修者参考。

1）721—100 型分光光度计的调校

① 光源灯的调整：光量调节器即面板上 100% 旋钮用的是 10 圈电位器，按顺时针方向旋转至光亮最强处，把波长盘调节至 580nm，在比色皿暗箱通光孔处放一张白色卡片纸，然后将仪器接上电源，使光源灯的灯丝部分正确垂直地对准灯架上圆形通光孔，使光束垂直地射向反射镜（光源灯架上的两只螺钉略松一点，灯丝位置即可上、下、左、右地移动达到正确的位置），从而使光束反射到进光狭缝，进入单色光器内色散，调节光源灯的正确位置，观察白色卡片纸上的单色光、色黄、光强、边缘无光晕或杂色现象，即可以固紧灯架上的两只螺钉，如有稍些变动，可用手扳动灯架，即可使光斑最亮。

② 仪器单色光的调整：在调整波长时，可以采用干涉滤光片（自备）或者镨钕滤光片，推荐使用镨钕滤光片，以 529nm 吸收峰来校对仪器波长准确性。

注意：在调整波长时，只能轻微旋动左边（星形）的一只螺杆，其余两只螺杆不要任意旋动，这两只螺杆主要用来调节单色光在光孔中的上下位置的，如图 7-1 所示。

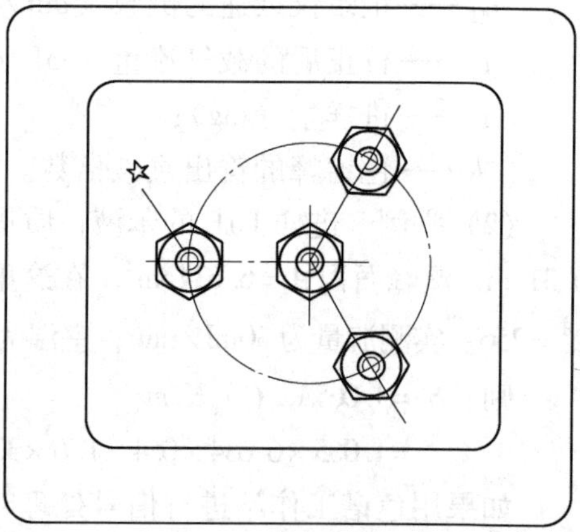

图 7-1　波长调节螺孔

③ 仪器光电管暗电流的调整（见图 7-2）：是靠仪器面板上和底板上的两只电位器来达到，W_3 是细调，在面板上；W_4 是粗调，在底板上，靠仪器左侧有一小长方盖板，要调节时先取下此板，即可找到粗调电位器。

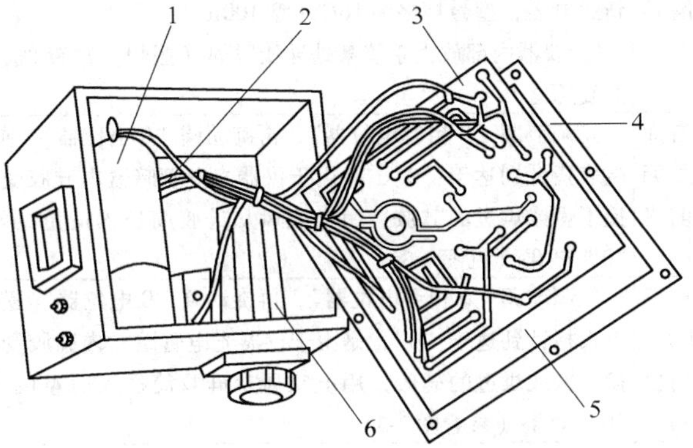

图 7-2 光电管暗盒内部结构

1—光电管（GD—7） 2—电路系统连接插座 3—放大器电路板 4—密封圈 5—盖板 6—干燥剂筒

2）721—100 型分光光度计故障现象及排除方法（见表 7-3）

表 7-3 721—100 型分光光度计故障现象及排除方法

故障现象	排除方法
1. 接通电源后，指示灯及光源灯不亮，电流表无偏转	① 熔断器熔丝不通，更换一枚新的 0.5A20mm 熔断器熔丝（BG×P型） ② 电源开关由于使用时间长接触不良，或开关本身质量不好而失灵，需要更新的规格为 KN×2W2D ③ 电源变压器初级线圈不通
2. 仪器接通电源后，指示灯不亮	① 指示灯泡与灯泡座之间受振动而接触不良，旋下灯罩按顺时针方向旋紧，小电珠即亮 ② 小电珠断丝，旋下灯罩，取出小电珠用万用电表检查，如更换新的，规格为 6V/0.1A 小型螺纹电珠 ③ 电源变压器次级线圈中一组 6V 输出线断
3. 光源灯不亮	① 光源灯丝断，更换新的，规格为 GY12-25A 12V25W ② 光源灯焊线端上无电压而使灯不亮，稳压电源输出导线脱焊，找出脱焊端重新焊牢 ③ 稳压电源保护线路起作用，因输出端短路过载而使输出端关闭，按线路图进行检查寻找出故障并排除之 ④ 稳压电源印制电路板因仪器运输搬动，而与其插座松脱或接触不良，形成电路无输出，连续几次将印制电路板向下插紧，使接触良好 ⑤ 稳压线路中大功率管之类的元件损坏，按线路图寻找并拆除更换

（续）

故障现象	排除方法
4. 电流表指针无偏转（不动）	① 电流表活动线圈不通（电表线圈内阻约2kΩ），将电表取下修理或更换新的电表，型号规格为16C14型100μA ② 仪器内部放大系统某处导线脱焊（假焊）或断线，按线路图进行检查，并复原之
5. 电表指针偏转于右面100%方向处，无法回“0”位（光电管暗盒前光门未打开）	先调节调“0粗调电位器”，再旋动调“0电位器”逆时针方向，而不能使电表指针到达于“0”，是由于仪器光电管暗盒内硅胶受潮，取下硅胶筒，更换干燥或烘过的硅胶，用电吹风从硅胶筒送入适量的干燥热风即可达到调“0”效果（见图7-3）
6. 变换灵敏度挡从1→3电表“0”位相差过大，超过15格（15%），当仪器稳定时间较长后而好转	先调节调“0粗调电位器”，再旋动调“0电位器”逆时针方向，而不能使电表指针到达于“0”，是由于仪器光电管暗盒内硅胶受潮，取下硅胶筒，更换干燥或烘过的硅胶，用电吹风从硅胶筒送入适量的干燥热风即可达到调“0”效果（参看图7-3）
7. 电表指针左、右摇摆不定（光门开启时比关闭时晃动更厉害），“0”及“100%”T处均摇摆不定	① 稳压电源失灵，按线路分别检测各部分元件的工作状态，将寻出损坏的元件，以同规格型号的元件更换 ② 仪器的光源灯处有较严重的气浪波动，可将仪器移置于室内在流速很小的地方 ③ 仪器光电管暗盒内受潮，按前第5条处理方法
8. 电表指针在仪器使用过程中“0”点经常变化	① 每次关闭光电管暗盒前的光门，电表的指针均位移于“0”位，用手指轻轻弹击电表盖能使指针回至“0”处则证明电表变差过大，需将电表取下进行电表轴尖的研磨修理 ② 调“0电位器”使用较久而接触不良，更换一只新的阻值为150Ω ③ 光电管暗盒前的光门口或硅胶处有漏光，这光随周围物体的运动而变化，纸板或黑布遮光以寻找出漏光处而排除故障
9. 仪器在测定过程中100%处经常变化	① 光源不稳定，可能形成原因及排除方法按第7条检查 ② 光电管暗盒前的光门没有全部开启，原因是机箱变形而光门顶杆的长度不够而未能使光门全部顶开，更换一根新的长度足够的光门顶杆或者校正仪器箱形变而排除故障 ③ 比色槽定位不精密、松动而引起每次移位不一致而重现性差，重新校正比色槽定位部件的安装 ④ 比色皿在比色槽框架内安放的位置不一致，有松动移位的可能，比色皿玻璃表面有溶液泛出影响透光，须重新擦抹清洁后靠比色槽框架的一边安放（靠近出光孔的一端），上面用定位夹定位 ⑤ 光源灯玻壳部分和金属灯头部分松动，须更换新灯泡
10. 光源灯玻壳发白或发黑	光源灯质量变坏，必须更换新灯泡
11. 旋转100%旋钮，仪器电流表无变化而乱动	① 注意灯泡光亮度是否随调节电位器变化，如不变化则多圈电位器坏或旋钮与多圈电位器轴松脱 ② 电表轧牢，检查电表是否卡住 ③ 如指针乱跳，检查电位器接触是否良好，或结构松脱

（续）

故障现象	排除方法
12. 光源灯亮而无单色光	① 进光处反射镜脱位，按前述结构介绍进行反射角度的调整 ② 准直镜脱位，需开启仪器底部单色光器部件盖，按前述结构介绍进行修复 ③ 棱镜固定松动，必须送回厂修复
13. 单色光波长移位	由于仪器运输搬动受震所致，校正方法可详细参阅结构介绍及仪器的调棱镜部分，采用干涉滤光片或镨钕玻璃片进行校正，仪器左侧有一盖板打开后用螺丝刀伸入对准调节螺钉凹槽转动，以达到正确位置
14. 仪器接通电源后电流表针大幅度偏向“0”位以下，不能调节复“0”位	① 按图检查各点电压，7 芯插头，插座接线有否脱落 ② 放大器电路系统中某一个部分脱焊或元件损坏，按线路图进行检查，寻找出故障并排除掉
15. 仪器读数电表指针不在“0”位（仪器在未接通电源时）	调节电表机械“0”位，使指针回复“0”位

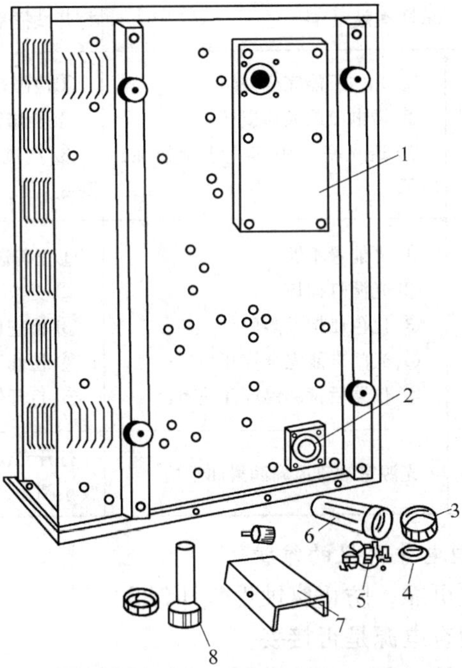

图 7-3　仪器更换干燥剂示意图

1—单色器部件　2—干燥剂筒座　3—筒螺纹盖　4—透明窗盖
5—干燥剂（变色硅胶）　6—干燥剂筒　7—屏蔽罩　8—干燥剂筒部件

(2) 752型紫外光栅分光光度计的故障现象及排除方法（见表7-4）

表7-4 752型紫外光栅分光光度计的故障现象及排除方法

故障现象	原因分析	排除方法
电源开关指示灯不亮，数字显示不亮	① 电源未接通 ② 熔断器熔丝断	① 检查电源线 ② 更换熔断器熔丝
电源开关或氢灯开关内指示灯不亮，数字显示不亮	电源开关或氢灯开关内小电珠坏	更换6.3V0.1A小电珠
数字显示数值不稳定	① 预热时间不够 ② 交流电源不稳 ③ 干燥剂失效 ④ 环境振动过大，空气流速过大	①仪器预热20min ② 电源应保证在220V±10%，且无突变现象 ③ 调换干燥剂 ④ 调换工作环境
数字表第1位出现“1”，后面三位不亮，即数字表超载	① 光能量过大 ② 选择开关在“A”挡时，打开试样室盖	①合理使用灵敏度开关，减小灵敏度挡数 ② 尽可能将选择开关置于“T”，再打开试样室盖
不能调“0”（即“0%”T）	① 光门不能完全关闭 ② 微电流放大器损坏 ③ 透光率“100%”T旋钮旋到底了	①检修光门 ② 检修微电流放大器 ③ 透过率“100%”T旋钮避免旋到底
不能置“100%”T	① 光能量不够 ② 光源灯损坏 ③ 比色皿架没落位 ④ 光门未能完全打开 ⑤ 仪器后背部钨灯开关闭合	①正确选择灵敏度开关 ② 更换光电源 ③ 检查比色皿架 ④ 检修光门 ⑤ 打开仪器背后部钨灯开关
仪器发出怪声	光源室轴流风扇润滑油干枯	打开光源室盖，取出轴流风扇的橡胶小圆盖，加润滑脂和淀子油

2. DDSJ—308A型电导率仪的维护

1）电极的连接须可靠，防止腐蚀性气体侵入。

2）开机前，须检查电源是否接妥。

3）接通电源后，按“ON/OFF键”，若显示屏不亮，应检查电源器是否有电输出。

4）在仪器的测量状态下，如果按“取消键”，仪器将显示选择中英文，这是正常现象，可根据实际情况选择中文或英文菜单。

5）电极的不正确使用常引起仪器工作不正常。应使电极完全浸入溶液中。电极安装地点应注意：避免安装在“死角”，而要安装在水流循环良好的位置。

6）对于高纯水的测量，需在密闭流动状态下测量，且水流方向应使水能进入开口处，流速不宜太高。

7）如果仪器显示“溢出”，则说明所测值已超出仪器的测量范围，此时应马上关机，并使用电极常数更大的电极，然后再进行测量。

8）电导率超过 1000μS/cm 时，光亮电极不能正确测量，此时应换用铂黑电极进行测量。

9）若上述各种情况排除后，仪器仍不能正常工作，则与供货部门联系解决。

3. 酸度计的维护

（1）PHS—29A 型数显 pH 计仪器的维护　仪器性能的好坏，除了仪器本身结构之外，还和良好的维护是分不开的，特别像酸度计这类仪器，它必须具有很高的输入阻抗，而且其使用环境是经常要接触化学药品，因此，合理的维护更有必要。

1）仪器的输入端（即复合电极插口）必须保持高度清洁，电极插头不要经常拔下，以防止灰尘及湿气浸入。

2）复合电极的电极头部很薄，因此，切勿与硬物相碰，以防电极损坏。

3）复合电极头部勿接触污物，如果发现沾污，可用医用棉花轻擦电极头部，或用 0.1mol/L 的稀盐酸清洗。

4）复合电极头部如有裂纹或老化（久放两年以上），则应调换新的电极，否则反应缓慢，甚至造成较大的测量误差。新的电极在使用之前需在蒸馏水中浸一昼夜。

5）仪器采用场效应晶体管和 CMOS 集成电路，它们很容易被击穿，因此，在检修时应注意电烙铁的接地必须良好，否则要拔去电源插头才能焊接。

6）用缓冲溶液标定仪器时，要保证缓冲溶液的可靠性，因为缓冲溶液精度低，将导致测量结果的误差大，缓冲溶液可以自行配制。

7）6F22 9V 电池使用超过 200h 时，要更换电池。

8）不要让强烈阳光长时间直射液晶显示器，以延长液晶显示器的使用寿命。还必须防止硬物碰撞、划伤显示器表面玻璃。

（2）PHS—2F 型数字 pH 计的维护

1）仪器的输入端必须保持干燥清洁。仪器不使用时，应将 Q9 短路插头插入插座，防止灰尘及水汽浸入。在环境湿度较高的场所使用时，应把电极插头用干净纱布擦干净。

2）带夹子连线的 Q9 插头及电极转换器专为配用其他电极时使用，平时应注意防潮防尘。

3）测量时，电极的引入导线应保持静止，否则会造成测量不稳定。

4）仪器采用MOS集成电路，在检修焊接时应保证电烙铁有良好的接地。

5）采用缓冲溶液标定仪器时，要保证缓冲溶液的可靠性，不能配错缓冲溶液，否则将导致测量结果产生误差。

（3）电极的使用维护注意事项

1）电极在测量前，必须用已知pH值的标准缓冲溶液进行定位校准，其值越接近被测值越好。

2）取下电极套后，应避免电极的敏感玻璃泡与硬物接触，因为任何破损或擦毛都会使电极失效。

3）测量后，应及时将电极保护套套上，套内应放入少量外参比补充液，以保持电极球泡的湿润。切忌浸泡在蒸馏水中。

4）复合电极的外参比补充液为3mol/L氯化钾溶液，补充液可以从电极上端小孔加入。复合电极不使用时，应拉上橡胶套，防上补充液干涸。

5）电极的引出端必须保持清洁干燥，绝对防止输出两端短路，否则将导致测量失准或失效。

6）电极应与输入阻抗较高的pH计（$\geqslant 10^{12}\Omega$）配套，保持其良好的特性。

7）电极应避免长期浸在蒸馏水、蛋白质溶液和酸性氟化物溶液中。

8）电极应避免与有机硅油接触。

9）电极经长期使用后，如果发现斜率略有降低，则可把电极下端浸泡在体积分数为4%的HF（氢氟酸）中3~5s，然后用蒸馏水洗净，再在0.1mol/L盐酸溶液中浸泡，可使之复新。

10）被测溶液中如含有易污染敏感球泡或堵塞液接界的物质而使电极钝化，会出现斜率降低现象，显示读数不准。如果发生此现象，则应根据污染物质的性质，用适当溶液清洗，可使电极复新。

注意事项：选用清洗剂时，不能用四氯化碳、三氯乙烯、四氢呋喃等能溶解聚碳酸树脂的清洗液，因为电极外壳是用聚碳酸树脂制成的，其溶解后极易污染敏感玻璃球泡，从而使电极失效。也不能用复合电极去测上述溶液。

（4）酸度计的常见故障现象及排除方法（见表7-5）

表7-5 酸度计的常见故障现象及排除方法

故障现象	排除方法
电源接通，数字乱跳	仪器输入端开路，应插上短路插头或电极插头
定位能调6.86pH但调不到4.00pH	电极失效，更换电极
斜率调节不起作用	斜率电位器坏，更换斜率电位器

4. ZDJ—4A 型自动电位滴定仪常见故障现象及排除方法（见表 7-6）

表 7-6　ZDJ—4A 型自动电位滴定仪常见故障现象及排除方法

故障现象	原因分析	排除方法
开机没有显示	① 没有电源 ② 熔断器熔丝坏	① 检查电源 ② 更换同一型号熔断器熔丝
MV 测量不正确	① 电极性能不好 ② 另一电极接口短路	① 更换好的电极 ② 更换 Q9 短路插头
pH 测量不正确	① 电极性能不好 ② 另一电极接口短路 ③ 电极插口设置错误	① 更换好的电极 ② 更换 Q9 短路插头 ③ 设置正确的电极插口
打印机不打印或不正确	① 打印机电源没接 ② 打印线没连接 ③ 打印机设置错误 ④ 打印机选择错误	① 连接打印机电源 ② 连接好打印机连线 ③ 设置正确的打印机型号 ④ 更换打印机
预滴定找不到终点	① 终点突跃太小 ② 滴定剂或样品错误 ③ 重点体积较小 ④ 电极选择错误	① 将突跃设置为“小” ② 更换滴定剂或正确取样 ③ 改用“空白滴定”模式 ④ 正确选择电极
预滴定找到假终点	预滴定参数设置不合适	将突跃设置为“大”
模式滴定错误 ① 找到假终点 ② 滴定结果为 0.000mL ③ 找不到终点	① 预滴定找到假终点 ② 电极插口选择错误 ③ 模式选择错误	① 将假终点关闭 ② 设置正确的电极插口 ③ 选择正确的滴定模式
预设终点滴定错误 ① 两个以上终点时，参数设置完毕后，无法进行滴定 ② 滴定时，显示“预控点设置错误”	① 参数设置错误 ② 参数设置错误或电极插口设置错误	① 重新设置正确的参数 ② 重新设置正确的预控点 重新设置正确的电极插口
搅拌器不转	① 搅拌设置错误 ② 搅拌器坏 ③ 溶液杯内没放搅拌珠	① 加快搅拌速度 ② 更换搅拌器 ③ 放置搅拌珠
输液管有气泡	输液管接口漏液	安装好输液管
机械动作不正常	滴定管安装不正确	安装好滴定管
电极标定错误	① pH 电极性能差 ② 缓冲溶液配制错误 ③ 电极插口选择错误	① 更换 pH 电极 ② 重新配制缓冲溶液 ③ 设置正确的电极插口

5. 气相色谱仪常见故障现象及排除方法（以GC4000系列气相色谱仪为例，见表7-7）

表7-7 GC4000系列气相色谱仪常见故障现象及排除方法

故障现象	原因分析	排除方法
1. 没有峰 ① 所有色谱图进样点相同 ② 所有色谱图时间指示方向相同	① TCD桥流没有供给，放大器工作不正常 ② 没有载气 ③ 记录器输入线接错 ④ 汽化室温度太低，样品不能汽化 ⑤ 记录器失灵 ⑥ 注射器漏气和堵塞 ⑦ 注射垫漏气 ⑧ 柱连接松动 ⑨ 灭火（FID、FPD） ⑩ 没有供给检测器电压（如离子化检测器）	① 检查放大器和桥流供给部分 ② 供给载气，若气路系统堵塞则排除之；若气源无气则更换之 ③ 检查记录器所有插头并注意输入蔽接地 ④ 升高汽化室温度 ⑤ 参看记录器维修的说明 ⑥ 维修或更换 ⑦ 更换注射垫并拧紧 ⑧ 拧紧 ⑨ 重新点火 ⑩ 供给电压，检查电缆线
2. 保留时间正确但灵敏度低	① 衰减太高 ② 样品量太少 ③ 进样技术差 ④ 注射器漏气或堵塞 ⑤ 载气系统漏气（大多发生在注射垫处） ⑥ TCD桥流太低 ⑦ 检查没有供给电压 ⑧ 火焰喷嘴堵塞（FID、FPD） ⑨ 样品浓度降低	① 减少衰减 ② 增加样品量 ③ 提高进样技术 ④ 检修或更换注射器 ⑤ 检漏 ⑥ 增加桥流 ⑦ 供给电压 ⑧ 拆下检测器，用细金属丝疏通 ⑨ 重配样品
3. 负峰	① 信号线接头接错 ② 样品注射在有问题的柱上 ③ 在双柱系统中，注射位置不对 ④ 六通阀进样时，载气系统不平衡	① 检查记录仪接线，将输入信号线反相 ② 更换合适的柱 ③ 确保样品注射在分析柱上 ④ 调节载气流量

（续）

故障现象	原因分析	排除方法
4. 保留时间不对，灵敏度低	① 载气流速太低 ② 注射器漏气 ③ 注射垫漏气 ④ 供给压力太低，使流量控制阀失控 ⑤ 控温点温度变化 ⑥ 程序升温时，初始温度不对 ⑦ 柱温太低，无法控制 ⑧ 柱固定液流失 ⑨ 柱被污染，污染物与样品作用	① 增加载气流速，有可能载气系统有堵塞处，查明并排除 ② 查明排除 ③ 更换注射垫 ④ 加大气源压力 ⑤ 检查各控温点温度是否与设定值一致 ⑥ 降温时给以足够的平衡时间 ⑦ 重新设置为能控制的温度 ⑧ 更换色谱柱 ⑨ 更换色谱柱
5. 在恒温操作时基线漂移	① 仪器放置位置不好 ② 仪器没有很好接地 ③ 柱固定液流失 ④ 载气漏气 ⑤ 柱出口到检测器的连管被污染 ⑥ TCD 的池体被污染 ⑦ 检测器底座污染（FID） ⑧ 检测器箱的温度没有稳定（TCD） ⑨ 载气调节阀有问题或操作不当 ⑩ 氢气和空气调节阀有问题（仅指 FID） ⑪ 热导检测元件有问题（仅指 TCD） ⑫ 放大器失灵（FID） ⑬ 记录器失灵 ⑭ 热导检测器供给的电源部件失灵	① 仪器应改放地点，仪器不应放置在热源和空调、风扇附近以及气流和环境温度变化影响的地方 ② 确保仪器和记录器接在很好的地线上 ③ 重新老化色谱柱，注意在希望的操作条件下某些柱有相当流失是可能的。在特别情况下，即操作在高灵敏度时，能观察到柱流失使基线漂移是允许的 ④ 检查并找出漏气点 ⑤ 清洗 ⑥ 清洗池体 ⑦ 清洗检测器的底座或整个检测器 ⑧ 确保检测器恒温箱的箱周围没有任何间隙让室内空气进去影响控温 ⑨ 调节稳压阀和稳流阀，确保操作适当，另外应保证气源有足够的压力 ⑩ 检查氢气和空气的流量确保适当的流速 ⑪ 更换热导检测元件 ⑫ 检查放大器 ⑬ 拆去记录仪的输入导线，用一段铜线把记录器的输入短路，如果基线仍然如此，说明是记录器的问题，可检查记录器的增益和阻尼调节旋钮的位置是否适当，接地情况和放大器是否正常（参考记录器说明书） ⑭ 检修或更换

（续）

故障现象	原因分析	排除方法
6. 基线按一定斜率向一定方向漂移	① 检测器的温度增加或减少 ② 由于系统漏气，使元件逐渐氧化 ③ TCD的检测元件失灵 ④ TCD桥流电源失灵 ⑤ 放大器失灵（离子化检测器） ⑥ 柱子活化处理不充分 ⑦ 检测器污染（仅ECD） ⑧ 流量不平衡（仅TCD）	① 由于检测器体质量很大，当检测器温度改变时，温度达到平稳很慢，允许有足够时间使基线稳定 ② 当存在很小的漏气时将使空气流扩散到检测器里，空气中的氧气使元件逐渐氧化，电阻改变。这个作用常常是极轻微的，很难发现。建议使用0.4～0.5MPa压力检漏查出 ③ 更换检测器 ④ 检修或更换 ⑤ 检修 ⑥ 重新活化 ⑦ 检查气体纯度，不纯的气体会使ECD基线逐渐降低 ⑧ 调节两臂流量
7. 基线正弦波漂移	① 检测器恒温箱隔热有缺点 ② 检测器恒温箱温度控制失灵 ③ 柱箱温度控制失灵 ④ 载气流量调节器有问题 ⑤ 载气压力太低，使调节器不能正常工作	① 确保恒温箱保温良好 ② 检修恒温部件，注意测温的电阻位置是否适当和对地是否短路 ③ 同上 ④ 检修或更换 ⑤ 调高压力
8. 当程序升温过程中基线上升	① 当温度升高时，柱中固定相流失增加 ② 在操作中两个柱的流速不平衡 ③ 柱被污染	① 用两个柱补偿操作和活化色谱柱 ② 平衡两柱流速 ③ 预先活化柱
9. 基线漂移	① 活化好的柱出现了大的固定相流失 ② 柱没有充分的活化 ③ 在双柱操作中，两路载气不平衡 ④ 柱被污染	① 使用不同的柱，某些高沸点填充物质在程序升温中没有吹出，在正常载气下被吹出 ② 再活化柱 ③ 平衡柱流速 ④ 重新活化柱

（续）

故障现象	原因分析	排除方法
10. 基线出现阶梯且不回零，在衰减放在正确位置时，出现扁平阶梯，用手很容易拨动记录笔	① 记录器的增益和阻尼调节不合适 ② 仪器（或）记录器没有适当的接地	① 参考记录器说明调节增益和阻尼 ② 确保仪器和记录器很好的接地
11. 基线不在零	① 记录器调零不对 ② TCD 电源供给失灵 ③ 由于柱固定相流失严重，本底信号太大（特别是 FID） ④ 检测器被污染（FID 和 ECD） ⑤ 放大器失灵 ⑥ 记录器连线错误 ⑦ 记录器失灵	① 把记录器输入短路，调整零点，参考记录器说明书 ② 检修或更换 ③ 改用低流失的柱 ④ 清洗检测器 ⑤ 检修 ⑥ 检查各连线，注意接头处屏蔽线的接线 ⑦ 参看记录器说明书检查
12. 无规律的突然出现尖峰	① 由于开门、关门、风扇等引起迅速的大气压的改变 ② 灰尘，颗粒或不相干的物质进到了 FID 火焰里 ③ 检测器或信号线头脏，绝缘性变坏（离子化检测器） ④ TCD 电源供给失灵 ⑤ 放大器失灵（离子化检测器）	① 把仪器放在不易受环境变化影响的地方，并注意不要把仪器放在热源和空调风扇附近 ② 保持检测器内清洁，灰尘等用吹洗或抽真空的方法除去 ③ 用适当的溶剂清洗检测器绝缘部件和信号线。注意清洗后不允许用手直接拿零件，否则会重新弄脏零件 ④ 检修或更换 ⑤ 检修
13. 有规律的尖峰或小峰	① 由于载气被污染或管内有水泡 ② 水和高沸点液体附在 TCD 排气管内 ③ 从氢气发生器来的水污染了氢气管路（对 FID）	① 加热除去污染或用大气流吹洗管路 ② 除去排气管中的冷凝物 ③ 除去管路中的水或换过滤器
14. 峰拖尾	① 汽化室温度太高或太低 ② 汽化管脏（样品或注射垫的残渣） ③ 柱箱温度太低 ④ 注射技术太低 ⑤ 使用了不合适的柱子、样品和固定相或担体发生相互作用	① 调到合适温度 ② 用溶剂通过注射针头清洗 ③ 增加柱箱的温度，注意不能超过柱内固定相允许的最高温度 ④ 提高注射技术 ⑤ 更换合适的柱，参考柱的选择有关资料

(续)

故障现象	原因分析	排除方法
15. 很大噪声	① 柱被污染或固定相大量流失 ② 载气被污染 ③ 载气流量太大 ④ 载气流路漏气 ⑤ 连接线接触不良 ⑥ 接地不好 ⑦ 记录仪的滑线电阻脏 ⑧ 记录仪失灵 ⑨ 注射器太脏 ⑩ 柱到检测器箱的连接管路脏 ⑪ TCD 检测器脏 ⑫ TCD 检测器的元件失灵 ⑬ TCD 的桥流不稳定，供给电源失灵 ⑭ 氢气流速太高或太低（FID） ⑮ 空气流量太高或太低（FID） ⑯ 空气和氢气污染（FID） ⑰ FID 内壁冷凝了水 ⑱ 检测器输出信号线接触不良（FID） ⑲ 检测器绝缘零件脏（FID） ⑳ 检测器底和收集极脏（FID）	① 重新老化柱 ② 更换或再生载气的过滤器 ③ 减少载气的流量 ④ 检漏 ⑤ 确保所有相互连接插头连接正确 ⑥ 修理 ⑦ 参考记录仪说明书清洗滑线电阻 ⑧ 将记录仪的输入信号线短路，噪声如果继续存在，参考记录仪说明书检修 ⑨ 清洗注射器 ⑩ 清洗或更换 ⑪ 清洗检测器 ⑫ 更换检测元件 ⑬ 调到合适的量 ⑭ 调到合适的量 ⑮ 调到合适的量 ⑯ 更换或再生氢气的过滤器 ⑰ 可把检测温度升到 100℃ 以上使水蒸发 ⑱ 检查或更换 ⑲ 用适当的溶剂清洗，清洗后不允许用手直接去拿动 ⑳ 清洗，最好使用超声波清洗
16. 不对称峰	① 柱过负荷，即在柱内的样品量太大 ② 样品在系统中冷凝	① 减少样品量 ② 确保汽化室和检测器的温度合适
17. 峰分不开	① 柱箱温度太高 ② 柱太短 ③ 固定液从柱中流出 ④ 柱不合适，即选择的固定相担体不合适 ⑤ 载气流量太大 ⑥ 注射技术差	① 降低柱箱温度 ② 使用长柱 ③ 更换柱 ④ 使用合适的柱 ⑤ 减少载气流量 ⑥ 提高注射技术
18. 圆顶峰	① 超过检测器输出动态范围之外（特别是 ECD 检测器容易出现） ② 记录器增益太小	① 减少进样量或减小放大器的放大参数 ② 参考记录器说明书调节
19. 平顶峰	① 放大器输入饱和（离子化检测器） ② 记录器的滑线电阻失灵或驱动记录笔的机构部分受约束	① 减少进样量或减小放大器的放大参数 ② 单独检修记录器，参看记录器说明书

（续）

故障现象	原因分析	排除方法
20. 额外的峰	① 前面注射的样品中的重组分流出 ② 载气的湿度和其他杂质冷凝在柱上，在程序升温过程中，由于加热而流出 ③ 空气峰 ④ 由于溶剂的作用出现的鬼峰 ⑤ 样品分解 ⑥ 样品被污染 ⑦ 样品和柱中的担体或固定液相互作用 ⑧ 玻璃器皿注射器被污染	① 允许有足够的时间让重组分流出 ② 装配、更换或再生载气的过滤器（当使用TCD检测器时常见） ③ 当用注射器进样时不是正常现象 ④ 重新选用不同的溶剂和活化柱 ⑤ 降低汽化室温度，如果是固定相引起催化分解，更换不同的柱 ⑥ 确保样品在注射前清洁 ⑦ 更换使用不同的柱 ⑧ 保证各种玻璃器皿及注射垫干净
21. 基线突然下降	① 样品量太大 ② 由于样品中比燃烧的空气中含有更大的氧气而引起基线反回 ③ 氢气或空气流量太低 ④ 载气流速太高 ⑤ 火焰喷嘴脏 ⑥ 由于后面压力波动，氢气发生器被反冲关闭了	① 减少样品量 ② 用另外气体稀释样品或直接用氧助燃 ③ 重调氢气或空气流量 ④ 确定适当的载气流量 ⑤ 清洗或更换 ⑥ 重调氢气发生器，检查输出管路堵塞点，更换或再生过滤器

6. 原子吸收分光光度计的维护（以AA320系列原子吸收分光光度计为例，见表7-8）

表7-8 AA320系列原子吸收分光光度计常见故障现象及原因分析

故障现象	原因分析	排除方法
1. 分析结果偏高	①没有用空白试剂调零 ②存在电离干扰 ③标准溶液已污染或配制不当 ④存在背景吸收（分子吸收，光散射等） ⑤溶液中的固体未溶解或谱线覆盖造成假吸收	①先采用空白试剂调零 ②关掉周围的干扰仪器，消除干扰 ③需重新配制标准溶液，使吸光度在合适的范围内并呈线性变化 ④可采用AA320系列原子吸收分光光度计具有的氘灯背景校正器进行背景校正测量来解决此问题，或在共振线附近用同样的条件再测定 ⑤调高火焰温度，使固体颗粒蒸发离解或降低试样浓度
2. 分析结果偏低	①存在化学干扰或基质（大块粘度）干扰 ②标准溶液已污染或配制不当 ③空白溶液已被污染 ④被测试样溶液浓度太高，仪器工作在非线性区域 ⑤试样挥发不完全，细雾颗粒大，在火焰中未完全离解	①对测试样溶液的处理要严格，符合测试要求 ②需重新配制标准溶液，使吸光度在合适的范围内并呈线性变化 ③需重新配制空白溶液 ④减小试样溶液浓度，使仪器工作在线性区域 ⑤调整撞击球和喷嘴的相对位置，提高喷雾质量

（续）

故障现象	原因分析	排除方法
3. 不能达到规定的检测极限	①使用不适当的标尺扩展和积分时间 ②由于火焰条件不当或波长选择不当导致灵敏度太低 ③灯电流太小影响其稳定性	①可适当调整标尺扩展的倍数至合适值和调整积分时间至适当值 ②重新选择合适的火焰条件或波长 ③选择合适的灯电流
4. 灵敏度低	①光谱通带选择不当 ②燃气不纯、燃气漏气或气源不足 ③火焰温度不适当、燃助比不合适或火焰高度不适当 ④火焰状态不好，摆动严重或呈锯齿形 ⑤波长选择不合适 ⑥元素灯的工作电流过大，谱线变宽，灵敏度下降或元素灯背景太大 ⑦雾化器毛细管堵塞 ⑧雾化筒失效，或燃烧缝有锈蚀物	①根据吸收线附近干扰情况选择合适的狭缝宽度 ②纯化燃气或检漏，加大气源压力 ③正确选择火焰高度或合适的燃助比 ④清洗燃烧器，改变燃助比，检查气路是否有水存在 ⑤可选择较灵敏的共振线作为分析谱线 ⑥在光强度满足需要的前提下，采用低的工作电流，同时应选择发射背景合适的元素灯作光源 ⑦雾化器毛细管堵塞是仪器灵敏度下降的主要原因，可以将助燃气流量开至最大，用手指堵住喷嘴，使助燃气吹至畅通为止 ⑧更换雾化筒，除去燃烧缝锈蚀物
5. 静态噪声过大	①弄清楚仪器内确已装灯 ②测量条件选择时标尺扩展过大 ③电源电压过高或过低 ④灯发射强度弱或放电不正常或灯电流太小 ⑤周围有强磁场或高频干扰 ⑥温度太高	①可分别检查灯电源、连线及相关接插件。 ②采用标尺扩展的目的是为了提高测定的灵敏度，但如果灵敏度太高，稳定性就会降低，可适当调整标尺扩展的倍数 ③可安装稳压器解决 ④可选用常用的灯进行对比测试，抛弃坏灯；空心阴极灯若长期搁置不用，则会因为气体吸附、释放等原因而致灯损坏。因此，每隔三四个月应将不常用的灯取出点燃2～3h ⑤关掉周围的干扰仪器，消除干扰 ⑥AA320系列原子吸收分光光度计是精密仪器，对温度、湿度要求较高，若温度过高会使某些元件热量无法散失，使功能异常，可设法降低室温予以解决
6. 动态噪声过大	①阴极灯能量不足，伴随从火焰或溶液组分来的强发射引起光电倍增管产生过大噪声 ②由于火焰的高度吸收，当测定远紫外区域的元素（例如As或Se）时，分析噪声可能较大 ③仪器有故障 ④吸喷有机样品试剂（例如油或甲基异丁酮）时污染了燃烧器 ⑤灯电流、狭缝、乙炔气和助燃气流量的设置不适当 ⑥废液管状态不当，排液异常 ⑦雾化器的端口被污染 ⑧雾化器调节不当，雾滴过大 ⑨乙炔钢瓶的输出压力不足0.06MPa或空气压缩机输出压力不足0.3MPa ⑩燃气、助燃气不纯	①在允许的最大电流值内，增大空心阴极灯的工作电流；换用能量足够大的新灯；试用一个其他吸收线进行分析；用化学方法去除溶液中能通过火焰产生强发射的主要组分 ②采用背景校正时能有所改善 ③试用铜、镁或其他吸收波长在280～350nm的火焰条件对吸收影响甚小的元素灯，观察有否有所改善 ④清洗燃烧器 ⑤重新设置灯电流、狭缝、乙炔气和助燃气流量至合适 ⑥更换排液管，重新设置水封 ⑦清洗雾化器的端口 ⑧重新调节雾化器，重新调节雾滴 ⑨更换乙炔钢瓶或调整其输出压力 ⑩纯化燃气、助燃气

（续）

故障现象	原因分析	排除方法
7. 动态漂移（本仪器采用双光束光路，信号处理电路能自动补偿因元素灯发射强度漂移而引起的零点漂移）	①燃烧器没有预热 ②吸样毛细管可能被堵塞 ③空心阴极灯在灯架上的位置不当 ④过大的标尺扩展使零点漂移扩展 ⑤废液排泄口浸在废液中，造成燃烧时内积水	①可吸喷空白溶液预热5min后再正式测量 ②用手指轻弹吸液管，可使气泡被吸走。如果频繁发生堵塞，则应考虑改用较粗的吸液管，粗管对水样的消耗量比较大，且由于降低火焰温度会使灵敏度降低，在实际测试中可根据具体情况决定 ③调整空心阴极灯在灯架上的位置 ④可调整标尺扩展的倍数至合适值 ⑤立即停机检查，疏通管道
8. 点火困难	①乙炔气压力或流量过小 ②辅助气流量过大 ③当仪器停用较久（过一夜或更长时间），空气扩散到并充满点火烟管道	①增加乙炔气压力或流量 ②调节辅助气流量至合适范围 ③应采取一个较长的点火周期（点火操作若干次）使乙炔气重新充满管道
9. 燃烧器回火	①直接点燃笑气/乙炔火焰 ②废液排放管的水封安装不当	①对笑气加热后再点火 ②重新安装废液排放管的水封

7. 液相色谱仪的维护（以岛津 LC－10Atvp 型高效液相色谱仪为例）

1）仪器存放地点的要求

① 有良好的通风条件或进行空调换气处理。

② 仪器附近没有火源，应配备相应的灭火器材。

③ 仪器存放空间不得有腐蚀性气体和灰尘。

④ 仪器存放空间附近不能有产生强磁场的设备。

⑤ 仪器安装空间条件：室温为4～35℃，日温差要小；空调器产生的气流不要直吹仪器；避免光线直接照射；防止振动；湿度为45%～85%。

2）实验所用的流动相必须经过厚度为0.45μm的滤膜过滤，以降低色谱柱受污染的程度，延长其使用寿命。

3）根据需要设定参数。由于每根色谱柱的性能、填料各不相同，因此要根据其特性设定最高保护压力，防止压力过大导致柱内填料空间发生变化，影响分离效果。

① 以十八烷基硅烷键合硅胶为填料的色谱柱，一般最高工作压力不能超过20MPa。

② 以凝胶为填料的色谱柱，一般最高工作压力不能超过7.5MPa。

4）检测器的光源具有一定的使用时间，所以每次在进样品前0.5h左右打开，实验结束后，应先关闭检测器电源。

5）在最后一次进样完成后，应用流动相冲洗一段时间，以保证洗脱完全，然后用重蒸馏水冲洗约0.5h，以除去流动相中的无机盐类。

6）根据色谱柱的填料不同，采用不同的溶剂，以保存色谱柱。

① 以十八烷基硅烷键合硅胶为填料的色谱柱宜用甲醇再生和保存。

② 以凝胶为填料的色谱柱宜选用氮钠为溶剂进行冲洗，以防止长时间存放使色谱柱发霉。

7）操作者应了解仪器各部件的性能。

8）在每次操作完毕后，应及时清理所用物品，倒掉废液瓶中的废液，用柔软的长纤维抹布擦拭仪器表面，保持仪器的清洁。

9）输液泵和紫外检测器的周期性检查和维护，应按照说明书上的方法定期进行，当发现需要清洗或更换时，应按照清洗规程仔细清洗或更换。当需要更换零件时，应按照说明书要求购买合格的零件进行更换。

10）若仪器长时间不使用，则应定期通电，使仪器预热一定时间，以免仪器内部零件受潮。

11）为保证检验数据可靠，每年应由计量部门对仪器校验一次。

12）平均每年要进行一次再验证，以确保仪器能够正常运转。再验证要由专人负责，验证完毕后要写验证报告，若有问题，则要及时解决。

13）仪器的使用、维修、验证报告都应做好记录并归档保存。

8. *液相色谱仪常见故障现象及排除方法*（以Aglient 1100系列液相色谱仪为例，见表7-9）

表7-9 Aglient 1100系列液相色谱仪常见故障现象及排除方法

故障现象	原因分析	排除方法
1. 基线噪声大	① 随机性——污染物积聚 ② 连续性——检测器灯故障 ③ 偶然性——外部电气干扰 ④ 样品量过大	① 冲洗柱，净化样品，使用HPLC级溶剂 ② 更换紫外灯（寿命为1000h） ③ 使用LC系统专用稳压器 ④ 进样量应为流动相进样量的1/6

（续）

故障现象	原因分析	排除方法
2. 双峰	① 样品量过大 ② 进样溶剂过强 ③ 滤芯堵塞 ④ 柱有空隙或气沟 ⑤ 进样器流路不通畅 ⑥ 柱头有空隙 ⑦ 柱上样品超载 ⑧ 单峰——存在干扰性组分	① 进样量应为流动相进样量的1/6 ② 使用较弱的进样溶剂或流动相 ③ 更换并使用0.5μm孔隙率的在线过滤器 ④ 用玻璃珠或填料填充空隙；重填柱 ⑤ 更换进样器转子 ⑥ 使用填料或玻璃珠填充柱顶部 ⑦ 使用更高负载量的固定相，增加色谱柱内径，减少样品量 ⑧ 净化样品；预分离
3. 拖尾峰	① 开始出双峰 ② 存在未扫的死体积 ③ 碱性化合物与硅醇相互作用 ④ 碱性物质与硅醇相互作用 ⑤ 硅胶基与柱降解	① 参见双峰排除方法 ② 减少接头的数量，确保进样器密封垫紧密，确保接头正确固定 ③ 换成聚合物固定相 ④ 使用更强的流动相或添加竞争碱（例如三甲胺） ⑤ 使用特种色谱柱、聚合物柱或空间位阻
4. 峰展宽	① 进样量过大 ② 进样阀中的峰扩散 ③ 数据系统的采样速率过低 ④ 检测器时间常数低 ⑤ 流动相粘度过高 ⑥ 检测器池容积过大 ⑦ 注射器体积过大 ⑧ 保留时间长	① 降低进样溶剂的强度以集中溶质 ② 在进样前/后引入气泡以减少扩散 ③ 增大采样速率 ④ 调节时间常数，使之与峰宽匹配 ⑤ 提高柱温 ⑥ 使用尽可能小的池容积（系统中无热交换器） ⑦ 减少进样量 ⑧ 使用梯度洗脱或采用较强的流动相
5. 压力波动	① 单向阀泄漏 ② 泵密封垫泄漏 ③ 微粒积聚	① 更换单向阀 ② 更换泵密封垫 ③ 过滤样品；采用在线过滤器；过滤流动相
6. 压力渐增	① 微粒积聚 ② 水/有机系统的缓冲液沉淀	① 过滤样品；采用在线过滤器；过滤流动相 ② 测试缓冲液-有机混合物；确保兼容性

（续）

故障现象	原因分析	排除方法
7. 保留超出总渗透体积	体积排阻——特异性相互作用	添加流动相改性剂或更改溶剂
8. 保留时间不断变动	① 柱温不断变化 ② 平衡时间不足以适应梯度洗脱要求，或等度洗脱时流动相起变化 ③ 流动相组分选择性蒸发 ④ 缓冲能力不足 ⑤ 在线流动相混合不一致 ⑥ 污染积聚 ⑦ 最初几次进样吸附在活性部位	① 使柱恒温；绝缘；保证实验室温度恒定 ② 确信在溶剂改变或梯度结束后至少有10个柱容积通过色谱柱 ③ 减少氦气的剧烈脱气；保持溶剂贮器盖好；制备新的流动相 ④ 用大于20mM浓度的缓冲液 ⑤ 保证梯度系统输送恒定组成；与手动制备流动相核对 ⑥ 冲洗色谱柱，以去除污染物 ⑦ 用浓样品进样冲洗柱，使其处于正常状态
9. 保留时间逐渐缩短	① 流速在增加 ② 柱上进样超载 ③ 键合固定相的流失	① 检查泵，以确保正确，否则需重调 ② 减少样品 ③ 保持流动相pH值在2～8.5
10. 保留时间逐渐增加	① 流速在减慢 ② 硅胶填料出现活化点 ③ 键合固定相流失 ④ 流动相组成在变化 ⑤ 硅胶填料出现活化点 ⑥ 硅胶填料出现活化点	① 解决液流中的漏液现象，更换泵密封垫，检查泵的涡流和气泡 ② 使用流动相改性剂 ③ 保持流动相pH值在2～8.5 ④ 确保流动相容器盖好 ⑤ 向流动相中加竞争碱 ⑥ 固定相用更高覆盖度的填充料
11. 灵敏度出现问题	① 峰位于检测器线性范围之外 ② 最初几次进样的样品在样品池或柱中被吸附进自动进样器，造成流路阻塞 ③ 自动进样器流路阻塞 ④ 进样器样品定量管未充满 ⑤ 在样品制品时有关的样品流失	① 稀释或浓缩，使之处于线性区内 ② 用浓样品处理样品池/柱 ③ 检查流量情况，确保无阻塞现象 ④ 确保样品池中已充满样品 ⑤ 用内标法制备样品，优化样品制备方法
12. 柱平衡时间减慢（离子对现象）	长链离子对试剂平衡时间慢	使用较短的烷链试剂

（续）

故障现象	原因分析	排除方法
13. 鬼峰	① 上次进样遗留组分产生 ② 有污染物 ③ 有气泡 ④ 色谱柱有问题 ⑤ 保护柱失效	① 做样品后应保证有足够的时间冲洗色谱柱，必要时在运行结束后使用更强的溶剂冲洗色谱柱 ② 洗脱原色谱柱中的原有污染物 ③ 为确保系统中没有气泡，只使用彻底脱气后的溶剂 ④ 更换色谱柱 ⑤ 更换保护柱
14. 压力过高	① 排气阀里面的 PTFE 滤芯堵塞 ② 压力上限设置得太低 ③ 压力传感器堵塞	① 打开排气阀，如果压力依然很高，则更换排气阀内的 PTFE 滤芯 ② 检查软件的压力上限设置，并确保设置值适于分析 ③ 检查系统内的堵塞部位。采用隔离系统的方法来排除故障：将安装的色谱柱、预色谱柱和预色谱柱过滤器摘开
15. 压力过低	① 连接管路泄漏或其他备件有故障（泵头密封垫） ② 溶剂或流速改变 ③ 主动阀失灵 ④ 四元比例阀失灵 ⑤ 单向出口阀失灵 ⑥ 色谱柱失效（固定相流失） ⑦ 溶剂进口过滤芯堵塞	① 更换管路或泵密封件 ② 更换溶剂或重新设定流速，使之保持稳定 ③ 更换主动阀 ④ 更换四元比例阀 ⑤ 更换单向出口阀 ⑥ 更换色谱柱 ⑦ 将过滤头从组件中取下，在体积分数为35%的浓硝酸中浸泡 1h，然后用二次蒸馏水冲洗干净并进行超声处理
16. 保留时间发生漂移	① 温度控制不好 ② 流动相发生变化 ③ 柱子未平衡好	① 采用恒温装置，保持柱温恒定 ② 防止流动相发生蒸发、反应等 ③ 对柱子进行更长时间的平衡
17. 进样阀漏液	① 转子密封件损坏 ② 定量环阻塞 ③ 进样口密封件出现松动 ④ 进样针头尺寸不合适，一般是过短 ⑤ 废液管中产生虹吸现象	① 更换转子密封件 ② 清洗或更换定量环 ③ 调整进样口密封件的松紧度 ④ 选用恰当的进样针（注意针头形状） ⑤ 清空废液管

复习思考题

1. 新仪器设备验收的一般内容与程序是什么?
2. 新购置的分析仪器对工作环境的要求有哪些?
3. 如何调校721—100型分光光度计?
4. 简述721—100型分光光度计接通电源后，指示灯及光源灯不亮、电流表无偏转的原因及排除方法。
5. 简述721—100型分光光度计在测定过程中“100%”T处经常变化的原因及排除方法。
6. 简述752型紫外光栅分光光度计不能置“100%”T的原因及排除方法。
7. 简述ZDJ—4A型自动电位滴定仪MV测量不正确的原因及排除方法。
8. 简述GC4000系列气相色谱仪出现负峰的原因及排除方法。
9. 简述GC4000系列气相色谱仪在测定过程中基线正弦波漂移的原因及排除方法。
10. 原子吸收分光光度计分析结果偏高的原因有哪些?静态噪声过大的原因有哪些?
11. 所购仪器设备的技术档案内容有哪些?
12. 岛津LC—10Atvp型高效液相色谱仪的维护内容有哪些?
13. 简述Aglient 1100系列液相色谱仪出现拖尾峰的原因及排除方法。
14. 简述Aglient 1100系列液相色谱仪出现鬼峰的原因及排除方法。
15. 简述Aglient 1100系列液相色谱仪出现压力过高现象的原因及排除方法。
16. Aglient 1100系列液相色谱仪出现进样阀漏液现象的原因有哪些?

第八章

技术管理与创新

培训学习目标 通过本章的学习，使高级化学检验工进一步熟悉一般检验仪器设备的使用方法及注意事项；掌握各种试验装置的结构及各部件的作用；能初步制定一般分析检验仪器设备的使用方法及注意事项。

在检验工作中，从事某一检验测定或操作某一仪器设备时，都必须遵循一定的操作步骤和要求，才能成功地完成检测并保证检测质量。将这些必须遵循的操作步骤和要求编写成的书面文件，即通常所说的操作规程。操作规程是检验人员进行正确操作的依据，也是保证检验质量必不可少的技术文件，它和检测仪器、试剂、校准品、质控品一样，是检测系统重要的一个组成部分。

一、分光光度计操作规程

分光光度计是常用的分析仪器，在分析检验中的应用极为广泛，熟悉和掌握分光光度计的使用及编写操作规程是一个高级分析工必须具备的能力。

1. 721—100 型分光光度计的操作规程

（1）721—100 型分光光度计外形　如图 8-1 所示。

（2）721—100 型分光光度计内部构造示意图　如图 8-2 所示。

（3）721—100 型分光光度计的结构组成（见图 8-3）　仪器结构由光源灯、单色光器、入射光与出射光调节部件、比色皿、光敏管暗盒（电子放大器）、稳压器等部分组成。

1）光源灯：安装在仪器的单色光器的右后端，光源灯采用 12V、25W 的白炽钨丝灯，安装在一固定的灯架上，能进行一定范围的上、下、左、右移动，以使得光源灯光能够正确地射入单色光器内。

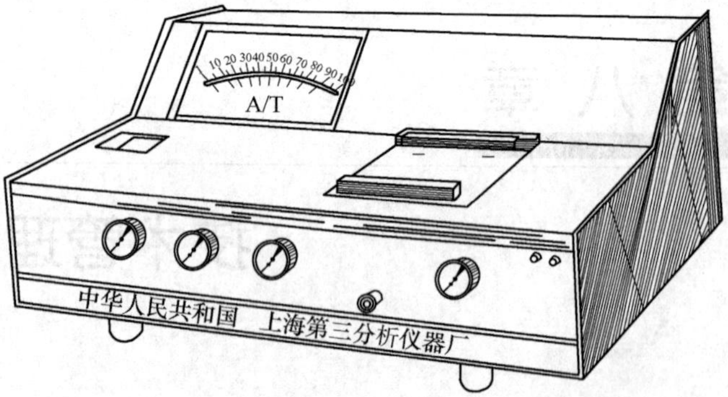

图 8-1　721—100 型分光光度计外形图

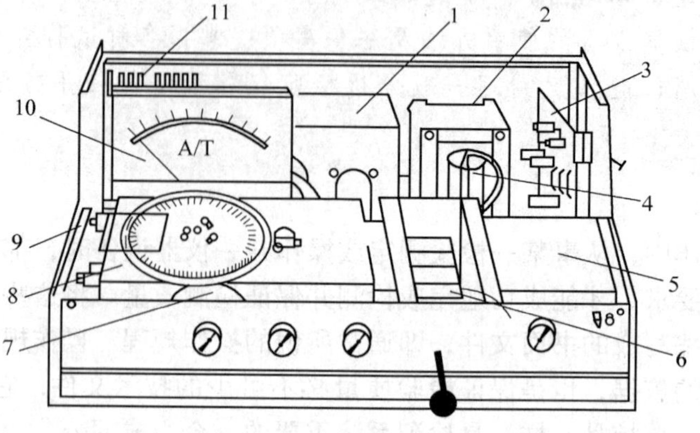

图 8-2　721—100 型分光光度计内部构造示意图

1—光源灯　2—电源变压器　3—稳压器　4—滤波电解电容
5—光敏管暗盒　6—比色皿　7—波长选择摩擦轮机构　8—单色光器
9—“0”粗调节电位　10—读数电表　11—稳压电源大功率调整管（3DD15）

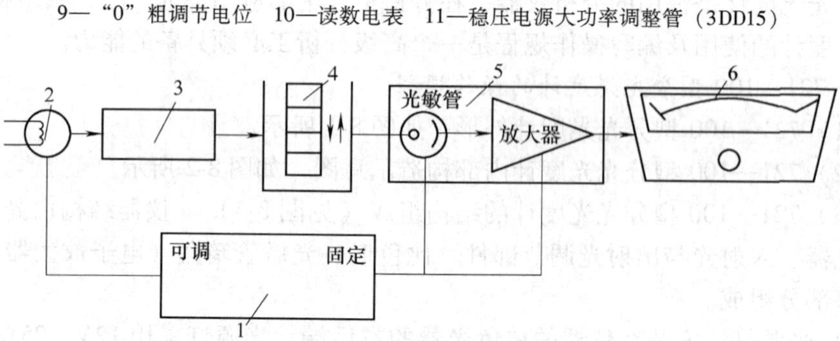

图 8-3　721—100 型分光光度计结构组成示意图

1—稳压器　2—光源灯　3—单色光器　4—比色皿　5—光敏管暗盒　6—微安表

2）入射光与出射光调节部件：入射光在进入狭缝以前，先用一只聚光透镜将光源成像在狭缝上，聚光透镜的焦距可以通过镜筒部件进行适当的调整，入射光的反射镜可以用一只螺杆进行反射角的调整，以便使得光束能正确地投射入狭缝。

在单色器出孔处设置了一块圆形透镜，可使光束能够通过狭缝后进入比色皿前再一次聚光，这一措施可使得光束进入比色皿时是很集中的，不会造成比色皿框架有挡光现象。

3）单色光器：此部件结构由狭缝、色散棱镜、准直镜、波长凸轮与波长盘等几个部分组成，如图 8-4 所示。

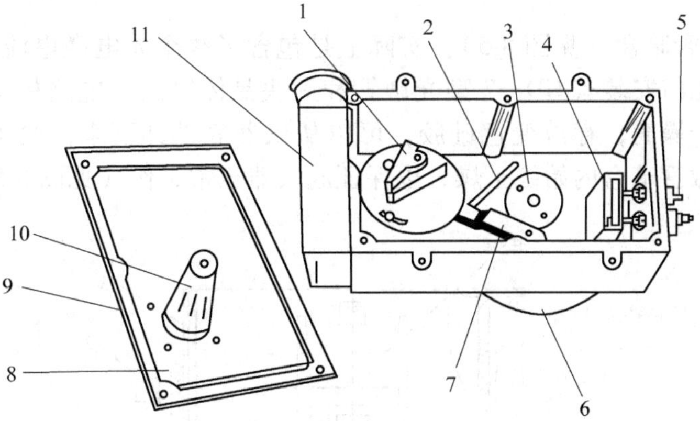

图 8-4　单色光器内部结构示意图

1—色散棱镜　2—拉长弹簧　3—波长凸轮　4—反射镜部件（准直镜）
5—波长校正调节螺杆　6—波长刻度盘　7—杠杆部件　8—盖板
9—密封圈　10—干燥剂筒部件　11—入射光出射光调节部件

单色光器是此仪器的主要部件之一，狭缝的刀片半径为 $R175$mm。它能近似地使出光谱线得到适当的校直，保证了出狭缝色带的一定纯度。

色散棱镜是安装在一个圆形活动板上，使活动的转轴由其上的两个滚动轴承定位，并支持它的转动。圆形活动板的一端固定了一个杠杆，前端有一只小的滚动轴承，紧紧靠在凸轮边缘上，凸轮轴的上端连装了一块波长盘，按照波长盘上的指示刻度，凸轮跟着旋转一定的角度，使凸轮的边缘推移了杠杆的位置，因而使色散棱镜也偏转了一定的角度，所以出狭缝的光波波长就得到了选择。

准直镜是一块凹形长方的玻璃球面镜，安装在镜座上，后部安装有三套精密的细牙螺纹调节螺杆，用来调整出射光，聚焦于狭缝，以及出射于狭缝时光的波长与波长盘上所示的相对应。

在单色光器部件暗盒盖上，安装了一只硅胶筒，可装入干燥硅胶，用于保护单色器部件，防止受潮而损坏光学元件，影响波长精度。硅胶筒可以从仪器底部旋下，便于及时更换干燥硅胶。

4）比色皿：整个比色皿及其滑动座架全部安装在暗盒内，置于光路中，滑动座架下安装有弹性定位装置，能正确地使活动座架带动四挡比色皿正确处于光路中心，比色皿座采用胶木塑压成形，其中有四挡空位，可同时放入四只比色皿进行比色，比色皿的规格分为0.5cm、1cm、2cm、3cm、5cm共5种规格。仪器备有一只弹性夹子，可以安放消光片，可放入比色皿座中，以便进行高含量测定，上部还附有一只定位夹，用以确保比色皿正确地靠在同一方面上，可减小测定的误差。比色皿放入座中时，统一以靠座的左侧为基准（靠近单色器光孔中）。

5）光敏管暗盒（见图8-5）：实际上是包含了整个光电微电流放大器在内，暗盒内的光孔前安装有GD—7型光敏管和一块晶体管放大电路板，光敏管暗盒内还有一只干燥筒，存放变色硅胶，可以从仪器底部卸下来，便于更换干燥硅胶，保证光敏管暗盒内始终干燥，以保证放大器正常工作（见图8-5）。

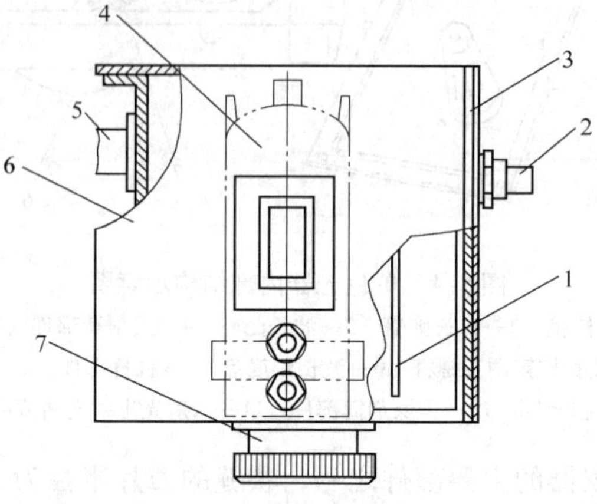

图8-5 光敏管暗盒

1—电路板 2—灵敏度开关 3—暗盒盖板 4—光敏管

5—七芯插座 6—暗盒 7—干燥器筒

6）光门：比色皿盒的右侧安装光门，其顶杆露出盒右小孔，光门挡板依靠其本身重量及弹簧向下垂落，遮住透光孔，光束即被阻挡不能进入光敏管阴极面，当顶杆向下压紧时，顶住光门挡板上端，在杠杆作用下，使光门挡板打开。

当打开仪器比色皿盒上的翻盖时，光路遮断，仪器可以进行“0”位调节，翻盖放下时，可调100%，进行测量工作。

7）稳压器：分成两大部分，大功率整流管、晶体三极管（大功率调整管）、高容量电容器部分安装于仪器的左侧，整流堆连着散热片安装在底板上，一只大功率晶体管 3DD15A 安装在一个大散热板上，以便这些元件的散热，使其能长时间的正常工作，以利于稳压电源部分的采样、信号放大；电压调整部分，包括一组辅助稳压电源安装于一块电路板上。仪器全部只有一个电源变压器，可以输出 15～17V、15～0～15V 及 6V 三挡电压。仪器全部电源消耗功率约为 40W。

（4）721—100 型分光光度计操作规程

1）使用本仪器前，使用者应该首先了解本仪器的结构和工作原理，以及各个操作旋钮之功能。在未接通电源之前，应该对于仪器的安全性进行检查，电源线接线应牢固，接地要良好，各个调节旋钮的起始位置应该正确，然后再接通电源。

仪器在使用前先检查一下，放大器及单色器的两个硅胶干燥筒（在仪器底部可侧面竖直来检查和调换），如受潮变色，应更换干燥的蓝色硅胶或者倒出原硅胶烘干后再用。

仪器经过运输和搬运等原因，会影响波长准确度，应根据仪器调校步骤进行调整，然后投入使用。

2）在仪器尚未接通电源时，电表的指针必须位于“0”刻线上，若不是这种情况，则可以用电表上的校正螺钉进行调节。

3）将仪器的电源接通，打开比色皿暗箱盖，选择需用的单色波长，灵敏度选择参照4），调节“0”电位器使电表指“0”，然后将比色皿暗箱盖合上，比色皿座处于蒸馏水校正位置，使光敏管受光，旋转调“100%”电位器使电表指针到满刻度附近，仪器预热约 20min。

4）放大器灵敏度有五挡，是逐步增加的，“1”最低，其选择原则是保证能使空白挡良好调到“100%”的情况下，尽可能采用灵敏度较低挡，这样仪器将有更高的稳定性。所以使用时一般置“1”，灵敏度不够时再逐渐升高，但改变灵敏度后需按3）重新校正“0”和“100%”T。

5）预热后，按3）连续几次调整“0”和“100%”，仪器即可以进行测定工作。

6）如果大幅度改变测试波长时，在调整“0”和“100%”后稍等片刻（钨灯在急剧改变亮度后需要一段热平衡时间），当指针稳定后重新调整“0”和“100%”即可工作。

7）空白挡可以采用空气空白，蒸馏水空白或其他有色溶液或中性消光片作陪衬，空白调节于“100%”处，能提高消光读数以适应溶液的高含量测定。

8）根据溶液含量的不同可以酌情选用不同规格光径长度的比色皿，目的是使电表读数处于 0.8 消光值之内。

2. 752型紫外光栅分光光度计操作规程

（1）752型紫外光栅分光光度计的外形 如图8-6、图8-7所示。

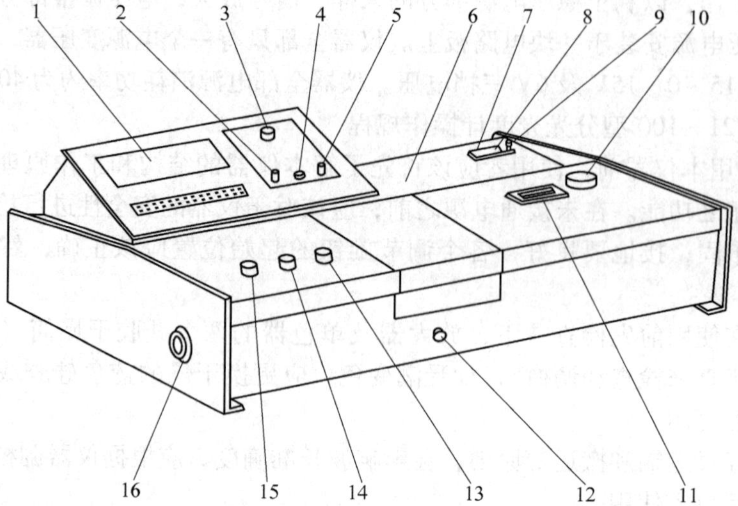

图8-6 752型紫外光栅分光光度计外形图

1—数字显示器 2—吸光度调零旋钮 3—选择开关 4—吸光度调斜率电位器 5—浓度旋钮 6—光源室 7—电源开关 8—氢灯电源开关 9—氢灯触发按钮 10—波长手轮 11—波长刻度窗 12—试样架拉手 13—100%T旋钮 14—0%T旋钮 15—灵敏度旋钮 16—干燥器

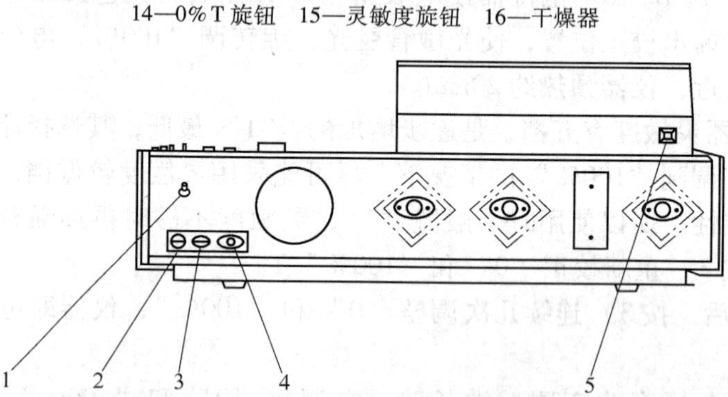

图8-7 752型紫外光栅分光光度计后视图

1—钨卤素灯开关 2、3—熔断器熔丝 4—电源插座 5—外接插座

（2）仪器结构 752型紫外光栅分光光度计由光源室、单色器、试样室、光敏管暗盒、电子系统及数字显示器等部分组成。

1）光源室：氢灯灯架、钨灯灯架、聚光镜架、截止滤光片组架及氢灯接线架等分别通过两个螺钉固定在光源室部件底座上。氢灯及钨灯灯架上装有氢灯与钨灯，分别作为紫外和可见区域的能量辐射源。氢灯、钨灯的装卸更换可参阅光源灯的更换章节。聚光镜安装在聚光镜架上通过镜架边缘两个定位螺钉及后背部的拉紧弹簧，角度校正顶针使其定位。当需要改变聚焦光斑在单色器入射狭缝上、下位置，可通过角度校正顶针进行调整。聚光镜架下有一定位销，旋转镜架可改变光斑在单色器入射狭缝左、右位置。为了消除光栅光谱中存在着级次之间的光谱重叠问题及当在紫外区域使紫外辐射能量进入单色器，在灯室内安置了截止滤光片组。截止滤光片组通过柱头螺钉固定在一联动轴上，改变滤光片组的前后位置可改变紫外能量辐射传输在聚光镜上的方位。轴的另一端装有一齿轮，用以啮合单色器部件波长传动机构大滑轮上的齿轮，使截止滤光片组的选择与波长值同步。

2）单色器：单色器是仪器的心脏部分，布置在光源与试样室之间，用三个螺钉固定在光源室部件上。单色器部件板内装有狭缝部件、反光镜组件、准直镜部件、光栅部件与波长线性传动机构等。如图 8-8 所示。

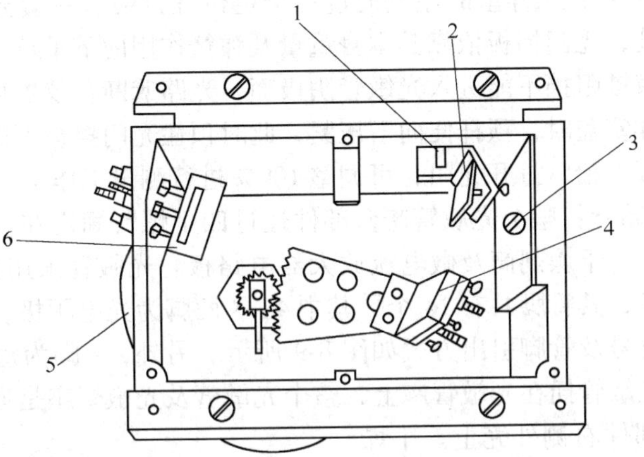

图 8-8　单色器内部结构示意图

1—入射狭缝　2—反光镜部件　3—出射狭缝

4—光栅部件　5—波长刻度盘　6—准直镜部件

① 狭缝部件：仪器入射、出射狭缝均采用宽度为 0.9mm 的等宽度双刀片狭缝，通过狭缝固定螺钉固定在狭缝部件架上，狭缝部件是用两个螺钉安装在单色器架上。安装狭缝时注意狭缝双刀片斜面必须向着光线传播方向，否则会增加仪器的杂散光。反光镜组件安装在入射狭缝部件架上，反光镜采用一块方形小反光镜，通过组件架上的调节螺钉可改变入射光的反射角度，使光斑打在准直镜上。

② 准直镜部件：准直镜是一块凹形玻璃球面镜，装在镜座上，后部装有三

套精密的细牙调节螺钉。用来调整出射光聚焦于出射狭缝，以及出射于狭缝时光的波长与波长盘上所指示波长相对应。

③ 光栅部件与波长传动机构：光栅在单色器中主要起色散作用，由于光栅的色散是线性的，因此光栅可采用线性的传动机构。752型紫外光栅分光光度计采用扇形齿轮与波长转动轴上的齿轮相吻合，达到波长刻度盘带动光栅转动，改变仪器出射狭缝的波长值。另外在单色器由转盘大、小滑轮及尼龙绳组成了一套波长联动机构，大滑轮上的齿轮与截止滤光片转轴上的齿轮啮合，使波长值与截止滤光片组同步。光栅安装在光栅底座上，通过光栅架后的三个螺钉可改变光栅的色散角度。

3）试样室：试样室部件由比色皿座架部件及光门部件组成。

① 比色皿座架部件：整个比色皿座连滑动座架通过底部三个定位螺钉全部装在试样室内，滑动座架下装有弹性定位装置，拉动拉杆能正确地使滑动座架带动四挡比色皿正确处于光路中心位置。

② 光门部件：在试样室的左侧通过三个定位螺钉装有一套光门部件，其顶杆露出盒右小孔，光门挡板依靠其本身重量及弹簧作用向下垂落至定位螺母，遮住透光孔，光束被阻挡不能进入光敏管阴极面，光路遮断，仪器可以进行零位调节。当关上试样室盖时，顶杆便向下压紧，此时顶住光门挡板下端，在杠杆作用下，使光门挡板上抬，打开光门，可调整100%进行测量工作。

4）光敏管暗盒：整个光敏管暗盒部件通过四个螺钉固定在仪器底座上。部件内装有光敏管、干燥剂筒及微电流放大器电路板。光敏管采用插入式GD—33型端窗式光敏管，其管脚共有14个，其中4、8两脚为光电阴极，1、6、10、12四脚为阳极，符号及管脚引出方式如图8-9所示。另外，1脚为短脚对位于光敏管座小圆孔，光敏管插在光敏管座上，整个光敏管及光敏管座是通过一圆筒及筒外螺套紧旋在部件右侧外壳上。干燥剂筒安装在部件左侧，通过一圆形套筒旋紧在部件外壳上，必须经常注意干燥剂筒内的硅胶，一旦发现颜色变红，应及时更换干燥的蓝色硅胶或倒出原硅胶烘干后再回用。微电流放大器板则是通过板上灵敏度开关固定在部件面板上。

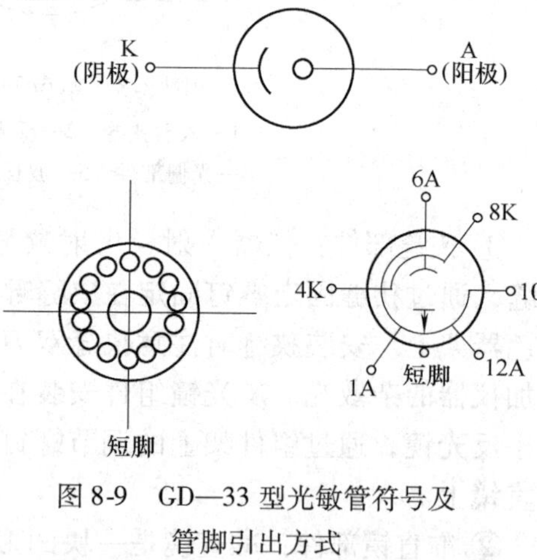

图8-9 GD—33型光敏管符号及管脚引出方式

（3）752型紫外光栅分光光度计操作规程 在编写仪器操作说明书以前，认真阅读仪器使用说明书，在使用熟练的基础上，按照使用说明书的操作方法编写仪器操作规程。

1）752 型分光光度计操作规程

① 将“灵敏度旋钮”调置“1”挡（放大倍率最小）。

② 按“电源开关”，（开关内 2 只指示灯亮），钨灯点亮；按“氢灯开关”（开关内左侧指示灯亮），氢灯电源接通；再按“氢灯触发按钮”（开关内右侧指示灯亮），氢灯点亮。将仪器预热 30min。

注意：仪器后背部有一只“钨灯开关”，如不需要使用钨灯时可将它关闭。

③ 将“选择开关”置于“T”。

④ 打开试样室盖（光门自动关闭），调节“0% T 旋钮”，使数字显示为“000. 0”。

⑤ 将波长置于所需要测定的波长。

⑥ 将装有溶液的比色皿放置比色皿架中。

注意事项：波长在 360nm 以上时，可以使用玻璃比色皿。波长在 360nm 以下时，要使用石英比色皿。

⑦ 盖上样品室盖，将参比溶液比色皿置于光路，调节透过率“100% 旋钮”，使数字显示为“100. 0%”T（如果显示不到“100. 0%”，则可适当增加灵敏度的挡数，同时应重复④，调整仪器的“000. 0”）。

⑧ 将被测溶液置于光路中，可从数字显示器上直接读出被测溶液的透过率（T）值。

⑨ 吸光度 A 的测量：参照④和⑦，调整仪器的“000. 0”和“100. 0%”。将“选择开关”置于“A”。旋动吸光度调整旋钮，使得数字显示为“000. 0”，然后移入被测溶液，显示值即为试样的吸光度 A 值。

⑩ 浓度 c 的测量：将“选择开关”由“A”旋至“C”，将已标定浓度的溶液移入光路，调节“浓度旋钮”使得数字显示为标定值。将被测溶液移入光路，即可读出相应的浓度值。

⑪ 如果大幅度改变测试波长时，需要等数分钟后才能正常工作。这是因为波长由长波向短波或短波向长波移动时，光能量变化急剧，使光敏管受光后响应缓慢，需一移光响应平衡时间。

⑫ 仪器在使用时，应常参照本操作方法中④和⑦进行调“000. 0”和“100. 0%”的工作。

⑬ 每台仪器所配套的比色皿，不能与其他仪器上的比色皿单个调换。

⑭ 本仪器数字显示后背部带有外接插座，可输出模拟信号。插座 1 脚为正，2 脚为负接地线。

⑮ 对由于在运输搬运过程中引起光源偏移和吸光度斜率的偏移，可按下述的 752 型紫外光栅分光光度计的维护中的④、⑤、⑥项进行调整。

2）752型紫外光栅分光光度计的维护

① 因反射镜发霉或沾污影响仪器能量，所以仪器使用完毕后，用随机提供的塑料套子罩住，在套子内应放数袋硅胶，以免灯室受潮。

② 经常注意仪器左部干燥筒内的防潮硅胶是否变色，如果发现硅胶颜色变红，应将其取出调换或烘干至蓝色，待冷却后再置入。

③ 比色皿每次使用完毕后，应立即用蒸馏水洗净，用细软而又易于吸水的布或镜头纸揩干，存于比色皿盒内。

④ 仪器运输或工作数月后，需要校正一下波长，用镨钕滤光片测529nm和808nm两个吸收峰，如果测出两个吸收峰与名义值不同，则可卸下波长手轮，打开盖板调节波长分度盘标尺。

校正方法是将镨钕滤光片放置在比色皿架中，移入光路，用手慢慢旋动“波长旋钮”，在529nm（或808nm）的附近，观察数字显示器，当显示读数为最小值时，即为镨钕滤光片的吸收峰，即仪器波长值应等于529nm（或808nm），允许误差2nm。

⑤ 光源的更换与调整：更换和调整光源灯时应带上手套操作，以防沾污灯的玻璃壳。

a. 光源灯的更换：先切断电源，卸下光源室盖子，即可更换灯泡。

钨灯更换：用附件中的扳手将灯卸下，换上新的灯泡。

氢灯（或氘灯）的更换：用螺钉旋具将胶木接线架上的三根氢灯引线松开，松开氢灯座固定螺钉，取出氢灯座，松开夹紧螺钉换上新的氢灯（或氘灯），调整X距离至50mm左右，重新拧紧螺钉，将氢灯座装入光源室内（见图8-10）。

b. 光源灯的调整：光源灯更换后，钨灯灯丝位置和氢灯的位置往往偏离了，必须重新调整。

钨灯的调整：点亮钨灯，将波长置于550nm，然后调节它的位置，直到成像在入射狭缝的中心，这时数字显示器的读数为最大值。

氢灯（或氘灯）的调整：点亮氢灯，将波长置于220nm，然后调节它的位置，直到成像在入射狭缝的中心，这时数字显示器的读数为最大值。

⑥ 吸光度A精度的调整：将“选择开关”置于“T”，调节透过率“000.0”和“100.0%”后，将“选择开关”置于“A”，旋动“吸光度调零旋钮”，使得显示值为“0.000”，将经标定的0.5A

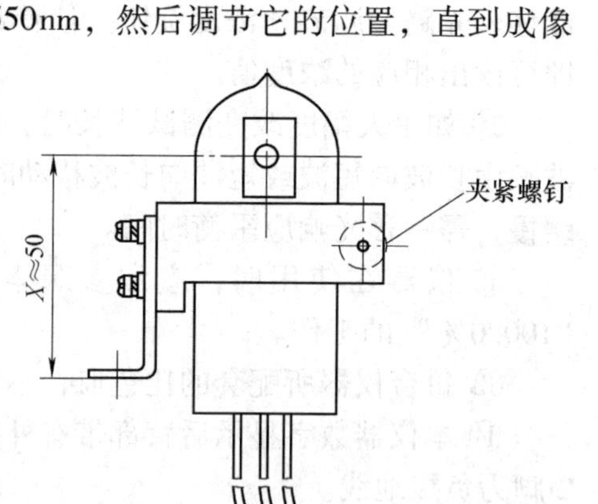

图8-10 氢灯安装示意图

左右滤光片置于光路，测得其数值，如果与标定值有误差，则可调节“吸光度斜率电位器”使显示值与标定值相符，允许误差为 ±0.004A。

二、电导率仪操作规程（以 DDSJ—308A 型电导率仪为例）

1. 仪器结构

（1）DDSJ—308A 型电导率仪的结构示意图（见图 8-11）

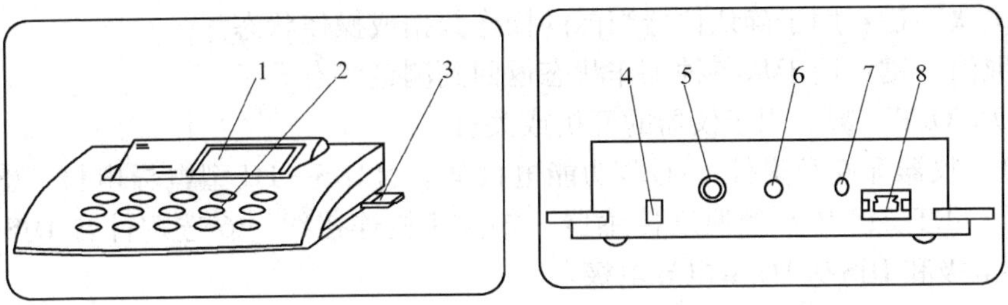

图 8-11　DDSJ—308A 型电导率仪的示意图

1—显示屏　2—键盘　3—电极梗座　4—电源插座　5—测量电极插座
6—接地接线柱　7—温度传感器插座　8—RS—232（九针）插座

（2）键盘（见图 8-12）　仪器面板上共有 15 个操作键，分别为：模式、打印 1、打印 2、查阅、储存、删除、标定、电极常数、温补系数、▲、▼、保持、确认、取消、NO/OFF 等。各键功能分别定义如下：

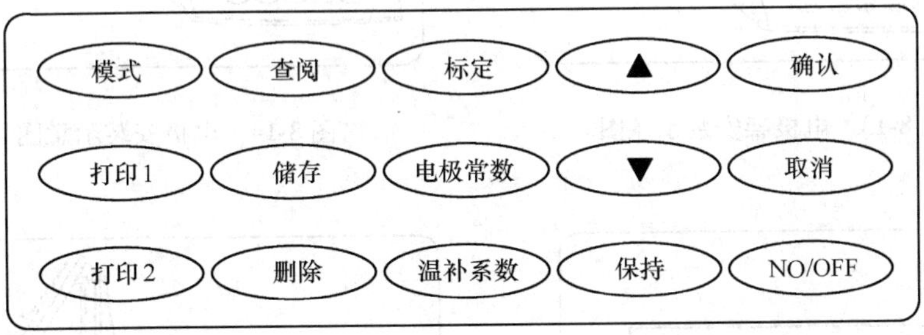

图 8-12　DDSJ—308A 型电导率仪的键盘示意图

“模式”键：用于电导率、TDS 及盐度测量工作状态之间的转换。

“打印 1”键：用于打印当前的测量数据。

“打印 2”键：用于打印储存的测量数据。

“查阅”键：用于查阅仪器所储存的测量数据。

“储存”键：用于储存测量数据。

“删除”键：用于删除储存的测量数据。

“标定”键：用于标定电极常数或 TDS 转换系数。

“电极常数”键：用于设置电极常数或 TDS 转换系数。

“温补系数”键：用于设置温度补偿系数。

“▲”键、“▼”键：用于调节参数。

“保持”键：用于锁定本次测量数据。

“确认”键：用于确认仪器当前的操作数据或操作状态。

“取消”键：用于从各种工作状态返回到测量状态。

“ON/OFF”键：用于仪器的开机或关机。

（3）仪器配件及附件 ①多功能电极架。②DJS—1C 型电导电极。③通用电源器。④T-818-B-6 型温度传感器。⑤打印机连接线。⑥选购件含 DJS—10C 型电导电极和 DJS-0.1C 型电导电极。

2. DDSJ—308A 型电导率仪的操作规程

（1）仪器安装 将多功能电极架插入电极梗座内，将电导电极和温度传感器夹在多功能电极架上，分别将电导电极和温度传感器的插头插入图 8-15 中的电极插座 5 和温度传感器插座 7 内。其操作示意图如图 8-13 ~ 图 8-16 所示。

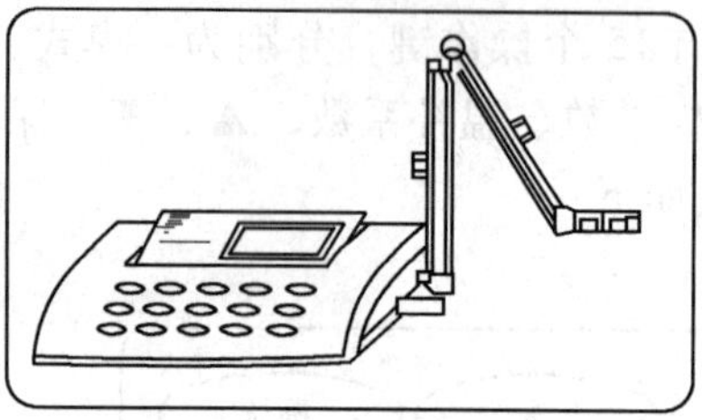

图 8-13 电极架安装示意图

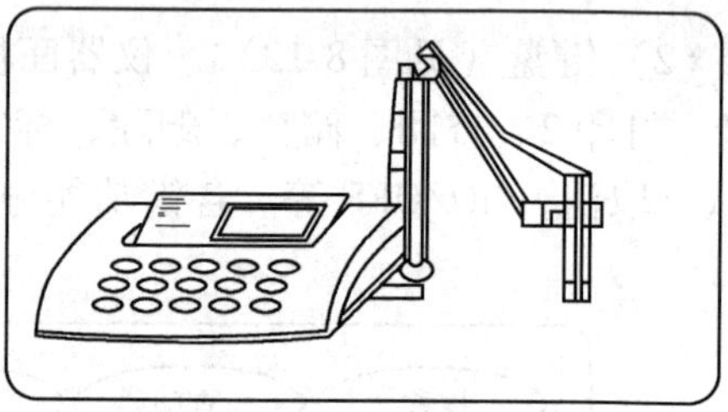

图 8-14 电极安装示意图

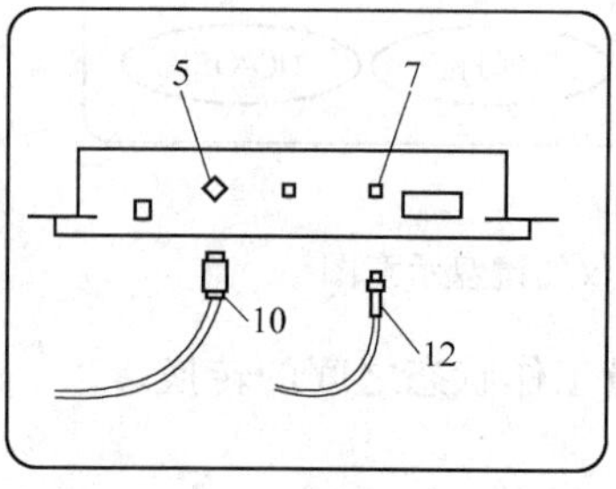

图 8-15 电极、温度传感器插头安装示意图

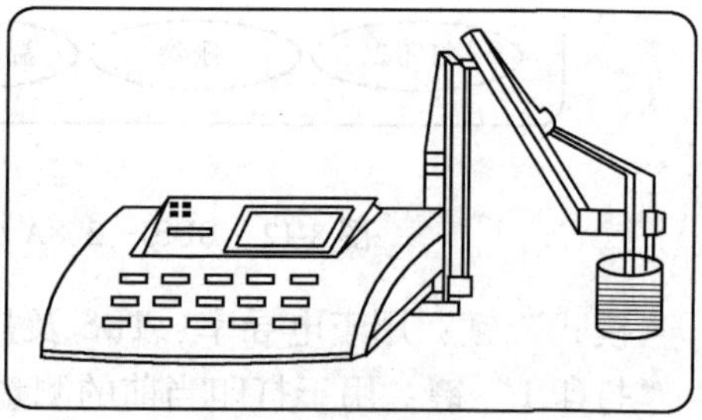

图 8-16 测试安装示意图

用蒸馏水清洗电导电极和温度传感器，再用被测溶液清洗一次，然后将电导电极和温度传感器浸入被测溶液中，接通通用电源器的电源，仪器即可以进行正常操作。

（2）电导电极的选用

1）电导率范围及对应电极常数推荐值见表8-1。

表8-1 电导率范围及对应电极常数推荐值

电导率范围/（μS/cm）	电阻率范围/（Ω·cm）	推荐使用电极常数/cm
0.05～2	20M～50k	0.01，0.1
2～200	500k～5k	0.1，1.0
200～2000	5k～500	1.0
2000～20000	500～50	1.0，10
2000～2×10^5	500～5	10

注意：对于常数1.0、10类型的电导电极有“光亮”和“铂黑”两种形式，镀铂电极习惯称作铂黑电极。光亮电极较好的测量范围为0～1000μS/cm，超过1000μS/cm测量误差较大。

2）TDS范围及对应电极常数推荐值见表8-2。

表8-2 TDS范围及对应电极常数推荐值

TDS范围/（mg/L）	电导率范围/（μS/cm）	推荐使用电极常数/cm^{-1}
0～1000	0～2000	1.0
1000～10000	2000～20000	1.0，10
1000～19990	2000～40000	10

3）盐度测量电导电极选用：盐度测量时，一般选用电极常数10的电导电极；10ppt以下盐度也可选用电极常数1的铂黑电导电极。

（3）开机 按下“ON/OFF”键，仪器将显示厂标、仪器型号、名称，即“DDSJ—308A型电导率仪”。几秒钟后，仪器自动进入上次关机时的测量工作状态，此时仪器采用的参数为最新设置的参数。如果不需改变参数，则无需进行任何操作，即可直接进行测量。测量结束后，按“ON/OFF”键，仪器关机。

（4）仪器测量功能操作 仪器有电导率、TDS、盐度三种测量功能，按“模式键”可以在三种模式间进行转换。

例如：开始为电导率测量状态，将显示图8-17a。

按一次“模式键”，仪器进入盐度测量状态，将显示图8-17b。

再按一次“模式键”，仪器进入TDS测量状态，将显示图8-17c。

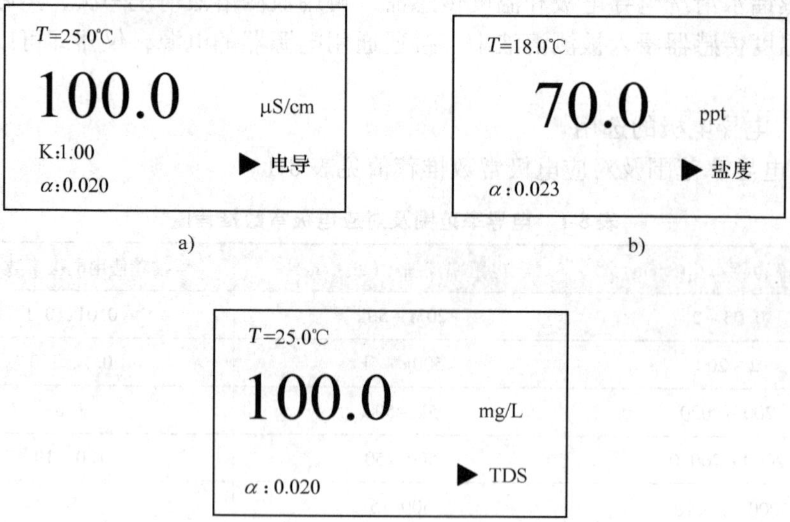

a) b) c)

图 8-17 仪器测量功能操作

注意事项：

①仪器关机时处于何种测量状态，下次开机时仪器将自动进入这种测量状态。

②在电导率及 TDS 测量时，接上温度电极，仪器自动设定的温度系数将电导率补偿到 25℃时的值；不接温度电极，仪器显示待测溶液未经补偿的原始电导率值。

③在盐度测量时，接上温度电极，仪器自动将盐度补偿到 18℃时的值；不接温度电极，仪器显示待测溶液未经补偿的盐度值。

三、酸度计操作规程

1. pHS—29A 数显 pH 计操作规程

仪器供电电源为 6F22 9V 电池（内接电源）或交流稳压电源 9V（外接电源）两种。内接电源，只要打开仪器背部的电池盖，即可放入电池；外接电源只要将电源插头插入仪器左侧的电源插座内即可。

仪器使用前，即测量溶液 pH 值前，需要先标定，但这不是说每次使用前都需要标定，一般来说当测量间隔时间比较短的情况下，每天标定一次已能达到要求。

（1）仪器的标定程序

1）打开仪器“电源开关”（ON）。

2）把“测量选择开关”拨向“pH 挡”。

3）先把电极用蒸馏水清洗，然后把电极插在 pH =7 的缓冲溶液中，调节“温度补偿器”所指示的温度与溶液的温度相同，最后再调节“定位调节器”，使仪器所指示的 pH 值与该缓冲溶液在此温度下的 pH 值相同。

4）然后取出插在 pH =7 缓冲溶液中的电极，用蒸馏水清洗。把清洗过的电极插入 pH 值为 4 的缓冲溶液中，使仪器的“温度补偿器”所指示的温度与该缓冲溶液的温度相同，最后再调节“斜率调节器”，使仪器所显示的 pH 值与缓冲溶液在该温度下的 pH 值相同。

（2）必须重新标定的几种情况　通过以上四个标定过程，仪器的标定就告完成。经过标定的仪器，“定位调节器”，“斜率调节器”不应再有任何变动，这时的仪器就可以进行 pH 值的测量了。但遇到下列情况下，则仪器还必须重新标定：

1）溶液温度与标定时温度有很大的变化时。

2）离开溶液时间过久的电极。

3）换用了新的复合电极。

4）“定位调节器”、“斜率调节器”有变动时。

5）测量浓酸（pH <2）或浓碱（pH >12）之后。

6）测量含有氟化物的溶液而酸度在 pH <7 的溶液或较浓的有机溶液之后。

当被测溶液的温度与标定时缓冲溶液的温度不同时，必须使“温度调节器”所指示的温度与被测溶液温度相同，然后才可测量溶液 pH 值。

（3）测量电极电位（mV 值）

1）把“测量选择开关”拨向“mV”位置。

2）接上各种适当的“离子选择电极”。

3）用蒸馏水清洗电极，用滤纸吸干。

4）把电极插在被测溶液内，即可读出该“离子选择电极”的电位（mV 值）并自动显示“+”、“-”极性。

2. pHS—2F 数字 pH 计操作规程

（1）仪器结构　仪器主机的外形结构如图 8-18 所示。

（2）操作规程

1）开机前准备

① 将电极梗 16 旋入电极梗插座 5 中，调节电极夹 17 到适当位置。

② 将复合电极 18 夹在电极夹 17 上，拉下复合电极 18 前端的电极套 19。

③ 拉下橡胶套，露出复合电极 18 上端小孔。

④ 用蒸馏水清洗电极。

2）开机：电源接通后，预热 30min，接着进行标定。

3）标定：仪器使用前先要标定，一般来说仪器在连续使用时，每天只需要

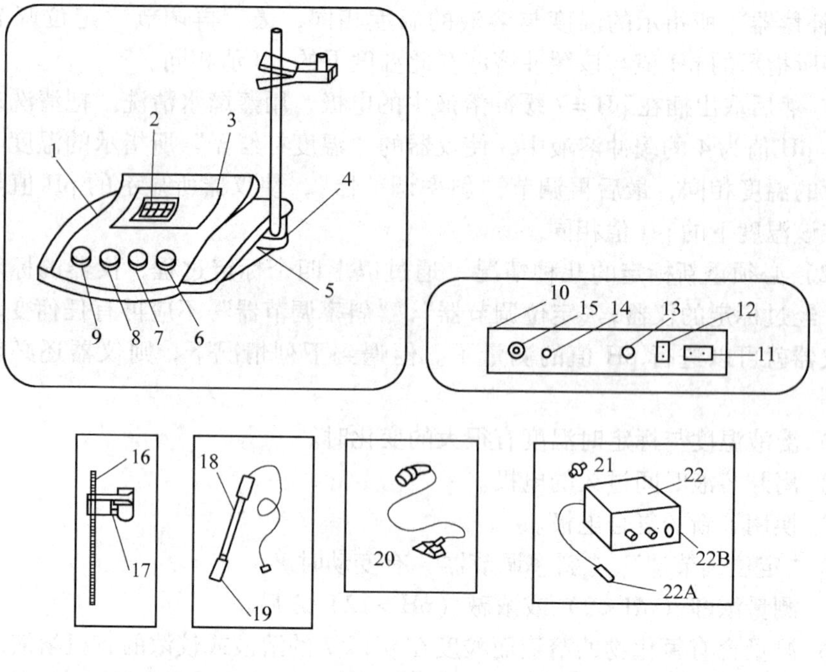

图 8-18 pHS—2F 数字 pH 计外形结构图

1—机箱盖 2—显示屏 3—面板 4—电极梗插座 5—机箱底座 6—定位调节旋钮 7—斜率补偿调节旋钮 8—温度补偿调节旋钮 9—选择开关旋钮（pH、mV） 10—仪器后面板 11—电源插座 12—电源开关 13—熔断器熔丝 14—参比电极接口 15—测量电极插座 16—电极梗 17—电极夹 18—E—201—C—9 型塑壳可充式 pH 复合电极 19—电极套 20—电源线 21—Q9 短路插头 22—电极转换器（选购件） 22A—转换器插头 A 22B—转换器插座 B

标定一次。

① 在测量电极插座 15 处拔去 Q9 短路插头 21。

② 在测量电极插座 15 处插上复合电极 18。

③ 如不使用复合电极，则在测量电极插座 15 处插上电极转换器插头 22A。将玻璃电极插头插入转换器插座 22B 处。将参比电极接入参比电极接口 14 处。

④ 把“选择开关旋钮 9”调到 pH 挡。

⑤ 调节“温度补偿调节旋钮 8”，使旋钮白线对准溶液温度值。

⑥ 把“斜率补偿调节旋钮 7”顺时针旋到底（即调到 100% 位置）。

⑦ 把用蒸馏水清洗过的电极插入 pH = 6.86 的缓冲溶液中。

⑧ 调节“定位调节旋钮 6”，使仪器显示读数与该缓冲溶液当时温度下的 pH 值相一致（例如用混合磷酸盐定位温度为 10℃ 时，pH = 6.92）。

⑨ 用蒸馏水清洗电极，再插入 pH = 4.00（或 pH = 9.18）的标准缓冲溶液中，调节“斜率补偿调节旋钮”，使仪器显示读数与该缓冲溶液中当时温度下的 pH 值一致。

⑩ 重复⑦~⑨，直至不用再调节定位或斜率两个调节旋钮为止。

⑪ 至此，仪器完成标定。

注意事项：

①经标定后，定位“调节旋钮”及“斜率调节旋钮”不应再有变动。

②标定的缓冲溶液第一次应用 pH = 6.86 的溶液，第二次应用接近被测溶液 pH 值的缓冲液。如被测溶液为酸性时，缓冲溶液应选 pH = 4.00；如被测溶液为碱性时，则选 pH = 9.18 的缓冲溶液。一般情况下，在 24h 内仪器不需再标定。

4）测量 pH 值：经标定过的仪器，即可用来测量被测溶液，被测溶液与标定溶液温度相同与否，测量步骤也有所不同。

① 被测溶液与定位溶液温度相同时，测量步骤如下：

a. 用蒸馏水清洗电极头部，再用被测溶液清洗一次。

b. 把电极浸入被测溶液中，用玻璃棒搅拌溶液，使溶液均匀，在显示屏上读出溶液的 pH 值。

② 被测溶液和定位溶液温度不同时，测量步骤如下：

a. 用蒸馏水清洗电极头部，再用被测溶液清洗一次。

b. 用温度计测出被测溶液的温度值。

c. 调节温度补偿调节旋钮 8，使白线对准被测溶液的温度值。

d. 把电极插入被测溶液内，用玻璃棒搅拌溶液，使溶液均匀后读出该溶液的 pH 值。

5）测量电极电位（mV）值

① 把离子选择电极或金属电极和参比电极夹在电极架上。

② 用蒸馏水清洗电极头部，再用被测溶液清洗一次。

③ 把电极转换器的插头 22A 插入仪器后部的测量电极插座 15 处；把离子电极的插头插入转换器插座 22B 处。

④ 把参比电极接入仪器后部的参比电极接口 14 处。

⑤ 把两种电极插在被测溶液内，将溶液搅拌均匀后，即可在显示屏上读出该离子选择电极的电极电位（mV 值），还可自动显示 ± 极性。

⑥ 如果被测信号超出仪器的测量范围，或测量端开路时，显示屏会不亮，可作超载报警。

⑦ 使用金属电极测量电极电位时，用带夹子的 Q9 插头，Q9 插头接入测量电极插座 15 处，夹子与金属电极导线相接，参比电极接入参比电极接口 14 处。

四、电位滴定仪操作规程（以ZDJ—4A型自动电位滴定仪为例）

1. 仪器结构（见图8-19）

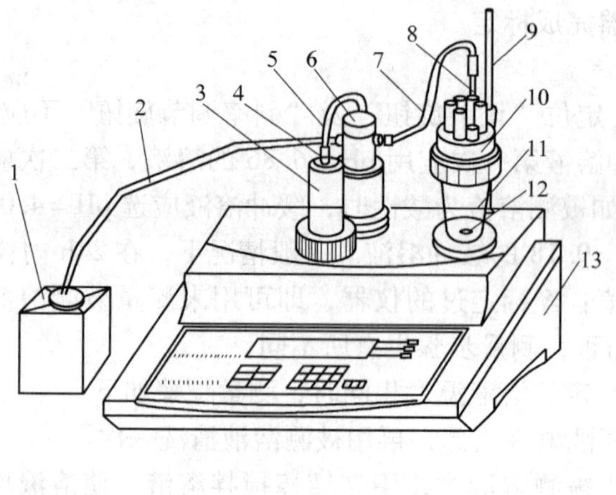

图8-19 ZDJ—4A型自动电位滴定仪结构图

1—储液瓶 2、5、7—输液管 3—滴定管 4—接口螺母 6—转向阀 8—滴液管 9—电极梗 10—溶液杯支架 11—溶液杯 12—搅拌珠 13—主机

2. ZDJ—4A型自动电位滴定仪操作规程

（1）仪器安装（见图8-20～图8-26）

1）将主机放在试验台上，按图示将电极梗插入主机内；将溶液杯支架和溶液杯就位，在溶液杯中放入搅拌珠，并用紧定螺钉锁紧溶液杯。

2）滴定管在滴定前，特别是在进行不同浓度的滴定，或是在不同溶液的滴定前，必须对滴定管进行清洗。滴定管的装配示意图见图8-20。装配时，将仪器备件中的顶杆工具，安装在滴定管装置下端活塞杆42上。然后按图8-20所示，先拆下螺钉44（M3×8，3只）、弹簧垫圈43（3只），再取下密封环40、下密封圈39、滴定管37和活塞38。拆下滴定管37，用蒸馏水反复清洗滴定管，清洗完毕，用滤纸吸干滴定管37口的水珠。然后按图示安装滴定管，先将活塞38用顶杆工具从滴定管37上口装入，然后将滴定管37和活塞38装入保护罩35内，滴定管37上口应与上密封圈36紧贴，且不能碰碎滴定管37，再将下密封圈39、下密封环40安装好，最后用螺钉44（M3×8，3只）、弹簧垫圈43（3只）将滴定管拧紧（注意：在用螺钉44（M3×8，3只）旋拧时，应均匀拧紧，否则滴定管可能漏液，影响滴定精度。最后用顶杆工具将活塞38拉到最低点（如图示位置）。

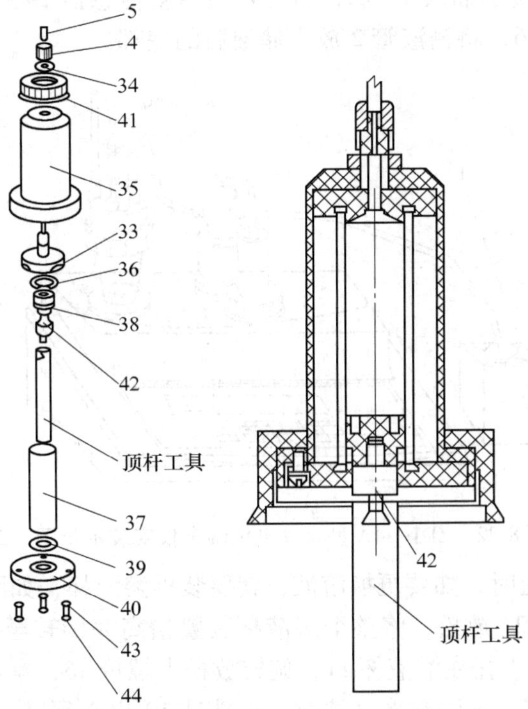

图 8-20 ZDJ—4A 型自动电位滴定仪安装示意图（1）

3）如图 8-21 所示，将滴定管 3 安装在主机 13 上（注意：滴定管上的活塞杆应插入顶杆上的燕尾槽内），然后拧紧滴定管 3 上的螺母，按图插入滴定管 8，然后按图 8-22 所示分别将输液管 2（最长的一根）、输液管 5（最短的一根）、输液管 7 用接口螺母 4 连接好（注意：接口螺母 4 一定要拧紧，不得有泄漏现象）。

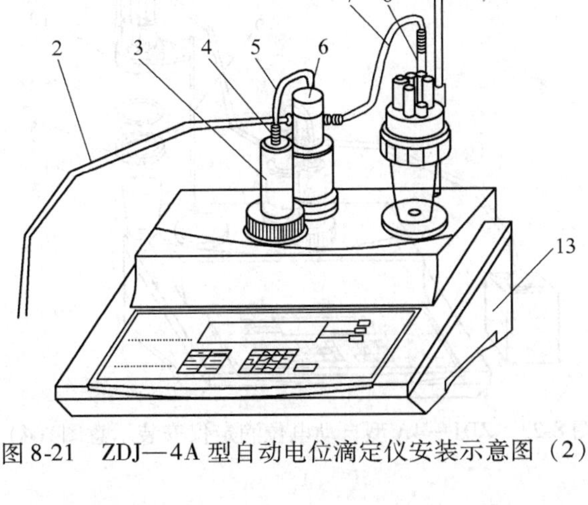

图 8-21 ZDJ—4A 型自动电位滴定仪安装示意图（2）

4）按图8-22所示插入T—818—B—6型温度传感器29，拔去E—201—C—9型pH复合电极26，将输液管2放入储液瓶的底部。

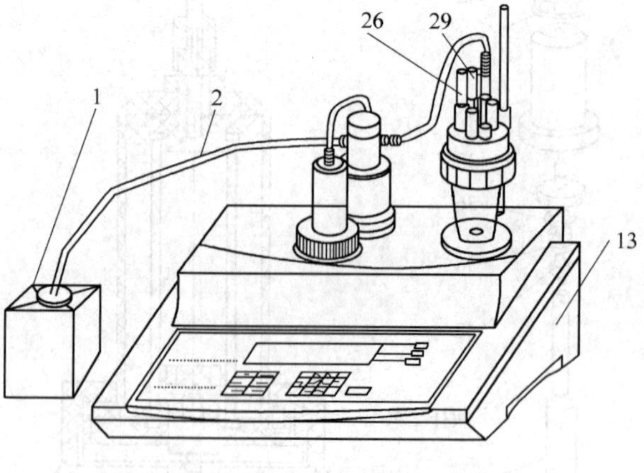

图8-22　ZDJ—4A型自动电位滴定仪安装示意图（3）

5）仪器在滴定时，如要更换溶液，就要装拆溶液杯，如图8-23、图8-24所示，先将紧定螺钉24放松，将整个溶液杯装置抬高并旋转至图示位置，然后锁紧紧定螺钉24，用手托住溶液杯11，旋转放松大螺母46，拿出溶液杯11，倒掉溶液杯11中的溶液，清洗数次（注意：搅拌珠12也必须一起清洗）。往溶液杯11中倒入被测溶液（注意：搅拌珠12必须放在溶液杯11的杯底），然后将溶液杯11安装好，拧紧大螺母46，放松紧定螺钉24，移下溶液杯装置，使溶液杯11杯底接触搅拌器表面，并使溶液杯11放在搅拌器的中间，最后拧紧紧定螺钉24。

图8-23　ZDJ—4A型自动电位滴定仪安装示意图（4）

6）如图 8-24 ~ 图 8-25 所示，将 TP—40 型串行打印机连线 30 插入 RS232 插座 16 内，将国际通用电源线 32 插入电源插座 17 内；拧下熔断器熔丝座 18 上的熔断器熔丝盖，装入备件中的熔断器熔丝 $\phi 5\text{mm}\times 20\text{mm}$（1A），然后拧紧熔断器熔丝盖（仪器出厂前已装好熔断器熔丝）。将 T—818—B—6 型温度传感器 29 插入温度传感器插座 20 内，拧下 Q9 短路插头 28，将 E—201—C—9 型 pH 复合电极 26 插入测量电极 1 插座 23 内（注意：测量电极 2 插座 21 上的 Q9 短路插头 28 不能拔去）。

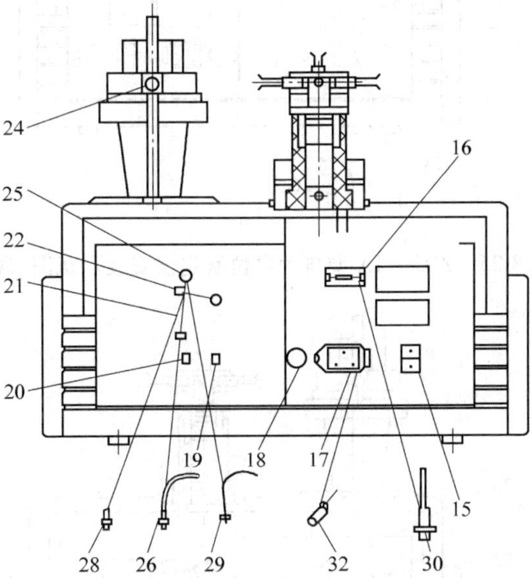

图 8-24　ZDJ—4A 型自动电位滴定仪安装示意图（5）

7）复合电极的连接，如图 8-25 所示，拧下测量电极 1 插座 23 上的 Q9 短路插头 28，将 E—201—C—9 型 pH 复合电极 26 插入测量电极 1 插座 23 内（注意：测量电极 2 插座 21 上的 Q9 短路插头 28 不能拔去），必须保证测量电极 2 插座 21 上的 Q9 短路插头 28 短路良好）。同时，在“设置”中选择相应的电极插口（详见“参数设置”章节）。

8）测量电极和参比电极的连接，如图 8-26 所示，拧下测量电极 1 插座 23 上的 Q9 短路插头 28，将测量电极 48 插入测量电极 1 插座 23 内（注意：测量电极 2 插座 21 上的 Q9 短路插头 28 不能拔去，必须保证测量电极 2 插座 21 上的 Q9 短路插头 28 短路良好）。参比电极接参比电极插座 22，同时在“设置”中选择相应的电极插口。

（2）仪器功能介绍　仪器主要滴定模式有预滴定、预设终点滴定、模式滴定、空白滴定和手动滴定。仪器选用不同电极，可进行酸碱滴定、氧化还原滴

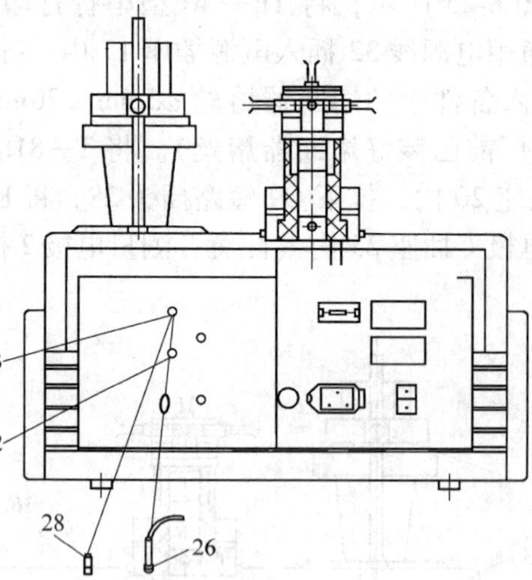

图 8-25 ZDJ—4A 型自动电位滴定仪安装示意图（6）

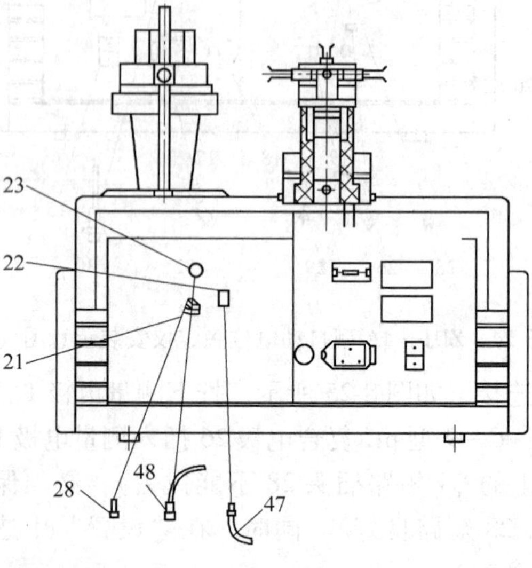

图 8-26 ZDJ—4A 型自动电位滴定仪安装示意图（7）

定、沉淀滴定、配位滴定和非水滴定等多种滴定。仪器采用预滴定、预设终点滴定、空白滴定和手动滴定功能，可生成专用滴定模式。仪器可与计算机联机，可在计算机上即时显示滴定曲线及其一阶、二阶导数和进行图谱对比分析。

（3）滴定模式介绍

1）预滴定：预滴定是仪器的主要滴定模式之一，许多模式滴定都可由预滴定模式产生。仪器可以通过预滴定模式自动找到滴定终点，生成专用滴定模式。

2）预设终点滴定：如果已知 pH 值或电位的滴定终点值，就可以用预设终点滴定功能进行滴定。只要输入终点数、终点 pH 值或电位值和预控点值（预控点是快速滴定到慢速滴定的切换点），即可进行滴定。

3）模式滴定：仪器提供以下两种专用模式滴定：

① HCl → NaOH（0.1mol/L）。

② $K_2Cr_2O_7 \rightarrow Fe^{2+}$（0.1mol/L）。

其余模式滴定需要作预滴定后生成。经过预滴定后得到滴定参数，通过按“模式键”，可将此参数储存于仪器中，生成专用滴定模式，以后只要载入此模式，即可进行滴定。

4）手动滴定：该模式适用于滴定剂消耗少的滴定体系（1mL 以下）。在此模式中，仪器每次添加体积为 0.02mL（可以修改此参数），也可设置预加体积参数，以便加快滴定速度，从而使仪器自动寻找滴定终点生成专用滴定模式。

（4）开机　打开“电源开关”，仪器将显示“ZDJ—4A 自动电位滴定仪”和“雷磁”商标，稍后仪器自动进入起始状态。如果是 mV 测量状态，则显示仪器测量的毫伏和温度值；如果是 pH 测量状态，则显示测量的 pH 值、温度值以及当前使用电极的斜率。这两个状态可以按“mV/pH 键”进行相互切换。这两个状态以下称为仪器的起始状态。所有的模块操作都从这里开始。

（5）仪器的参数设置　仪器的参数设置包括：设置电极插口、滴定管、滴定管系数、打印机类型、搅拌器开始速度、日期、时间、预滴定参数、预控滴定参数等。

注意事项：电极插口、滴定管、滴定管系数、打印机类型、日期和时间六种参数必须设置正确。预滴定参数和预控滴定参数一般用仪器的默认值即可。

为了确保正确、更好地使用仪器，第一次使用时，必须检查一遍仪器所设置的参数是否符合自己的使用条件。若不符合，就必须重新设置所需的参数，以确保仪器正确的工作。平常使用时，如果发现某些使用条件或日期、时间有误时，需要重新设置相应的参数。

在仪器的起始状态下，按“设置键”，即进入设置仪器参数模块。然后再按“、键”、“F3 键”（下页）、“PgUp 键”或“PgDn 键”等方向键，来移动高亮条至所需设置的参数上，此时再按“F2 键”（设置），仪器会在相应参数旁边弹出一方框，即可对这个参数进行设置。对应不同参数，可以按“▲键”或“▼键”改变参数值，或用“PgUp 键”或“PgDn 键”选择需要的参数，或直接按“数字键”输入，设置完毕后，按“F2 键”（确认）即可完成本参数的设置。每个参数的设置都需要按此操作。设置完成后，直接按“F1 键”（取消）或“退出键”即可退出设置模块，返回仪器的起始状态。以下为各参数的具体设置操作。

1）电极插口的设置：正确地设置电极插口是保证仪器正常工作的基本条件，即当电极插在电极插口1时，必须相应地将电极插口设置为“插口1”，反之亦然。在仪器的起始状态下，按“设置键”，以期进入设置状态，仪器高亮条显示在“电极插口”上（或移动高亮条至“电极插口”上）。按“F2键”（设置），将弹出一方框，仪器显示如图8-27所示。

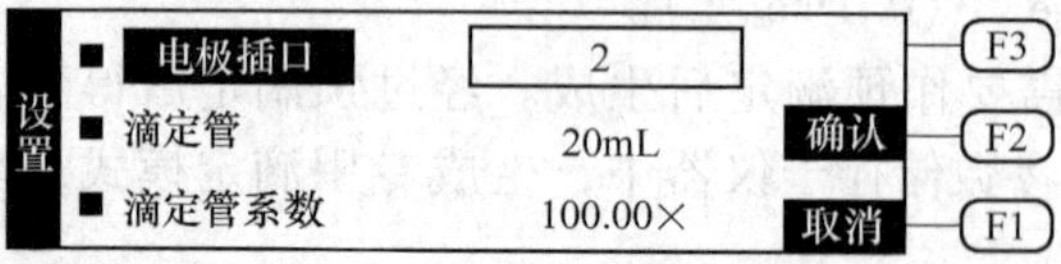

图8-27 仪器显示

此时，可按“PgUp键”或“PgDn键”来选择电极插口，按“F1键”（取消）、“F2键”（确认）或“退出键”，即完成设置。再按“F1键”（取消）或“退出键”，退出设置模块，仪器返回起始状态。

2）滴定管的设置：仪器提供两种类型的滴定管，即10mL和20mL滴定管，使用什么样的滴定管就必须设置什么样的滴定管，否则将直接导致仪器不能正确滴定。

在仪器的起始状态下，按“设置键”，进入设置模块。按“▲键”，使仪器高亮条显示在“滴定管”上，再按“F2键”（设置），即可设置滴定管。

按“PgUp键”或“PgDn键”选择滴定管，选择完毕，按“F2键”（确认设置）、“F1键”（取消）或“退出键”（取消设置），退出滴定管设置。

3）滴定管系数的设置：每支滴定管都标有滴定管系数。必须按以下方法设置。按“▼键”，使仪器高亮条显示在“滴定管系数”上，按“F2键”（设置），即可开始设置滴定管系数。按“▲键”或“▼键”，调节滴定管系数至已知的数值，调节完毕，按“F2键”（确认）即可。

4）打印机的设置：仪器采用RS—232作为输出口。因此，采用打印机打印滴定结果、滴定数据、滴定曲线等，必须选购串行打印机。仪器允许选择TP—16型、TP—24型或TP—40型的串行打印机（即分别为每行打印16字符、24字符、40字符）。由于打印机行宽的不同，不同的打印机其打印格式会有明显的不同。仪器推荐使用TP—40型串行打印机。

打印机可按以下方法设置，在仪器的起始状态下，按“设置键”，即进入设置模块。再按“PgUp键”、“PgDn键”、“F3键”（下页）或一直按空格键，使仪器高亮条显示在“打印机”上，按“F2键”（设置），仪器进入打印机设置状态。按“PgUp键”或“PgDn键”选择对应的打印机型号，选择结束，按“F2键”（确认）即可。

5）日期的设置：仪器内部有时钟芯片，可以计算滴定时间，显示当前时间等。在仪器起始状态时，显示屏左上角显示出当前的时间，若发现仪器显示时间与实际时间不符，则应重新调整时间。

按“设置键”，仪器进入设置状态。移动高亮条至“日期”上，按“F2 键”（设置），即可设置日期，按“►键”和“◄键”，可以左右移动光标至需要设置的年、月或日上，再按“▲键”或“▼键”调节至具体的年月日。

6）时间的设置：仪器时间的设置方法与日期的设置相同，具体操作可参见“日期的设置”。

7）预滴定参数的设置：这部分参数控制着仪器预滴定模式，修改这部分参数将直接影响预滴定的结果，在绝大多数情况下，不必设置这部分参数，即能满足滴定要求，如果发现滴定的突跃量偏低或噪声太大，无法正确找到滴定终点时，建议重新设置这部分参数（突跃低将终点突跃设置为“小”，噪声大时终点突跃设置为“中”或“大”）。按“设置键”，仪器进入设置模块，移动高亮条至“预滴定参数”，再按“F2 键”（设置），仪器进入预滴定参数设置状态。

为了使用的方便和控制的简要，以期只提供两个参数量，即预滴定结束体积和预滴定终点突跃。

① 预滴定结束体积的设置：在预滴定时，找到一个滴定终点后仪器自动进入下一个重点寻找并不停止滴定，必须按“终止键”或根据结束体积设置值停止滴定。结束体积默认值为40mL，可根据实际需要重新设置。

移动高亮条至“结束体积”，按“F2 键”（设置），仪器进入预滴定结束体积的设置状态，按需要输入预滴定结束体积值，输入完毕。再按“F2 键”（确认）即可显示。

② 预滴定终点突跃的设置：移动高亮条至“终点突跃”，按“F2 键”（设置），仪器进入预滴定终点突跃的设置状态。

为了适应多终点滴定的需要，仪器规定任何滴定，最多只能有五个终点，对应五个终点有五个独立的控制量，可以独立设置其大小。对于许多各种各样的滴定，不可能有统一的模式或方法。为了控制和研究的方便，从一般需要考虑，我们将终点突跃分成三挡，即大突跃、中突跃和小突跃。从滴定的情况看，一般的滴定只需要将终点突跃设置为中突跃即可满足滴定要求，不必了解具体的终点突跃量的大小，也不必进行具体的设置。万一仪器不能满足所需的滴定要求，则可以重新设置对应终点突跃量的大小，从而满足滴定的要求。所以，一般来说，只需选择终点突跃为大、中、小即可。

对所需滴定有所了解后，即可有针对性地选择对应终点的终点突跃量。

如果希望了解每一终点对应的终点突跃量大小或设置新的终点突跃量。那么，在如图 8-27 显示时，按“F2 键”（设置），仪器显示第一终点对应的终点突跃量“100”，其终点突跃档次为中突跃。

注意事项：突跃量大小一般无需修改。

此时，按“F1键”（取消）即可退出预滴定终点突跃设置。按“F2键”（设置），则可设置预滴定终点突跃量。此时，按“F1键”（取消）即可退出预滴定终点突跃，预滴定第一终点的突跃量仍为“100”。按“F2键”（确认），则预滴定第一终点的突跃量将设置为“200”。

8）预控滴定参数的设置：预控滴定参数是预控终点滴定时控制的部分参数，一般无需修改。

预控滴定参数主要有两个参数量，即预控量开关和预控量大小。对于这个预控量，一般来说，不必直接设置，只需采取系统默认设置即可。如果发现所需的预设终点滴定分析时间过长，则可重新设置预控量的大小并打开预控量开关，将预控量设置得大一点则滴定速度快一点，反之亦然。预控量调节范围为30%～90%。

在仪器起始状态下，按“设置键”，进入设置模块，移动高亮条至“预控滴定参数”上，按“F2键”（设置），仪器进入“预控滴定参数”设置，可以设置预设终点参数。

① 预控量开关的设置：移动高亮条至“预控量开关”上，按“F2键”（设置），可以打开或关闭预控量开关。当预控量开关打开时（显示“开”），仪器才会用设置好的预控量大小控制预设终点滴定。否则，仪器不会采用设置好的预控量。打开预控量开关以后，将直接影响预设终点滴定的滴定速度和分析时间。

② 预控量大小的设置：移动高亮条至“预控量大小”上，按“F2键”（设置），即可设置预控量的大小。

注意事项：预控量不能设置得太大或太小，一般在30%～90%。设置完毕，按“F2键”（确认）即可。

（6）搅拌器　搅拌器速度的设置显示如下：

在仪器的起始状态，将溶液放在搅拌器上，按“搅拌键”，进入搅拌器速度设置状态。可以有两种方法设置搅拌器的速度：第一，直接按“▲键”或“▼键”逐步增加或降低搅拌器的速度；第二，按“F2键”（设置），仪器显示一空白的输入框，如图，可以直接输入搅拌器的速度值（0～90），输入后，按“F2键”（确认），退出输入状态，搅拌器将以新的速度开始搅拌。

在输入时，如果发现输入有误，可按“F3键”（清除）清除刚才输入的数据，然后重新输入。若仪器进入该状态后，又不想进行重新设置，则可按“F1键”（取消），仪器不作任何修改即退出输入状态。

（7）电极标定　在各种pH滴定模式开始滴定前也可以进行电极斜率的标定。

如果需要进行两点标定，则事先须准备两种标准缓冲溶液。如果只需一点标定，则只要准备一种标准缓冲溶液。

1）一点标定：一点标定含义是只采用一种 pH 标准缓冲溶液对电极系统进行标定，用于自动校准仪器的定位值。仪器把 pH 复合电极的百分斜率作为 100%，在测量精度要求不高的情况下，可采用此方法，简化操作。其操作步骤如下：

① 将 pH 复合电极及温度电极插入仪器的测量电极插座内（注意：应正确设置电极插口，详见“电极插口”设置），并将该电极用蒸馏水清洗干净，放入 pH 标准缓冲溶液 B 中（规定的三种 pH 标准缓冲溶液中的任意一种）。

② 在仪器的起始状态下，按“标定键”，仪器即进入一点标定工作状态，此时，仪器显示当前测得的 pH 值和温度值。

③ 当显示的 pH 值读数趋于稳定后，按“F2 键”（确认），仪器显示电极的百分斜率和 E_0 值，至此一点标定结束。仪器同时提问使用者是否继续进行两点标定，如图，按“F2 键”（确认）进行两点标定，按“F1 键”（取消），则一点标定结束，返回起始状态。

2）两点标定：两点标定是为了提高 pH 值的测量精度。其含义是选用两种 pH 标准缓冲溶液对电极系统进行标定，测得 pH 复合电极的实际百分斜率和定位值。其操作步骤如下：

① 在完成一点标定后，将电极取出重新用蒸馏水清洗干净，放入 pH 标准缓冲溶液 C 中。

② 再按“F2 键”（确认），使仪器进入两点标定工作状态，仪器显示当前的 pH 值和温度值。

③ 当显示的 pH 值读数趋于稳定后，按下“F2 键”（确认），仪器显示“标定结束！”以及标定好的电极斜率值和 E_0 值，说明仪器已完成两点标定。至此标定结束。按“F2 键”（确认）或“F1 键”（取消）退出标定模块。

（8）pH 值测量　在仪器的起始状态下，如果当前显示的是电位值和温度值，则按“mV/pH 键”，仪器即切换到 pH 值测量状态，显示当前的 pH 值和当前使用的电极百分斜率值。

（9）滴定管系数的标定　在仪器的起始状态下，先将滴定管清洗多次，使蒸馏水充满整个管路（不能有气泡）。然后设置好滴定管并将滴定管系数设置为 100.00%。取一只干净称量瓶，先用万分之一天平称空瓶质量，再将滴定管伸入称量瓶内，按“F1 键”（滴定）进入滴定模式选择，移动高亮条至“手动滴定”，然后按“F2 键”（确认），选择手动滴定。再按“F2 键”（确认）选择 mV 手动滴定，仪器进入手动滴定模式，如果是 10mL 滴定管，则将预加体积设置为“10mL”；如果是 20mL 滴定管，则应将预加体积设置为“20mL”（并保证结束体积大于预加体积)，其显示如下：

设置完毕，按“F2键”(确认)，仪器即一次把满滴定管蒸馏水推入称量瓶内，再用天平称量，按下式计算滴定管系数

$$f = \frac{m_2 - m_1}{\rho V_0} \times 100\%$$

式中 f——滴定管系数；

m_1——空称量瓶质量(g)；

m_2——加液后的称量瓶质量(g)；

ρ——水的密度(g/mL)；

V_0——滴定管满度的体积(mL)。

(10) 清洗　在仪器起始状态下，按“F3键”(清洗)，仪器显示设置清洗次数，此时，若按“F1键”(取消)，仪器返回起始状态。按“▲键”或“▼键”，可以调节清洗次数。再按“F2键”(确认)，仪器开始清洗。仪器清洗完毕，自动返回起始状态。在仪器清洗过程中，按“F1键”(终止)，仪器停止清洗，询问是否终止清洗。

此时，按“F1键”(取消)，仪器将继续进行清洗。按“F2键”(确认)，仪器终止清洗返回起始状态。

(11) 补液　在仪器起始状态下，按“F2键”(补液)，仪器直接进入补液状态。补液完毕，仪器自动返回起始状态。在仪器的补液过程中，按“F1键”(终止)，仪器停止补液，询问是否终止补液。此时，按“F1键”(取消)，仪器返回补液状态，按“F2键”(确认)，仪器返回起始状态。

(12) 滴定　在仪器起始状态下，按“F1键”(滴定)，仪器进入各种滴定模式的选择，可以选择所需的滴定模式进行滴定。移动高亮条至相应的滴定模式上，按“F2键”(确认)，则可进入相应的滴定模式中。按“F1键”(取消)，则退出滴定模式的选择，返回起始状态。按“F3键”，则进行翻页。

本仪器提供以下几种滴定模式：重复上次滴定、预滴定、预设终点滴定、模式滴定、手动滴定、空白滴定等。

1) 重复上次滴定模式：重复上次滴定模式是为了方便使用而设置的，每当进行过预滴定、预设终点滴定或模式滴定后，可以直接选择“重复上次滴定”而进行上一次的滴定，特别是预设终点滴定和模式滴定，可以大大方便操作。重复上次滴定模式，不支持手动滴定和空白滴定，当需要进行手动滴定或空白滴定时，必须移动高亮条至“手动滴定”或“空白滴定”，然后按“F2键”(确认)选择，进行手动滴定或空白滴定。

2) 预滴定模式

① 预滴定的滴定操作步骤：在仪器起始状态下，按“F1键”(滴定)，以期

进入滴定模式选择菜单，移动高亮条至“预滴定”上，按“F2 键”（确认），则可进入预滴定模式，进行预滴定。仪器首先要求选择 mV 预滴定或者 pH 预滴定，此时，可以按“▲键”或“▼键”选择 mV 滴定或者 pH 滴定，选择完毕按“F2 键”（确认），即进入相应的 mV 预滴定或者 pH 预滴定。按“F3 键”（搅拌），可打开搅拌器，并可调节搅拌速度（详见“搅拌器速度的设置”章节）。若按“F1 键”（取消），仪器退回到上一级菜单。

如果选择了 pH 值预滴定，则仪器将显示电极的百分斜率和 E_0 值，此时如果需要，可以重新标定电极的斜率，按“F3 键”（标定），即可标定电极斜率（具体的电极标定方法见“电极标定”章节），标定完毕，仪器返回预滴定。当然，也可选择设置，即直接输入认为正确的电极斜率和 E_0 值，按“F2 键”（设置）即可设置电极斜率，设置完毕，仪器返回预滴定，如上显示。按“F1 键”（确认），仪器进入预滴定状态，开始滴定，显示如下：如果选择了 mV 预滴定，则将直接进入预滴定状态，开始滴定。其中显示屏左上角显示有滴定分析时间，仪器中间显示有当前测量的电位值（或 pH 值）和已添加的体积量。仪器开始自动进行采样、溶液的添加、终点判断等过程，当仪器找到一个滴定终点后，会鸣叫三声提醒，并在显示屏左下角显示出这个终点对应的体积值、电位值（或 pH 值）。

仪器找到一个终点后，并不会停止下来，而是继续滴定下去，寻找下一个终点。如果认为所有终点已找到，则可按“F1 键”（终止），终止滴定。仪器将询问是否真的终止滴定，显示“终止滴定吗?”等字样，可按实际需要终止或继续滴定下去。

如果仪器发现已添加完所设定的结束体积（最大体积），则仪器自动提示是否继续，可按实际需要选择终止滴定或继续滴定。按“F2 键”（确认），结束滴定，按“F1 键”（取消），继续滴定。

② 预滴定结束后操作：滴定结束后，仪器自动完成补液。如果仪器找到终点，仪器将按以下格式显示滴定结果。其中终点数表示仪器找到的滴定终点的个数；时间表示滴定所消耗的时间；EPI 表示当前显示的第一个滴定终点；V 表示对应第一个滴定终点的消耗滴定剂体积（滴定结果）；E 表示第一个滴定终点电位；c 表示第一个终点计算的浓度值。可以按“F3 键”（下页）在找到的几个终点间依次翻转，查看滴定结果。

如果没有输入滴定剂浓度和样品体积，即滴定剂浓度和样品体积全部为“BLANK”（空白），则“c（浓度）”栏目中将显示“BLANK”（空白）。按“F2 键”（浓度），可以进行浓度设置状态，显示如下：可以输入滴定剂浓度和样品体积，输入完毕，按“F2 键”（确认）退出浓度设置状态，返回滴定结束状态。

③ 打印滴定结果：滴定结束，如果需要打印滴定结果，滴定数据，则可按

"打印键"，选择需要打印的内容，仪器即打印相应内容。

④ 生成模式：如果在滴定结束后，需要生成滴定模式，则可在滴定结束后，直接按"F1键"（模式），进行生成模式的操作，或者在仪器进行过滴定后，还没有进行下一次滴定前，在仪器的起始状态，可以按"模式键"，选择"存储模式"进行生成模式的操作。

如果需要将滴定数据生成模式，则可按"F2键"（确认），否则按"F1键"（取消），仪器将取消模式的生成，返回到上一级菜单。

仪器进入生成模式后，首先需要输入模式的标题。模式的标题可以允许输入一些必要的描述，下一次载入或修改时，能够记得这个模式，最多可以输入20个字符。

显示屏上方的方框是标题栏，下方的方框中是供选择的字符表。在字符表中将显示一光标，在方框栏上方有一箭头。按"▶键"、"◀键"、"▲键"和"▼键"，可以将光标移动到所需的字符上，然后，再按"Input键"，这时所需的字符将出现在标题栏中箭头位置。再按"F3键"（▶）或"PgUp键""PgDn键"，可以移动标题栏中的箭头位置。通过这种方法即可输入模式的标题，例如：NaOH→HCl。

输入完毕，按"F1键"（确认），仪器将输入的标题和由滴定得到的数据生成模式。在以后的模式滴定中可调用此模式进行滴定。当然，也可以不输入模式的标题，直接按"F1键"（确认），仪器由滴定得到的数据生成模式，并显示"模式××存储中"字样。

滴定结束，按"退出键"，仪器返回起始状态。

3）预设终点滴定：在仪器的起始状态下，按"F1键"（滴定），进入滴定模式选择状态，移动高亮条至"预设终点滴定"上，按"F2键"（确认），选择预设终点滴定模式。仪器首先要求选择mV预设终点滴定或者pH值预设终点滴定。

此时，可按"▲键"或"▼键"，选择mV预设终点滴定或pH值预设终点滴定，选择完毕按"F2键"（确认），即进入相应的mV预设终点滴定或pH值预设终点滴定。按"F3键"（搅拌），可打开搅拌器，调节搅拌速度（详见"搅拌器速度的设置"章节）。若按"F1键"（取消），仪器退回到上一级菜单。

如果选择了pH值预设终点滴定，则仪器将显示电极的百分斜率和E_0值，此时如果需要，可以重新标定电极的斜率，按"F3键"（标定），即可标定电极斜率（具体的电极标定方法见"电极标定"）。标定完毕，仪器返回pH值预设终点滴定。当然，也可选择设置，即直接输入认为正确的电极斜率和E_0值，按"F2键"（设置）即可设置电极斜率，设置完毕，按"F2键"（确认）仪器返回pH值预设终点滴定，如上显示。按"F1键"（确认），仪器进入pH值预设终点滴定状态，显示如下：如果选择了 mV 预设终点滴定，则会直接进入预设终点滴定状态，此时，按“▶键”和“◀键”，可选择预设终点滴定的终点数（最多可选择 5 个）。

如果选择了多个终点，则显示屏右上角将显示“下页”字样，可以按“F3键”（下页）在几个终点间翻转、切换。如果选择了一个终点，则仪器不会显示“下页”字样。

每一终点有 3 个参数量，即终点电位（或终点 pH 值）、第一预控点电位（或预控点 pH 值）和延时时间。按实际需要，设置相应的参数量。移动高亮条至相应的参数上，按“F2 键”（设置），即可设置对应的参数量。图 8-27 第一终点表示第一个终点的终点电位值，预控点是指由快速滴定转到慢速滴定的转换点，例如，将预控点设置为 100mV，则仪器将在 100mV 处由快速滴定转成慢速滴定。

预控点设置的原则是：对大突跃的反应，预控点要设置到离终点电位远一点的地方（一般距离终点电位 100mV 以上）。而对小突跃的反应，预控点可以设置到离终点近一点的地方，以加快滴定速度。

延时时间是指仪器找到终点后等待的一段时间，以最终确定终点。对于一般酸碱滴定、快反应的氧化还原反应，延时 10s 即可；若用离子电极作为指示电极，则应将延时时间设置得适当长一些。

当所有参数设置正确后，仪器将会自动在显示屏右下角显示“开始”字样，按“F1 键”（开始），仪器即开始预设终点滴定，仪器一边添加溶液，一边采样并进行终点判断，找到每一个终点后，仪器会自动显示提示。找到设置好的所有终点后，仪器即自动停止滴定，并显示最后结果。

4）模式滴定：模式滴定是将存储的滴定模式载入进来并进行滴定。在仪器的起始状态下，按“F1 键”（滴定），仪器进入滴定模式选择，移动高亮条至“模式滴定”上，按“F2 键”（确认），即可选择模式，载入相应的模式进行滴定，显示如图 8-28 所示。

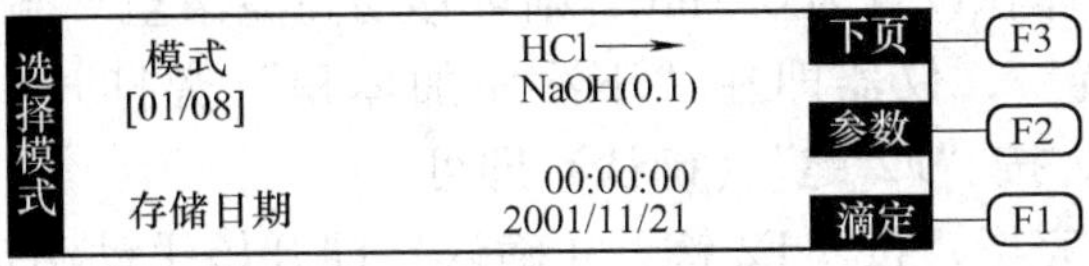

图 8-28 模式滴定显示

图中：HCl ⟶NaOH（0.1），是指 HCl 滴定 NaOH，滴定剂浓度是 0.1mol/L 数量级，这即为模式的标题；［01/08］表示当前仪器共存储有 8 个滴定模式，当前显示的为第一个滴定模式；存储日期是指当前模式存储的日期和时间。

按“F3键”（下页），或者按“PgUp键”、“PgDn键”，来选择滴定模式，选择完毕，按“F1键”（滴定），仪器即自动按此模式下的参数控制滴定，完成整个滴定过程。滴定结束，显示最后结果。滴定结束后的操作，可参见预滴定结束后的相应章节。

按“F2键”（参数），可以查看此模式下对应的参数，包括参数的重新设定、修改等。具体的参数修改、设置等操作见“模式参数”这一章节。

此时，如果需要退出模式选择状态，可按“退出键”，仪器退出模式选择状态，返回起始状态。

5）手动滴定：在仪器的起始状态下，按“F1键”（滴定），进入滴定模式的选择，移动高亮条至“手动滴定”上，按“F2键”（确认），即进入手动滴定模式。仪器首先要求选择mV手动滴定或pH值手动滴定。此时，只可按“▲键”或“▼键”选择mV手动滴定或pH值手动滴定，选择完毕按“F2键”（确认），即进入相应的mV手动滴定或pH值手动滴定。此时，如果按“F3键”（搅拌），可打开搅拌器，调节搅拌速度（详见“搅拌器速度的设置”章节）。若按“F1键”（取消），仪器将退出回到上一级菜单。

如果选择了pH值手动滴定，则仪器将显示电极的百分斜率和E_0值，此时如果需要，可以重新标定电极的斜率。按“F3键”（标定），即可标定电极斜率（具体的电极标定方法见“电极标定”章节）。标定完毕，仪器返回手动滴定。当然，也可选择设置，即直接输入认为正确的电极斜率和E_0值，按“F2键”（设置），即可设置电极斜率，设置完毕，按“F2键”（确认），仪器返回pH值手动滴定。按“F1键”（确认），仪器即进入手动滴定状态，显示如下：如果选择了mV手动滴定，则会直接进入手动滴定状态。

手动滴定需要设置3个参数量，即预加体积、下次添加体积以及结束体积。可以按所需滴定设置预加体积、下次的添加体积以及结束体积。下次添加体积和结束体积，可以在下次添加之前重新设置、修改。

移动高亮条至相应参数上，按“F3键”（设置），可以设置相应的参数量。如果想将下次添加体积设置为0.2mL，则可移动高亮条至“下次添加体积”上，按“F3键”（设置），仪器即在“下次添加体积”旁打开一输入框，可输入“0.2”，输入完毕，按“F2键”（确认）即可。

所有参数设置完毕，按“F2键”（确认）即开始手动滴定。仪器将添加设置好的预加体积，添加结束，仪器停止滴定，显示当前的电位（或pH值）和已添加的体积量，等待的进一步操作，显示如下：其中显示屏左边将显示下一次将要添加的体积量。

可按实际需要，选择继续添加（按“F2键”（添加））或者重新设置下一次的添加量（按“F3键”（设置）），当然也可以随时选择终止滴定（按“F1键”

(终止)）来终止手动滴定。

如果想修改下一次的添加体积或结束体积，则按“F3 键”（设置）。在这里，即可重新设置添加体积或结束体积，然后按“F2 键”（添加）将设置好的体积添加下去。仪器在添加完设置好的体积量后，仍然等待的进一步操作，如此循环，直到终止等待或者达到设定好的结束体积为止。在添加过程中，应等待仪器显示的电位或 pH 值稳定后再继续添加下一次体积量，以保证仪器采样的正确，自动找出终点来。仪器一旦找到一个终点，将在显示屏左下角显示终点对应的消耗体积量和终点电位（或 pH 值），显示如图 8-29。

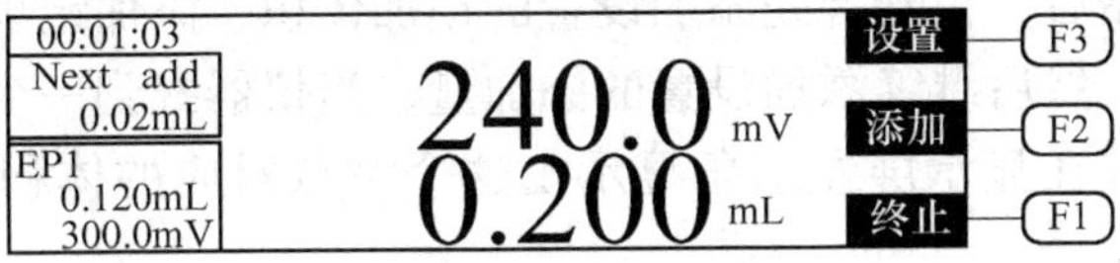

图 8-29　消耗体积量显示

按“F1 键”（终止），仪器询问是否终止滴定，显示如图 8-30。

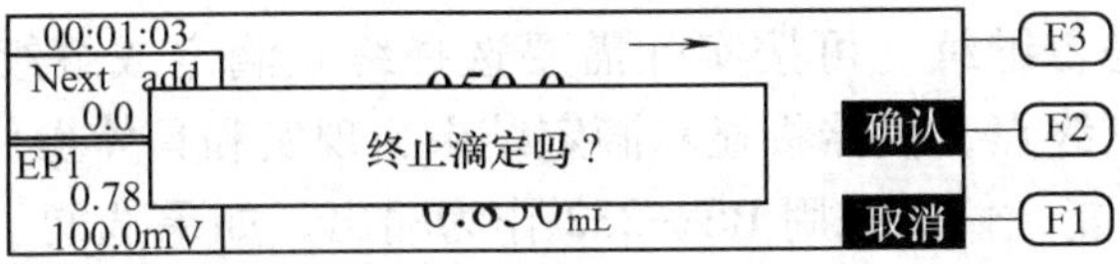

图 8-30　是否终止滴定显示

6）空白滴定：本滴定模式适应于滴定剂消耗较少的滴定。一般的在滴定剂消耗量少于 1mL 以下时，应选择本滴定模式。在仪器起始状态下，按“F1 键”（滴定），进入滴定模式的选择，移动高亮条至“空白滴定”上，按“F2 键”（确认），则仪器进入空白滴定模式，可以进行空白滴定。仪器首先要求选择 mV 空白滴定或 pH 值空白滴定。此时，可按“▲键”或“▼键”选择 mV 滴定或 pH 值滴定，选择完毕按“F2 键”（确认），即进入相应的 mV 预滴定或 pH 值预滴定。按“F3 键”（搅拌），可打开搅拌器，调节搅拌速度（详见“搅拌器速度的设置”章节）。若按“F1 键”（取消），仪器退回到上一级菜单。

如果选择了 pH 值空白滴定，则仪器将显示电极的百分斜率和 E_0 值，此时如果需要，可以重新标定电极斜率，按“F3 键”（标定），即可标定电极斜率（具体的电极标定方法见“电极标定”章节）。标定完毕，仪器返回空白滴定。当然，也可选择设置，即直接输入认为正确的电极斜率和 E_0 值，按“F2 键”（设置）即可设置电极斜率，设置完毕，按“F2 键”（确认）仪器返回 pH 值空白滴定，如图8-29 所示。按“F1 键”（确认），仪器即进入空白滴定状态，如图 8-30 所示。如果选择了 mV 空白滴定，则会直接进入空白滴定状态。

空白滴定需要设置两个参数量：即预加体积和每次添加体积。可以按所需滴定设置预加体积和每次的添加体积量。这些参数在滴定过程中，不可以再修改，而空白滴定本身所消耗的滴定体积又小，故滴定前需小心设置。移动高亮条至“预加体积”或“每次添加体积”，按“F3 键”（设置）则可设置预加体积或每次添加体积，设置完毕，按“F2 键”（确认）即开始空白滴定。在滴定开始前，如果不想进行空白滴定，按“F1 键”（取消）则可取消空白滴定，返回前一级菜单。注意：空白滴定是滴定剂消耗较少的滴定模式，其结果在进行其他模式滴定时并不进行空白扣除。

空白滴定开始后，仪器首先添加设置的预加体积，添加结束，仪器自动进行采样、终点判断，然后继续添加设置的添加量，当仪器找到一个滴定终点后，会鸣叫三声提醒，并在显示屏左下角显示出这个终点对应的体积值、电位值（或 pH 值）。

仪器找到一个终点后，并不会停止下来，而是继续进行滴定，寻找下一个终点。如果认为所有终点已找到，则可按“F1 键”（终止），终止滴定，或者仪器已添加完所设定的结束体积（最大体积，同“预滴定结束体积的设置”），则仪器将自动提示，是否继续，可按实际需要选择终止滴定或继续滴定。滴定结束后，如果仪器找到终点，仪器将显示滴定结果，现实和具体操作可参见预滴定。

（13）打印功能　仪器采用 RS—232 作为输出，如果选购了串行打印机，在仪器中需正确设置串行打印机型号（具体见“打印机设置”章节）。断开仪器和打印机的电源，用随机提供的连接线连接打印机后，打开仪器和打印机的电源，当需要打印时，直接按“打印键”即可。

1）打印机检测功能：仪器为了检测打印机联机是否正常和设置是否正确，提供了一种检测的方法，即每次仪器开机后，在没有进行任何滴定操作前，按“打印键”，仪器显示“数据打印中”字样，可以看到打印机动作，并打印以下数据，如图 8-31 所示。

PRINTER　TEST

Mode.......Tpl6S
Baud.......9600bps

–1199.4mV　25.0

PRINTER　OK!

图 8-31　仪器显示“数据打印中”字样

其中第一行表示打印机测试。第二、第三行分别为设置的打印机型号以及连接的波特率（仪器规定串行通信一律采用 9600bps，8 位数据位，无校验位方式）。第四行为当前仪器测量并显示的电位值、温度值或 pH 值。最后一行表示打印机连接正常。打印完毕，仪器自动返回起始状态。如果看到打印机能清晰、完整地打印以上各式的字样，则说明仪器和打印机的连接正常。若不能正确打印，则可能打印机的波特率或其他设置得不对；或是连接线断开；或是仪器的打印部分有问题，应仔细检查，待正常后，才能使用仪器的打印功能。

仪器每次滴定后，允许打印滴定结果、滴定数据和曲线等。由于打印机的打印速度限制，仪器不能边滴定边打印，只能等滴定结束或终止滴定后，自己选择所需打印的内容。

当滴定结束或终止滴定后，按“打印键”，仪器进入打印选择状态，显示如下：可以直接按“F1 键”（打印滴定结果）、“F2 键”（打印滴定数据）或“F3 键”（打印全部），选择所需的打印要求。

2）打印滴定结果：打印滴定结果，包括以下几个方面：第一，滴定方法：即设置的滴定类型，以及当前的日期和时间。第二，滴定参数：包括滴定管、滴定管系数、滴定剂浓度、样品体积、滴定分析所用的时间等参数。第三，滴定结果：对应每一个终点，有终点体积、终点电位以及相应的终点浓度值。

3）打印滴定数据：打印滴定数据，主要打印滴定过程中滴定体积 V 对应电位 E 及一次微分 $\Delta E/\Delta V$ 值，同时对应滴定曲线。

4）打印全部：打印全部包括：打印滴定结果和打印滴定数据两部分。

（14）模式的操作　模式的操作主要包括：模式的载入、模式的储存、模式的删除，以及模式相应参数的修改等。在仪器的起始状态下，按“模式键”，即可对模式进行操作。

1）模式的载入：在仪器的起始状态下，按“模式键”，仪器进入模式操作状态，移动高亮条至“载入模式”上，按“F2 键”（确认），即可载入模式，进行相应操作，显示如图 8-32 所示。

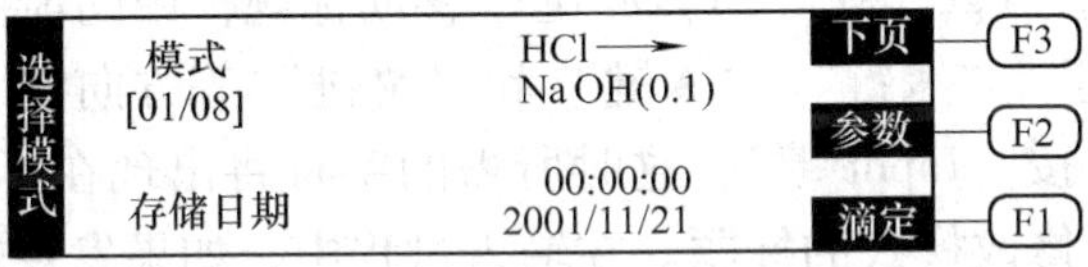

图 8-32　仪器进入模式操作状态

图中：HCl ⟶NaOH（0.1）是模式的标题，表示本滴定是用 HCl 滴定 NaOH，滴定剂浓度是 0.1mol/L 数量级；［01/08］表示当前仪器共存储有 8 个滴定模式，当前显示的为第一个滴定模式。存储日期是指当前模式存储的日期和时间。按“F3 键”（下页），或者按“PgUp 键”、“PgDn 键”，可以用来选择滴定模式。选择完毕，如果需要进行滴定，则可按“F1 键”（滴定），仪器即自动按此模式下的参数控制滴定，完成整个滴定过程。滴定结束，显示最后结果。滴定结束后的操作，可参见预滴定结束后的相应叙述。

按“退出键”，退出模式选择状态，返回仪器的起始状态。

2）模式参数的修改：模式载入后，如果需要查阅本模式中对应的参数值，或者修改这些参数量，按“F2 键”（参数），可以查看此模式下对应的参数，显示如图 8-33 所示。

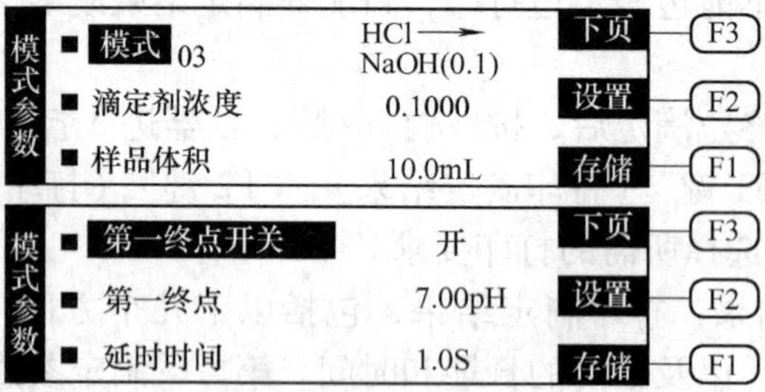

图 8-33 查看此模式下的对应参数

模式参数包括：模式的标题、模式的滴定剂浓度、模式的样品体积、模式的终点数，以及对应每个终点的终点开关、终点电位、延时时间等。可按“F3 键”（下页）、“PgUp 键”或“PgDn 键”依次查看该参数对应的参数量。如果需要修改模式参数，则可移动高亮条至相应的参数上，按“F2 键”（设置），进行相应的参数修改。

① 模式标题的修改：如果需要修改模式标题的内容，则将高亮条移动至“模式”上，按“F2 键”（设置），即可修改模式的标题。

显示屏上方的方框即为本模式的标题，下方的方框中是供选择的字符表。黑色的光标显示在字符表中，标题栏上方有一箭头指示字符的输入位置。可按“F3 键（▶）”或“PgUp 键”“PgDn 键”移动标题栏中的箭头至需要修改的位置，然后按“▶键”、“◀键”、“▲键”和“▼键”等方向键，将光标移动到所需输入的字符上，按“Input 键”，这时所需的字符将出现在标题栏中箭头位置。通过这种方法即可修改模式的标题。在输入过程中，如果发现输入时有较多的错误，则可按“F2 键”（清除），以期会自动载入本模式的原来标题。

修改完毕，按“F1 键”（确认），仪器即将输入的标题保存起来，返回模式参数状态。可继续设置其他的参数。此后，当按“退出键”，退出模式参数返回选择模式状态时，由于模式参数的修改，仪器会询问，要求选择模式的存储方式，是存储在原来模式上，还是另存一个模式，或者取消存储，可按实际需要，按“F3 键”（存储）选择存储在原来模式上，覆盖掉原来模式的参数量，或者按“F2 键”（另存），选择另存，生成一个新的模式，当然，也可按“F1 键”（取消）选择取消存储，则刚才的数据修改不会被保存下来。

② 模式滴定剂浓度的修改：如果需要修改模式的滴定剂浓度值，则可移动高亮条至“滴定剂浓度”上，按“F2 键”（设置），即可重新设置滴定剂的浓度值。

输入完毕，按“F2 键”（确认），仪器退出滴定剂浓度的设置，返回模式参数，即完成模式滴定剂浓度的设置。此后，当最终退出模式参数状态返回选择模式时，仪器同样会询问是否选择另存、还是存储在原来模式上等，可按实际需要选择相应的操作，参见“模式标题的修改”。

③ 模式样品体积的修改：如果需要修改模式的样品体积值，则可移动高亮条至“样品体积”上，按“F2 键”（设置），即可重新设置模式的样品体积值。输入完毕，按“F2 键”（确认），仪器退出样品体积的设置，返回模式参数。即完成模式样品体积的设置。此后，当最终退出模式参数状态返回选择模式时，仪器同样会询问是否选择另存、还是存储在原来模式上等，可按实际需要选择相应的操作，参见“模式标题的修改”中相应章节。

④ 模式终点开关的修改：每一个终点，对应有一个终点开关。当某终点对应的终点开关设置为“关”时，则此终点在滴定过程中不起作用，仪器将不会寻找此终点。只有当终点开关设置为“开”时，此终点才有效。如果认为某一终点是假终点，或者不需要此终点，需要删除此终点时，则只需将此终点对应的终点开关设置为“关”即可达到此目的。

⑤ 模式终点的修改：如果需要修改模式终点电位的大小，例如想修改第一终点的终点电位，则可移动高亮条至“第一终点”上，按“F2 键”（设置），即可重新设置第一终点的终点电位值，输入认为合适的终点电位值，输入完毕，按“F2 键”（确认），仪器退出终点电位的设置，返回模式参数状态。此后，当最终退出模式参数状态返回选择模式时，仪器同样会询问是否选择另存、还是存储在原来模式上等，可按实际需要选择相应的操作，参见“模式标题的修改”。

⑥ 模式延时时间的修改：如果需要修改模式的延时时间量，例如想修改第一终点的延时时间值，则可移动高亮条至第一终点下面的“延时时间”上，按“F2 键”（设置），即可重新设置第一终点的延时时间值，输入认为合适的延时时间，输入完毕，按“F2 键”（确认），仪器退出延时时间的设置，返回模式参数状态。此后，当最终退出模式参数状态返回选择模式时，仪器同样会询问是否选择另存、还是存储在原来模式上等，可按实际需要选择相应的操作。

⑦ 模式的复制：在模式参数状态下，按“F3 键”（存储），选择另存，即可将当前的模式复制，生成一个新的模式。

3）模式的存储：进行滴定，在滴定结束状态，如图 8-34 所示。可以按“F1 键”（模式），生成需要的模式。具体操作参见“预滴定结束后生成模式”。

当退出滴定结束状态，在仪器的起始状态下，按“模式键”，显示如图 8-35。

移动高亮条至“存储模式”，仍然可以将刚才的滴定结果生成模式，这一切功能只是为了防止在滴定结束后忘了将滴定结果生成模式而设的。其具体的操作

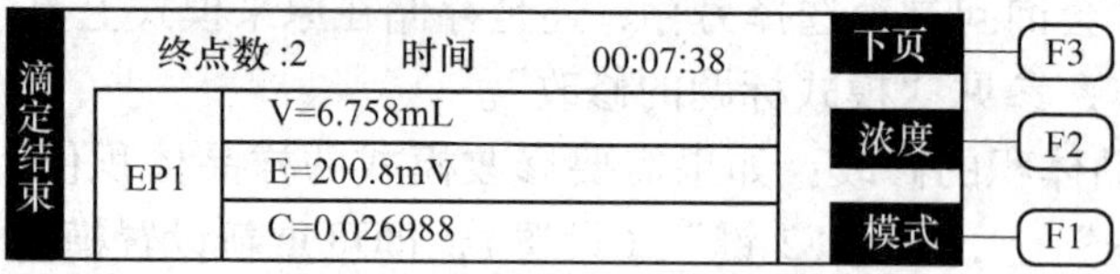

图 8-34 滴定结束状态显示

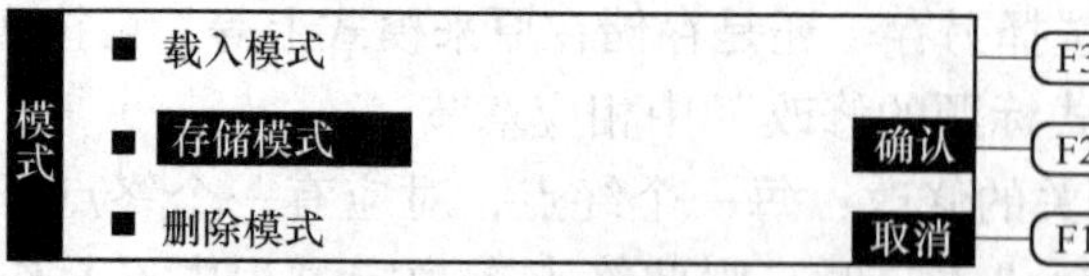

图 8-35 退出滴定结束状态显示

过程同滴定结束后生成模式时一样。可参见“滴定结束后生成模式”章节。

4）模式的删除：在仪器的起始状态下，按“模式键”，移动高亮条至“删除模式”上，按“F2 键”（确认），即可选择模式，进行删除模式的操作，可按“F3 键”（下页）、“PgUp 键”或“PgDn 键”选择欲删除的模式，选择后，按“F2 键”（删除）。

按“F1 键”（取消）可取消删除操作。按“F2 键”（确认），仪器即将当前选择的模式删除，显示“模式删除中”字样，稍等（随着模式的多少，删除时间会有不同），仪器删除完毕自动返回模式删除状态，按“F1 键”（取消）退出模式的删除，返回起始状态。注意：删除一个模式后，其他模式的代号会相应前移，在选择模式滴定时应注意。

3. ZDJ—4A 型自动电位滴定仪的维护

1）仪器的插座必须保持清洁、干燥，切忌与酸、碱、盐溶液接触，防止受潮，以确保仪器绝缘和高输入阻抗性能。仪器不使用时，将 Q9 短路插头插入测量电极的插座内，防止灰尘及水汽浸入。在环境湿度较高的场所使用时，应把电极插头用干净纱布擦干净。

2）整个滴定管最好经常用蒸馏水清洗，特别是会产生沉淀或结晶的滴定剂（例如 $AgNO_3$），在使用完毕后应及时清洗，以免损坏阀门。

3）在用高氯酸、冰乙酸作滴定剂时，应保持环境温度不低于 16℃，否则会产生结晶，损坏阀门。

五、气相色谱仪操作规程

1. 气体的技术要求

（1）用气要求 见表 8-3。

表 8-3 气相色谱仪各种检测器的用气要求

检测器	气体	纯度（体积分数,%）	入口压力/MPa	用途
TCD	N_2、H_2	99.99	0.4～0.5	载气
FID	N_2、H_2	99.99	0.5～0.6	载气
	H_2	99.99	0.4～0.5	载气
	Air	—	0.3～0.4	载气
ECD	N_2	99.999	0.5～0.6	载气
FPD	N_2	99.99	0.5～0.6	载气
	H_2	99.99	0.4～0.5	载气
	Air	—	0.4～0.5	载气

注：不符合纯度要求的气体不得直接通入仪器。

（2）高压钢瓶使用注意事项

1）气瓶必须按照有关的规则储存及使用。

2）气瓶应牢固地固定在不可移动的支架或墙上。

3）只有直立状态储存及移动气瓶不要带着减压阀搬运。

4）气瓶应储存在远离热源、明火且通风良好的地方。

5）气瓶应做到专用，每个减压阀只能用于一种气体，不得混用。

6）瓶内气体不能用尽，必须留下不小于 0.5MPa 的剩余压力。

7）高压气瓶的气体必须通过减压阀，不得直接取用。

8）停止用气时，先关高压，放掉低压气体后，拧松低压阀杆。

9）不允许将气瓶放在温度高于 50℃的场所。

注意事项：气瓶顶部开关（高压）反时针方向为打开，减压阀开关（低压）顺时针方向为打开。

2. 仪器安装

（1）气路的连接　如图 8-36～图 8-38 所示。

1）气路的连接：在减压阀装到气瓶上之前，要将减压阀出口接头拿掉，换上仪器所带备件的表接头。用酒精棉将气瓶接嘴擦洗干净，再将减压阀牢固地装在气瓶上，从气瓶减压阀到仪器的管路要保证清洁，同时在工作过程中不能有其他气体放出。

2）检漏：仪器在出厂前已经过严格的试漏检查，如果按照正常程序操作，性能测试不合格且初步判定为系统漏气时，要进行检漏操作。另外在更换色谱柱后，也要进行检漏。检漏一般分为两步操作：第一步快速检查气源至仪器入口；第二步检查整个系统。

① 快速检漏：在系统内通入载气，将气压调至使用压力的 2～3 倍，然后直

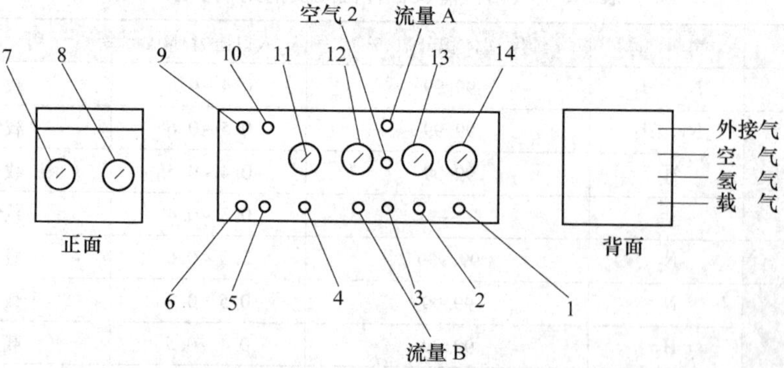

图 8-36 气路控制系统面板图

1—氢B稳压阀 2—氢A稳压阀 3—空气稳压阀 4—载气稳压阀
5—补充气B 6—B路稳压阀 7—柱压A 8—柱压B 9—A路稳压阀
10—补充气A 11—载气总压 12—空气总压 13—氢压A 14—氢压B

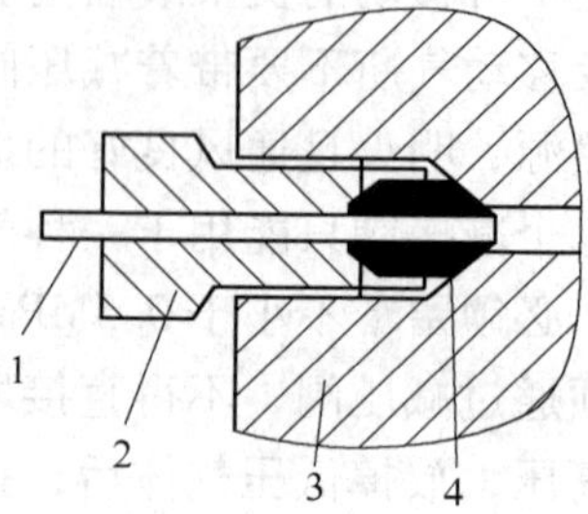

图 8-37 气路连接密封示意图

1—ϕ2mm×0.5mm 不锈钢管 2—空心螺钉 3—母体 4—密封压环

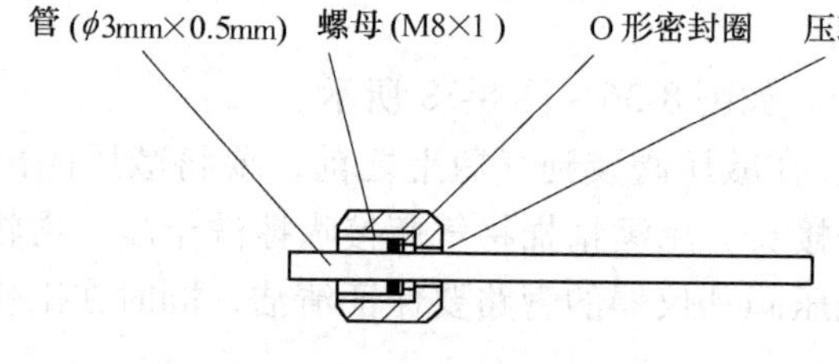

图 8-38 外气路连接示意图

接将皂液涂在各接头处，观察有无气泡产生。若有气泡出现，则证明该处漏气，查出漏气的地方后排除漏气，必要时可更换密封件。

② 系统检漏：采用快速检漏无法查出漏气的部位时，可采用系统检漏，其方法是：

a. 用合适的堵头堵住系统的出口处。

b. 将压力调至使用压力的 2～3 倍，平衡 2～3min。

c. 关断进气，若发现压力下降很快，证明系统漏气，使用以上方法逐段检查并查明漏气的部位。

（2）色谱柱的安装　任何色谱柱在安装之前一定要先进行活化，活化进柱出口不应接在检测器上，通氮气（20mL/min），在高于使用温度 50℃但要低于固定液的最高使用温度的情况下活化 12～24h。

将活化好的色谱柱的一端与汽化室出口连接，另一端与检测器的入口端连接（注意柱子要插到底）。

色谱柱使用温度低于 200℃时，密封压环可以用硅橡胶垫圈。使用温度高于 200℃以上时一定要用金属压环密封，如图 8-39 所示。

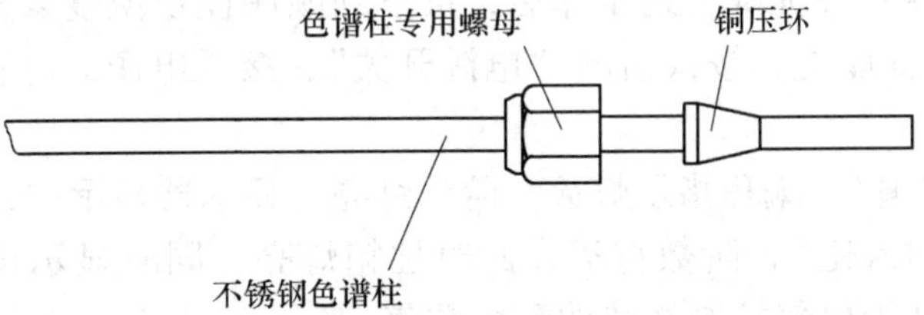

图 8-39　金属柱密封方法

安装玻璃柱时，必须细心操作，由于玻璃柱不能弯曲，故不允许在任何受力情况下安装。其安装步骤如下：

1）用色谱柱专用螺母、金属压环将两个玻璃柱专用接头分别安装在汽化室出口和检测器入口上。

2）如图 8-40 所示，在柱的入口端和出口端安装玻璃柱专用螺母、大小压环和石墨压环。

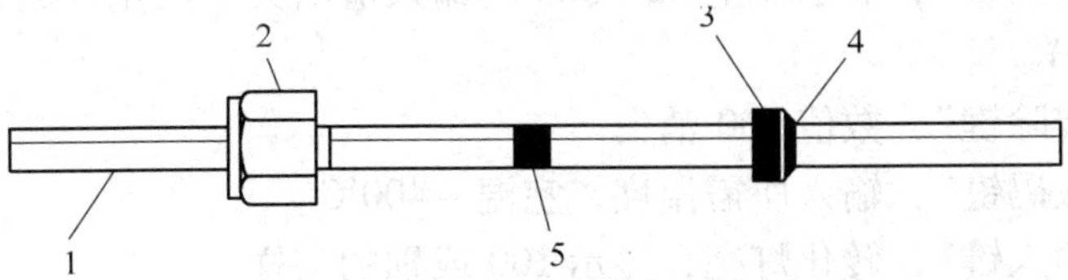

图 8-40　玻璃柱密封方法

1—玻璃柱　2—玻璃柱专用螺母　3—大压环　4—石墨压环　5—小压环

3）将柱的入口和出口对准安装好的玻璃柱专用接头，向上用手拧紧压环和螺母。

4）一只手轻轻托住玻璃柱，另一只手用扳手小心拧紧螺母，直到达到良好的密封为止。装柱后，应进行快速检漏。

3. 操作规程

(1) 使用热导检测器的色谱操作规程

1) 安装色谱柱。

2) 检漏：色谱柱安装后，堵住热导检测器的排气口，通入载气，在0.1MPa下用毛笔把皂液涂在色谱柱的接头处查看有否气泡出现进行检漏。如果没有气泡出现，说明该系统不漏。检漏完毕后，打开出口堵头，此时慢慢放气，否则容易损坏热导元件。

3) 调节载气流量：调节载气流量时，先把稳压阀压力调到0.3MPa，再用两个稳流阀并联进行双路调节，将流量调节到40～50mL/min，流量可在热导检测器的出口处用皂膜流量计测量。

4) 设定温度：在完成上述工作后，按下列顺序设定温度参数：将仪器的电源电缆插到电源插座上，按仪器的“电源开关”，接通电源。电动机转动，编程指示灯亮。

按下“编程键”，编程指示灯灭，阶数灯亮，显示器显示“0”。

① 按下“输入键”，阶数灯灭，此时柱箱灯亮，同时显示出“50.0”或另外字样，此50.0为电气控制系统的预置数值。

② 按“清除键”，显示器无显示，柱箱灯亮。

③ 按“数码键”，给定柱箱所需温度，例如给定100℃、150℃等字样，即柱箱的给定温度。

④ 按“输入键”，此时定的柱温进入系统，热导灯亮，显示器的数值为25.0字样或别的数字样。

⑤ 按“清除键”，25.0数值消失。

⑥ 按“数码键”，给定热导检测器恒温箱所需温度，例如80～300℃。

⑦ 按“输入键”，显示器上80～300的输入值消失，汽化灯亮，显示器出现100或别的字样。

⑧ 按“清除键”，数值100消失。

⑨ 按“数码键”，输入所需温度，室温～400℃。

⑩ 按“输入键”，转化灯亮，显示100或别的字样。

⑪ 按“清除键”。

⑫ 按“数码键”，输入所需温度，360～400℃。

⑬ 按“输入键”，保护灯亮，显示150或别的字样。

⑭ 按“清除键”。

⑮ 按“数码键”，此时置入的数值要高于柱温50℃，但应小于400℃。

⑯ 按“输入键”五次，则就绪灯亮。

⑰ 设定参数复查，按“检查键”一次，再按一次“输入键”，即可顺序检查“柱箱”，“热导”，“汽化”，“转化”，“保护”等各温度的设置值。

⑱ 按“运行键”一次，则就绪灯灭，热导、氢焰灯亮，显示器显示的数字为柱箱的实际温度，仪器进入工作状态。

⑲ 仪器在工作过程中，由于某种原因，超温灯亮，说明仪器出现故障或温度设置错误，此时应查出原因并排除，然后按“超温开关”，再按“运行键”，仪器又重新进入工作状态。

⑳ 按 6^{tc}、7^{tc}、8^{tc}、9^{tc}，在显示窗分别显示出“柱箱”、“热导”、“汽化”、“转化”当时的实际温度。

注意事项：因本仪器设有记忆功能，仪器关机后，以上设定的各种温度参数均可保存在机器内，第二次开机时，仅需先按“总清除键”，这时编程灯亮，再按“运行键”两次，仪器就可以重复上次关机时的各加热参数，仪器开始运转，而无需重新编程。

㉑ 设置桥温：桥温的高低与所用载气种类、热导池温度等有关，也与所要求的灵敏度有关，但总的原则是桥温要高于热导恒温热块的温度 30 ~ 50℃。

5）升温：通入载气 5min 后，打开“热导电源开关”，开始升温。

6）衰减：视被分析物质浓度、含量、进样量、信号测量装置的灵敏度等而定。在分析工作时，用户可自由选取。

7）将输出信号接到记录仪或色谱数据工作站的输入端，选取适当量程，待基线稳定后就可进行分析试验。

8）调“0”：用 TCD 调“0 多圈电位器”调节 0 点。

9）选择定量分析方法，进样待出峰后，进行谱图记录及样品分析。

10）关机

① 关“桥温电源开关”。

② 按仪器电源开关“绿色按钮”。

③ 关上“加热开关”。

④ 再按“加热开关”，关上后过 10 ~ 30min 再关载气。

（2）使用氢火焰检测器的操作规程

1）将氮气、氢气和空气连接到仪器气路单元后面的相关接头上并拧紧。

2）将所用色谱柱插到氢火焰检测器下面的接头并拧紧。

3）载气的调节和检漏与热导检测器操作相同。

4）升温：恒温操作与使用热导检测器加热温度设定步骤相同。程序升温操作步骤如下：

① 打开电气控制单元前面的“电源开关”，接通电源。

② 按“总清除键”。

③ 按“编程键”。

④ 按“输入键”，此时阶数灯亮，显示器出现“0”字。

⑤ 按“清除键”。

⑥ 按“数字键”，“2”。

⑦ 按“输入键”，柱箱灯亮。

⑧ 按“清除键”。

⑨ 按“数字键”，“100”。

⑩ 按“输入键”，其余条件设定同热导检测器。

⑪ 按“输入键”四次，此时灯亮，显示窗显示出9999字样。

⑫ 按“清除键”。

⑬ 按“数字键”，“5”表示在初温100℃下保持5min。

⑭ 按“输入键”，升速灯灭。

⑮ 按“清除键”。

⑯ 按“数字键”，“1”和“0”两键，表示第一阶升温速率为10℃/min。

⑰ 按“输入键”，升速灯亮。

⑱ 按“清除键”。

⑲ 按“数字键”，“1”和“0”两键，表示第一阶升温速率下升温10min。

⑳ 按“输入键”，保持灯亮。

㉑ 按“清除键”。

㉒ 按“数字键”，“5”表示第一阶升温终止，保持5min。

㉓ 按“输入键”，此时升速灯第二次亮。

㉔ 按“清除键”。

㉕ 按“数字键”，“5”表示第二阶升温速率为5℃/min。

㉖ 按“输入键”，此时升温灯第二次亮。

㉗ 按“清除键”。

㉘ 按“数字键”，“1”和“0”两键，表示第二阶在5℃/min升温速率下升温10min。

㉙ 按“输入键”，保持灯亮。

㉚ 按“清除键”。

㉛ 按“数字键”，“2”和“0”两键，表示在终温下保持20min。

㉜ 按“输入键”，此时就绪灯亮。

㉝ 按“运行键”一次，就绪灯灭，仪器进行初温状态。

㉞ 打开“加热开关”，仪器就可以按所设定的温度程序运行，再按一次“运行键”，仪器进入程序状态。

5）在仪器通电之前，微电流放大器和氢火焰检测器的收集极用高频同轴电缆及T字转换插头连接。

6）用双头十点插头电缆线连接微电流放大器和电气控制单元。

7）将极化电压“+”、“-”分别用同轴电缆连接到氢火焰检测器的极化板上（检测器上面的一个插头）。

8）衰减：被分析物质浓度、含量、进样量与信号测量装置的灵敏度等有关，在分析工作中，用户可自由选取。

9）将输出信号接到记录仪或色谱数据工作站的输入端，选取适当量程。

10）当汽化温度达到设定值（此时设置温度不得低于150℃）而检测器温度较高时，方可点火，否则水蒸气冷凝，使极化极和收集极两极的绝缘下降。

11）调“0”：用FID调“0多圈电位器”，将基线调节到色谱工作站荧光屏上的适当位置，如电位器调节到头，基线还是不在所要求的位置，则可将基流开关换到“+”或“-”极性上，再调节电位器即可。在调“0”时，可将“灵敏度”从低分步调到分析所用的位置。

12）经过一段时间，当基线平稳后，即可进样分析。

13）关机

① 首先关闭氢气，再关空气。

② 关上“加热开关”。

③ 电源关闭后过10~30min再关载气。

4. 注意事项

1）仪器高温部位处严禁放置易燃易爆物品。

2）每次开机前应检查气瓶压力是否充足。

3）杜绝分析来源不明的样品。

5. 日常维护

1）定期活化色谱柱。

2）定期查漏。

3）长期停机应罩上仪器外罩，避免污染。

6. HP6890气相色谱仪操作规程

1）开机前的准备：打开氮气瓶、氧气瓶，调节分压表压力为0.6MPa，接通“总电源”。

2）打开氢气发生气“电源开关”。

3）检查各气路是否漏气。

4）开启主机与工作站，并使两者通信。

① 确定各种抽需气体（N_2、H_2、Air）打开HP6890开关后，打开PC机并进入“Windows”，在“HP ChemStations”里选择“HP Configuration Editor”，打开“Configure”里选择“Instrument”。

② 选择“6890GC”，点“OK”，则需选择主机的HPIB卡的地址，按主机键盘上的“Options键”，选择“Communication”，可查到HP6890的HPIB卡的地址，输入工作站。

③ 选择工作站的HPIB卡的地址：同上方法，打开“Configure”选择“HPIB Card”，给出本机的HPIB卡地址。

④ 做好上述工作后，打开“File”，保存上述Configure。退出此画面。

⑤ 在“PH Chemstations”里选择“Instrument 1-Online”进入工作站，并可使HP6890与其工作站成功通信。

5）编辑整个方法

① 从“View”里选择“Method and Run Control”画面，单击“Show Toptoolbar”、“Show Side Toolbar”、“Command line”，并从“Oline signal”处选择“Signal Window 1”。

② 打开“Method”菜单，单击“Edit Entiremethod”，进入方法编辑。

③ 写出方法的信息，编辑进样口类型及位置。

④ 进入整个参数设定：a. 进样口参数的设置。b. 色谱柱参数的设置。c. 炉温的设定。d. 检测器参数的设置。e. 输出信号的设置。f. 以上参数编辑好后，单击“OK”。

⑤ 编好仪器参数后，即会进入到积分参数设定的画面，积分参数可先不做修改，单击“OK”，即进入报告的设定，选择好报告按“OK”。

⑥ 打开“Method”菜单，保存方法：“Save as Method”，给一个新的文件名。

6）做样品分析

① 在菜单中打开“Run Control”，选择“Sample Info”，将会进入填写样品信息表，填好后单击“OK”，再从此菜单中选择“Run Method”，运行方法。

② 从进样口注入样品，同时按主机键盘上的“Start”键，进行样品分析。

③ 填写或打印出分析原始记录。

7）实验结束后，退出化学工作站，退出Windows，关闭PC机，在主机键盘上将各个部件位置降温，关闭FID支持气体，待各处温度全部降下来后关掉气相色谱仪电源，最后关掉气源，关闭总电源。

8）检查无误后，填写仪器使用记录，清理检测完毕的样品和周围环境。

六、原子吸收分光光度计操作规程（以AA320系列原子吸收分光光度计为例）

1. 仪器结构与功能

（1）AA320系列原子吸收分光光度计正面图及控制开关（见图8-41～图8-43）

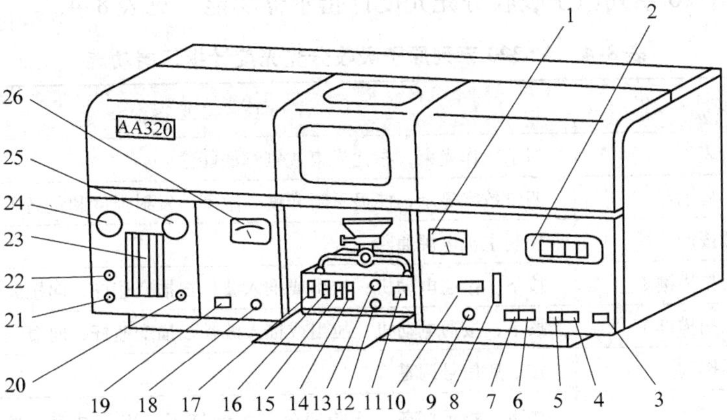

图 8-41　AA320/AA320 CRT 指示控制面板

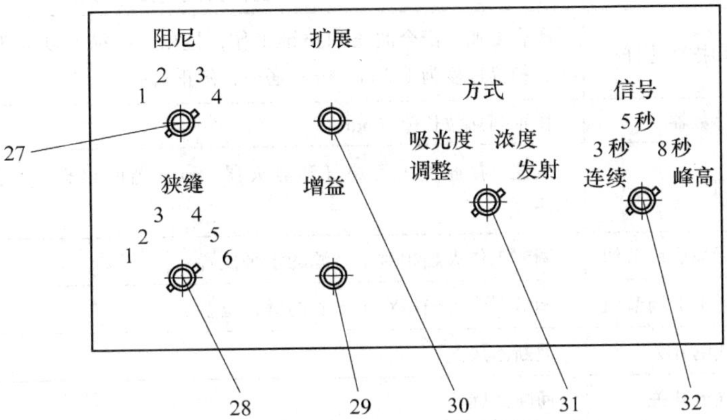

图 8-42　AA320/AA320 CRT 右上面板

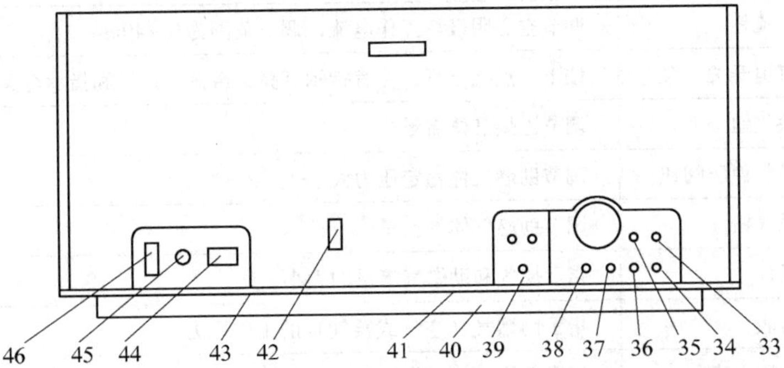

图 8-43　AA320/AA320 CRT 后面板

（2）AA320系列原子吸收分光光度计指示器功能　见表8-4。

表8-4　AA320系列原子吸收分光光度计指示器功能

编　号	名　　称	功　　能
1	能量表	指示工作光束，参比光束或氘灯的能量
2	数字显示器	四位数字显示，能显示吸光度、浓度、发射强度和负高压
3	电源按键	控制主机电源通断
4	波长扫描键↓	按下，接通电动机；拉出或推入波长扫描变速杆，向短波方向速扫描
5	波长扫描键↑	按下，接通电动机；拉出或推入波长扫描变速杆，向短波方向速扫描
6	调零按键	按下后信号调零
7	读数按键	按下，指示灯亮，开始积分，指示灯灭，积分结束，显示积分结果，保持5s后自动回“0”
8	波长手调轮	当波长扫描变速杆9在中间位置时，手动调节波长
9	波长扫描变速杆	离合变速，配合波长扫描键工作，拉出，扫描速度为300nm/min；推入，扫描速度为1.2nm/min；居中，停止扫描
10	波长计数器	指示当前波长值（nm）
11	点火钮	按住，接通点火乙炔气和点火器，点火器吐出火舌点燃燃烧头工作火焰
12	燃烧器前后调节钮	调节工作火焰相对于光源的水平位置
13	燃烧器上下调节钮	调节工作火焰相对于光源的垂直位置
14	乙炔气电开关	通断乙炔气
15	助燃气电开关	通断助燃气
16	空气-笑气电开关	切换空气-笑气
17	气路电开关	气路电源总开关，控制11、14、15、16
18	灯电流钮	调节空心阴极灯工作电流，调节范围为0~40mA
19	氘灯电开关	按下，点亮氘灯，伴有指示灯亮，再按，氘灯和指示灯关灭
20	乙炔气钮	调节乙炔气体流量
21	助燃气稳压阀钮	调节助燃气体稳定压力大小
22	助燃气钮	调节助燃气体的流量
23	流量计	指示燃气和助燃气流量的大小
24	压力表	指示助燃气（空气或笑气）的工作压力
25	乙炔压力表	指示乙炔气的工作压力
26	电流表	指示空心阴极灯的工作电流

（续）

编　号	名　称	功　能
27	阻尼选择开关	阻尼有四挡，递增，用来选择读数响应时间，阻尼越大，响应时间越慢，信号越平滑，但越呆滞，一般操作选择第一挡；遇到噪声大或标尺扩展倍数较大时，适当选择较大的阻尼，以求信号噪声平滑
28	狭缝选择开关	选择单色器光谱带宽，从左至右分别为 0.2nm，0.4nm，0.7nm，1.4nm，2.4nm，5.0nm
29	增益钮	调节光电倍增管的负高压
30	扩展钮	方式为“浓度”时，标尺可在 0.1～10 范围内连续扩展
31	方式选择开关	选择信号测量方式： “调整”位：能量表指示参比光束能量或氘灯的能量（背景校正），数字显示器显示实际负高压值 “吸光度”位：能量表指示工作光束能量，数显器显示吸光度 “浓度”位：与“扩展”配合，可进行浓度直读分析，能量表指示工作光束能量，显示器显示浓度 “发射”位：可进行火焰发射分析或对空心阴极灯谱线进行扫描测量，此时显示器显示百分值能量
32	信号选择开关	选择信号模式： “连续”位：测量瞬时信号； “积分”位：测量积分信号，积分时间为 3s； “峰高”位：测量峰高值信号，适用无火焰分析
33	燃气出口	与 41 相连接
34	笑气出口	与笑气气源连接
35	雾化气出口	与 40 相连接
36	空气入口	与空气气源连接
37	乙炔气入口	与乙炔气气源连接
38	点火乙炔气出口	与 39 相连接
39	点火乙炔气入口	与 38 相连接
40	雾化气入口	与 35 相连接
41	燃气入口	与 33 相连接
42	信号插座	向计算机送出三路模拟信号
43	把手	用手打开后盖板
44	电源插座	输入 220V，50/60Hz 交流电源
45	熔丝	1A/20mm
46	信号输出插座	输出记录仪信号（0～5mA）

2. 仪器安装

（1）实验室 仪器放置的环境需要重视。为了减少污染问题，实验室环境必须相对干净，具防腐蚀性。室内温度保持在5～30℃，相对湿度小于70%。

（2）实验台 仪器应放置在结构稳固平整的水磨石实验台上或木制桌上，如图8-44所示。实验台的宽度应不小于0.8m，长度应根据主机尺寸、附件或将来准备购置的各种附件的尺寸统一考虑，台面适当位置要开一个直径为80～100mm的通孔以便安装排水管道。为了维修方便，实验台后面应留出可供单人进出的宽度约为0.6m的通道。

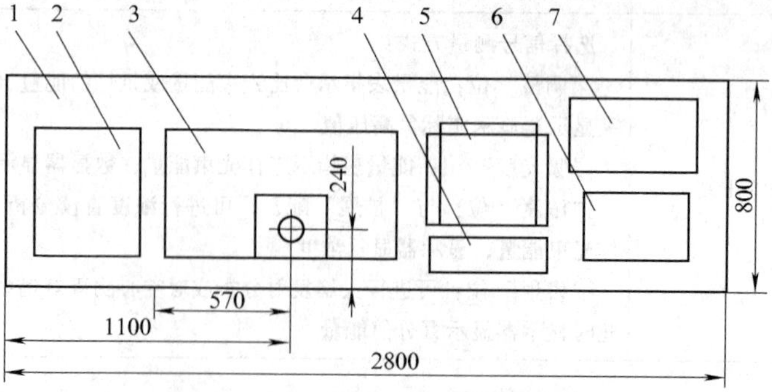

图8-44 实验台尺寸及仪器放置

1—实验台 2—石墨炉电源（选配件） 3—光度计主机 4—键盘
5—计算机 6—打印机 7—台式记录仪

（3）电源、水源和气源 如果使用石墨炉，应增设380V/50Hz三相交流电源一组，石墨炉的最大功率消耗为6800W，为防止干扰主机，该电源要独立从配电箱引出并能承受最大负荷，采用380V/15A四芯插座。实验室内应有冷却水源和排水口，水源可用洁净的自来水或循环冷却水系统，流量不低于2.5L/min。

空气压缩机应离仪器数米远，放在通风良好、环境干净的地方，连接软管不应靠近热源。

带有回火装置的乙炔钢瓶和笑气（氧化亚氮）钢瓶必须安放在通风良好的环境中，周围3m内禁绝一切烟火，以免发生意外燃爆事故。

（4）安装 如图8-45～图8-47所示。

1）主机安装

① 主机应安放在平稳无振动的实验台上，燃烧室上方应对准通风设备，实验台的圆孔应在燃烧室下方的适当位置。

② 打开主机后盖板，拆除正弦尺上的运输保护橡胶件。

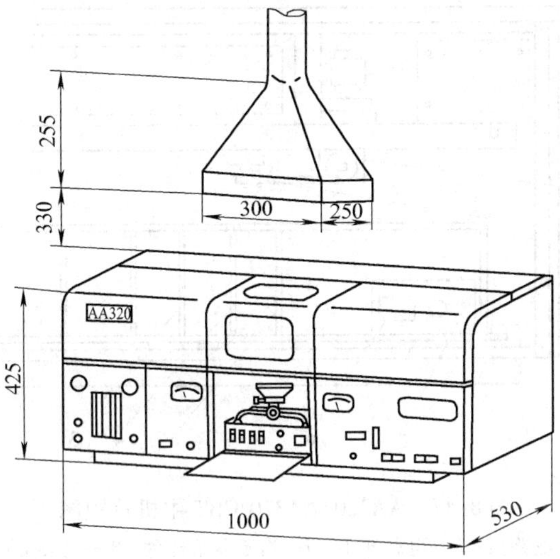

图 8-45 AA320 原子吸收分光光度计外形尺寸及通风设备安装（一）

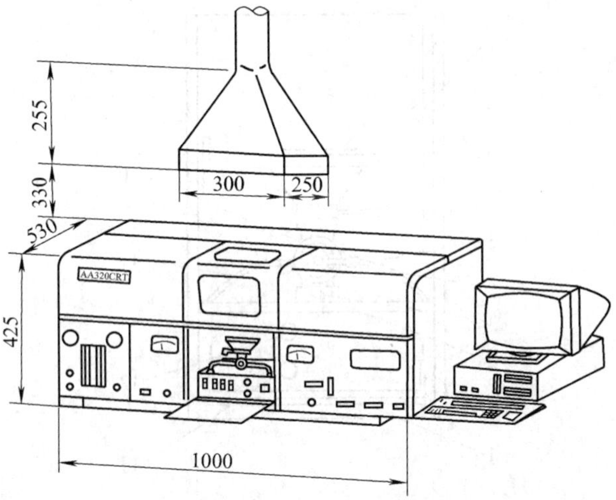

图 8-46 AA320 原子吸收分光光度计外形尺寸及通风设备安装（二）

2）燃烧器安装：如图 8-48 所示。

① 从附件中取出预混室、燃烧头（100mm 或 50mm）、10mm 软管。

② 上提燃烧室防护罩，拆除挡光片架上的临时固定胶带，使挡光滑板能在滑槽内灵活移动。

③ 在预混室的废液排放口上套上长度适宜的软管，软管的另一头穿过燃烧室底板和主机底板上的长圆孔以及实验台圆孔。

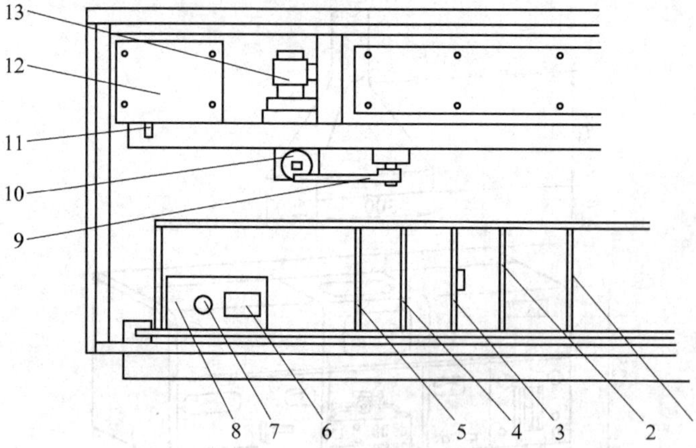

图 8-47　AA320/AA320 CRT 主机背视图

1、2、3、4、5—电路板　6—电源插座　7—熔断器熔丝盒　8—记录仪插座　9—正弦尺　10—正弦机构　11—前置信号插座　12—前置放大器盒　13—光电倍增管盒

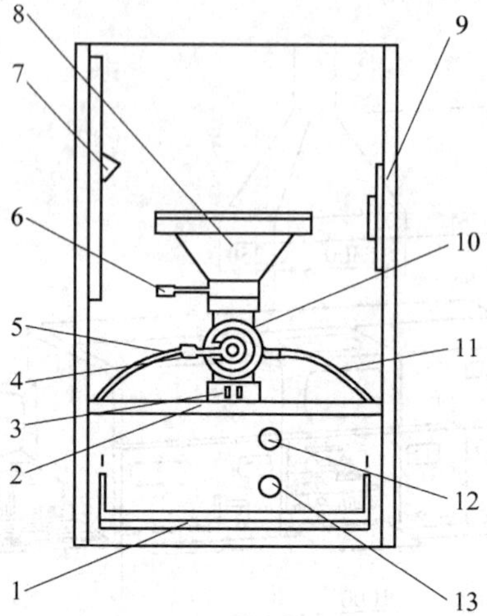

图 8-48　燃烧室

1—样品托盘　2—废液排放口　3—预混室紧固螺钉　4—雾化器　5—助燃器管　6—燃烧头旋转柄　7—点火器　8—燃烧头　9—挡光片架　10——预混室　11—混合气管　12—燃烧器上下调节钮　13——燃烧器前后调节钮

④ 将预混室套放在燃烧器升降柱上，用螺钉旋具拧紧预混室底座上的固定螺钉。

⑤ 在预混室的脖子上装上燃烧头。

⑥ 将穿过实验台的废液软管顺势弯成直径约为100mm的圆环并扎绳固定，软管的末端插入塑料废液容器中。注意软管不能折死。

⑦ 将燃烧室右边的混合气管道接到预混室上，用手指拧紧螺母后，再用扳手稍加紧。

3）雾化器安装

① 将聚乙烯塑料毛细管［ϕ1.2mm×0.3mm×（150～200）mm］套入雾化器的入口处。

② 在预混室前部的端盖上安装雾化器，将雾化器插入端盖正中的孔中，用手指拧紧固定螺母。

③ 将燃烧室左边的雾化器管道接到雾化器的雾化气入口上，用手指拧紧螺母后再用扳手稍加紧。

4）加水：当燃烧器、雾化器及废液排放系统均安装完毕后，取下燃烧头，从预混室的“脖子”上慢慢注入约400mL水，使废液排放管内形成水封，如图8-49所示，再将燃烧头装回。

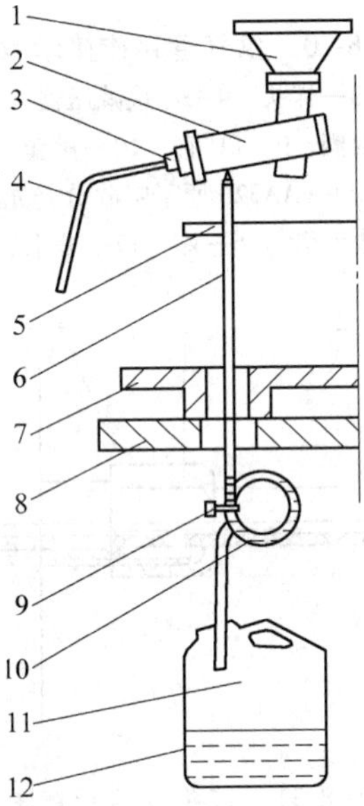

图8-49　预混室废液排放系统

1—燃烧室　2—预混室　3—雾化器　4—进样毛细管　5—燃烧室底板　6—废液管
7—主机底板　8—实验台台板　9—捆扎带　10—水封圈　11—废液容器　12—废液

5）气路管道安装：如图8-50、图8-51所示。仪器气路管道的接头位于仪器的背面。

① 将空气道管（ϕ6mm×1mm塑料软管）一端与仪器的空气入口相接，另

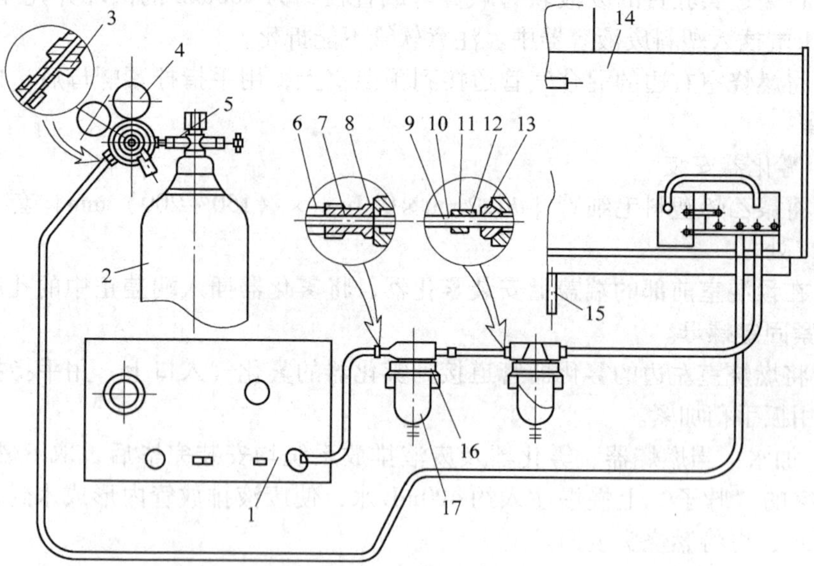

图 8-50 供气管路连接示意图

1—空压机 2—乙炔钢瓶 3—接头 4—乙炔减压器 5—密封垫圈 6—导管部件 7—输入接头 8—O 形密封圈 9—PU 管 10—衬套 11—密封圈 12—螺纹套 13—输出接头 14—AA320 原子吸收分光光度计（背视图） 15—废液管 16—座 17—分水滤气器

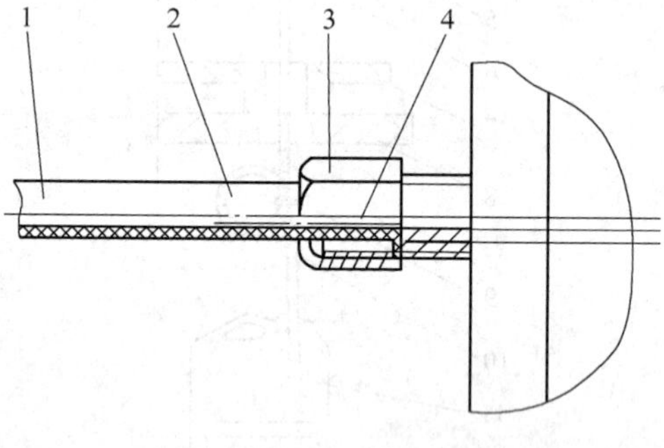

图 8-51 接头安装示意图

1—ϕ6mm×1mmPU 软管 2—不锈钢衬套 3—螺纹套 4—密封衬圈

一端连接无油空气压缩机输出口。

② 如果使用笑气（氧化亚氮），把导管（SF5. 472. 037）接到仪器的笑气入口端，另一端与笑气源连接。

③ 将乙炔道管（ϕ6mm×1mm 塑料软管）一端与仪器的乙炔入口相接，另一端连接清洁干燥的乙炔气源。

④ 将标有“雾化”、“燃气”、“点火乙炔”字样的三组接头，用 ϕ6mm × 1mm 塑料软管对接起来。

注意事项：

①弄清气源，绝对不要接错。

②接头螺母需拧紧，防止漏气。

③不要用含铜质量分数大于 65% 的铜管连接乙炔气路，也不要用粘有油脂的管道连接笑气气路，以防止自燃爆炸危险。

6）燃烧室防护罩装卸：取下烟囱，然后将燃烧室防护罩轻轻往上提，就能卸下燃烧室防护罩。按逆步骤操作，即可将防护罩装上。

7）元素灯安装：灯源室位于仪器左上方，灯架结构如图 8-52 所示。

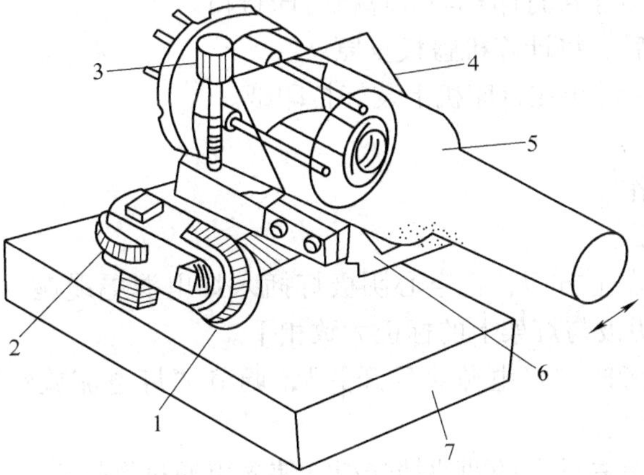

图 8-52　元素灯架

1—左右位移鼓轮　2—高低调节鼓轮　3—调节螺杆
4—扭力弹簧　5—空心阴极灯　6—灯架　7—底板

① 将元素灯引脚对准灯电源插座适配插入。

② 轻轻提起扭簧，将灯插入灯架中，灯阴极处于槽口处即可。

8）附件连接

① 记录仪连接：插座是记录信号输出插座，与记录仪连接，输出信号为 0 ~ 5mV，相当于显示的 0 ~ 1. 999 范围。

② 电源线连接：完成所有接线后，确保主机和计算机电源开关处于关机位置后连接它们的电线。

9）AA320CRT 的计算机安装

① 计算机的主要设备

硬件：	a. 部件主机为 686 微机	1 台
	b. CRT 监视器（VGA）	1 台

c. 打印机 1台

软件：应用软件 AAFC1.0 1套

附件：a. AD 部件 1块

b. 电缆部件 1根

c. 随机文件 1套

② 计算机安装

a. 开箱后将部件放置在实验台适当位置。

b. 按说明书安装计算机系统。

c. 打开计算机盖板，将 A/D 卡插入主机底板槽口上，用连接电缆将 A/D 卡与主机背面的信号输出插座连接起来。

d. 用打印电缆连接打印机与计算机打印接口。

e. 检查无误后，将计算机盖板复原。

f. 按随机文件说明在打印机上装好打印纸。

3. 操作规程

（1）基本操作

1）光源对光

① 打开仪器左上方门，把空心阴极灯插入灯电源电缆座，放到灯架上用弹簧压住，并使灯阴极与灯架上的标记大致相平。

② 打开灯架旁的“灯电源乒乓开关”，调节“灯电流旋钮”选择合适的灯电流（试用 10mA）。

③ 拉开燃气室右壁上的两块挡光板，使光束通过燃烧室。

④ 将“方式开关”设置在“调整”位。

⑤ 选择合适的波长狭缝和负高压（调节“增益钮”），使能量表指针指在 V 字的正中位置（约 2.6V）（空心阴极灯预热后，能量可能增大）。

⑥ 用波长手动轮调节波长使能量表上的指示达到最大值，如果能量大于 2.6V，可调节“增益钮”降低光电倍增管负高压，使之回到中间位置，重复以上操作。

⑦ 缓缓转动空心阴极灯位置，使能量表指示最大。如果能量大于 2.6V，可使用“增益钮”使指针回到中间位置。重复以上操作。

2）燃烧器对光：空心阴极灯的光束在火焰中的路径和位置对系统的灵敏度有极大影响。燃烧器的缝隙应平行于仪器光轴而略微偏低，具体操作如下：

① 降低燃烧头高度至光束下面。

② 将对光板放在燃烧头的缝隙上，沿缝隙移动调节燃烧头的旋转柄，使缝隙与光束平行，并使缝隙处于光束的正下方。

③ 将“方式开关”置于“吸光度”。

④ 按下“调0按钮”，使显示为“0.000”。

⑤ 旋动“燃烧器上下调节钮”，使燃烧器慢慢上升直至有吸光度显示。

⑥ 旋动“燃烧器上下调节钮”，慢慢降低燃烧器，使显示恰好为0，再将旋钮逆时针方向转动半圈，使燃烧器进一步降低，这是许多元素分析的最佳高度，即光斑的中心在对光板上高5mm左右。

⑦ 吸喷一份标准溶液，慢慢旋动“燃烧器前后调节钮”，直至获得最大吸光度值。

3）空气-乙炔火焰操作

① 检查100mm燃烧头和废液排放管是否安装妥当，然后将“空气-笑气切换开关”推至“空气”位置。

② 将乙炔钢瓶的减压阀开至输出压力为0.07MPa。

③ 接通空气压缩机电源，将输出压力调至0.3MPa。

④ 接通“气路电源总开关”和“助燃气开关”，调节“助燃气稳压阀”，使压力表指示为0.2MPa。

⑤ 顺时针旋转“辅助气钮”，关闭辅助气。此时流量计指示仅为雾化气流量，约每分钟5.5L左右。如有必要可启用辅助气，但增大辅助气会降低吸收灵敏度。

⑥ 调节“乙炔钢瓶减压阀”，使乙炔表指示为0.05MPa，打开“乙炔气开关”，调节“乙炔气流量钮”使乙炔气流量至每分钟约1.5L。

⑦ 按下“点火开关”（约4s左右），使点火喷口喷出火焰将燃烧头点燃（若4s后火焰还不能点燃，应松开“点火开关”，以免点火白金丝烧断。适当增加乙炔气流量后重新点火）。可以先按下“点火开关”，待白金丝发红后再旋开“乙炔气流量钮”。

⑧ 调节乙炔气流量，选择合适的分析火焰。

⑨ 当测量完成后，应吸喷几分钟蒸馏水，然后关闭“乙炔气开关”，或直接关闭“乙炔钢瓶阀”使火焰熄灭，最后关闭“助燃气开关”和“气路电源总开关”，关断空气压缩机电源并释放剩余气体。

4）笑气-乙炔火焰操作

① 检查燃烧头（50mm）和废液排放管是否装妥，然后将“空气/笑气切换开关”打到“空气”位置。

② 调节乙炔钢瓶的减压阀至输出压力约为0.07MPa。

③ 将笑气钢瓶的输出压力调至0.3MPa。

④ 接通空气压缩机电源，将输出压力调至0.3MPa。

⑤ 接通“气路电源总开关”和“助燃气开关”，调节“助燃气稳压阀”使压力表指示为0.2MPa。

⑥ 顺时针旋转“辅助气钮”，关闭辅助气。此时流量计指示仅为雾化气流

量，约为5.5L/min左右。如有必要可起动辅助气，但增大辅助气会降低吸收灵敏度。

⑦ 调节“乙炔钢瓶减压阀”使乙炔表指示为0.05MPa。打开“乙炔气开关”，调节乙炔气流量至1.5L/min左右。

⑧ 按下“点火开关”，使点火喷口喷出火焰将燃烧头点燃。（如果4s后火焰还不能点燃，应松开“点火开关”片刻，以免白金丝烧断。适当增加乙炔气流量或加入少量辅助气后重新点火。）

⑨ 等待至少15s，待火焰燃烧均匀后，调节乙炔流量至3L/min左右，并把“空气/笑气切换开关”打到“笑气”位置。

⑩ 调节乙炔流量直至火焰的反应区（玫瑰红的内焰）有1～2cm高，外焰高30～35cm。

⑪ 吸喷被测元素的标准溶液，调节乙炔气流量，根据吸光度的变化选择合适的分析火焰。

⑫ 当测量完成后，吸喷几分钟蒸馏水，然后将“空气/乙炔切换开关”打到“空气”位置，把笑气-乙炔火焰转换为空气-乙炔火焰。

⑬ 关闭“乙炔气开关”或“乙炔钢瓶阀”，使火焰熄灭，最后关闭“助燃气开关”和“气路电源总开关”，关断空气压缩机并释放剩余气体。

（2）测量操作

① 火焰法吸光度测量

a. 开机，根据待分析的元素选择灯安装，点亮灯（10mA）。

b. 根据手册或经验，选择合适的灯电流和光谱带宽。

c. 将“方式开关”置于“调整”，将“信号开关”置于“连续”，然后进行光源对光和燃烧器对光。

d. 将“方式开关”置于“吸光度”，开气点火。

e. 以铜为例：配制1ppm㊀、2ppm、3ppm的标准溶液。点火5min以后，先吸喷空白溶液，按“调0按钮”调“0”，吸喷1ppm的标准溶液，观察吸光度变化的同时调节乙炔气流量和燃烧器位置，使灵敏度最高（吸光度应大于0.1），然后吸喷2ppm、3ppm标准溶液，吸光度应线性变化。

f. 吸喷去离子水（空白液），按“调0按钮”调“0”。将“信号开关”置于“积分”，吸喷去离子水（空白液），再次按“调0按钮”调“0”。吸喷标准溶液，待能量表指针稳定后按一下“读数键”，读数指示灯亮，3s后显示器显示吸光度积分值并保持5s。为使读数可靠，重复以上操作测三次取平均值。记录仪可同时记录积分波形。

㊀ $1ppm = 1 \times 10^{-6}$，下同。

g. 吸喷未知样品，记下吸光度值。

h. 绘制标准工作曲线图，计算未知样品的浓度。

i. 测量结束后，将仪器参数和测量条件写在记录仪图谱旁，以便日后分析参考。

② 浓度直读测量

a. 将“方式开关”置于“浓度”，将“信号开关”置于“连续”位置。

b. 吸喷去离子水，调“0”。

c. 吸喷标准样品，调节“扩展钮”直至显示已知的浓度读数。

d. 吸喷未知样品，显示器直读显示未知样品的浓度。

注意：浓度直读测量方法仅适用于元素的线性范围。

③ 氘灯背景校正测量：进行原子吸收分析时，由于存在光的散射，分子吸收或烟雾影响而引起的附加的非原子吸收称为背景吸收。这种现象的存在使测出的吸光度值偏高，需要用专门装置进行校正。采用AA320原子吸收分光光度计的氘灯背景校正器可实现这一功能。

A. 背景测量（用于分子吸收测量）

a. 开机，根据待分析的元素选择灯安装，点亮灯（10mA）。

b. 根据手册或经验，选择合适的灯电流和光谱带宽。

c. 将“方式开关”置于“调整”，将“信号开关”置于“连续”，然后进行光源对光和燃烧器对光。

d. 将“方式开关”置于“调整”，将“信号开关”置于“连续”，关闭空心阴极灯。

e. 按下“氘灯开关”，点亮氘灯，让氘灯光线从氘灯前的减光盘的通孔中通过，用“增益钮”调整能量水平。

f. 将“方式开关”置于“吸光度”，吸取空白液，按下“调0按钮”调“0”。

g. 测量未知样品液，显示器显示值即为背景。

B. 氘灯背景校正测量

a. 开机，根据待分析的元素选择灯安装，点亮灯（10mA）。

b. 根据手册或经验，选择合适的灯电流和光谱带宽。

c. 将“方式开关”置于“调整”，将“信号开关”置于“连续”，然后进行光源对光和燃烧器对光。

d. 按下“氘灯开关”，点亮氘灯。将燃烧室内参比光路滑板推入光路里，将参比光挡住。

e. 空心阴极灯和氘灯的光斑应重合，否则借助对光片加以调节。其方法是：上下不重合调氘灯上下位置；左右不重合调空心阴极灯位置，沿燃烧器缝隙，两光斑都应重合。

f. 选择氘灯前的减光盘的网格窗来调整氘灯信号能量。将“方式开关”置于“吸光度”位置时，能量表指示空心阴极灯能量；将“方式开关”置于“调整”位置时，能量表指示氘灯能量。如果氘灯能量和空心阴极灯能量相差不太大，可以调整空心阴极灯电流来平衡。

④ 火焰发射测量：对于碱金属例如K、Na等元素，采用火焰发射法进行分析，其灵敏度并不低于采用原子吸收分析法的灵敏度。或者需要分析这些元素，而手头又无这些元素的空心阴极灯，此时就可以采用本仪器的火焰发射法进行分析。

现以K溶液为例说明如下：

a. 点亮K灯，选择0.2nm光谱带宽（光谱带宽可以开至1.4nm），找准766.5nm谱线，若无K空心阴极灯，可将波长设定在766.5nm处，在吸喷K溶液时，在766.5nm±0.5nm范围慢慢转动波长手轮，找出显示读数最大时的波长值即可。

b. 将“方式开关”置于“发射”位置，将“信号开关”置于“连续”位置，点火，关闭空心阴极灯。

c. 待火焰稳定后，吸取空白溶液，调“0”。

d. 吸取浓度最大时的K标液，调节“扩展钮”定标至显示“100.0”左右或你所需的合适读数，打开记录仪进行记录。

e. 测量未知样品溶液，记下结果，也可用积分信号方式进行测定。

f. 测量结束时，关气熄火。

⑤ 光源发射光谱测量：此操作一般用于测量空心阴极灯的谱线及检查仪器分辨率，现以扫描锰双线为例说明如下：

a. 点亮Mn灯10mA，将“方式”置于“发射”，“阻尼”置于“1”位，将“信号”置于“连续”，找准279.5nm谱线。

b. 完全挡住工作光，调“0”。

c. 工作光全部通过，调“增益钮”，使显示为“100.0”左右。

d. 接通记录仪，调整“0”点和满度与显示器一致，然后手动转动波长手轮，让波长计数向长波方向偏离279.5nm，至显示器示值为“000.0”。

e. 按下“扫描▼键”，将波长变速杆推入（慢扫描），同时启动记录，即能录下锰双线谱线。

f. 再按一下“扫描▼键”，使其复原停止扫描。

⑥ 峰高测量：此法一般用于无火焰（氢化物，石墨炉）分析，在流动注射或火焰脉冲进样场，将“信号开关”置于“峰高”，将空白调零，此时仪器将记录并保持测量中的最大信号值直至另一更大信号值出现时才改变显示。

按“调0按钮”可清除峰高记录，开始下一测量周期。

4. 计算机操作

（1）软件的组成　AA320 CRT 计算机应用软件 AAFC1.0 为原子吸收火焰分析的中文软件。主要由执行文件 AAFC1. EXE 和库文件 BCONDI. LIB 组成，安装在 C:\ AA320 子目录中。阅读文件README为 AAFC1.0 的使用说明，可用 README. EXE 启动。

AAFC1.0 是在 UCDOS5.0 的支持下工作的，故在启动前必须先运行 UCDOS 的有关模块，该操作由 AAFC. BAT 批命令自行完成。

（2）软件的启动　启动软件有多种方法。一般情况下，在安装软件时修改了系统的自动执行命令 AUTOEXEC. BAT，所以开机后系统将自动进入 AAFC1.0。

另外，在 DOS 环境下，直接输入 AAFC 或者进入 AA320 子目录，再输入 AAFC，也可启动软件：

C:\ >AAFC[Enter]

C:\ AA320>AAFC [Enter]

进入 AAFC1.0 软件系统（以下简称系统）后，屏上将有以下显示（见图 8-53）。

AA320 CRT

原子吸收火焰分析

AAFC 1.0

上海分析仪器总厂

图 8-53　软件系统显示

待片刻后，自动转入系统主菜单（见图 8-54），F1、F2、F3、Esc 分别为键盘功能键。要选择哪一页（项）操作，就按相应的键。

主菜单

F1……………仪器条件

F2……………样品测量

F3……………文件管理

Esc…………　退出系统

图 8-54　主菜单显示

屏底可能出现 UCDOS 信号提示，按右边的“Shift 键”可使其消隐，能防止误操作。

（3）仪器条件的设置

1）页面说明：本页提供的原始仪器条件可供操作者选择和设置仪器条件时参考，也可修改后作为记录文件储存。本页的原始页面如下（见图 8-55）。其中：

仪器条件 Cu

灯电流	：10mA	火 焰	：空气-乙炔
波 长	：324.7nm	压 力	：0.2　0.06MPa
狭 缝	：0.7nm	流 量	：5.5　1.0L/min
燃烧器	：100mm		
燃烧器高	：6.0mm	氘 灯	：关
高 压	：-×××V	喷雾器	：金属喷雾器

样 == ××

参 == ××

E-元素　　C-条件　　Enter-F2

图 8-55　本页的原始页面显示

① 最高行是页面指示和选择。F#是页面标志，又是选择按键，着色的为当前页。在选择页面时，可以直接按相应的 F#键，也可以按“方向键”［◀］或［▶］，一个小箭头会指示你的选择，选定后按回车键确认。

② 页面显示的仪器条件（不包括氘灯状态和喷雾器）是系统对选定分析元素的推荐值。

“高压”指示的是当前实际的负高压值。

“样”和“参”分别指示试剂样品和参比光的能量水平，供调整元素灯位置、波长和增益时参考。正常情况下，两束光的能量在 80 左右，当能量大于 99 时读数转红色，应调低负高压值。

③ 底部为操作命令。

2）操作命令

E：选择分析元素。按键后页面上开出一个窗口，首先询问：“保存当前数据吗？（Y/N）N”，因为更换元素名称的同时将擦除 F1 和 F2 页面上的全部数据。

如果你还未进行过测量，或已经存储了数据，或不想保存数据，按“回车键”回答，窗口将展示元素表。否则把数据软盘插入 A 驱动器并输入“Y”，系统将自动转入 F3 页面。

元素表上有 44 个按英文字母顺序排列的元素。按提示输入你选择的元素编号再按“回车键”，该元素的仪器条件（不包括氘灯状态和喷雾器）将自动更新页面。

第 45 号元素是空白，如果你要分析的元素不包括在 44 个元素中，可输入“45”并按“回车键”。窗口将征询：“元素名称:”，输入你要分析的元素名，再按“回车键”。注意更新的主页面上除元素名外各项条件均为空白，可按实际情况填入，以便文件记录。

C：条件改写。如果你要修改若干仪器条件，以便作为文件储存，可用本命令。

按键后在条件的首项的数值上会覆盖一个色块，按动“方向键”使色块覆盖到要改写的项目上，再按“回车键”确认。色块上会出现一个闪动的光标，提示输入新的数据。

输入数据后再按一次“回车键”，则数据被刷新，同时色块自动跳至下一项。

如果未输入任何数据直接按“回车键”，则原数据继续有效。

“氘灯”、“喷雾器”的改写在按第一次“回车键”后自动完成。

如果氘灯状态为“开”，应关闭光度计参比光路，此时屏下将显示空心阴极灯和氘灯的实际能量水平，同时将 F2 页中的工作方式自动设置为“背景校正”。

修改结束，按“C 键”退出。此时色块消失，方向键变为页面选择。

Enter：F2

Enter 即“回车键”，此处功能同 F2，按键后系统进入 F2 页。这是 F1 页进入 F2 页的又一手段。

（4）样品测量

1）页面说明：本页可设置各种测量条件，并进行定标和测量。各类数据均可作为文件储存。

注意事项：用计算机进行数据处理时，光度计主机面板上的测量条件选择开关（例如“信号”，“阻尼”，“读数”，“调 0”，“扩展”）的位置一般不影响计算机工作，但是“方式开关”必须置于“吸光度”位置。

本页测量条件的初始值为：

信号方式：吸光度；工作方式：原子吸收；测量时间：3s。

原始页面见图 8-56。其中：

Esc 主菜单	F1	仪器条件	F2	样品测量	F3	文件管理	×.×××

Cu 吸光度数据

No.	浓度 μg/mL	吸光度	背景	标准偏差 SD	变异系数 CV

Z-置零　[ ]-测量　C-条件　E-擦除　M-监视　N-选号

图 8-56 原始页面显示

① 右上角是吸光度或能量实时显示。

② 第二行指示分析元素名称和信号方式。第三行是测量结果的分类，每一个测量数据都将自动列于其下。

③ 底部为操作命令，依据这些命令可对样品进行吸光度的测量。

2）操作命令

Z：置“0”。在测量中将空白信号置“0”是数据处理重要的一步。吸入空白溶液后按“Z 键”，系统开始采样，并将采样结果设置为“0”位（注意实时显示窗）。采样中每一响“铃声”，计数 1s 时间，置“0”完成后方可移去空白溶液。

[ ]（空格键）：测量。置“0”后吸入样品溶液，待实时显示稳定后按本键，系统开始采样，并将测量结果列表。每一“铃声”，计数 1s 时间，结果显示后方可移去样液。

C：查看-修改测量条件。按键后在主页面上打开一个窗口，列出当前的测量条件，如图 8-57 所示。

信号方式	:	吸光度
工作方式	:	原子吸收
标尺扩展	:	1
重复次数	:	1
延迟（s）	:	0
测量（s）	:	3
打印机	:	关　　　　关闭窗口

图 8-57 当前的测量条件

如果工作方式选为“浓度”或“发射浓度”，窗口将自动增加定标（建立标准工作曲线），参数设置见图 8-58。

信号方式	:	浓度	标准曲线	:	线性回归
工作方式	:	原子吸收	浓度单位	:	μg/mL
标尺扩展	:	1	标准 1	:	0.200
重复次数	:	1	标准 2	:	0.400
			标准 3	:	0.600
延迟（s）	:	0	标准 4	:	0.800
测量（s）	:	3	标准 5	:	1.000
打印机	:	关			关闭窗口

图 8-58 参数设置

改变测量条件方法：先用“方向键”选择条件名称，选定后按一下“回车键”，此时该条件的参数端会出现一个下拉菜单，列出可选参数或修改范围。用“方向键”［▼］、［▲］选定参数或用“数字键”输入数据，再按“回车键”。

关闭窗口的两种方法：

① 用“方向键”选择“关闭窗口”后再按“回车键”。

② 在任何时候按“C 键”。

下拉菜单的选择：

① 信号方式

a. 吸光度：仅测量样品的吸光度。

b. 浓度：测量样品的吸光度和浓度，测量前必须先标定。

c. 发射：仅测量样品的火焰发射能量。

d. 发射浓度：测量样品的火焰发射能量和浓度，测量前必须先标定。

② 工作方式

a. 原子吸收：测量结果为浓度、吸光度。

b. 背景校正：测量结果为浓度、纯吸光度和背景吸收。

注意事项：

1）“工作方式”的选择影响 F1 页面设置的氘灯状态。

2）如果“工作方式”为“背景校正”，测量前必须先在光度计主机上：

① 点亮氘灯。

② 关闭参比光路。

③ 通过 F1 页面监视，调整空心阴极灯和氘灯的能量水平。

标尺扩展：

a. 1：显示读数为×. ×××。

b. 10：显示读数为×. ××××。

④ 重复次数：重复测量几次后屏上列出一次平均值，可选范围为1～20，次数为“1”时不列平均值。

与平均值同时列出的还有标准偏差SD和变异系数CV。

⑤ 延迟时间（s）：按“［ ］键”后延迟测量的时间，可选范围为0～10，目的是等待吸入样液状态稳定，减小测量误差，如果能通过实时显示窗掌握吸入样液状态，则不必延迟。

⑥ 测量时间（s）：每测量（读数）一次所用的采样时间，选择适当的时间可以平滑数据可选范围为1～20。

⑦ 打印机

a. 关：打印机不工作。

b. 开：打印机与屏幕显示同步打印。

⑧ 标准曲线

a. 线性回归：根据线性回归方程计算样品浓度。

b. 曲线拟合：根据二次曲线方程计算样品浓度。

c. 线性标加：根据常规的标准加入法公式计算样品浓度。

d. 曲线标加：根据曲线标准加入法公式计算样品浓度。

⑨ 浓度单位

a. μg/mL。

b. μg/L。

c. %。

⑩ 输入已知的标准浓度：系统提供5个标准浓度系列，可按实际配制来改写该系列。如果不足5个标准，将不需要的标准浓度改写为“0”。

改写可从任一标准起进行，注意在有效标准中必须：标 $n-1$ < 标 n < 标 $n+1$，否则系统不予接受，并反复从头开始索取数据……

E：擦除数据。如果你对测量结果不满意，可以按“E键”全部清除。按键后屏上警示：“清除全部数据吗？（Y/N） N”。

输入Y则样品数据全部清除，标准继续有效。但在用标准加入法测量时将保留作为基准数据的#1样品数据。

如果只想重测部分结果，应该用N命令。

N：选号测量。一般情况下测量结果的编号是从“1”开始的，自动累计，最大编号是“100”。用N命令可以人为地设置起始编号。按键后，屏底出现：

“No. （ < 100）：”

输入新的起始编号再按“回车键”，随后的测量结果将从新编号开始。如果输入的编号已经存在，则新的测量结果将覆盖已有的结果。用此特性可以对若干个数据重新测量。

注意事项：如果只对列表中间的若干结果重新测量，应在重测后及时跳回原顺序编号，以免误改了有用的数据。

M：信号实时监视。系统有两个监视画面，可以按“A 键”相互切换。

① 读数波形：用于记录读数周期中信号的瞬时变化，必须按“［］键”启动读数才能记录波形。读数时间在测量条件中已设定，当波形累计超出 X 时间轴时自动更新画面。

② 连续波形：连续地记录信号瞬时变化，当波形累计超出 X 时间轴时自动停止，并在时间轴终止点出现终止竖线，必须按“N 键”才能更新图面。

在“发射”工作方式时，本图面可作谱线的扫描记录。

注意事项：在监视屏上按“空格键”进行读数，测量结果将自动记入主测量页的结果列表中。

图面操作命令如下：

Z 置“0”：对信号置“0”。

A 切换：监视图面切换。

N 更新：更新图面，波形从头开始。

S 标尺：重新设置 X 时间轴和 Y 吸光度/能量轴的左标尺度。

根据提示输入新的数据，然后按“回车键”，图面将按新参数记录，如果未输入任何数直接按“回车键”，原参数不变。

L 划线：在监视画面中划若干水平线作为波形的上下限甄别。

按键后屏上出现“Y = ?”，输入合适的参数即可。

要划一根以上的水平线，只要重复以上操作，图面更新时，划线不保留。

P 打印：打印屏上图形。

按键后屏上出现一个闪烁的窗框并提示：

放弃打印：Esc

打印图谱：	1. Ctrl + ↑（↓）	设置窗口
	2.]，2，<	黑线白底，放大倍数，不换页
	3. Enter	开始打印

1）若放弃打印，按“Esc 键”即可。

2）若是当天首次打印图谱，则先要作四项基本设置：

① 设置打印窗口：方法是左右按住“Ctrl 键”，右手向上或向下方向键，使框线缓缓移动，直至窗口仅容纳你感兴趣的部分以上。

② 设置图谱为黑线白底：方法是按一下后方括号键“]”，若省略本设置或

按了前方括号键“ [”，则打印图谱为白线黑底。

③ 设置放大倍数：可选择1，2，3，4，6，8。放大2倍图谱的尺寸较为适中，按一下“2键”即可。若省略设置则放大倍数为1。

④ 按“ <”键打印完毕不换页，省略设置或按“ >”键打印完毕自动换页(纸)。

3）设置完成后按“回车键”Enter，即开始打印。

Q 退出：退出监视画面，回到F2主页面。

4）浓度测量

① 定标：定标就是通过对标准溶液的测量获得吸光度与浓度的对应关系，并根据选定的标准工作曲线建立函数关系式，以便据此测量未知样品。

在下拉菜单中选定“浓度”方式后，系统会提示：

“首先进行标定!”，此时屏底操作提示如下（见图8-59)：

Z-置零	[ ]-标准	M-监视	N-选号	F-结束

图8-59 定标屏底操作提示

其中Z，M键的作用同前述，其余如下：

[ ]（空格键)：标准测量。从标准1起依次吸入标准溶液，等显示稳定后按“空格键”，系统即开始采样，并将所得的吸光度定标。每1“铃声”，计数1s时间。

定标完成后屏上会询问：“定标OK？（Y/N）Y”，若否定，输入N再按回车，屏底会询问：“标?”而重测；否则屏上显示“开始测量样品”和标准曲线类型，表示定标已经完成，系统将转入样品测量。

如果选用了线性标准曲线方程，则在屏上还会列出该线的斜率K，截距B和线性相关系数R供参考。

若采用标准加入法测量，因为加入不同标准的那一份基准溶液事实上也参加定标计算，所以应在建立标准后首先测量，样品编号为1。至此定标才真正完成，可以用V命令察看曲线或进行批量测试。

N：选号重测。在定标过程中如果发现“标#”操作有误，可以选其号重测而不必从头开始。按键后屏底询问：“标准No.？”，输入重测号再按“回车键”，即可重新测量，更新数据。

F：结束定标。按键后结束定标，列出全部标准数据，一般在选号重测后用。

② 浓度测量：定标结束后，屏底提示见图8-60：

Z-置零	[ ]-测量	R-斜率	C-条件	E-清除	V-曲线	M-监视	N-选号

图 8-60 定标结束后屏底提示

其中 Z，[ ]，C，E，M 和 N 键的作用同前述，其余如下：

R：斜率重调。经过一段时间的操作，测量灵敏度可能漂移，引起读数误差，故标准曲线需重新校正。校正的方法之一是对指定标准重新测量，求出偏移系数，并据此校正全部标准，此即斜率重调。

操作时吸入浓度最高的标准溶液（!），等实时显示稳定后，按“R 键”。

V：工作曲线显示。本命令在定标完成后有效，输入命令进入图形。图中 X 轴是标准浓度，Y 轴是标准吸光度或能量，标尺已自动设置。

屏底操作命令中的 P 命令和 Q 命令与信号监视图面同。

A 命令如下：

A 切换——变换标准曲线的类型，即将直线方程变为曲线方程，或反之。该项操作供操作者最后决定选用标准曲线的方程类型。

当审定曲线类型后，注意应从该曲线画面按“Q 键”退回主页，测量条件自动纠正。

注意事项：

① 当标准已经建立或已从软盘载入，你在任何时候重新进入 F2 页时，屏底可能出现询问：“重新标定吗？（Y/N）N”，如果不想废除当前标准，可按 Y 以外的任何键。

② 有时你重新定标后进行测量，发现数据号不是从 1 开始，按一下 F1 键跳出，再按一下 F2 键跳回，屏上会列出全部数据，其中部分数据来自定标前的测量。如果在定标后要从 1 开始编号，应该先运行 E 命令。

（5）文件管理

1）页面说明：AAFC1.0 能生成三种文件，可以储存到软盘中，也可以从软盘中调回系统。载入系统的文件与当前自动生成的文件一样可以展示、打印，也可以转到 F2 页检阅标准工作曲线或在其支持下继续测量。

这些文件是：①条件报告：记录仪器条件和测量条件。②数据报告：记录 F2 页中列出的所有测量结果。③样品浓度报告：将一批样品（多至 100 个）测得的元素（多至 8 个）的浓度汇总列表。

注意事项：

①条件报告与数据报告在储存时进入同一文件，仅在展示或打印时分列为两个文件。

②在进入本页前应首先将数据软盘（或已在 DOS 系统格式化的软盘）插入 A 驱动器。

本页的原始页面如下框图（见图8-61）。进入本页，如果数据盘中已存有文件，将自动一一列出。标明元素名称的是《条件与数据报告》，元素名称为“++”的是《样品浓度（批）报告》。

Esc 主菜单	F1 仪器条件	F2 样品测量	F3 文件管理	时:分:秒
		文件目录		
No.	文件名称	元素	操作者	日期
1	××××	××	×××	××-××-19××
2	××××	++	×××	××-××-19××
·				
·				
·				
S-储存　Enter-载入	↑↓-选择	E-擦除　R-寄存	O-展示	P-打印

图8-61　本页的原始页面

2）操作命令

S：将系统中已经生成的文件存入软盘。

按键后屏上提示：“存盘：1. 条件报告。2. 数据报告。3. 样品浓度（批）报告?”

输入数值后再按回车，屏上立即自动给出新文件编号，文件名称和操作者姓名两项由操作者填入，其余参数由系统自动生成。当A驱动器指示灯熄灭时，文件已经存入软盘。

输入无效数值，则屏上显示“文件未找到”，退回原状态。用此特点可中途退出操作。

Enter：将选中的文件从软盘中载入系统。

按键后系统将选中的文件（光条指示）从软盘载入，成为当前文件，如操作正常，屏下报告：“　”文件载入无误。

↑↓：软盘文件选择。

↑↓为“方向键”，可上下移动光条在目录中选择文件，为载入或擦除该文件作准备。

E：擦除文件。按键后屏上提示：“擦除：1. 软件文件。2. 寄存器数据?”。若输入“1”，回车，屏上光条覆盖的软盘文件立即被擦除；输入“2”，回车，则屏上继续提示：

“擦除：寄存器号码（1~8，0为擦除全部）?”

输入号码 n，则 n 号寄存器中的内容全部擦除，并将 $n+1$ 号寄存器的内容

存入 n 号中，再将 $n+2$ 号寄存器的内容存入 $n+1$ 号，依此类推，直至腾出最高号的寄存器，准备接纳新的数据。

输入 0，则全部寄存器中的数据均被擦除。

输入无效数值，则屏上显示“文件未找到”，退回原状态。用此特点可中途退出操作。

R：依次往寄存器中寄存“样品浓度（批）报告”的数据。

“样品浓度（批）报告”是一组多至 8 个元素的浓度汇总报告。与此相应，系统中设置了八个寄存器，每个寄存器含 100 个数据空间。每进行一次 R 命令的操作，当前 F2 页的全部浓度测量结果将存入一个寄存器。适当的时候将其中内容调出，即形成最终的文件。

举例：假设有一批（30 个）样品，要求测量 Cu，Cr，Fe，Zn 四种元素的含量，你可以这样来生成文件：

方法一：每测完一个元素（依样品序号得到 30 个浓度数据），按 F3 转到本页，再按 R 键将数据存入寄存器，当屏上出现：“XX 浓度数据已存入寄存器#”（XX 为元素名，#为寄存器号）后，回到 F1 及 F2 进行下一元素的测量，直至当天测得并存入全部数据。

方法二：同上，但当天只测量了 Cu，Cr 两个元素，你可以用 S/3 命令将这两组数据存入软盘，次日再用 L 命令将其调回系统，然后按方法一继续测试余下的 Fe，Zn，直至完成。

方法三：每测完一个元素的 30 个样品，按 F3 转到本页，用 S/2 命令将数据存入软盘，再回到 F1、F2 进行下一元素的测量。当全部测完后，软盘中将存有 Cu，Cr，Fe，Zn 四个独立数据文件。

逐个用 L 命令调回系统，每调回一个，按一下 R 键。

注意事项：寄存数据只能按一次 R 键，再按再存。如果发现重复寄存，可用 E 命令修改。

O：将文件展示在屏上：

按键后屏上提示：“展示：1. 条件报告。2. 数据报告。3. 样品浓度（批）报告？”

输入数值后再按回车，屏上即印出选中的当前文件。

输入无效数值时，屏上显示“文件未找到”，退回原状态。用此特点可中途退出操作。

P：打印各类文件

按键后屏上提示：“打印：1. 条件报告。2. 数据报告。3. 样品浓度（批）报告。4. 软盘文件目录？”

输入数值，按回车，即启动打印。

输入无效数值时，屏上显示“文件未找到”，退回原状态。用此特点可中途退出操作。

注意事项：当前文件的修改，应转到相应页面去进行。

（6）退出　如果要退出AAFC1.0，只要在任一主页上连续按两下“Esc键”，计算机即回到PC-DOS操作系统，无需拆卸与光度计主机连接的信号电缆，即可在计算机上进行其他工作。

5. 最佳条件的选择

（1）灯电流选择　灯电流的大小，影响分析的灵敏度和精密度，较小的电流可获得较高的灵敏度，但会有较大的噪声，所以应仔细选择合适的灯电流。

（2）火焰选择　适当的火焰，能提高分析的灵敏度和稳定性。火焰点着后，可调节乙炔气的流量来改变助燃气与燃气的比例，得到不同的火焰，直到获得最大吸收。使用空气-乙炔火焰时，乙炔气流量小提供蓝色火焰，流量大提供黄色火焰。使用笑气-乙炔火焰时应有一个高10～20mm的玫瑰红焰心。

（3）燃烧器位置选择　燃烧器的位置，尤其是高度，对分析的灵敏度和稳定性有很大影响。完成燃烧器对光后，应着重进行燃烧器高度的选择，以寻找具有最大吸收或稳定的火焰区域。燃烧器位置的调节应在火焰条件下边吸样边进行。

（4）样品提取速率　样品提取速率（喷雾量）的大小对分析的灵敏度影响极大，在一定的程度上喷入火焰的试液量越多越好，但过多，吸收反而下降。

对于金属雾化器，样品提取速率的改变，可通过旋动调节螺母和更换不同口径或长度的进样毛细管实现。口径大、长度短的进样毛细管的样品提取速率较大。

（5）分散球的使用　使用分散球可以提高样品雾化效率。一般来说分散球的位置靠近喷嘴，且球心稍低于雾化器的轴心效果较好。

玻璃雾化器上的分散球已固定在最佳位置，但金属雾化器上的分散球需由操作者自己仔细地安装。分散球的安装孔在预混室盖的调节杆上，可通过盖外的旋钮转动。把分散球插入调节杆的小孔内，吸喷溶液观察雾化状况，选择最佳位置后用调节杆上的小塑螺钉固定，然后将盖装上预混室。

（6）光谱带宽选择　光谱带宽即狭缝，在能分开非共振线的前提下，应尽量采用宽的狭缝，以便提高信号的信噪比和分析稳定性。

本仪器设有七档狭缝可供选择。

（7）波长选择　仪器的右翻板内侧附有元素灯分析线及燃烧气体表，对大部分元素的分析推荐两个工作波长。第一个波长一般是最灵敏线或灵敏度较高、稳定性较好的分析线，可用于常规分析；第二个波长一般是次灵敏线或灵敏度较低的分析线，可用于高浓度试样的分析。

6. AA320 系列原子吸收分光光度计的维护

（1）燃烧器缝隙的清洗　点火后，燃烧器的整个缝隙上应是一片燃烧均匀的火焰。火焰若出现锯齿状，表明缝隙需要清洗了。清洗时应先熄灭火焰，用滤纸插入缝隙仔细揩洗。如无效可取下燃烧头在水中用细软毛刷洗。如已形成溶珠，可用细金相砂纸或单面刀片仔细磨刮清洗，严禁用酸浸泡。

（2）燃烧器清洗

1）吸喷有机样品：吸喷有机样品试剂后（例如油类或甲基异丁酮）再作其他测量，吸光度信号可能产生噪声和不稳定，其原因是有机溶液污染了以后测量的水溶液样品。为了防止污染，应按以下步骤清洗原子化系统：

① 吸喷空白有机试剂约 5min。

② 吸喷丙酮 5min。

③ 最后用体积分数为 1% 的 HNO_3 溶液吸喷 5min。

④ 检查燃烧器，如有沉淀物形成，应卸下燃烧器，用清洁的溶液和毛刷清洗预混室和燃烧头。

⑤ 用水冲洗废液排放管。参照有关规定适当地处理腐蚀性溶液。

2）吸喷高浓度铜、银或汞盐：在空气-乙炔火焰中吸喷高浓度铜、银或汞盐后，可能生成不稳定的乙炔化合物，干噪后易产生爆炸。因此，每当进行此类分析后，要及时喷吸纯水，充分清洗预混室、燃烧头、废液排泄管，仔细检查残留杂质是否洗去。

3）雾化器和进样毛细管清洗：清洗过燃烧器及燃烧头缝隙后，吸光度读数仍低，可能是由于在雾化器或进样毛细管局部堵塞而引起。可喷吸纯净的溶剂直至随后测量的标样有较满意的吸光度读数。

注意事项：如果使用较长的进样毛细管，样品的喷吸流量和灵敏度将减小。如果吸喷溶剂消除堵塞仍无效，此时应清洗进样毛细管或雾化器毛细管。

① 金属雾化器：用软钢丝疏通毛细管，清除毛细管内的固体颗粒。如果不能解决问题，则应卸下雾化器清洗。

② 玻璃雾化器：从预混室卸下端盖，把雾化器上的分散球和雾化气软管卸下，用雾化气吹雾化器的出口处直至所有固体颗粒全部吹出。

4）气路检查：气路如果经过修理或装拆，应进行泄漏检查，特别是乙炔气路。其方法是：

① 拧下接到燃烧器的乙炔气软管螺纹套接头，用附件闷头拧紧密封。

② 关闭“辅助气针形阀”，接通“气路电开关”、“助燃气电开关”和“乙炔气电开关”，打开“乙炔气针形阀”和“稳压阀”。

③ 打开“乙炔气钢瓶阀门”，使输出压力为 0.07MPa，然后关闭“钢瓶阀门”，此时乙炔气路中已密封了乙炔气体。

④ 观察“乙炔气压力表”10min，其压力下降应不大于0.01MPa。

七、液相色谱仪操作规程（以Agilent 1100系列液相色谱仪为例）㊀

液相色谱法（简称HPLC）是色谱法中最重要的一个分支。与气相色谱法相比，HPLC的分离模式更为多样化，适用样品范围更广。它不仅能分离高沸点、强极性和热不稳定的化合物，而且适合于离子性、大分子以及具有生物活性的化合物的分离。据估计，自然界20%的已知化合物能用气相色谱直接分析，而70%以上都可用HPLC分析。另外，经HPLC分离后的样品组分很容易收集，故其能用于制备分离仪器。

1. Agilent系列液相色谱仪的结构（见图8-62）

HPLC有多种分离模式，但其仪器结构基本相同，仪器的分析工艺流程如下：将流动相置于储液瓶，由四元泵输入系统，样品用自动进样器从进样阀引入，经色谱柱分离后进入检测器的流动池，吸光度信号经放大后由记录仪记录。检测器则主要有UV－VIS、二极管阵列、示差折光、荧光、电化学及质谱等。

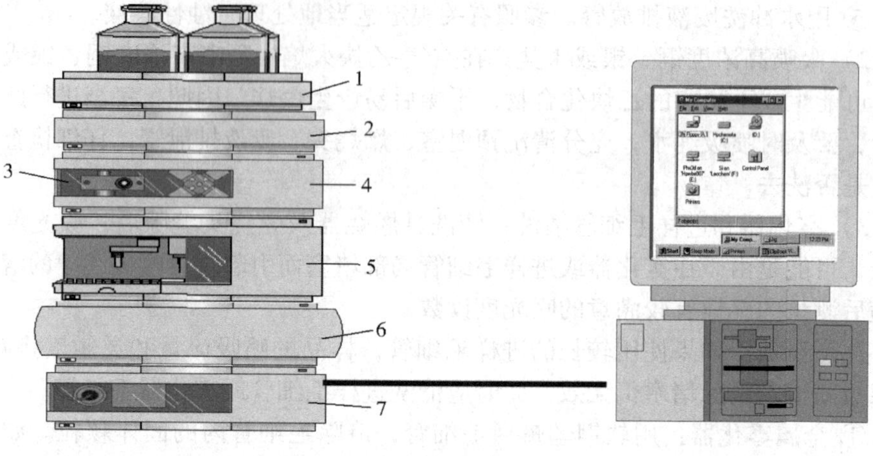

图8-62　Agilent 1100系列液相色谱仪结构示意图

1—溶剂柜　2—真空脱气机　3—排液阀　4—四元输液泵　5—自动进样器　6—柱温箱　7—检测器

仪器的主要组成如下：

（1）真空脱气机　可以高性能脱气，避免烦琐的操作，能提高仪器的稳定性。

（2）四元输液泵　Agilent 1100的四元输液泵是采用新的单向结构的活塞泵，其流量设定范围为0.2～10mL/min，精度为0.1mL/min。该泵可自动监测压

㊀ 此节为新增，图中英文较多，字较小，为便于初学者阅读方便，现将文、图中中英文术语对照作为附录E，以供查阅。

缩性补偿值，能保持高压条件下的流量准确度，其压力上限可在 0 ~ 4 × 104kPa（0 ~ 6000psi）的范围内调节。

（3）自动进样器　样品盘容量为 200mL，样品进样体积为 0.1 ~ 1500μL，具有操作简便，准确度高，重现性好等特点。

（4）柱温箱　控温范围低于室温 10 ~ 80℃，可容纳 30cm 长的色谱柱，样品在此分离。根据样品类型和分离模式，可选用各种不同的液相色谱柱。

（5）DAD 检测器　波长范围为 190 ~ 950nm，可变狭缝，可进行自动峰检索，利用紫外谱图进行峰确认，检测最高灵敏度为 $\pm 1 \times 10^{-5}$ AU（满量程为吸光度单位）。

（6）计算机化学工作站　用于记录色谱图及处理数据。

2. Agilent 1100 系列液相色谱仪操作规程

（1）开机

1）打开计算机，进入 Windows NT（或 Windows 2000、Windows XP）界面，并运行 Bootp Server 程序。

2）打开 1100 LC 各模块电源。

3）待各模块自检完成后，双击“Instrument 1 Online”图标，化学工作站自动与 1100LC 通信，进入工作站界面，如图 8-63 所示。

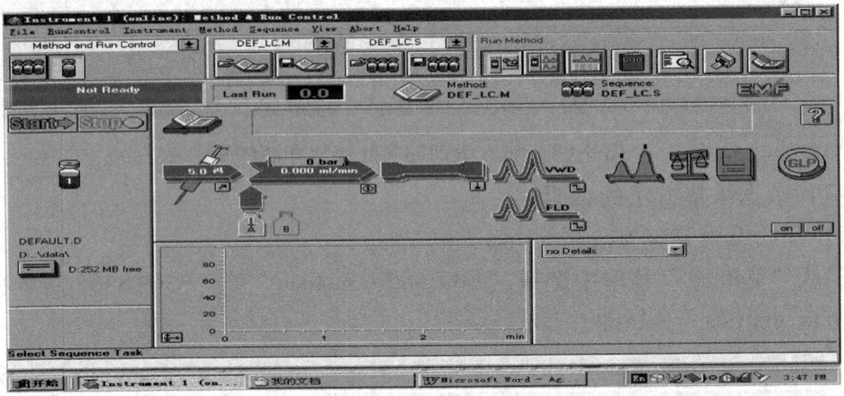

图 8-63　工作站界面

4）从“View”菜单中选择“Method and Run control”界面，单击“View”菜单中的“Show Top Toolbar”“Show status toolbar”“System diagram”“Sampling diagram”，使其命令前有“√”标志，以调用所需的界面。

5）把流动相放入溶剂瓶中。

6）打开 Purge 阀。

7）单击“Pump”图标，出现参数设定菜单，单击“Setup pump”选项，进入泵编辑界面。

8）设 Flow：5mL/min，单击“OK”按钮。

9）单击“Pump”图标，出现参数设定菜单，单击“Pump control”选项，选中“On”，单击“OK”按钮，则系统开始 Purge（净化），直到管线内（由溶剂瓶到泵入口）无气泡为止，然后切换通道继续 Purge，直到所有要用通道无气泡为止。

10）单击“Pump”图标，出现参数设定菜单，单击“Pump Control”选项，选中“Off”，单击“OK”按钮关泵，关闭放气阀。

11）单击“Pump”图标，出现参数设定菜单，从中单击“Setup pump”选项，进入 Pump 编辑界面，设置 Flow 为 1.0mL/min。

12）单击泵下面的瓶图标，如图 8-64 所示（以二元泵为例），输入溶剂的实际体积和瓶体积，也可输入停泵的体积，然后单击“OK”按钮。

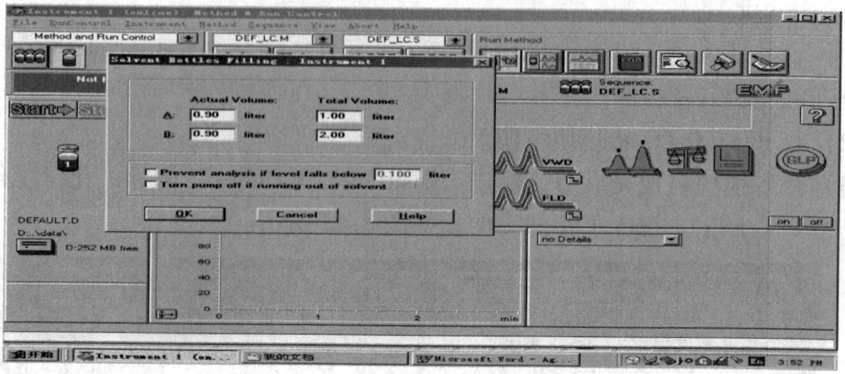

图 8-64 输入溶剂的实际体积和瓶体积

（2）数据采集方法的编辑

1）开始编辑完整方法

①从“Method”菜单中选择“Edit entire method”项，按图 8-65 所示选中除了“Data analysis ”以外的三项。

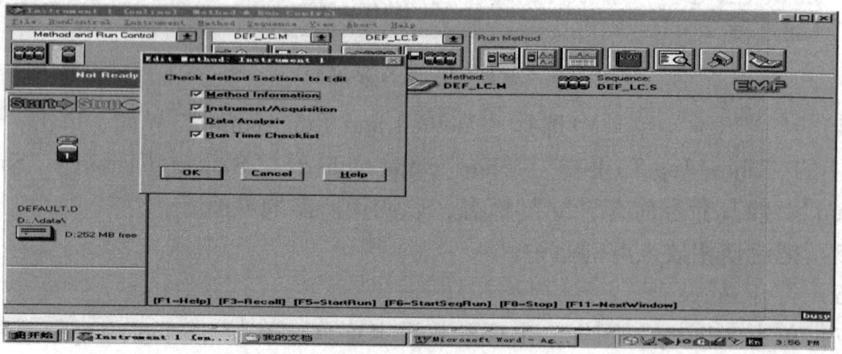

图 8-65 编辑完整方法

②单击“OK”按钮，进入下一界面。

2）加入方法信息

①如图 8-66 所示，在“Method Comments”中加入方法信息（例如方法的用途等）。

②单击“OK”按钮，进入下一界面。

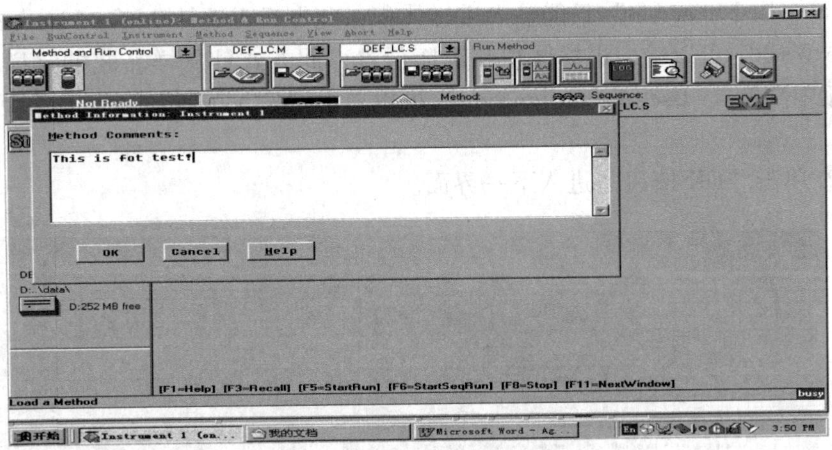

图 8-66 加入方法信息

3）泵参数的设定（以二元泵为例）

① 如图 8-67 所示，在“Flow”处输入流量，例如 1mL/min，在“Solvent B”

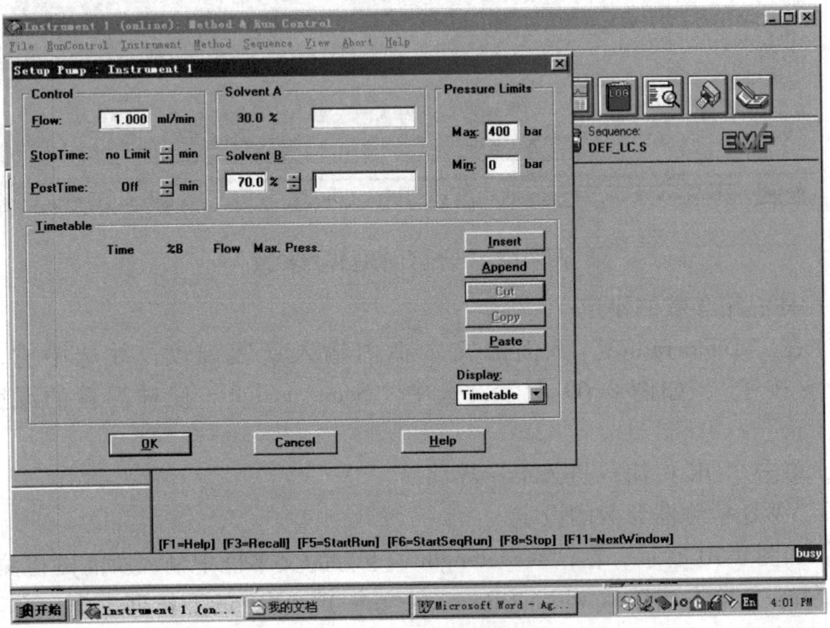

图 8-67 设定泵参数

处输入70.0，也可插入一行“Timetable”编辑梯度。在“Pressure Limits”中的“Max”处输入柱子的最大耐高压，以保护柱子。

② 单击”OK“按钮进入下一界面。

4）自动进样器参数的设定

①选择合适的进样方式，如图8-68所示，进样体积为1.0μL，洗瓶位置为6号。“Standard Injection”只能输入进样体积，此方式无洗针功能。“Injection with Needle Wash”可以输入进样体积和洗瓶位置，此方式针从样品瓶抽完样品后会在洗瓶中洗针。“Use injector program”可以单击“Edit按钮”进行进样程序的编辑。

② 单击“OK按钮”进入下一界面。

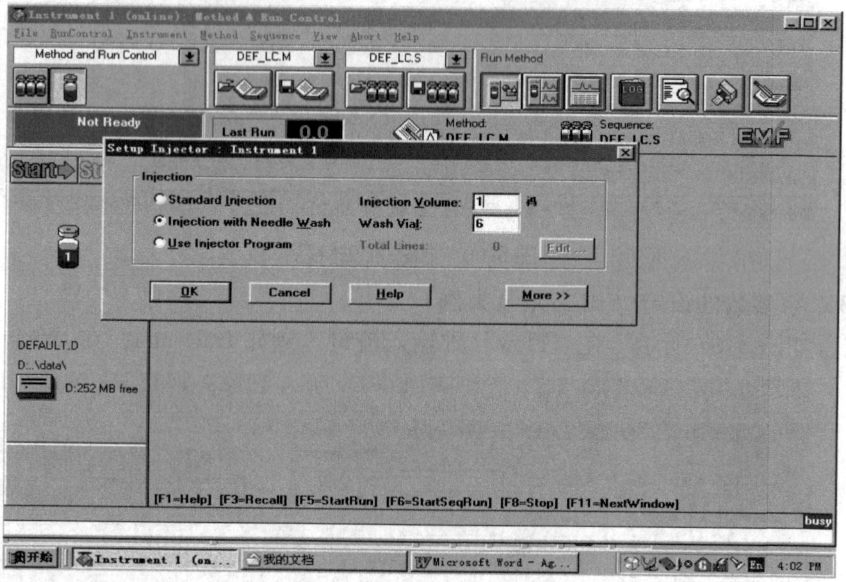

图8-68 设定自动进样器参数

5）柱温箱参数的设定

① 在“Temperature”下面的文本框内输入所需温度，并选中它，单击“more≫按钮”，如图8-69所示，选中“Same as left”使柱温箱的温度左右一致。

② 单击“OK按钮”进入下一界面。

6）VWD检测器参数的设定

① 如图8-70所示，在“Wavelength”下方的文本框中输入所需的检测波长，例如254nm，单击“Peak width（Response time）”下方的下拉列表框，在下拉列表中选择合适的响应时间，例如>0.1min（2s）。

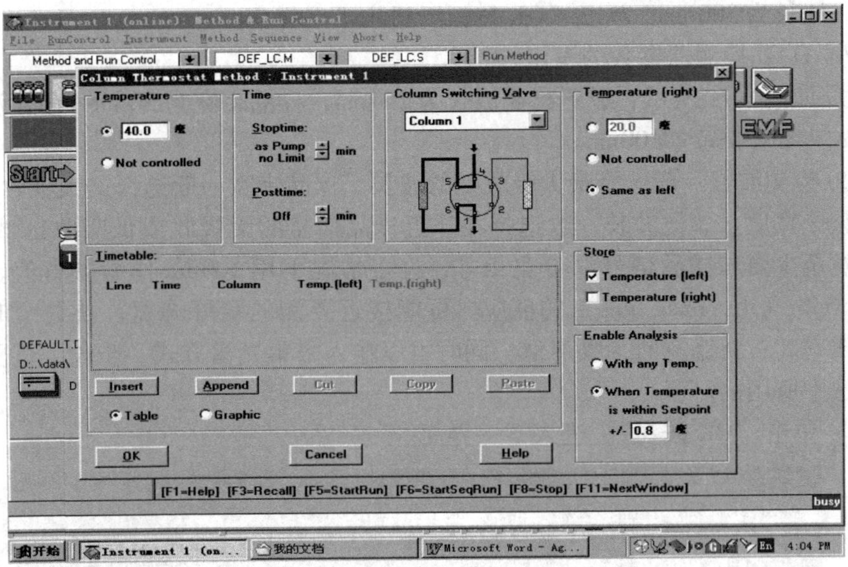

图 8-69　设定柱温箱参数

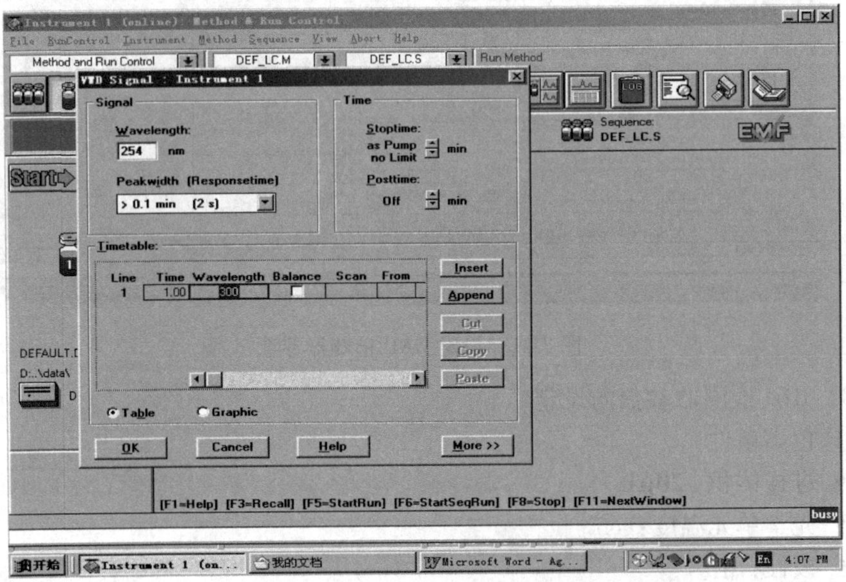

图 8-70　设定 VWD 检测器参数

② 在"Timetable"中可以插入一行，输入随着时间切换的波长，例如1min，波长为300nm。单击"OK 按钮"进入下一界面。

7）DAD 检测器参数的设定

① 如图8-71所示，设置检测波长为254nm，样品带宽为30nm；参比波长为350nm，参比带宽为100nm。

② 检测波长一般选择最大吸收处的波长。样品带宽一般选择最大吸收值1/2处的整个宽度。参比波长一般选择在靠近样品信号的无吸收或低吸收区域 。参比带宽至少要与样品信号的带宽相等，许多情况下用100nm作为缺省值。峰宽Peak width（Response time）的值应尽可能接近要测的窄峰峰宽。狭缝窄时，光谱分辨率高；狭缝宽时，噪声低。同时可以输入采集光谱方式、步长、范围、阈值。选中所用的灯。

③ 单击"OK 按钮"，进入下一界面。

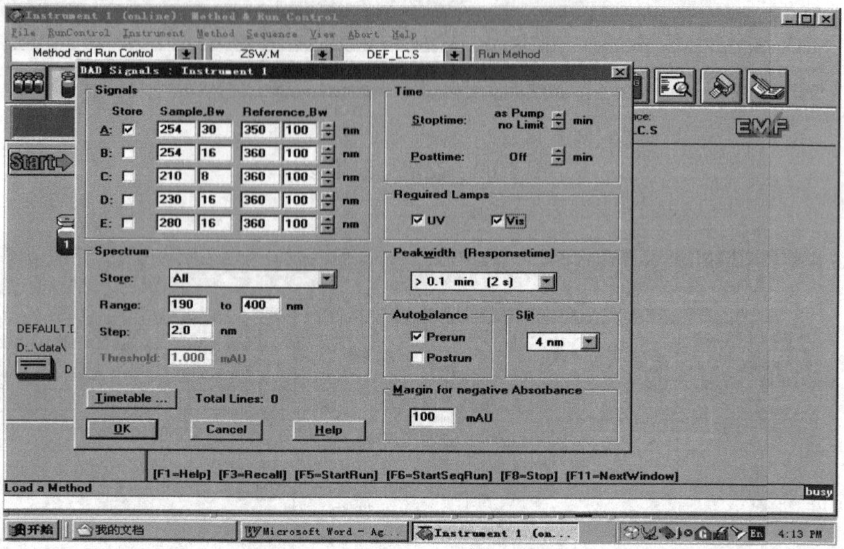

图8-71 设定DAD检测器参数

8）RID 检测器参数的设定

① 色谱条件

- 进样体积：20μL。
- 光学单元温度：off。
- 极性：正。
- 峰宽（响应时间）：4s。

② 如图8-72所示，若环境温度控制在±2℃，则设定光学单元温度（Optical Unit Temperature）为"Off"；若环境温度不稳定，则设定光学单元温度为高于环

境温度 5℃，以防止样品在池中沉淀。对于峰宽（Peak width），大多数分析设为 4s，只有在高速分析下设为更短。对于“Automatic recycling after analysis”，在不进行分析时，可以让流动相循环，以节省流动相，当检测器连续运行时，可随时投入使用。

③ 单击“RID”图标（见图 8-72），选择 RID Control，Heater 设为“on”。若要循环流动相，则必须将“Recycling valve”设为“on”。手动净化参比池，将其设为“on”，并输入净化时间，如图 8-73 所示。

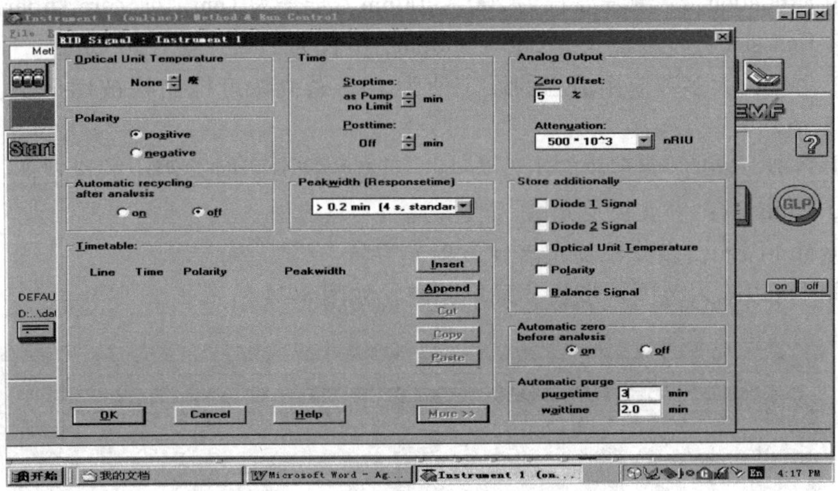

图 8-72　设定 RID 检测器参数（一）

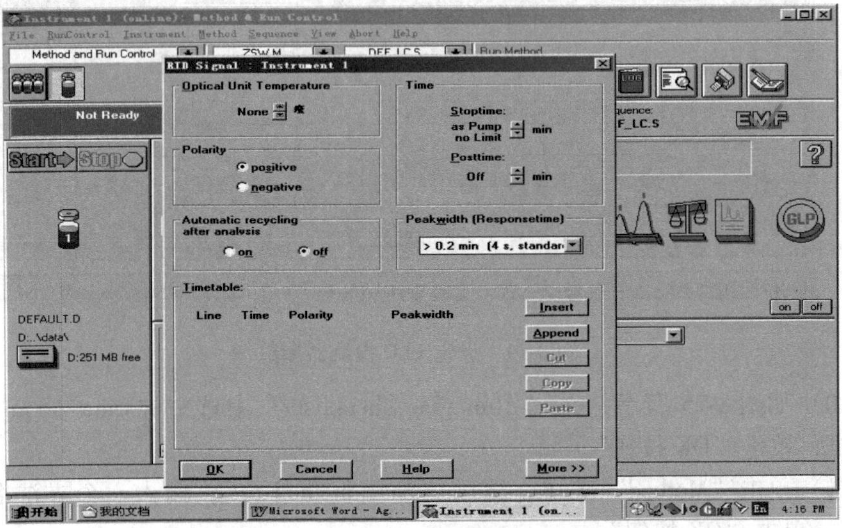

图 8-73　设定 RID 检测器参数（二）

9）FLD 检测器参数。设定色谱条件如下：

① 样品：P/N 01018—68704，用甲醇稀释为1∶10。

② 进样体积：5μL。

③ 柱温箱：30℃ 。“Excitation” 为246nm，“Emission” 为317nm，“PMT-Gain” 为10。

④ 响应时间：4s。

⑤ 停止时间：出峰完毕。

⑥ Excitation A：激发波长为200～700nm，步长为1nm，或Zero Order。

⑦ Emission：发射波长为280～900nm，步长为1nm，或Zero Order。

⑧ PMT：大多数应用适当的设定值为10，若高浓度样品峰被切平头，则减少 PMT 值。

⑨ Peak width：大多数应用设为4s，只有快速分析时采用小的设定值。

⑩ Multi Ex：多波长及光谱（激发）。

⑪ Multi Em：多波长及光谱（发射）。

同时可以输入范围、步长、采集光谱，如图8-74所示。

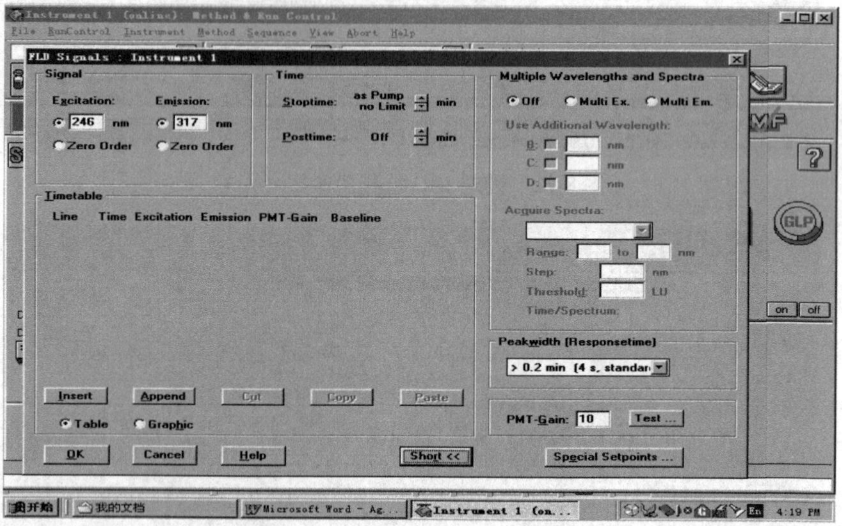

图8-74 设定FLD检测器参数

10）如图8-75所示，在“ Run time checklist ”中选中“Data Acquisition”复选框，单击“OK按钮”。

11）单击“Method” 菜单，选中“Save method as”，输入一个方法名，如“test”，单击“OK按钮”。

12）从菜单“View”中选中“Online signal” ，选中“Windows 1”，然后单

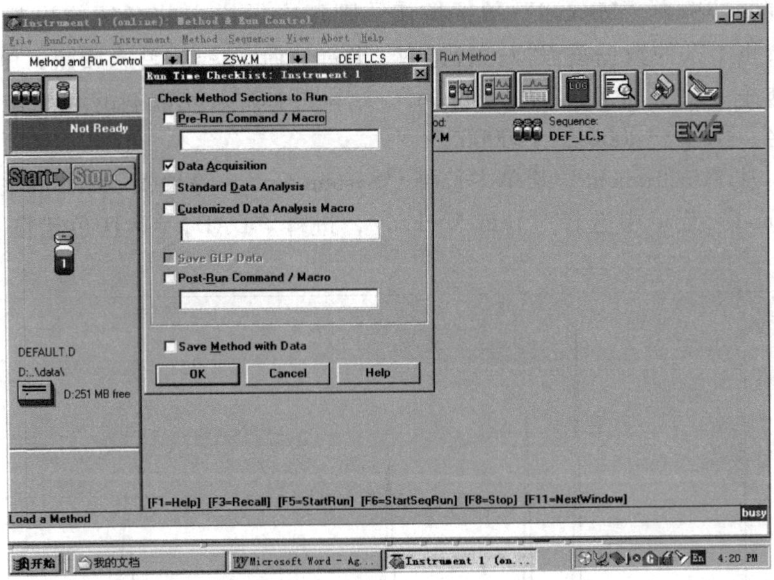

图 8-75 选中“Data Acquisition”复选框

击“Change”按钮，将所要绘图的信号移到右边的框中，单击“OK 按钮”（如果同时检测两个信号，则重复步骤 12，选中 Windows 2）。

13）从“Run Control ”菜单中选择“Sample Info”选项，输入操作者名称，在“Data File ”中选择“Manual”或“Prefix/Counter”单选按钮，如图 8-76 所示。

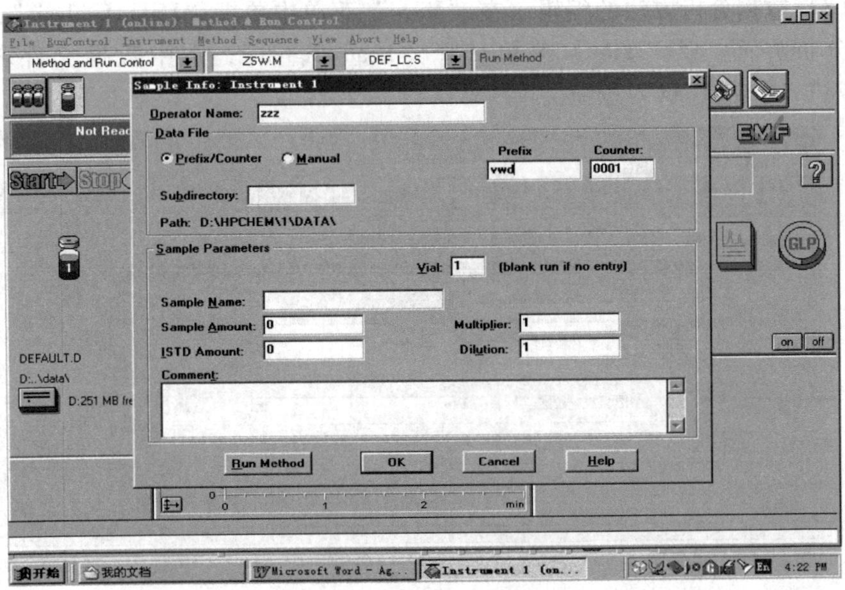

图 8-76 输入操作者名称

区别：若选中“Manual”单选按钮，则每次做样之前必须给出新名字，否则仪器会将上次的数据覆盖掉；若选中“Prefix/Counter”单选按钮，则在“Prefix”文本框中输入前缀，在“Counter”文本框中输入计数器的起始位，仪器会自动命名，例如vwd0001，vwd0002……

14）从“Instrument”菜单中选择“System On”。等仪器Ready基线平稳后，从“Method”菜单中选择“Run Method”，进样。DAD，VWD色谱图如图8-77所示。

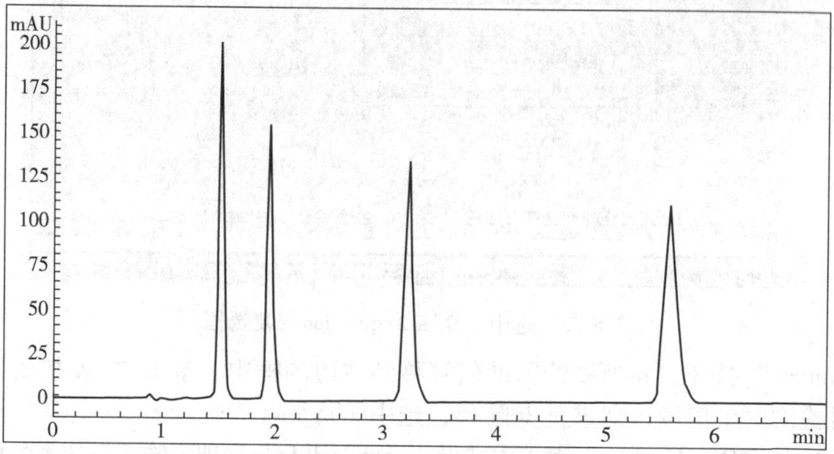

图8-77 DAD，VWD色谱图

（3）数据分析方法的编辑 在“View”菜单中单击“Data Analysis”，进入数据分析界面。从“File”菜单选择“Load Signal”，选中数据文件名（见图8-78），单击“OK”按钮。

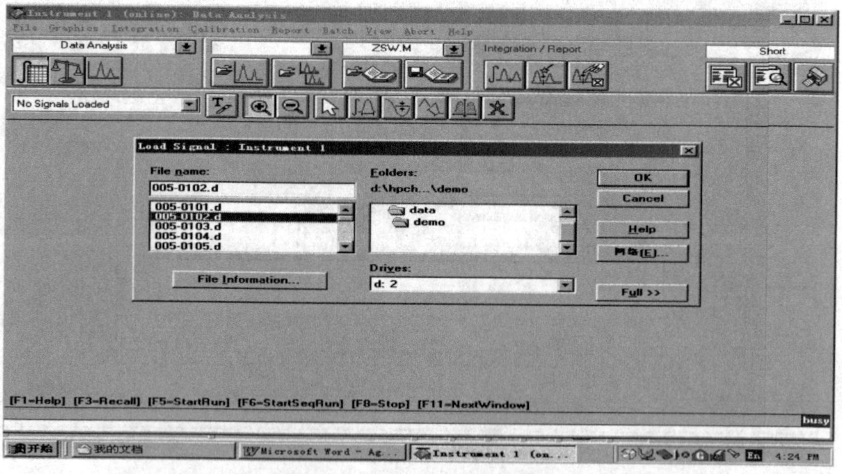

图8-78 选中数据文件名

做谱图优化，从“Graphics”菜单中选择“Signal Options”选项，从“Ranges”中选择“Auto Scale”及合适的显示时间，单击“OK 按钮”或选择“Use Ranges”进行调整。反复进行此操作，直到图的比例合适为止。

（4）积分

1）从“Integration”中选择“Auto Integrate”，如果积分结果不理想，则再从菜单中选择“Integration Events”选项，从中选择合适的“Slope Sensitivity”“Peak Width”“Area Reject”“Height Reject”。

2）从“Integration”菜单中选择“Integrate”选项，则数据被积分。

3）如果积分结果不理想，则修改相应的积分参数，直到满意为止。

4）单击左边的“√”图标，将积分参数存入方法，如图 8-79 所示。

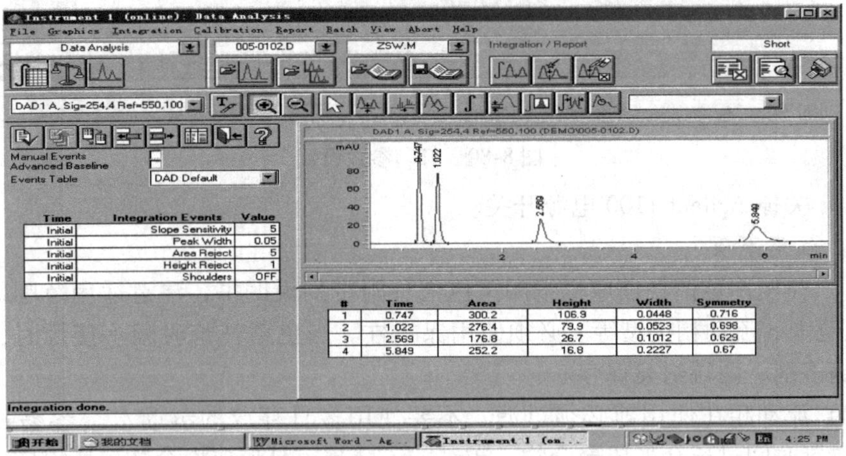

图 8-79　积分

（5）打印报告

1）从“Report”菜单中选择“Specify Report”选项，进入如图 8-80 画面。

2）单击“Quantitative Results”框中的“Calculate”下拉列表框，从中选中“Percent”（面积百分比），其他选项不变。

3）单击“OK 按钮”。

4）从“Report”菜单中选择“Print Report”，则报告结果将打印到屏幕上。如果想将报告结果输出到打印机上，则单击“Report”底部的“Print 按钮”。

（6）关机

1）在关机前，应用 100% 的水冲洗系统 20min，然后用有机溶剂冲洗系统 10min（如 ACN），然后关泵（适于反相色谱柱）。正相色谱柱应用适当的溶剂冲洗。

2）退出化学工作站及其他窗口，关闭计算机（用“Shut Down”关闭）。

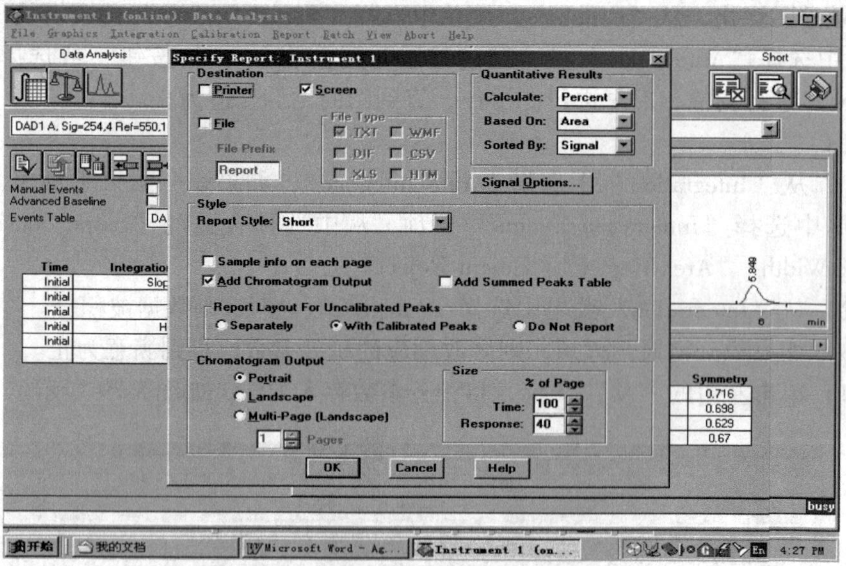

图 8-80 打印参数设置

3）关掉 Agilent 1100 电源开关。

3. 注意事项

1）在使用色谱柱前应仔细阅读色谱柱附带的说明书，注意适用范围，例如 pH 值范围、流动相类型等。必须使用保护柱。当色谱柱长时间不使用时，柱内应充满溶剂，两端封死保存。

2）流动相在使用前必须过滤，不要使用多日存放的蒸馏水（容易长菌）。乙腈放置时间过长会形成聚合物，越纯的乙腈越容易形成聚合物，所以应经常过滤乙腈。

3）在仪器运行时，泵头必须用体积分数为 10% 的异丙醇水溶液虹吸冲洗，不能干涸。

4）注意各流动相所剩溶液容积的设定，若设定的容积低于最低限，则会自动停泵。

5）对于手动进样器，当使用缓冲溶液时，要用水冲洗进样口，同时搬动进样阀数次，每次数毫升。

6）若使用含盐流动相，则开机时必须先用体积分数为 10% 的甲醇水溶液冲洗 20min 以上再换上含盐流动相。

7）溶剂瓶中的砂芯过滤头容易破碎，在更换流动相时应注意保护。当发现过滤头变脏或长菌时，不可用超声洗涤，可用体积分数为 35% 的稀硝酸溶液浸泡后再洗涤。

8）检测器的灯有使用寿命限制，一般在正式进样分析前 30min 左右开启 D

灯或 W 灯，分析结束后应立即关灯。

9）使用双泵时，在 A、B、C、D 四相中，若所用流动相中有含盐流动相，则 A、D（进液口位于混合器下方）放置含盐流动相，B、C（进液口位于混合器上方）放置不含盐流动相。

10）在将盐溶液配制好以后，需将其放置一段时间再过滤，以防止配制时有过饱和现象发生。

11）打开 Purge 阀时，如果系统的压力大于 10bar㊀，则需要更换 Purge 阀中的一次性过滤器。

12）当长时间不使用液相时，应采用甲醇冲洗各个通道。

13）采用棕色瓶放置水相（盐溶液）流动相，并且避免阳光直接照射（避免藻类生长），经常用新鲜的水相（盐溶液）流动相代替通道中旧的流动相。如果脱气机的管道中有菌类生长，则可能无法清理干净。

4. 维护

（1）溶剂和样品要过滤　溶剂和样品的过滤非常重要，对色谱柱、仪器具有保护作用，并可消除污染对分析结果产生的影响。

（2）流动相使用前要脱气　流动相在使用前必须进行脱气处理，以除去其中溶解的气体（例如 O_2），以防在洗脱过程中当流动相由色谱柱流至检测器时，因压力降低而产生气泡。气泡会增加基线的噪声，造成灵敏度下降，甚至无法分析。溶解的氧气还会导致样品中某些组分被氧化，使柱中固定相发生降解而改变柱的分离性能。若用 FLD，则可能会造成荧光猝灭。

（3）防止溶剂瓶内溶剂过滤器的堵塞　溶剂的质量或污染以及藻类的生长会堵塞溶剂过滤器，从而影响泵的运行，尤其是水溶液或磷酸盐缓冲液（pH = 4 ~ 7）。堵塞后的处理法方法是：将过滤头从组件中取下，在体积分数为 35% 的浓硝酸中浸泡 1h，然后用二次蒸馏水冲洗干净并进行超声处理。

以下几种方法可以有效地防止溶剂瓶内溶剂过滤器堵塞。

1）严格执行溶剂过滤。

2）不宜使用多日存放的蒸馏水及磷酸盐缓冲液。

3）如果应用许可，则可在溶剂中加入 0.0001 ~ 0.001M 的叠氮化钠。

4）在溶剂瓶内溶剂的上方以小流量连续吹氩气，以隔绝空气。

5）避免使溶剂瓶暴露在直射阳光下，尽量使用琥珀色的溶剂瓶盛放水溶液或磷酸盐缓冲液。

（4）Agilent 1100LC 泵的维护　Agilent 1100LC 泵能给色谱柱提供稳定、无脉动、流量准确的流动相，对其进行及时合理地维护非常重要。

㊀ 1bar = 10^5Pa。下同。

1）流动相使用前务必脱气、过滤。

2）在使用缓冲盐时，要加在线 Seal-wash 选项。

3）关机前，先用100%的水冲洗系统20min，再用有机溶剂冲洗系统10min（如甲醇），然后关泵（适用于反相色谱柱）。正相色谱柱应用适当的溶剂冲洗。

4）及时更换 Purge Valve 内的滤芯（当打开 Purge Valve 时，压力高于10bar，表明滤芯已堵）。应使用合适的密封圈。

（5）选择合适的泵头活塞密封圈　泵头活塞的标准密封圈能在多种情况下应用，但使用正相溶剂（如正己烷）时，则不适于使用活塞标准密封圈，特别是长时间使用时，需更换另一种不同的密封圈，建议使用聚四氟乙烯密封圈（P/N0905—1420 2/PK）。

注意：聚四氟乙烯密封圈的压力范围为0~200bar。建议在泵的压力限制中，将最大压力设为200bar。

（6）手动进样阀的维护　对于手动进样器，在使用缓冲溶液后或者进浓度差异比较大的样品时，要使用专用工具而不能使用带针头的注射器冲洗进样口，同时应搬动进样阀数次，每次数毫升。

（7）注意事项

1）六通阀的5、6出口要与注射器安装在同一水平线上，以防止产生虹吸现象，导致进样量的重复性变异。

2）进样量的多少要根据定量管的LOOP体积决定。当进样量小时，进样体积由注射器的进样体积决定，但最大进样体积要小于1/2 LOOP体积；当样品量较大时，进样体积由定量管的体积决定，为保证样品完全把定量管的流动相置换干净，需注射5~6倍的LOOP体积。

3）要使用专用的液相注射器进样，绝对不可以使用气相注射器。

复习思考题

1. 简述721—100型分光光度计的操作规程。
2. 如何编写752型紫外光分光光度计的操作规程？
3. 简述DDSJ—308A型电导率仪的操作规程。
4. 简述pHS—2F数字pH计的操作规程。
5. 简述ZDJ—4A型自动电位滴定仪的操作规程。
6. 简述热导检测器的色谱操作规程。
7. 简述氢火焰检测器的色谱操作规程。
8. 简述AA320系列原子吸收分光光度计的操作规程。
9. 简述Agilent 1100液相色谱仪的操作规程。

第九章

培训与指导

培训学习目标 通过本章的学习，使高级化学检验工明确对初、中级化学检验工的理论指导和技能传授的任务及知识点；掌握初、中级化学检验工的知识点、考核内容和应掌握的操作技能。

第一节 对初、中级化学检验工的理论指导

通过对高级化学检验工的培训，使其掌握分析检验理论知识和操作技能的同时，还必须具备对初、中级化学检验工进行理论知识和操作技能指导的能力。

一、初、中级化学检验工应掌握的知识点

初、中级化学检验工应掌握的知识点可从以下几方面阐述。

1. 职业道德与安全生产（见表9-1）

表9-1 职业道德与安全生产的知识点

职业等级	序号	项目	知识点
初级		职业道德知识	职业道德的基本概念；职业道德的作用；行业（化学检验工）的职业道德；职业道德基本规范的含义及要求；本职业涉及到的相关法规；质量管理基本知识
	1	安全生产知识	劳动保护基本知识；环境保护基本知识；安全生产基本常识
	2	安全实验知识	化学实验室安全知识；消防器材的正确使用；安全用电知识；化验室人员的安全知识；正确使用通风设备；实验室的废物处理；防护用品的正确使用

（续）

职业等级	序号	项目	知识点
中级	1	化验室意外事故的处理知识	化验室常见意外事故的处理方法；中毒事故及其处理方法；机械伤害事故及其处理方法；火灾及其处理方法；电伤害及其处理方法；化学灼伤及其处理方法
	2	化验室常见急救知识	化验室常见急救知识；烧伤、烫伤急救知识；机械伤害急救知识；化学中毒急救知识

2. 分析试样的采取和制备（见表9-2）

表9-2　分析试样的采取和制备的知识点

职业等级	序号	项目	知识点
初级	1	采样方法	采样的意义；采样的基本原则；采样的常用术语；采集一般气、液、固样的各种规定；采集一般气、液、固样的各种方法
	2	采样准备知识	确定采样单元、采样量、子样数、采样部位的方法；准备采样工具；采样的安全措施
	3	样品的采集、制备和保存知识	均匀固体试样的采取；一般液体试样的采取知识；常压气体样品的采集知识；简单样品的保存及处理知识；非均匀固体试样的制备知识
中级	1	制定采样方案	采样的要求；采集特殊气、液、固样的各种规定；采集特殊气、液、固样的各种方法
	2	特殊样品的采取知识	非均匀固体物料采取的知识；高黏度、易挥发液体样品的采样和保存知识；采集负压下的气体样品的知识；危险品的采样、保存和处理知识

3. 样品的交接（见表9-3）

表9-3　样品交接的知识点

职业等级	序号	项目	知识点
初级	1	检验样品交接的基本常识	交接样品常用礼仪常识；实验室交接样品的有关规定；正确填写样品交接登记表
	2	样品的查验知识	检查样品的状况；样品的密封方式
	3	样品的保存及管理知识	样品的保存知识；样品的管理知识
中级	1	样品检验的项目	样品检验项目；项目计量认证和审查许可（验收）知识
	2	样品的查验知识	各类化工产品检验的专业知识

4. 分析化学基础知识（见表9-4）

表9-4 分析化学基础知识点

职业等级	序号	项目	知识点
初级	1	化学分析基础知识	化学分析法的基本概念及分类。①酸碱滴定法：酸碱滴定原理、基准物质和标准溶液的概念；酸碱的概念、酸碱指示剂的种类、作用原理、常用酸碱指示剂的变色范围。②配位滴定法：配位离解平衡的概念（稳定常数、影响平衡的主要因素）；配位滴定基本原理；金属指示剂的作用原理及常用的金属指示剂；EDTA与金属离子的配位特点。③氧化还原滴定法：电极电位的概念及能斯特方程；影响氧化还原反应方向及反应速度的因素；氧化还原反应中指示剂的类型及应用。④沉淀滴定法及重量分析法的基本知识
	2	仪器分析基础知识	仪器分析法的基本概念及分类；pH计的使用；pH计的维护与保养的基本常识；物理性能检验；物性测试仪器的维护与保养的基本常识
	3	物理常数的基础知识	熔点、沸点、密度、结晶点（凝固点）、粘度等物理常数的测定方法、测定原理和结果计算；粒度、细度、安定性等物理性能的检测原理
中级	1	化学分析基础知识	分析化学的分类。①酸碱滴定法：酸度和酸的浓度概念、酸碱溶液pH值的计算、酸碱滴定结果的计算。②配位滴定法：提高配位滴定选择性的方法；配位滴定结果的计算。③氧化还原滴定法：氧化还原反应中指示剂的类型及应用；高锰酸钾法、重铬酸钾法、碘量法的原理、结果计算及应用。④沉淀滴定法：莫尔法、佛尔哈德法原理及结果计算。⑤重量分析法：沉淀的溶解度及其影响因素、沉淀的形成及沾污、沉淀的条件。⑥卡尔·费休法测定微量水分的原理，以及卡尔·费休试剂的作用
	2	仪器分析基础知识	①电位滴定法：电化学电池的基本概念；电位分析法基本原理及电位分析法分类与特点；参比电极；指示电极；电位滴定法应用。②分光光度法：光的基本性质；物质对光的选择性吸收性质；吸收光谱及其性质；目视比色法的知识；朗伯-比尔定律及其计算；紫外可见分光光度计的类型及特点；紫外可见分光光度计的结构、原理；显色反应及其条件的选择；参比溶液的分类及作用；显色反应及显色剂；定量分析结果的计算。③专用仪器冷原子吸收光度计的工作原理及结构
	3	分离及分解样品的基本知识	沉淀分离的知识、溶剂萃取分离的知识、离子交换分离的理论、蒸馏分离的理论、色谱分离法的基本知识；溶度积的概念；选择溶剂的相似相溶原则；吸附层析原理；分配层析原理；R_f值的意义；分离条件的选择；吸附剂的定义；薄层、柱层析操作的有关计算。选择溶样的溶剂；酸、碱溶解分解样品的知识；熔融分解样品、消化分解样品、灰化分解样品的知识
	4	物理常数的基础知识	沸程、闪点、燃点、恩氏粘度、比旋光度、折射率等物理常数的测定方法、测定原理和结果计算；光泽度、白度、硬度、附着力、柔韧性等物理性能的检测原理

5. 样品检验准备（见表9-5）

表9-5 样品检验准备的知识点

职业等级	序号	项目	知识点
初级	1	了解检验方案的基本知识	化工产品的定义；检验操作程序；检验结果的计算方法；化肥、农药、涂料、煤炭、水泥的定义和分类及测定方法
	2	玻璃仪器等实验用品的使用知识	常用玻璃仪器和其他用品的名称和用途；玻璃仪器的洗涤方法；玻璃工操作知识；橡皮塞、橡胶管和乳胶管的选用知识，打孔器的使用方法，检查装置气密性的方法；常用玻璃量器的名称、规格和用途，检查量器密合性的方法
	3	实验用水、溶液的基本知识	实验室用水一般知识；化学试剂的分类和包装方法；常用溶液浓度计算及表示方法；常用溶液的配制方法
	4	准备检验仪器的知识	分析天平的使用方法和规则；pH计的使用方法和规则；分析实验室辅助设备的名称、规格、性能和操作方法及使用注意事项；专用分析仪器设备的名称、规格、性能和操作方法及使用注意事项；密度计、韦氏天平、熔点测定仪、沸点测定仪使用方法及注意事项
中级	1	剖析分析检验的方案	化学分析的原理；测定条件；物理常数测定原理及条件；分析测定的依据和一般程序
	2	准备实验用水、溶液	实验室用水规格及储存方法；实验用水的检验；常用各类试剂与各种标准物质的特点和用途；各类标准滴定溶液的配制与标定、杂质标准溶液、标准比对溶液的制备；缓冲溶液的配制
	3	检验仪器准备	玻璃量器的选择与校正方法；分光光度计的选择及使用方法、注意事项；阿贝折光仪、旋光仪、开口杯闪点仪、闭口杯闪点仪、沸程测定仪、卡尔·费休水分测定仪、冷原子吸收测汞仪、白度计、光泽度计、恩氏粘度计等的正确选择与使用方法、注意事项

6. 检测（见表9-6）

表9-6 检测的知识点

职业等级	序号	项目	知识点
初级	1	分析检测的知识	滴定分析的操作规程；重量分析挥发法、沉淀法的操作规程；使用标准溶液的要求；酸碱滴定、配位滴定应用知识；国家标准中各检测项目的相应要求；pH计的操作规程
	2	检测物理参数和性能的知识	化学试剂国标检验物理参数的方法和要求；化妆品国标检验物理参数的方法和要求；化肥国标检验物理参数的方法和要求；农药国标检验物理参数的方法和要求；涂料国标检验物理参数的方法和要求；粗苯和煤焦油国标检验物理参数的方法和要求；水泥国标检验物理参数的方法和要求
	3	微生物检验知识	微生物指标的菌落总数；化妆品中微生物检验方法
中级	1	化学分析	沉淀滴定法的应用知识；氧化还原法的应用知识；目视比色、比浊法的应用；薄层层析法的应用知识；测化学试剂中的氯、硫酸盐、磷酸盐含量；肥皂中的干皂总量测定；化肥中N、P、K总量测定；用薄层色谱法测定农药的有效成分；水性涂料中的游离甲醛、重金属含量测定；煤焦油中的甲苯不溶物测定；水泥中的三氧化二铁、三氧化二铝、氧化钙含量测定相关国标中各检测项目的相应要求
	2	仪器分析法	卡尔·费休法测定化学试剂中的水分；冷原子吸收法测定化妆品中的汞；分光光度法测定化妆品中的砷和洗涤剂中的各种磷酸盐；用电位滴定法测定过磷酸钙中的游离酸；用分光光度法测定尿素中的缩二脲含量；用分光光度法测定农药中的有效成分；库仑滴定法测定煤炭中的硫含量
	3	物性测试	化学试剂的折射率测定；溶剂中的闪点、沸程的测定；洗涤剂的去污力测定；化肥的颗粒平均抗压强度测定；农药乳油的稳定性测定；染料的色光和强度测定；焦炭的机械强度和焦化产品的馏程、粘度测定
	4	微生物检验	化妆品中的粪大肠菌测定；化妆品中的金黄色葡萄球菌测定；化妆品中的绿脓杆菌测定
	5	对照实验	标准试样与被测试样对照试验；检验方法与其他标准方法对照试验

7. 测后工作（见表9-7）

表9-7 测后工作的知识点

职业等级	序号	项目	知识点
初级	1	检验数据的记录与处理	准确度与精密度；误差和偏差；分析结果的报告；误差的来源及减免方法；有效数字及其运算规则；定量分析结果的数据处理；检验数据的记录和处理；检验结果的有效数字修约；极限值的结果检验
	2	分析器皿的清洗	玻璃仪器的洗涤常识；玻璃仪器的清洗方法；玻璃仪器的正确存放
	3	养护仪器设备	一般仪器设备的维护、保养知识；一般仪器设备的维护、保养措施；简单仪器设备的结构；简单仪器设备常见故障排除
中级	1	数据处理知识	对照试验结果计算校正系数；校正测定结果；消除系统误差
	2	实验报告的填写及检查、复核	对原始记录的要求；对检验方法的验证；数据运算的验证；对检验报告的核查
	3	分析检验误差的分析	对产生分析测试误差的原因分析方法；消除和避免分析误差的方法
	4	仪器设备修验及故障的排除	物性测试仪器的构造原理及常见故障排除；自动电位滴定仪的构造原理及常见故障的排除；分光光度计构造原理及常见故障的排除

二、初、中级化学检验工的考核内容及方法

初、中级化学检验工的理论知识考核一般是采用闭卷笔试的方法，操作技能考核则是采用现场实际操作的方法。

1. 初级化学检验工的考核内容（见表9-8）

表9-8　初级化学检验工的考核内容

序号	项目	理论考核内容	技能考核内容
1	采样	采取试样的基本知识和基本概念；一般固、液、气样的采集方法	现场考核一般固、液、气样的采集
2	化学分析	化学分析法的基本概念；准确度与精密度；误差和偏差；误差的来源及减免方法；有效数字及其运算规则；酸碱滴定、配位滴定、氧化还原滴定和沉淀滴定的基本原理；基准物质和标准溶液、缓冲溶液、重量分析法	酸碱滴定法测定工业醋酸或工业烧碱含量
3	仪器分析法	仪器分析法的基本概念；电化学电池的基本概念；电位分析法基本原理	使用pH计测定一种化工产品的pH值
4	物理常数或物理性能的测定	密度、沸点、熔点、水不溶物、蒸发残渣、结晶点（或凝固点）、粒度（或细度）、粘度、筛余物、吸油量的概念及相关计算	根据从事的工种现场考核相关物理常数的测定

2. 中级化学检验工的考核内容（见表9-9）

表9-9　中级化学检验工的考核内容

序号	项目	理论考核内容	技能考核内容
1	采样	采样的要求；采集特殊气、液、固样的各种规定；采集特殊气、液、固样的各种方法	现场考核特殊固、液、气样的采集和制备
2	化学分析	酸碱溶液pH值的计算；酸碱滴定、配位滴定结果的计算；氧化还原反应中指示剂的类型及应用；高锰酸钾法、重铬酸钾法、碘量法的原理及结果计算；莫尔法、佛尔哈德法原理及结果计算；卡尔·费休法测定微量水分的原理、卡尔·费休试剂的作用	配位滴定法测定工业用水的总硬度
3	仪器分析法	分光光度法的基本原理；朗伯-比尔定律及其计算；紫外可见分光光度计的类型及特点；紫外可见分光光度计的结构、原理；显色反应及其条件的选择；参比溶液的分类及作用；显色反应及显色剂；定量分析结果的计算	使用分光光度计测定水中铁含量
4	物理常数或物理性能的测定	折射率、闪点、沸程、馏程、比旋光度、粘度的定义及测定原理	根据从事的工种现场考核相关物理常数的测定

◈◈◈ 第二节　对初、中级化学检验工实际操作技术的指导

一、理论基础的培训指导

初、中级化学检验工进行实际操作，必须首先具备扎实的理论基础，在理论基础的平台上，了解实际操作的技能点，掌握实际操作技术。

扎实的理论基础为实际操作提供了依据，对化工产品进行分析检验必须能读懂操作规程，理解分析原理，掌握测定条件、正确处理分析结果并给出合格、规范的分析检验报告。这些都必须以理论知识作为铺垫。不论是化学分析、仪器分析还是物性测试都包含理论知识，如果没有一定的理论基础去理解它、掌握它，只能是知其然而不知其所以然，很难完成组分多变的、复杂的试样分析，更难独立解决和处理分析中出现的各种复杂情况。以工业碳酸钠成品分析中总碱度的测定为例来说明掌握理论基础的重要性。

（1）方法原理　工业碳酸钠可以和酸反应放出 CO_2 和 H_2O，其化学反应式为

$$Na_2CO_3 + 2HCl = 2NaCl + CO_2\uparrow + H_2O$$

以 HCl 标准溶液作为滴定剂，以溴甲酚绿-甲基红混合指示液作为指示剂，在室温下滴定至试验溶液由绿色变为暗红色，即为终点。根据滴定所消耗 HCl 标准溶液的体积和浓度，即可求得工业碳酸钠中碳酸钠的含量。

（2）仪器和试剂

1）试剂

① HCl 标准溶液［c(HCl) ≈1mol/L］：量取 90mL 浓盐酸，注入 1000mL 水，用无水碳酸钠作基准物进行标定，得到其准确浓度。

② 溴甲酚绿-甲基红混合指示液（pH = 5.1）：将溴甲酚绿乙醇溶液（1g/L）与甲基红乙醇溶液（2g/L）按 3∶1 体积比混合，摇匀。

③ 试样：将工业碳酸钠在 250 ~ 270℃ 下干燥至恒重，精确称至 0.0002g。

2）仪器

① 实验室中各种玻璃仪器。

② 分析天平、称量瓶。

③ 电炉。

（3）测定步骤

1）采用分析天平准确称取已恒重的试样 1.7g 左右，置于 250mL 锥形瓶中。

2）采用 50mL 蒸馏水溶解。

3）向锥形瓶中加入10滴溴甲酚绿-甲基红指示液，用1mol/L的HCl标准溶液滴定至溶液刚刚变色时，暂停滴定，置于电炉上煮沸2min，冷却后继续滴定至溶液呈暗红色为终点。

4）平行测定三次，计算总碱度，取算术平均值作为测定结果。同时做空白试验。

（4）结果计算　以质量分数表示的总碱度（以Na_2CO_3计），可按下式计算

$$w=\frac{c(V_1-V_0)\frac{M_{(\frac{1}{2}Na_2CO_3)}}{1000}}{m}\times100\%$$

式中　c——HCl标准溶液的物质的量浓度（mol/L）；

V_1——滴定试样消耗HCl标准溶液的体积（mL）；

V_0——空白试验消耗HCl标准溶液的体积（mL）；

m——称量试样的质量（g）。

由此最简单的例子可看出，理论知识贯穿整个测定过程中，掌握了理论知识才可能更好地完成分析检验。一个简单的测定尚需如此，复杂的分析检验更需充分的理论知识了。

二、基础操作训练的培训指导

操作技术还应由基础操作到专业技能循序渐进，注意：基础操作训练的每一个环节，是保证分析结果准确性的前提。现以工业碳酸钠产品全分析为例来说明基础操作的重要性。

（1）总碱度的测定

1）采用分析天平准确地称取已恒重的试样1.7g左右，置于250mL锥形瓶中。

2）采用50mL蒸馏水溶解。

3）向锥形瓶中加入10滴溴甲酚绿-甲基红指示液，用1mol/L HCl标准溶液滴定至溶液刚刚变色时，暂停滴定，置于电炉上煮沸2min，冷却后继续滴定至溶液呈暗红色为终点。

4）平行测定三次，计算总碱度，取算术平均值作为测定结果。同时做空白试验。

（2）氯化物含量的测定　称取纯碱试样2g，精确至0.0002g，置于250mL的锥形瓶中，加入50mL蒸馏水溶解后，加入1滴甲基橙指示液，用硫酸溶液中和至橙色，加入少量的碳酸钙粉末，加入0.5mL铬酸钾指示液，用硝酸银标准溶液滴定至溶液出现砖红色即为终点。

（3）铁含量的测定　将样品溶于水，以对硝基酚为指示剂，用6mol/L的盐

酸中和至黄色消失（pH = 5 ~ 6），再过量2mL，然后用抗坏血酸还原，加入邻菲罗啉发色，用分光光度法测定。

（4）硫酸盐含量的测定　称取约20g试样，精确至0.01g，置于烧杯中，加入50mL水，搅拌，滴加70mL 1 + 1盐酸溶液中和试样并使之酸化，用中速定量滤纸过滤。滤液和洗涤液收集于烧杯中，控制试验溶液体积约为250mL。滴加3滴甲基橙指示剂，用氨水中和后再加6mL盐酸溶液酸化，煮沸，在不断搅拌下滴加25mL 100g/L的氯化钡溶液（约90s加完），在不断搅拌下继续煮沸2min。在沸水浴上放置2h，停止加热，静置4h，用慢速定量滤纸过滤，用热水洗涤沉淀，直到取10mL滤液与1mL 5g/L的硝酸银溶液混合，5min后仍保持透明为止。

将滤纸连同沉淀一起移入预先在（800 ± 25）℃下恒重的瓷坩埚中，灰化后移入高温炉中，置于（800 ± 25）℃下灼烧至恒重。

（5）烧失量的测定　称取约2g试样，精确至0.0001g，置于预先已灼烧至恒重的瓷坩埚内，移入烘箱或高温炉中，从低温到高温逐渐升温至250 ~ 270℃下加热30min。取出坩埚，稍冷后，置于干燥器中冷却30min，称量。重复灼烧20min，直至恒重。

（6）水不溶物含量的测定　称取20 ~ 40g试样，精确至0.01g，加入200 ~ 400mL约40℃的水溶解，维持试验溶液温度在（50 ± 5）℃。用已恒重的古氏坩埚过滤，以（50 ± 5）℃的水洗涤不溶物，直至在20mL洗涤液与20mL水中加入2滴酚酞指示液后所呈现的颜色一致为止，将古氏坩埚连同不溶物一并移入干燥箱中，在（110 ± 5）℃下干燥至恒重。

（7）堆密度的测定　称量料罐质量，精确至1g。关好漏斗下底，将试样自然倒满，用直尺刮去高出部分，放好已知质量的料罐，打开漏斗下底，使试料全部自动流入料罐中，用直尺刮去高出部分（刮平前勿移动料罐），称量试料和料罐的质量，精确至1g。

（8）粒度的测定　称量约50g试样，精确至0.1g，放入装好筛底的分析筛中（分析筛孔径180μm），盖好筛盖，手工水平振筛2min，每分钟振动80次，或用振筛机筛分5min，称取筛余物质量，精确至0.1g。

在以上八项检测项目中包括了大约以下基本操作内容：读懂简单的化学分析和物理性能检测的操作规程，识别常用的仪器；正确识别和选用玻璃仪器；正确选择洗涤剂洗涤和干燥玻璃仪器；按示意图安装简单的检验测定装置；检查装置的气密性；正确使用分析天平、称量瓶，进行直接法、差减法称量；正确选择和使用滴定管、容量瓶、移液管；检查量器的密合性；正确使用常用加热设备（电炉、烘箱、马弗炉等）；正确选择和使用标准筛；正确使用一般化学分析用水；正确识别和选用分析检验所用试剂；按标准配制标准溶液、试液、缓冲溶液及指示液；正确选择基准物标定标准滴定溶液等。

由此可知，娴熟地掌握基本操作是做好分析检验的前提，熟练的操作技能和过硬的操作基本功，也是对工业分析工作者的起码要求。

三、分析检验操作的技能要点

掌握分析检验操作的技能点是分析操作的关键，也是指导初、中级化学检验工进行实际操作的主要内容。

1. 采样的操作技能（见表9-10）

表9-10 采样操作的技能点

职业等级	序号	项目	技能点
初级	1	采样准备	明确采样单元、采样量、子样数、采样部位；明确采样工具及采样的安全措施；准备采样容器、记录表格、标签
	2	采样及样品的保存	用规定方法采集一般气、液、固体试样；正确填写记录表格和标签；在规定的容器中保存样品至规定的日期
	3	样品的制备	制备非均匀固体试样：破碎、筛分、掺和、缩分
中级	1	制定采样方案	根据国标和采样要求制定采样方案，做好特殊样品采集的准备工作
	2	采样	采集和处理非均匀固体物料；采样和保存高粘度、易挥发液体样品；采集负压下的气体样品；采集保存和处理危险品的试样

2. 样品的交接（见表9-11）

表9-11 样品交接的技能点

职业等级	序号	项目	技能点
初级	1	检验样品的交接	主动、热情、认真地交接样品；正确填写样品交接登记表
	2	查验和保存样品	检查样品的状况；验证样品的密封方式；做好记录；加贴样品标识
	3	样品的保存及管理	在规定的条件下保存样品；按要求保管和处理样品
中级	1	样品检验的项目	提出样品检验的合理化建议
	2	样品的查验	解答样品交接中的一般问题

3. 检验准备（见表9-12）

表9-12 检验准备的技能点

职业等级	序号	项目	技能点
初级	1	了解检验方案	读懂简单的化学分析和物理性能检测方法、标准和操作规程。读懂简单的检验装置示意图
	2	准备化学检验室基本仪器	识别常用的仪器；正确识别和选用玻璃仪器；正确选择洗涤剂洗涤和干燥玻璃仪器；正确使用酒精灯和酒精喷灯拉伸、截断和弯曲玻璃棒和玻璃管；按示意图安装简单的检验测定装置；检查装置的气密性。正确使用分析天平、称量瓶、进行直接法、差减法称量；正确选择和使用滴定管、容量瓶、移液管；检查量器的密合性；正确使用常用加热设备（电炉、烘箱、马弗炉等）；正确选择和使用pH计、磁力搅拌器、标准筛、秒表、温度计、水浴、离心机、真空泵、电动振荡器等检验辅助设备。根据工作类别需要认识与使用相关物性参数测定装置：①韦氏天平；②超静工作台、均质器、培养箱、高压灭菌器、显微镜、电冰箱；③刮板细度计、涂1和涂4粘度计、黑白格玻璃板、干燥试验器；④密度计组、快速灰分测定仪；⑤水泥稠度及凝结时间测定仪、雷氏夹测定仪、沸煮箱、水泥净浆搅拌机
	3	准备实验用水及溶液	正确使用一般化学分析用水；正确识别和选用分析检验所用试剂；按标准配制制剂、制品、试液、缓冲溶液、指示剂及指示液；准确稀释标准溶液
中级	1	明确检验方案	读懂较复杂的化学分析和物理性能检测的方法、标准和操作规范。读懂较复杂的检（试）验装置示意图
	2	准备仪器设备	按有关规程对玻璃量器进行容量校正。根据需要正确选用紫外-可见分光光度计；按有关规程检验分光光度计的性能。正确选用常见专用仪器设备：①阿贝折光仪、旋光仪、卡尔·费休水分测定仪、闭口杯闪点测定仪、沸程测定仪；②冷原子吸收测汞仪、白度测定仪；③颗粒强度测定仪；④卡尔·费休水分测定仪；⑤白度测定仪、附着力测定仪、光泽计、摆杆式硬度计、冲击试验器、柔韧性测定器；⑥转鼓、库仑测硫仪、恩氏粘度计；⑦抗折（压）试验机、恒温恒湿标准养护箱、水泥胶砂搅拌机、胶砂水泥振动台、手动脱膜器
	3	准备实验用水及溶液	正确选择化学分析、仪器分析及标准溶液配制所需规格的实验用水；正确储存实验用水。根据不同分析检验需要选用各种试剂和标准物质。按标准和规范配制各种化学分析用溶液；正确配制和标定标准滴定溶液、标准杂质溶液、标准比对溶液（包括标准比色溶液、标准比浊溶液）；准确配置pH标准缓冲液。按标准或规范要求检验实验用水的质量，包括电导率、pH范围、可氧化物、吸光度、蒸发残渣等

4. 检验与测定（见表9-13）

表9-13 检验与测定的技能点

职业等级	序号	项目	技能点
初级	1	化学分析法分析检验试样	正确进行试样的汽化分析操作，包括称量、加热干燥至恒量；正确进行试样的沉淀分析操作，包括称量和溶解、沉淀、过滤、洗涤、烘干和灼烧等；能正确进行滴定分析的基本操作，使用酸式滴定管和碱式滴定管进行连滴、一滴、半滴操作；对不同类型的滴定管和装有不同颜色溶液的滴定管正确读数；识别标准滴定溶液和其有效期，正确进行标准溶液体积的温度校正；正确使用酸碱指示剂和金属指示剂，准确判断滴定终点，进行酸碱滴定和络合（配位）滴定分析；针对各检验类别的技能要求：①能测定试剂的酸度、碱度、灼烧残渣；能用酸碱滴定法、络合滴定法、称量分析法测定试剂的主含量；能测定稀释剂、防潮剂的酸价。②能测定合成洗涤剂中总活性物的含量；能测定肥皂中的乙醇不溶物、游离苛性碱含量。③能测定化肥中氨态氮、有效五氧化二磷的含量；能用干燥法测定化肥中的水分。④能测定农药的酸度，能用蒸馏法测定农药中的水分。⑤能测定涂料的水分、涂料固体、挥发物和不挥发物、水性涂料中重金属的含量：能测定染料的水分、不溶物、水溶性染料的溶解度；能测定颜料的水溶物、耐水性、耐酸性、耐溶剂性。⑥能测定煤炭和焦炭的水分、灰分、挥发分、固定碳，能用艾氏法测定煤中全硫；能测定煤焦油中的水分、灰分和粗苯中的水分。⑦能测定水泥的烧失量、不溶物、纯二氧化硅、硫酸盐-三氧化硫、氧化镁含量
	2	检测化工产品的物理参数和性能	①检测化学试剂的密度、沸点、熔点、水不溶物、蒸发残渣、结晶点（或凝固点）。②检测化妆品的耐热、耐寒性能；检验肥皂、化妆品的感官指标。③检测化肥的粒度（或细度）。④检测农药的细度、润湿性。⑤检测涂料的细度、粘度、遮盖力、干燥时间；检测染料的细度；检测颜料的颜色、遮盖力、筛余物、吸油量。⑥检测粗苯和煤焦油的密度。⑦检测水泥的细度、标准稠度用水量、凝结时间、安定性
	3	仪器分析法分析检验试样	使用pH计测定各种化工产品的pH值
	4	微生物的检验	测定化妆品中微生物指标的菌落总数
	5	记录原始数据	正确记录原始数据，填写实验记录表格

(续)

职业等级	序号	项目	技能点
中级	1	分离、富集、分解试样	按标准或规程要求，用液-液萃取、薄层（或柱）层析、减压浓缩等方法分离富集样品中的待测组分，或用规定的方法（如溶解、熔融、灰化、消化等）分解试样
	2	化学分析法分析检验试样	用沉淀滴定法、氧化还原滴定法、目视比色（或比浊）法、薄层色谱法测定化工产品的组分。①测定化学试剂中的硫酸盐、磷酸盐、氯化物以及澄清度、重金属、色度。②测定肥皂中的干皂含量和氯化物、洗涤剂中的4A 氟石含量。③测定化肥中的氮、磷、钾含量。④测定农药的有效成分（用化学分析法或薄层色谱法，如氧乐果)。⑤测定“环境标志产品”水性涂料的游离甲醛、重金属含量。⑥测定煤焦油中的甲苯不溶物。⑦测定水泥中的三氧化二铁、三氧化二铝、氧化钙
	3	仪器分析法分析检验试样	用电位滴定法、分光光度法等仪器分析法测定化工产品的组分。①用卡尔·费休法测定化学试剂中的水分。②用冷原子吸收法测定化妆品中的汞；用分光光度法测定化妆品中的砷和洗涤剂中的各种磷酸盐。③用电位滴定法测定过磷酸钙中的游离酸；用卡尔·费休法测定化肥的水分；用分光光度法测定尿素中的缩二脲含量。④用电位滴定法和紫外可见分光光度法测定农药的有效成分；用卡尔·费休法测定农药中的水分。⑤用库仑滴定法测定煤炭中的硫含量；用分光光度法测定硫酸铵中的铁含量。⑥用分光光度法测定可溶性二氧化硅含量
	4	检测化工产品的物理参数和性能	①测定化学试剂的折射率、比旋光度；测定溶剂的闪点和沸程。②测定洗涤剂的去污力。③测定化肥的颗粒平均抗压强度。④测定农药乳油的稳定性。⑤测定涂料的闪点和涂膜的光泽、硬度、附着力、柔韧性、耐冲击性、耐热性；测定染料的色光和强度；用仪器法测定白度。⑥测定焦炭的机械强度和焦化产品的馏程、粘度。⑦用抗折（压）强度实验机测定水泥的胶砂强度
	5	微生物的检验	测定化妆品中的粪大肠菌、金黄色葡萄球菌、绿脓杆菌等微生物指标
	6	进行对照试验	将标准试样（或管理试样、人工合成试样）与被测试样进行对照试验。按其他标准分析方法（如仲裁法）与所用检验方法做对照试验

5. 测后工作（见表9-14）

表9-14 测后工作的技能点

职业等级	序号	项目	技能点
初级	1	清洗分析器皿	能针对盛装不同种类残渣残液的器皿采用适宜的清洗方法；能正确存放玻璃仪器和其他器皿
	2	数据处理	根据检验结果有效数字位数的要求，正确进行数据的修约和运算。根据标准要求，采用全数值比较法或修约值比较法判定极限数值附近的检验结果是否符合标准要求
	3	仪器的维护和维修	正确保养、维护所用仪器设备；及时发现所用仪器设备出现的一般故障
	4	安全防护	执行实验室各项安全守则，正确使用消防器材，安全使用各种电器。正确使用通风柜，不乱排放废液、废渣；正确使用防护用品
中级	1	数据处理	由对照试验结果计算出校正系数，并据此校正测定结果，消除系统误差。正确处理检验结果中出现的可疑值。当查不出可疑值出现的原因时，能采用Q值检验法和格鲁布斯法判断可疑数值的取舍
	2	填写检验报告	校核其他检验人员的检验原始记录，验证其检验方法是否正确，数据运算是否正确。正确填写检验报告，做到内容完整、表述准确、字迹（或打印）清晰、判定无误。分析一般检验误差产生的原因
	3	排除仪器设备故障、处理安全事故	排除所用仪器设备的简单故障。对突发的安全事故果断采取适当措施，进行人员急救和事故处理

复习思考题

1. 初级化学检验工应掌握的知识点有哪些？
2. 中级化学检验工应掌握的知识点有哪些？
3. 举例简述如何对初、中级化学检验工的实际操作进行指导？
4. 初级化学检验工应掌握的技能点有哪些？
5. 中级化学检验工应掌握的技能点有哪些？

试 题 库

知识要求试题

一、判断题（对画√，错画×）

1. 在用气相色谱仪分析样品时载气的流速应恒定。（ ）
2. 在气相色谱仪中，转子流量计显示的载气流速十分准确。（ ）
3. 在气相色谱仪中，温度显示表头显示的温度值不是十分准确。（ ）
4. 气-固色谱用固体吸附剂作固定相，常用的固体吸附剂有活性炭、氧化铝、硅胶、分子筛和高分子微球。（ ）
5. 使用热导池检测器时，必须在有载气通过热导池的情况下才能对桥电路供电。（ ）
6. 实现峰值吸收代替积分吸收的条件是，发射线的中心频率与吸收线的中心频率应一致。（ ）
7. 色谱定量时，用峰高乘以半峰宽为峰面积，则半峰宽是指峰底宽度的一半。（ ）
8. FID 检测器对所有化合物均有响应，属于通用型检测器。（ ）
9. 气相色谱分析中，调整保留时间是组分从进样到出现峰最大值所需的时间。（ ）
10. 色谱定量分析时，面积归一法要求进样量特别准确。（ ）
11. 根据响应特点的不同，气相色谱检测器可分为浓度型和质量型两大类。（ ）
12. 热导池检测器属于质量型检测器。（ ）
13. 检测器的主要性能指标有：灵敏度、敏感度、响应时间和线性范围。（ ）
14. 组分通过检测器时所给出信号的大小称为检测器的灵敏度。（ ）

15. 检测器恰好产生能够检测的电信号时，在单位时间和单位体积内进入检测器的组分的数量称为检测器的灵敏度。 （ ）

16. 响应时间是指从进样开始至到达记录仪最终指示的 90% 处所需要的时间。 （ ）

17. 线性范围是指响应信号与待测组分浓度或质量成直线关系的范围。 （ ）

18. 热导池是由池体和热敏元件组成的，分为双臂热导池和四臂热导池两种。 （ ）

19. 使用热导池时常选用 N_2 作载气。 （ ）

20. 影响热导池检测灵敏度的因素主要有：桥路电流、载气质量、池体温度和热敏元件材料及性质。 （ ）

21. 为了保护热丝，在使用热导池检测器时必须在有载气通过热导池的情况下，才能对桥电路供电。在关闭气相色谱仪时，一定要先关载气，后停电。 （ ）

22. 氢火焰离子化检测器是一种质量型检测器。 （ ）

23. 氢火焰离子化检测器灵敏度比热导池检测器高 $10^2 \sim 10^4$ 倍。 （ ）

24. 氢火焰离子化检测器特别适宜测定痕量无机物，而对有机物不产生信号。 （ ）

25. 氢焰检测器一般使用氮气为载气、氢气为燃气、空气为助燃气。（ ）

26. 使用氢焰检测器时，载气、燃气、助燃气的流量比一般为1:1.5:10。 （ ）

27. 气相色谱的定量依据是：在一定操作条件下 $m_i = f_i A_i$。 （ ）

28. 使用归一化法定量，不要求试样中所有组分都能流出色谱柱。 （ ）

29. 当色谱峰狭窄、峰形对称、操作条件稳定、各组分色谱半峰宽不变时，可以使用峰高归一化法定量。 （ ）

30. 内标法关键是选择合适的内标物，内标物应是试样中不存在的纯物质，内标峰应与待测峰靠近，并与待测物完全分离，内标物加入量应接近待测组分含量。 （ ）

31. 用气相色谱法分析非极性组分时，一般选择极性固定液，各组分按沸点由低到高的顺序流出。 （ ）

32. 毛细管色谱柱比填充柱更适合于结构、性能相似的组分的分离。（ ）

33. 色谱外标法的准确性较高，但前提是仪器的稳定性高且操作重复性好。 （ ）

34. 只要是试样中不存在的物质，均可选作内标法中的内标物。 （ ）

35. 气相色谱分析中分离度的大小综合了溶剂效率和柱效率两者对分离的

影响。（ ）

36. 热导检测器桥流的选择原则是在灵敏度满足分析要求的情况下，尽量选用较低的桥流。（ ）

37. 以活性炭作气相色谱的固定相时，通常用来分析活性气体和低沸点烃类。（ ）

38. 分离非极性和极性混合物时，一般选用极性固定液。此时，试样中极性组分先出峰，非极性组分后出峰。（ ）

39. 气相色谱分析中，混合物能否完全分离取决于色谱柱，分离后的组分能否准确检测出来取决于检测器。（ ）

40. 与气-液分配色谱法一样，液-液色谱法分配系数（K）或分配比（k）小的组分，保留值小，先流出柱。（ ）

41. 由于电离干扰的存在，原子吸收法的工作曲线将向横轴弯曲。（ ）

42. 释放剂能消除化学干扰，是因为它能与干扰元素形成更稳定的化合物。（ ）

43. 原子吸收法测定血清钙时，加入EDTA作为释放剂。（ ）

44. 石墨炉原子法中，选择灰化温度的原则是：在保证被测元素不损失的前提下，尽量选择较高的灰化温度以减少灰化时间。（ ）

45. 在原子化阶段时，常将管内氩气暂停，以提高分析的灵敏度。（ ）

46. 在原子吸收分光光度法中，物理干扰是非选择性的，对试样中各种元素的影响基本相同。（ ）

47. 采用标准加入法可以消除背景吸收的影响。（ ）

48. 在原子吸收分光光度法中，可以通过峰值吸收的测量来确定待测原子的浓度。（ ）

49. 化学干扰是非选择性的，对试样中所有元素的影响基本相同。（ ）

50. 在原子吸收分光光度法中可以用连续光源校正背景吸收，因为被测元素的原子蒸气对连续光源不产生吸收。（ ）

51. 原子吸收光谱是线状光谱，而紫外吸收分光光度法是带状光谱。（ ）

52. 在原子吸收测定中，基态原子数不能代表待测元素的总原子数。（ ）

53. 火焰原子化法的原子化效率只有10%左右。（ ）

54. 原子吸收分光光度法测定试样时，采用标准加入法可以有效地消除物理干扰。（ ）

55. 背景吸收在原子吸收光谱分析中会使吸光度增加，导致结果偏高。（ ）

56. 水体监测中Ag、Al、Cu、Fe、Hg、K、Na等金属元素的测定需采用的方法是分光光度法。（ ）

57. 水体监测中挥发酚、甲醛、三氯乙醛、苯的测定需采用的方法是分光光度法。（　）

58. 在染料生产中产生的工业污水在进行监测时的测定项目不包括 BOD 和 COD。（　）

59. 在合成脂肪酸生产后的工业污水在进行监测时的测定项目包括 BOD 和 COD。（　）

60. 石棉制品的工业污水的监测项目包括：pH 值、悬浮物、石棉等。（　）

二、选择题（将正确答案的序号填入括号内）

（一）单项选择题

1. 在气相色谱分析中，液体样品通常采用（　）进样器。

A. 旋转六通阀　　B. 漏斗

C. 微量注射器　　D. 吸球

2. 在气相色谱仪中，起分离作用的是（　）。

A. 净化器　　B. 热导池　　C. 汽化室　　D. 色谱柱

3. 在气相色谱仪中，起检测作用的是（　）。

A. 净化器　　B. 热导池　　C. 汽化室　　D. 色谱柱

4. 在气相色谱分析中，载气种类的选择主要取决于（　）。

A. 检测器的种类　　B. 被测物质的状态

C. 被测物的种类　　D. 固定相的类型

5. 色谱柱的柱效率可以用下列何种参数表示（　）。

A. 理论塔板数　　B. 分配系数

C. 保留值　　D. 载气流速

6. 只要柱温、固定相不变，即使柱长、柱填充情况及流动相流速有所变化，衡量色谱柱对被分离组分保留能力的参数可保持不变的是（　）。

A. 保留值　　B. 调整保留值

C. 分配系数　　D. 相对保留值

7. 从进样开始到惰性组分从柱中流出，呈现浓度极大值时所需的时间 t_M 称为（　）。

A. 保留时间　　B. 死时间

C. 调整保留时间　　D. 死体积

8. 在一定实验条件下组分 i 与另一标准组分 s 的调整保留时间之比 r_{is} 称为（　）。

A. 相对保留值　　B. 选择性因子

C. 相对保留体积　　D. 死体积

9. 载气流速的选择方法一般是：先由实验确定 $v_{最佳}$，而实际测定时选用的流速应当(　　)。

A. 稍大于 $v_{最佳}$　　B. 等于 $v_{最佳}$

C. 小于 $v_{最佳}$　　D. 三者都可以

10. 若各组分的平均沸点温度为 $T_{平均}$，柱温选择的一般原则是(　　)。

A. 稍大于 $T_{平均}$　　B. 等于 $T_{平均}$

C. 稍小于 $T_{平均}$　　D. B和C

11. 更换色谱柱时必须清洗色谱柱，对不锈钢色谱柱必须(　　)。

A. 先用重铬酸钾洗液浸泡，再用水冲洗干净，干燥后备用

B. 先用质量分数为5%～10%的氢氧化钠溶液浸泡后抽洗，再用水冲洗干净，干燥后备用

C. 先用体积分数为10%的盐酸浸泡后抽洗，再用水冲洗干净，干燥后备用

D. 先用热水浸泡，再用水冲洗干净，干燥后备用

12. 原子吸收光谱仪的火焰原子化器主要由(　　)组成（其中：1. 石墨管；2. 雾化器；3. 燃烧器；4. 钽舟；5. 石墨丝）。

A. 1、2、3　　B. 2、3　　C. 3、4、5　　D. 4、5

13. 对于火焰原子吸收光谱仪的维护，(　　)是不允许的。

A. 透镜表面沾有指纹或油污应用汽油将其洗去

B. 空心阴极灯窗口如有沾污，可用镜头纸擦净

C. 元素灯长期不用，则每隔一段时间在额定电流下空烧

D. 仪器不用时应用罩子罩好

14. 通过用待测物的纯物质制作标准曲线来进行的气相色谱定量分析，属于(　　)。

A. 归一化法　　B. 外标法的单点校正法

C. 内标法　　D. 外标法的标准曲法

15. 在测定废水中化学需氧量时，为了免去 Cl^- 的干扰，必须在回流时加入(　　)。

A. 硫酸汞　　B. 氯化汞　　C. 硫酸锌　　D. 硫酸铜

16. 原子吸收法测定 Ca^{2+} 含量时，为消除其中 PO_4^{3-} 的干扰而加入高浓度的锶盐，则加入锶盐称为(　　)。

A. 释放剂　　B. 保护剂　　C. 防电离剂　　D. 以上答案都不对

17. 原子吸收光谱是(　　)。

A. 带状光谱　　B. 线状光谱　　C. 宽带光谱　　D. 分子光谱

18. 欲分析165～360nm的波谱区的原子吸收光谱，应选用的光源为(　　)。

A. 钨灯　B. 能斯特灯　C. 空心阴极灯　D. 氘灯

19. 原子吸收分光光度计常用的光源是(　　)。

A. 氢灯　B. 氘灯　C. 钨灯　D. 空心阴极灯

20. 原子吸收、紫外-可见光谱皆属于(　　)。

A. 转动光谱　B. 原子光谱　C. 电子光谱　D. 振动光谱

21. 用内标法测定燕麦敌含量，称样8.12g，加入内标物正十八烷1.88g，测得样品峰面积 $A_i = 68.00\text{cm}^2$，内标物峰面积 $A_s = 87.00\text{cm}^2$，已知燕麦敌对内标物的相对校正因子 $f'_{i/s} = 2.40$。燕麦敌的质量分数应为(　　)。

A. 0.711%　B. 0.133%　C. 0.434%　D. 0.81%

22. 用内标法测定乙醇中微量水分，称取2.2679g乙醇样品，加入0.0115g甲醇，测得 $h_{H_2O} = 150\text{mm}$，$h_{CH_3OH} = 174\text{mm}$。已知峰高相对质量校正因子 $f'_{H_2O/CH_3OH} = 0.55$，水的质量分数应为(　　)。

A. 0.0024%　B. 0.1258%　C. 0.0032%　D. 0.0320%

23. 气相色谱作为分析方法的最大特点是(　　)。

A. 进行定性分析　B. 进行定量分析

C. 分离混合物　D. 分离混合物并同时进行分析

24. 通常把色谱柱内不移动的、起分离作用的固体物质叫做(　　)。

A. 担体　B. 载体　C. 固定相　D. 固定液

25. 在气固色谱分析中使用的活性炭、硅胶、活性氧化铝等都属于(　　)。

A. 载体　B. 固定液

C. 固体固定相　D. 担体

26. 在气相色谱中，直接表征组分在固定相中停留时间长短的参数是(　　)。

A. 保留时间　B. 调整保留时间

C. 死时间　D. 保留体积

27. 在气相色谱分析中，定性的参数是(　　)。

A. 保留值　B. 峰高　C. 峰面积　D. 半峰宽

28. 在气相色谱法中，进行定性试验时，实验室之间可以通用的定性参数是(　　)。

A. 调整保留体积　B. 相对保留值

C. 保留时间　D. 调整保留时间

29. 衡量色谱柱柱效能的指标是(　　)。

A. 相对保留值　B. 分离度

C. 容量比　D. 塔板数

30. 对气相色谱柱分离度影响最大的是(　　)。

A. 色谱柱柱温　　B. 载气的流速
C. 柱子的长度　　D. 填料粒度的大小

31. 描述色谱柱效能和总分离效能的指标分别为(　　)。
A. 理论塔板数和保留值
B. 有效塔板数或有效塔板高度和分离度
C. 分离度或有效塔板高度
D. 理论塔板高度和理论塔板数

32. 固定其他条件，色谱柱的理论塔板高度，将随载气的线速增加而怎样变化(　　)。
A. 基本不变　　B. 变大
C. 减小　　D. 先减小后加大

33. 气-液色谱中选择固定液的原则是(　　)。
A. 相似相溶　　B. 极性相同
C. 官能团相同　　D. 活性相同

34. 在气-液色谱中，色谱柱使用的上限温度取决于(　　)。
A. 试样中沸点最高组分的沸点
B. 试样中沸点最低组分的沸点
C. 固定液的最高使用温度
D. 固定液的沸点

35. 在气-液色谱中，色谱柱使用的下限温度(　　)。
A. 应该不低于试样中沸点最高组分的沸点
B. 应该不低于试样中沸点最低组分的沸点
C. 应该等于试样中各组分沸点的平均值或高于平均沸点100℃时
D. 应该超过固定液的熔点

36. 在气-液色谱柱内，被测物质中各组分的分离是基于(　　)。
A. 各组分在吸附剂上吸附性能的差异
B. 各组分在固定相和流动相间的分配性能的差异
C. 各组分在固定相中浓度的差异
D. 各组分在吸附剂上脱附能力的差异

37. 用色谱法进行定量时，要求混合物中每一个组分都需出峰的方法是(　　)。
A. 外标法　　B. 内标法　　C. 归一化法　　D. 叠加法

38. 关于气相色谱法试指出下述说法中哪种说法是错误的(　　)。
A. 氢气、氮气等是气相色谱法的流动相
B. 固定液是气相色谱法的固定相

C. 气相色谱法主要是用来分离沸点低、热稳定性好的物质

D. 气相色谱法是一个分离效能高、分析速度快的分析方法

39. 在气-液色谱中，当两组分的保留时间完全一样时，应采用下列哪种操作可能将两组分分开？(　　)

A. 增加色谱柱柱长　　B. 改变载气流速

C. 改变载气种类　　D. 改变柱温

40. 气液色谱中，火焰离子化检测器优于热导检测器的原因是(　　)。

A. 用较短的柱能完成同样的分离

B. 更灵敏

C. 可检出更多的有机化合物

D. 装置简单

41. 原子吸收谱线的宽度主要决定于(　　)。

A. 自然变宽　　B. 多普勒变宽和自然变宽

C. 多普勒变宽和压力变宽　　D. 场致变宽

42. 原于吸收光谱产生的原因是(　　)。

A. 分子中电子能级跃迁　　B. 转动能级跃迁

C. 振动能级跃迁　　D. 原子最外层电子跃迁

43. 原子吸收中的背景干扰主要来源于(　　)。

A. 火焰中待测元素发射的谱线

B. 干扰元素发射的谱线

C. 光源辐射的非共振线

D. 分子吸收

44. 在原子吸收分光光度法中，原子蒸气对共振辐射的吸收程度与(　　)。

A. 透射光强度 I 有线性关系　　B. 基态原子数 N_0 成正比

C. 激发态原子数 N_j 成正比　　D. 被测物质 N_j/N_0 成正比

45. AAS 测量的是(　　)。

A. 溶液中分子的吸收　　B. 蒸气中分子的吸收

C. 溶液中原子的吸收　　D. 蒸气中原子的吸收

46. AAS 选择性好，是因为(　　)。

A. 原子化效率高

B. 光源发出的特征辐射只能被特定的基态原子所吸收

C. 检测器灵敏度高

D. 原子蒸气中基态原子数不受温度影响

47. 在原子吸收分光光度计中，广泛采用的光源是(　　)。

A. 无极放电灯　　B. 空心阴极灯

C. 氢灯　　　　D. 钨灯

48. 原子吸收分光光度法中，光源的作用是(　　)。

A. 发射很强的连续光谱

B. 发射待测元素基态原子所吸收的特征共振辐射

C. 产生具有足够强度的散射光

D. 提供试样蒸发和激发所需的能量

49. 对空心阴极灯发射线半宽度影响最大的因素是(　　)。

A. 阴极材料　B. 阳极材料　C. 灯电流　D. 内充气体

50. 在原子吸收分析中，测定元素的灵敏度很大程度取决于(　　)。

A. 空心阴极灯　　　　B. 原子化系统

C. 分光系统　　　　D. 检测系统

51. 石墨炉原子吸收法与火焰法相比，其优点是(　　)。

A. 灵敏度高　　　　B. 重现性好

C. 分析速度快　　　　D. 背景吸收小

52. 火焰原子吸收法与无火焰原子吸收法相比，其优点是(　　)。

A. 干扰较少　　　　B. 易达到较高的精密度

C. 检出限较低　　　　D. 选择性较强

53. 多普勒变宽产生的原因是(　　)。

A. 被测元素的激发态原子与基态原子相互碰撞

B. 原子的无规则热运动

C. 被测元素的原子与其他粒子的碰撞

D. 外部电场的影响

54. 氢化物发生原子化法主要用于测定As、Bi、Ge、Sn、Sb、Se、Te等元素，常用的还原剂是(　　)。

A. $NaBH_4$　B. Na_2SO_3　C. $SnCl_2$　D. Zn

55. 双光束与单光束原子吸收分光光度计比较，前者突出的优点是(　　)。

A. 灵敏度高

B. 可以消除背景的影响

C. 便于采用最大的狭缝宽度

D. 可以抵消因光源的变化而产生的误差

56. 当特征辐射通过试样蒸气时，被下列哪种粒子吸收？(　　)

A. 激发态原子　　　　B. 离子

C. 分子　　　　D. 基态原子

57. 原子吸收光谱法对光源发射线半宽度的要求是(　　)。

A. 大于吸收线的半宽度　　　　B. 等于吸收线的半宽度

C. 吸收线半宽度的1/2　　D. 吸收线半宽度的1/5

58. 在原子吸收分光光度法中，可消除物理干扰的定量方法是(　　)。

A. 标准曲线法　　B. 标准加入法

C. 内标法　　D. 直接比较法

59. 在原子吸收分光光度法定量分析中，采用标准加入法可消除(　　)。

A. 电离干扰　B. 物理干扰　C. 化学干扰　D. 光谱干扰

60. 在原子吸收分光光度法中，配制与待测试样具有相似组成的标准溶液，可减小(　　)。

A. 光谱干扰　B. 基体干扰　C. 背景干扰　D. 电离干扰

61. 有机物在氢火焰中燃烧生成的离子，在电场作用下能产生电信号的器件是(　　)。

A. 热导检测器　　B. 火焰离子化检测器

C. 火焰光度检测器　　D. 电子捕获检测

62. 色谱柱的分离效能，主要由（　　）所决定。

A. 载体　B. 担体　C. 固定液　D. 固定相

63. 色谱峰在色谱图中的位置用（　　）来说明。

A. 保留值　B. 峰高值　C. 峰宽值　D. 灵敏度

64. 在气相色谱分析中，采用内标法定量时，应通过文献或测定得到(　　)。

A. 内标物的绝对校正因子

B. 待测组分的绝对校正因子

C. 内标物的相对校正因子

D. 待测组分相对于内标物的相对校正因子

65. 在气相色谱分析中，当用非极性固定液来分离非极性组分时，各组分的出峰顺序是(　)。

A. 按质量的大小，质量小的组分先出

B. 按沸点的大小，沸点小的组分先出

C. 按极性的大小，极性小的组分先出

D. 无法确定

66. 根据IUPAC规定，原子吸收分光光度法的灵敏度为(　　)。

A. 产生1%吸收所需被测元素的浓度

B. 产生1%吸收所需被测元素的质量

C. 一定条件下，被测物含量或浓度改变一个单位所引起测量信号的变化

D. 在给定置信水平内，可以从试样中定性检出被测物质的最小浓度或最小量

67. 原子吸收分光光度法测定钾时，加入质量分数为1%铯盐的作用是(　　)。

A. 减少钾的电离　　B. 减少背景吸收

C. 提高火焰温度　　D. 提高钾的浓度

68. 空心阴极灯的主要操作参数是(　　)。

A. 灯电流　　B. 灯电压

C. 预热时间　　D. 内充气体压力

69. 石墨炉原子化过程中，干燥的温度应为(　　)。

A. 50℃　　B. 500℃

C. 3000℃　　D. 稍高于溶剂的沸点

70. 为了提高石墨炉原子吸收光谱法的灵敏度，原子化阶段测量信号时，保护气体的流速应(　　)。

A. 减小　　B. 增大　　C. 不变　　D. 为零

71. 水污染源不包括(　　)。

A. 生活污水　　B. 医院污水

C. 各种工业废水　　D. 地下水

72. 工业污水监测项目中对选矿药剂的监测项目正确的是(　　)。

A. pH值、悬浮物、砷、硫化物等

B. 锌、砷、镉、汞、六价铬等

C. COD、BOD、悬浮物、硫化物、挥发酚等

D. 氰化物、石油类、铜、铅、锌

73. 工业污水监测项目中对合成洗涤剂的监测项目正确的是(　　)。

A. 悬浮物　　B. 表面活性剂

C. pH值　　D. 氯化物

74. 工业污水监测项目中对电子、仪器、仪表的监测项目正确的是(　　)。

A. 悬浮物　　B. 表面活性剂

C. 氰化物　　D. 氯化物

75. 工业污水监测项目中对电池的监测项目正确的是(　　)。

A. 硝基苯类　　B. 锶

C. 铅、锌、汞、镉等　　D. 硫化物

(二) 多项选择题

1. 气相色谱法分为两类，它们是(　　)。

A. 气固色谱　　B. 气液色谱

C. 气相色谱　　D. 高效液相色谱

2. 在气固色谱中，样品中各组分的分离是基于(　　)。

A. 组分的性质不同
B. 组分溶解度的不同
C. 组分在吸附剂上的吸附能力不同
D. 组分的挥发性不同

3. 气相色谱中与含量成正比的是(　　)。

A. 保留体积　　B. 保留时间　　C. 峰高　　D. 峰面积

4. 对一台日常使用的气相色谱仪，我们在实际操作中为提高热导池检测器的灵敏度，主要采取的措施是(　　)。

A. 改变热导池的热丝电阻　　B. 改变载气的类型
C. 改变桥路电流　　D. 改变热导池的结构

5. 气相色谱定量分析方法中对进样要求不是很严格的方法是(　　)。

A. 归一化法　　B. 外标法
C. 内标法　　D. 内标标准曲线法

6. 在实际操作时，气相色谱仪柱室需加热并保持一定的温度，如此操作的目的是(　　)。

A. 防止固定液流失　　B. 使样品中各组分保持气态
C. 降低色谱柱前压力　　D. 使固定液呈液态

7. 新制备或使用一段时间后的填充色谱柱需进行“老化”，即在一定温度和载气流量下空载操作一段时间。此种操作的目的是(　　)。

A. 使固定液分布均匀　　B. 使载体分布均匀
C. 除去多余溶剂或柱内残留物　　D. 净化载气

8. 开口毛细管色谱柱与填充色谱柱的区别是(　　)。

A. 色谱柱制作材料不同　　B. 分离能力不同
C. 色谱柱容量不同　　D. 分离原理不同

9. 开口毛细管色谱柱在使用一段时间后出现柱效下降（分离能力降低、色谱峰扩张变形），可能的原因是(　　)。

A. 色谱柱进样端固定液流失
B. 色谱柱内固定液分布不均匀
C. 色谱柱内固定液性能改变
D. 流失的固定液污染了检测器

10. 分配气相色谱柱总是存在固定液流失现象，当固定液发生流失时可能发生的问题是(　　)。

A. 载气流速改变　　B. 组分保留参数改变
C. 色谱柱效能下降　　D. 检测器灵敏度下降

11. 影响气相色谱检测器的灵敏度（S）数值的因素有(　　)。

A. 测量组分的性质　　B. 色谱柱的分离效能
C. 检测器的种类及性能　　D. 色谱柱的种类

12. 与气相色谱检测器的检测线性范围有关的因素是(　　)。
A. 载气的种类及流速　　B. 测量组分的性质
C. 测量组分的量　　D. 检测器的种类及性能

13. 常用于表示气相色谱检测器检测限的方式是(　　)。
A. 噪声与灵敏度的比值
B. 最小检测量或最小检测浓度
C. 噪声与灵敏度的比值的两倍
D. 最小进样量或最小进样浓度

14. 气相色谱检测器的检测信号与检测物质量的数学关系有(　　)。
A. 与进入检测器物质质量成正比
B. 与进入检测器物质质量成反比
C. 与进入检测器物质浓度成正比
D. 与进入检测器物质浓度成反比

15. 影响气相色谱数据处理机所记录的色谱峰宽度的因素有(　　)。
A. 色谱柱效能　　B. 记录时的走纸速度
C. 色谱柱容量　　D. 色谱柱的选择性

16. 相同含量的同系物的混合物完全分离的气相色谱图中，色谱峰的变化规律是(　　)。
A. 所有组分有相同的色谱峰
B. 随保留时间增加色谱峰变宽
C. 随保留时间增加色谱峰高降低
D. 无一定规律

17. 色谱图上色谱峰的保留时间（t_R）除用做定性分析的依据外，还可(　　)。
A. 体现组分量的变化　　B. 展示色谱峰顶的分离状态
C. 用于计算分离度、塔板数　　D. 用于评价色谱柱效能

18. 可用作定量分析依据的色谱图参数是(　　)。
A. A　　B. h　　C. W　　D. t_R

19. 当下列操作条件改变时，分离度（R）会随之改变的是(　　)。
A. 载气流速（v）　　B. 进样器温度（T_j）
C. 色谱柱室温度（T_C）　　D. 检测器温度（T_D）

20. 衡量色谱柱效能的指标是塔板数（n）或有效塔板数（n_{eff}），其数值大小与下列因素有关的是(　　)。

A. 色谱峰的位置　　　　　　　　B. 色谱峰的形状
C. 色谱峰的面积　　　　　　　　D. 色谱峰的高度

21. 色谱柱室的操作温度对色谱柱效能影响较大，当色谱柱室操作温度改变时下列因素会随之改变的是(　　)。

A. 各组分在色谱柱中的涡流扩散
B. 各组分的容量因子
C. 各组分的气、液相扩散系数
D. 各组分的相互作用

22. 根据 VanDeemter 方程，判断当载气流速偏离最佳流速时影响色谱柱效能的各因素的变化(　　)。

A. 当实际流速大于最佳流速时，组分的涡流扩散减小柱效能增高
B. 当实际流速小于最佳流速时，组分的传质阻力减小柱效能增高
C. 当实际流速小于最佳流速时，组分的分子扩散增大主要影响柱效能
D. 当实际流速大于最佳流速时，组分的各项因素同时增大

23. 气相色谱分析中，载气对分离、分析影响很大，除载气流速影响色谱柱效能外，其他的影响是(　　)。

A. 载气的分子量影响色谱柱效能
B. 载气的种类影响检测器灵敏度
C. 载气的种类影响检测器准确度
D. 载气的分子量影响色谱峰形状

24. 气相色谱仪色谱柱室的操作温度对分离、分析影响很大，其选择原则是(　　)。

A. 得到尽可能好的分离度　　　　B. 使分析速度尽可能快
C. 尽可能减少固定液流失　　　　D. 尽可能采取较低温度

25. 对于样品组成较简单的气相色谱分析常采取恒定色谱柱室温度操作，此时选择设置温度时除选择原则规定的因素外，还应考虑(　　)。

A. 样品的进样量　　　　　　　　B. 样品各组分的沸点
C. 固定液的“液载比”　　　　　D. 色谱柱的长度

26. 对于多组分样品的气相色谱分析一般采用色谱柱室程序升温操作，如此操作的主要目的是(　　)。

A. 使各组分都有较好的峰形
B. 缩短分析时间
C. 使各组分都有较好的分离度
D. 延长色谱柱使用寿命

27. 选择填充色谱柱的“液载比”（也称固定液配比）可以提高色谱柱效

能。现代气相色谱分析常采用低“液载比”，其优点是(　　)。

A. 色谱柱容易制备　　B. 可以减小液相传质阻力

C. 可以增大进样量　　D. 可以缩短分析时间

28. 在进行气相色谱分析时，进样量对分离、分析均有影响，当进样量过大时产生的不利因素是(　　)。

A. 色谱峰峰形变差，导致分离变差

B. 色谱柱超负荷

C. 污染检测器

D. 分析速度下降

29. 使用相对保留值定性分析依据时，选择参照物（S）应注意(　　)。

A. 参照物峰位置与待测物相近　　B. 参照物与样品各组分完全分离

C. 参照物应当是容易得到的纯品　　D. 参照物保留时间越小越好

30. 使用峰高增加法定性分析的优点是(　　)。

A. 操作条件的变化对结果无影响

B. 能增加检测灵敏度

C. 进样技术要求不严格

D. 能使分离度增加

31. 在缺少待测物标准品时，可以使用文献保留值进行对比定性分析，操作时应注意(　　)。

A. 一定要是本仪器测定的数据

B. 一定要严格保持操作条件一致

C. 一定要进行准确进样分析

D. 保留值单位一定要一致

32. 使用待测物标准溶液与样品分别进样对比定性分析时，应注意(　　)。

A. 保持两次进样操作的条件一致

B. 两次进样分析时间要相同

C. 尽量使标准溶液具有和测试样品相同的基体

D. 标准溶液的浓度要与测试样品溶液中待测组分浓度接近

33. 影响气相色谱定性分析准确度的因素有(　　)。

A. 色谱图的记录参数（走纸速度，信号衰减等）

B. 数据处理机或色谱工作站的分析参数（宽容度等）

C. 样品中各组分的分离度

D. 检测器的灵敏度

34. 常规气相色谱定性分析的准确度并不很高，其主要原因是(　　)。

A. 检测器的定性检测能力有限

B. 每个色谱峰不一定只代表一种组分
C. 待分析样品过于复杂
D. 缺乏特征性强的定性分析依据

35. 使用归一化法作气相色谱定量分析的基本要求是(　　)。
A. 样品中各组分均应出峰
B. 样品中各组分均应在线性范围内
C. 样品达到完全分离
D. 样品中不出峰的组分的含量已知

36. 气相色谱定量分析方法中的归一化法的优点是(　　)。
A. 不需要待测组分的标准品
B. 结果受操作条件影响小
C. 结果不受进样量影响
D. 结果与检测灵敏度无关

37. 使用外标法进行气相色谱定量分析时应注意(　　)。
A. 仅适应于单一组分分析
B. 尽量使标准与样品浓度一致
C. 不需考虑检测线性范围
D. 进样量尽量保持一致

38. 影响气相色谱外标法定量分析准确度的因素有(　　)。
A. 仪器的稳定性
B. 样品的分离度
C. 进样操作的重现性
D. 检测组分的含量

39. 下列情形中不适宜使用外标法定量分析的是(　　)。
A. 样品中有的组分不能检出
B. 样品不能完全分离
C. 样品待测组分多
D. 样品基体较复杂

40. 气相色谱定量分析方法中的内标法的缺点是(　　)。
A. 内标物容易与样品组分发生不可逆化学反应
B. 合适的内标物不易得到
C. 内标物与样品中各组分很难完全分离
D. 每次分析均需准确计量样品和内标物的量

41. 影响谱线变宽的主要因素有(　　)。
A. 原子的无规则热运动
B. 待测元素的原子受到强磁场或强电场的影响
C. 待测元素的激发态原子与基态原子相互碰撞
D. 待测元素的原子与其他离子相互碰撞

42. 石墨炉原子化法与火焰原子化法相比，其缺点是(　　)。
A. 重现性差
B. 原子化效率低

C. 共存物质的干扰大

D. 某些元素能形成耐高温的稳定化合物

43. 下述可用做原子吸收光谱测定的光源有(　　)。

A. 空心阴极灯　　B. 氢灯

C. 钨灯　　D. 无极放电灯

44. 原子吸收分光光度计与紫外-可见分光光度计的主要区别是(　　)。

A. 光源不同　　B. 单色器不同

C. 检测器不同　　D. 吸收池不同

45. 采用峰值吸收测量代替积分吸收测量，必须满足(　　)。

A. 发射线半宽度小于吸收线半宽度

B. 发射线的中心频率与吸收线的中心频率重合

C. 发射线半宽度大于吸收线半宽度

D. 发射线的中心频率小于吸收线的中心频率

46. 吸收线的轮廓用以下哪些参数来表征？(　　)

A. 波长　　B. 谱线半宽度

C. 中心频率　　D. 吸收系数

47. 石墨炉原子化法与火焰原子化法比较，其优点是(　　)。

A. 绝对灵敏度高　　B. 可直接测定固体样品

C. 重现性好　　D. 分析速度快

48. 下列元素可用氢化物原子化法进行测定的是(　　)。

A. Al　　B. As　　C. Pb　　D. Mg

49. 消除物理干扰常用的方法是(　　)。

A. 加入释放剂和保护剂

B. 采用标准加入法

C. 使用高温火焰

D. 配制与被测试样组成相似的标准样品

50. 以下测定条件的选择，正确的是(　　)。

A. 在保证稳定和合适光强输出的情况下，尽量选用较低的灯电流

B. 使用较宽的狭缝宽度

C. 尽量提高原子化温度

D. 调整燃烧器的高度，使测量光束从基态原子浓度最大的火焰区通过

三、计算题

1. 在硅油柱上苯与环己烷的保留时间分别是330s和365s，测得两个峰的半峰宽分别是0.5cm和0.8cm，已知记录器的纸速为2.0cm/min。试求分离度R？

两个峰是否完全分开？

2. 有一水样中含有甲酸、乙酸和丙酸，用费休法测得水含量的质量分数为82.0%，进样后得到各组分的峰面积和相对质量校正因子见表1。试计算各组分的质量分数？

表 1

	甲　酸	乙　酸	丙　酸
峰面积/mm^2	14.8	72.6	42.4
相对质量校正因子 f'_m	3.83	1.78	1.07

3. 用色谱法测定未知样品中 O_2 含量，进未知样 5mL，得到 O_2 的峰面积 $100cm^2$，进标样 1mL，质量分数为 1.00%，在 4 档时测得 O_2 的峰面积为 $40.0cm^2$。试求未知气样中的含氧量是多少？

4. 甲、乙两个组分的相对保留值 $\alpha_{2,1}=1.23$，要在一根色谱柱上完全分离，分离度 $R=1.5$ 时，试求所需有效塔板数是多少？假定有效塔板高度为 $H=0.1cm$ 时，谱柱长度应是多少米？

5. 根据下面的色谱数据，试计算组分 A、B 的分离度 R？

空气的 $t_r=1.05'$　组分 A：$t_r=4.05'$　半峰宽 $W_{1/2}=0.26min$

组分 B：$t_r=5.10'$　半峰宽 $W_{1/2}=0.30min$

6. 试计算上题中色谱柱对 A 组分的塔板数 n？

7. 表2是测定热导检测器上校正因子的数据。试计算以甲醇为基准物时各组分的相对质量校正因子 f'_m？

表 2

	甲　醇	乙　醇	丙　醇	丁　醇
质量/mg	12.55	46.79	21.88	18.81
面积/cm^2	13.22	45.90	20.90	19.98

8. 一根长3m内径4mm的填充柱，空气峰的保留时间 $t_M=28s$。试求该柱载气的体积流速是多少？

9. 用内标法测定甲醇的含量，称取 1.5200g 样品，加入内标物乙醇 0.2100g，混匀后进样，得到甲醇峰面积为 $320cm^2$，乙醇峰面积为 $400cm^2$。试求样品中甲醇的质量分数（已知甲醇的 $F'_m=0.75$　乙醇的 $F'_m=0.82$）？

10. 某气体样品含有甲烷、乙烷、一氧化碳和二氧化碳，在热导色谱上得到各组分的峰面积和相对体积校正因子见表3。试计算各组分的体积质量分数？

表 3

气体种类	CH_4	C_2H_6	CO	CO_2
峰面积/cm^2	1336	527	125	33
相对体积校正因子 f_V'	0.58	0.75	0.86	1.18

11. 色谱法测定水中的微量已烷，称取水样 3.5000g，加入内标物庚烷 0.0100g，混匀后用5mL 壬烷萃取，进0.1μL 萃取液，得到已烷峰面积 135mm^2，庚烷峰面积 200mm^2。试求水样中的已烷含量（已烷的 $f'_m=0.89$，庚烷的 $f'_m=0.91$）？

12. 色谱法测定庚烷中的微量水，进1μL 样品得到水的峰高125mm，同样条件下进1μL 饱和水的庚烷标样，水的峰高 210mm，已知标样的含水量为 120×10^{-6}。试计算样品的含水量？

13. 在色谱图上测得组分1 和组分2 的峰顶点距离为1.08cm，峰底宽 $W_1=0.65$cm，$W_2=0.76$cm。试求分离度 $R=$？这两个组分是否能完全分开？

14. 为测定物质 A 的校正因子，将 4.500g 物质 A（纯度为 98.5%）和 1.500g 的参比物质苯（纯度也是98.5%）混合均匀后进样，根据谱图测得两峰面积为284.0cm^2 和71.00cm^2。试求物质 A 的相对质量校正因子 $f'_m=$？

15. 在一根40m 长的空心柱上，测得正辛醇的保留时间 $t_R=8.56$min，半峰宽 $W_{h/2}=0.036$min，死时间 $t_M=2.12$min。试计算容量因子 K 和每米的理论塔板数 $n=$？

16. 在一张色谱图上空气峰的保留时间为1.10min，组分 A 的保留时间为4.10min，组分 B 的保留时间为5.00min，峰底宽度分别为0.50mm 和0.55mm。试求 A、B 两组分的分离度 $R=$？

17. 根据上题数据，以 A 为参比。试计算 A、B 组分的相对保留值？

18. 根据表4 所列数据计算各组分的相对质量校正因子（以甲醇为参比物）。

表 4

	甲　醇	苯	甲　苯	苯　乙　烯
质量/g	0.10	0.50	0.020	0.20
峰面积/cm^2	15.0	58.0	2.00	25.0

19. 用色谱法分析煤气时得到表5 数据。试计算各组分的体积分数？

表 5

	CH_4	C_2H_6	C_3H_8	CO	CO_2
峰面积/mm^2	1650	832	215	400	56
相对体积校正因子	2.80	1.96	1.55	2.38	2.08

20. 色谱法测定水中的甲醇含量，称取 2.500g 水样，加入内标物丙酮 0.1200g，混匀后进样，得到甲醇峰面积 120mm^2，丙酮峰面积 250mm^2。试计算水中甲醇的质量分数？（已知甲醇的 $f'_m=0.75$，丙酮的 $f'_m=0.87$）

21. 热导色谱法测定无水乙醇中水含量，注入 1.0μL 样品，得到水的峰高 196mm，同样条件下注入 1.0μL 苯饱和水标样，得到水的峰高 110mm，已知苯标样中含水 280×10^{-6}，苯的密度为0.80g/mL，无水乙醇的密度为 0.78g/mL。试求无水乙醇中的含水量？

22. 用外标法测定水中的溶解乙炔含量，将标样为 1.0mL 纯 C_2H_2 稀释至 100mL，进样 1mL，峰高为 10.2cm，衰减为 8；进水样 10μL，C_2H_2 峰高 5.0cm，衰减为 1。试计算水样中 C_2H_2 含量？

23. 在原子吸收分光光度计上测得表 6 数据。试用内插法计算未知样浓度是多少？

表 6

试样号	浓度/（mg/L）	吸 光 度
标样 1	14.0	0.240
标样 2	21.0	0.330
未知样	C_x	0.280

24. 某色谱峰的保留时间为 45s，峰底宽为 3.5s，柱长是 2.0m。试计算理论塔板数和塔板高度？

25. 在鲨鱼烷柱上 60℃ 时下列物质的保留时间为：空气 147.9s，正己烷 410.0s，正庚烷 809.2s，苯 543.3s。试计算苯在鲨鱼烷柱上的保留指数 I 值？

26. 一液体混合物中含有苯、甲苯、邻二甲苯、对二甲苯。采用气相色谱法，以热导池为检测器进行定量，苯的峰面积为 1.26cm^2，甲苯的峰面积为 0.95cm^2，邻二甲苯的峰面积为 2.55cm^2，对二甲苯的峰面积为 1.04cm^2。试求各组分的质量分数（质量校正因子：苯为 0.780，甲苯为 0.794，邻二甲苯为 0.840，对二甲苯为 0.812）？

27. 试求 $T=300$K 时，处于 3p 激发态的钠原子数与处于 3s 基态原子数的比值（已知共振线的波长为 589nm，$g_j/g_o=2$）？

28. 原子吸收光谱法测定元素 M 时，由未知试样溶液得到的吸光度读数为 0.435，而在 9mL 未知液中加入 1mL 浓度为 100mg/L 的 M 标准溶液后，混合溶液在相同条件下测得的吸光度为 0.835。试问未知试样溶液中 M 的浓度是多少？

29. 原子吸收光谱法测定食品中的成分 M 时，称取 1.000g 样品制备成 100mL 溶液，再用 10mL 萃取液萃取 M（萃取率为 90%），然后将所得溶液平分为两份，其中一份加入浓度为 5.00μg/mL 的 M 标准溶液 2.00mL。两份均用水稀释至25mL后，测得吸光度分别为0.32和0.60。试求食品中M的含量?

30. 测得浓度为2μg/mL的镁标准溶液的透光率为50%。试计算镁的特征浓度?

31. 已知钙的特征浓度为0.004μg/(mL·1%)吸收，某土壤中钙的质量分数约为0.01%。若用原子吸收分光光度法测定钙，其最适宜的测定浓度是多少?应称取多少克试样制成多少体积的溶液进行测定(提示：吸光度控制在0.15~0.60范围内)?

32. 采用原子吸收分光光度法分析尿样中的铜，测定结果见表7。试计算样品中铜的含量?

表　7

加入Cu的浓度/(μg/mL)	0	2.0	4.0	6.0	8.0
吸光度值/A	0.280	0.440	0.600	0.757	0.912

33. 制成的储备液含钙0.1mg/mL，取一系列不同体积的储备液于50mL容量瓶中，以蒸馏水稀释至刻度。将5mL天然水样品置于50mL容量瓶中，并以蒸馏水稀释至刻度，测定结果见表8。试计算天然水样中钙的含量?

表　8

储备溶液体积/mL	1.00	2.00	3.00	4.00	5.00	稀释水样
吸光度值A	0.224	0.447	0.675	0.900	1.122	0.475

34. 采用标准加入法测定溶液中镉的浓度，在各试样中加入镉标准溶液(浓度为10.0μg/mL)后，用水稀释至50mL，测得吸光度见表9。试求试样中镉的浓度?

表　9

测定次数	试样体积/mL	加入镉标准液的体积/mL	吸光度A
1	20	0	0.042
2	20	1	0.080
3	20	2	0.116
4	20	3	0.190

35. 某工业废水的半定量结果是：锌2000μg/mL，铜1000μg/mL，铬500μg/mL。现用原子吸收分光光度法对上述元素进行准确定量测定，已知锌、铜、铬的特征浓度分别是0.01μg/(mL·1%)、0.05μg/(mL·1%)、0.1μg/(mL·1%)。试问在测定前对水样是否需要预先浓缩或稀释?如果需要，应浓缩或稀释多少倍为宜?

四、简答题

1. 气相色谱法的主要特点是什么？

2. 用色谱法分析时分别依据什么进行定性和定量？

3. 色谱定性的方法有哪些？

4. 利用峰高或峰面积进行定量分析的依据是什么？它的准确度主要决定于什么？

5. 什么叫固定相？根据色谱柱内填充的固定相的不同，可把气相色谱法分为哪两类？请分别加以说明。

6. 气-液色谱中，对固定液有什么要求？

7. 气-液色谱中常用的固定液有哪几类（每类各举一例）？请举一常用的气-液色谱固定相。

8. 色谱柱为什么要老化？老化时的柱温和载气流速应如何控制？老化好的标志是什么？

9. 简述热导检测器的工作原理及其优点。

10. 简述氢火焰离子化检测器的工作原理及其特点。

11. 色谱分析使用归一化法时应具备什么条件？

12. 简述什么是气固色谱法和气液色谱法？

13. 简述什么是色谱柱？什么是吸附剂？什么是固定相和流动相？

14. 简述气相色谱的柱效能？分离度（R）？灵敏度（S）？检测限（D）？

15. 什么是色谱分析的分配系数（K）？

16. 简述气相色谱定量分析的归一（化）法、内标法和外标法。

17. 色谱柱有什么作用？它们可以分为哪几类？各有什么特点？

18. 什么是气相色谱的担体？担体有何作用？对担体有何要求？

19. 载体（担体）可以分为几类？选择载体的原则是什么？

20. 气-液色谱柱的制备有几个步骤？

21. 原子吸收光谱法的基本原理是什么？

22. 原子吸收光谱法和分光光度法有何相同和不同之处？

23. 原子吸收光谱法具有哪些特点？

24. 简述原子吸收光谱仪的四大系统中的主要部件名称及作用是什么？

25. 原子吸收光谱分析常用的有哪些分析方法？进行一项测定时，常需哪些步骤？

26. 原子吸收定量分析常采用标准曲线法，其标准曲线能否像分光光度法的标准曲线一样可较长时间使用？为什么？

27. 进行原子吸收光谱分析会出现哪些干扰？如何消除各种干扰？

28. 原子吸收光谱分析测定结果灵敏度低是什么原因？如何解决？

29. 在原子吸收光谱分析中为什么会出现噪声过大的现象？如何解决？

30. 在原子吸收光谱分析中分析结果偏高是什么原因？如何解决？

31. 在原子吸收光谱分析中分析结果偏低是什么原因？如何解决？

32. 在原子吸收光谱分析中如何选择合适的火焰条件？

33. 背景吸收是如何产生的？其影响如何？

34. 在使用原子吸收分光光度计时如何防止出现“回火”？

35. 氘灯背景校正法是如何校正背景干扰的？

36. 原子吸收分光光度计分为哪几种类型？各有何特点？

37. 在原子吸收光谱分析中常用的定量分析方法有哪几种？它们各有何特点？

38. 在原子吸收光谱分析中如何配制待测元素的标准溶液？

39. 在原子吸收光谱分析中使用标准加入法定量时需注意哪些问题？

40. 在原子吸收光谱分析中根据火焰的不同性质可将火焰分为哪几种类型？它们各有何特点？

技能要求试题

一、丁醇异构体混合物的分析（归一化法定量）

1. 准备要求

（1）仪器的准备。

1）气相色谱仪。

2）DNP 色谱柱。

3）氢气钢瓶。

4）试剂瓶。

（2）试剂的准备

1）异丁醇，AR 级。

2）仲丁醇，AR 级。

3）叔丁醇，AR 级。

4）正丁醇，AR 级。

（3）仪器的检查　考核前应认真检查、核对仪器，做到仪器稳定、正常。

2. 考核内容

（1）配制混合试样　用一干燥且洁净的小瓶称取 0.4g 叔丁醇、0.5g 仲丁醇、0.7g 异丁醇、0.9g 正丁醇（称准 0.001g）并混合均匀，备用。

（2）测定操作

1）连接电源及相应的连线，接通载气，检查气路气密性。

2）起动色谱仪，设置实验条件如下：柱温为 75℃，汽化室温度为 160℃，热导检测器桥电流为 150mA，载气为氢气，载气流量为 20～30mL/min，记录纸纸速为 5mm/min，衰减比为 1:1。

3）按仪器操作步骤将仪器调节至可进样状态。

4）清洗微量注射器，吸取混合试样 0.6μL，进样得各组分的色谱图。

5）记录实验数据。

（3）结束工作

1）实验完成后，清洗进样器，关闭仪器和载气，做好实验结束工作和清理工作。

2）处理实验数据。

3. 考核要求

1）正确执行实验室安全操作规程。

2）遵守实验室规则，认真、如实记录实验数据。

3）保持实验台面及周围环境整洁，仪器、用品摆放整齐。

4. 时间定额

120min 内完成所有考核内容。

5. 评分标准

参见附录 D。

二、甲苯的分析（内标法定量）

1. 准备要求

（1）仪器的准备

1）气相色谱仪。

2）DNP 色谱柱。

3）氢气钢瓶。

4）氮气钢瓶。

5）空气钢瓶（或空气压缩机）。

6）微量注射器（10μL），医用注射器（1mL）。

（2）试剂的准备

1）苯，AR 级。

2）甲苯，AR 级。

（3）仪器的检查 考核前应认真检查、核对仪器，做到仪器稳定、正常。

2. 考核内容

（1）配制标准液 取一个干燥洁净带胶塞的小瓶，称其质量（称准至 0.001g，下同）。用医用注射器吸取 1mL 甲苯注入小瓶内，然后称量，计算出甲苯质量；再用注射器取 0.2mL 苯注入瓶中，再称量，求出瓶内苯的质量，摇匀备用。

（2）测定操作

1）连接电源及相应连线，接通载气（以氮气为载气），检查气路气密性。

2）起动色谱仪，设置实验条件如下：柱温 90 ~ 95℃；汽化室温度 120℃；检测器使用氢焰检测器；载气为氮气，流量 20 ~ 30mL/min；燃气为氢气，流量为 30 ~ 50mL/min；助燃气为空气，流量为 500 ~ 600mL/min；灵敏度 1000，记录纸纸速为 5mm/min。

3）按仪器使用步骤将仪器调试到可进样状态（待基线平直后即可进样）。

4）测定甲苯峰高校正因子：抽洗微量注射器，吸取 0.2 ~ 0.4μL 混合标准样，得一色谱图，分别测量其峰高，重复两次。

5）另取一干燥洁净的小瓶，先称出瓶的质量（称准0.001g），然后用注射器吸取1mL甲苯试样注入瓶中，称出（瓶+甲苯）质量，求出甲苯试样质量。再用注射器（清洗过）在小瓶中加0.1mL苯（内标物），称量后计算出加入的苯的质量，摇匀。

6）清洗微量注射器，吸取含内标苯的甲苯试样0.3~0.4μL，进样，得一色谱图，分别测量甲苯、苯的峰高，重复两次。

7）记录数据。

（3）结束工作

1）实验完成后，清洗进样器，关闭仪器和气源。

2）处理数据。

3. 考核要求

1）正确执行实验室安全操作规程。

2）遵守实验室规则，认真、如实记录实验数据。

3）保持实验台面及周围环境整洁，仪器、用品摆放整齐。

4. 时间定额

120min内完成所有考核内容。

5. 评分标准

参见附录D。

三、丙酮中微量水分的测定（标准加入法定量）

1. 准备

（1）仪器的准备

1）气相色谱仪。

2）GDX101色谱柱。

3）氢气钢瓶。

4）微量注射器（10μL）。

5）10mL容量瓶（2个）。

6）记录仪（或色谱数据处理机）。

（2）试剂的准备　GDX101，40~60目。

（3）仪器的检查　考核前应认真检查、核对仪器，做到仪器稳定、正常。

2. 考核内容

（1）外加水标准样配制　取一个干燥且洁净的10mL容量瓶准确称其质量（称准至0.0002g），然后用注射器加入10~20μL的水，称取（瓶+水）的质量，并计算出外加水的质量；再加入6mL被测丙酮样品，再次称量，并计算丙

酮样品质量 m。

（2）测定操作

1）连接电源及相应连线，接通载气（以氢气为载气）检查气路气密性。

2）起动色谱仪，设置实验条件如下：固定相（GDX101，40～60目）；柱温100℃；载气为氢气，流量40mL/min；检测器为热导池；桥电流180mA；气化室温度200℃；衰减比为1:1；记录仪纸速5mm/min。

3）按仪器使用步骤将仪器调试到可进样状态（待基线平直后即可进样）。

4）用被测丙酮样品抽洗微量注射器后，抽取3μL样品进样。出峰后量取水峰峰高，再重复进样两次。

5）严格控制与试样测定同一操作条件和进样量（3μL）情况下，再取外加水标准样进样，出峰后量取水峰峰高，再重复进样两次。

6）记录数据。

（3）结束工作

1）实验完成后，清洗进样器，关闭仪器和气源。

2）处理数据。

3. 考核要求

1）正确执行实验室安全操作规程。

2）遵守实验室规则，认真、如实记录实验数据。

3）保持实验台面及周围环境整洁，仪器、用品摆放整齐。

4. 时间定额

120min内完成所有考核内容。

5. 评分标准

参见附录D。

四、用气相色谱法测定稻瘟灵的含量

1. 准备要求

（1）仪器的准备　气相色谱仪、氢火焰离子化检测器、微量注射器（10μL）、记录仪（或色谱数据处理机）。

色谱柱内装：质量分数为5%的SE—30/Chromosorb W AW DMCS（60～80目）填充物的固定相。

（2）试剂的准备

1）稻瘟灵标准样品，已知其质量分数≥99.0%。

2）正二十二烷（色谱纯）。

3）三氯甲烷。

（3）仪器的检查　考核前应认真检查、核对仪器，做到仪器稳定、正常。

2. 考核内容

（1）标准溶液的制备

1）内标溶液：准确称取约 0.22g 正二十二烷（称准至 0.0002g）于 100mL 容量瓶中，用三氯甲烷溶解并稀释至刻度，摇匀。

2）标样溶液：准确称取约 0.09g 稻瘟灵标准样品（称准至 0.0002g）于 25mL 具塞玻璃瓶中，用移液管准确加入 20mL 内标溶液，摇匀。

（2）试样溶液的制备　准确称取含稻瘟灵约 0.09g 的乳油试样（称准至 0.0002g）于 25mL 具塞玻璃瓶中，用移液管准确加入 20mL 内标溶液，摇匀。

（3）测定操作

1）连接电源及相应连线，接通载气，检查气路气密性。

2）起动色谱仪，设置实验条件如下：柱温为 195℃，汽化室温度为 265℃，检测器用氢火焰离子化检测器，检测器温度为 265℃，灵敏度为 2×10^{-9}，进样量为 1μL，载气氮气流速为 35mL/min，氢气流速为 40mL/min，空气流速为 300mL/min，记录仪纸速为3mm/min，保留时间稻瘟灵为 8.2min，内标物为 11.6min。

3）按仪器操作步骤将仪器调节至可进样状态（待仪器电路和气路系统达到平衡时，记录仪基线平直后即可进样）。

4）用微量注射器准确吸取稻瘟灵标液 1μL，在上述操作条件下，依次注入色谱仪，重复多次直至相邻两针峰高比基本稳定（变化在 1.5% 以内）后，按标样溶液、试样溶液、试样溶液、标样溶液的顺序进样分析。

5）记录实验数据。

（4）结束工作

1）实验完成后，清洗进样器，并按仪器操作步骤中的有关细节关闭仪器和气源。

2）处理实验数据，两次测定结果相差：30% 乳油不应大于 0.8%；40% 乳油不应大于 1.0%。

3. 考核要求

1）正确执行实验室安全操作规程。

2）遵守实验室规则，认真、如实记录实验数据。

3）保持实验台面及周围环境整洁，仪器、用品摆放整齐。

4. 时间定额

150min 内完成所有考核内容。

5. 评分标准

参见附录 D。

五、用原子吸收法测定铁含量

1. 准备要求

(1) 仪器的准备

1) 常用实验室仪器、设备。

2) 原子吸收分光光度计：附有空气-乙炔燃烧器及铁空心阴极灯。

3) 容量瓶：100mL；500mL；1000mL。

(2) 试剂的准备

1) 去离子水或同等纯度的水。

2) 1+1 盐酸溶液。

3) 硫酸。

4) 释放剂溶液：称取 60.9g 氯化锶（$SrCl_2 \cdot H_2O$），溶解于 300mL 水和 420mL 盐酸中，用水稀释到 1000mL。

5) 铁标准溶液：100μg/mL。准确称取 0.863g 硫酸铁铵，精确至 0.0001g，溶于 20mL 水中，加入 10mL 硫酸，定量转移到 1000mL 容量瓶，用水稀释至刻度，混匀，储存于塑料瓶中。

(3) 试样溶液的制备　称取试样适量（预计试样中铁含量均不大于 200mg），精确至 0.001g，于 500mL 容量瓶中，经处理用作铁的测定。

(4) 空白溶液的制备　空白试验溶液除不加试样外，用相同试剂溶液，按试样溶液制备的步骤进行。

(5) 仪器的检查　考核前应认真检查、核对仪器，做到仪器稳定、正常。

2. 考核内容

(1) 测定操作

1) 接通电源，开启排风装置和仪器开关，预热，并调试至工作状态。

2) 标准溶液系列配制及标准曲线绘制：准确吸取铁标准溶液 0.00mL，1.00mL，2.00mL，4.00mL，6.00mL，8.00mL，10.00mL 分别置于 7 个 100mL 容量瓶中，每个容量瓶中的铁的质量分别为 0μg，100μg，200μg，400μg，600μg，800μg，1000μg，分别加入 2mL 盐酸和 10mL 释放剂溶液，用水稀释至刻度，混匀。在进行测定前，根据待测元素性质，对测定所用空心阴极灯类别、光谱带宽、灯电流、燃烧器高度、空气-乙炔流量比进行最佳条件选择，然后以零标准溶液为参比，在原子吸收分光光度计上，于波长 248.3nm 处测量标准系列溶液锌的吸光度。以标准溶液中锌的质量（μg）为横坐标，相应的吸光度为纵坐标，绘制标准曲线。

3) 试样溶液的测定　吸取试样溶液 1.00～10.00mL 于 100mL 容量瓶中，加入 2mL 盐酸及 10mL 释放剂溶液，加水定容，在原子吸收分光光度计上以零标准溶液为参比，于波长 248.3nm 处测定试样溶液中铁的吸光度。

按照上述步骤同时进行空白试验。

（2）结束工作

1）实验完成后，按仪器操作步骤中的有关细节关闭仪器和气源。

2）处理实验数据，求出铁的质量分数。

3. 考核要求

1）正确执行实验室安全操作规程。

2）遵守实验室规则，认真、如实记录实验数据。

3）保持实验台面及周围环境整洁，仪器、用品摆放整齐。

4. 时间定额

150min 内完成所有考核内容。

5. 评分标准（略）

六、用原子吸收法测定锌含量

1. 准备要求

（1）仪器的准备

1）常用实验室仪器、设备。

2）原子吸收分光光度计：附有空气-乙炔燃烧器及锌空心阴极灯。

3）容量瓶：100mL；500 mL；1000mL。

（2）试剂的准备

1）去离子水或同等纯度的水。

2）1+1 盐酸溶液。

3）硫酸。

4）释放剂溶液：称取 60.9g 氯化锶（$SrCl_2 \cdot H_2O$），溶解于 300mL 水和 420mL 盐酸中，用水稀释到 1000mL。

5）锌标准溶液：0.1mgZn/mL。称取 0.1250g 基准氧化锌（ZnO，试剂），精确至 0.0001g，溶于 100mL 水及 1mL 硫酸中，转移至 1000mL 容量瓶中，稀释至刻度，摇匀，储于聚乙烯瓶中，此溶液 1mL 含 0.1mg 锌。

（3）试样溶液的制备　称取试样适量（预计试样中锌含量均不大于 200mg），精确至 0.001g，于 500mL 容量瓶中，经处理用作锌的测定。

（4）空白溶液的制备　空白试验溶液除不加试样外，用相同试剂溶液，按试样溶液制备的步骤进行。

（5）仪器的检查　考核前应认真检查、核对仪器，做到仪器稳定、正常。

2. 考核内容

（1）测定操作

1）接通电源，开启排风装置和仪器开关，预热，并调试至工作状态。

2）标准溶液系列配制及标准曲线绘制：准确吸取锌标准溶液 0.00mL，1.00mL，2.00mL，4.00mL，6.00mL，8.00mL，10.00mL 分别置于 7 个 100mL 容量瓶中，每个容量瓶中的锌的质量分别为 0μg，100μg，200μg，400μg，600μg，800μg，1000μg，分别加入 2mL 盐酸和 10mL 释放剂溶液，用水稀释至刻度，混匀。在进行测定前，根据待测元素性质，对测定所用空心阴极灯类别、光谱带宽、灯电流、燃烧器高度、空气-乙炔流量比进行最佳条件选择，然后以零标准溶液为参比，在原子吸收分光光度计上，于波长 213.9nm 处测量标准系列溶液锌的吸光度。以标准溶液中锌的质量（μg）为横坐标，相应的吸光度为纵坐标，绘制标准曲线。

3）试样溶液的测定：吸取试样溶液 1.00～10.00mL 于 100mL 容量瓶中，加入 2mL 盐酸及 10mL 释放剂溶液，加水定容，在原子吸收分光光度计上以零标准溶液为参比，于波长 213.9nm 处测定试样溶液中锌的吸光度。

按照上述步骤同时进行空白试验。

（2）结束工作

1）实验完成后，按仪器操作步骤中的有关细节关闭仪器和气源。

2）处理实验数据，求出锌的质量分数。

3. 考核要求

1）正确执行实验室安全操作规程。

2）遵守实验室规则，认真、如实记录实验数据。

3）保持实验台面及周围环境整洁，仪器、用品摆放整齐。

4. 时间定额

150min 内完成所有考核内容。

5. 评分标准（略）

七、用原子吸收法测定锰含量

1. 准备要求

（1）仪器的准备

1）常用实验室仪器、设备。

2）原子吸收分光光度计：附有空气-乙炔燃烧器及锰空心阴极灯。

3）容量瓶：100mL；500 mL；1000mL。

（2）试剂的准备

1）去离子水或同等纯度的水。

2）1+1 盐酸溶液。

3）硫酸。

4）释放剂溶液：称取 60.9g 氯化锶（$SrCl_2 \cdot H_2O$），溶解于 300mL 水和 420mL 盐酸中，用水稀释到 1000mL。

5）100μg Mn/mL 锰标准溶液：称取 0.3080g 硫酸锰（$MnSO_4 \cdot H_2O$，高纯试剂），精确至 0.0001g，用少量水溶解后，转移入 1000mL 容量瓶中，用水稀释至刻度，此溶液 1mL 含 100μg 锰。

（3）试样溶液的制备　称取试样适量（预计试样中锰含量均不大于 200mg），精确至 0.001g，于 500mL 容量瓶中，经处理用作锰的测定。

（4）空白溶液制备　空白试验溶液除不加试样外，用相同试剂溶液，按试样溶液制备的步骤进行。

（5）仪器的检查　考核前应认真检查、核对仪器，做到仪器稳定、正常。

2. 考核内容

（1）测定操作

1）接通电源，开启排风装置和仪器开关，预热，并调试至工作状态。

2）标准溶液系列配制及标准曲线绘制：准确吸取锰标准溶液 0.00mL，1.00mL，2.00mL，4.00mL，6.00mL，8.00mL，10.00mL 分别置于 7 个 100mL 容量瓶中，每个容量瓶中的锰的质量分别为 0μg，100μg，200μg，400μg，600μg，800μg，1000μg，分别加入 2mL 盐酸和 10mL 释放剂溶液，用水稀释至刻度，混匀。在进行测定前，根据待测元素性质，对测定所用空心阴极灯类别、光谱带宽、灯电流、燃烧器高度、空气-乙炔流量比进行最佳条件选择，然后以零标准溶液为参比，在原子吸收分光光度计上，于波长 279.5nm 处测量标准系列溶液锰的吸光度。以标准溶液中锰的质量（μg）为横坐标，相应的吸光度为纵坐标，绘制标准曲线。

3）试样溶液的测定：吸取试样溶液 1.00～10.00 mL 置于 100mL 容量瓶中，加入 2 mL 盐酸溶液及 10mL 释放剂溶液，用水定容，在原子吸收分光光度计上以零标准溶液为参比，于波长 279.5nm 处测定试样溶液中锰的吸光度。

按照上述步骤同时进行空白试验。

（2）结束工作

1）实验完成后，按仪器操作步骤中的有关细节关闭仪器和气源。

2）处理实验数据，求出锰的质量分数。

3. 考核要求

1）正确执行实验室安全操作规程。

2）遵守实验室规则，认真、如实记录实验数据。

3）保持实验台面及周围环境整洁，仪器、用品摆放整齐。

4. 时间定额

150min 内完成所有考核内容。

5. 评分标准（略）

八、用原子吸收法测定铜含量

1. 准备要求

（1）仪器的准备

1）常用实验室仪器、设备。

2）原子吸收分光光度计：附有空气-乙炔燃烧器及铜空心阴极灯。

3）容量瓶：100mL；500mL；1000mL。

（2）试剂的准备

1）去离子水或同等纯度的水。

2）1+1 盐酸溶液。

3）释放剂溶液：称取 60.9g 氯化锶（$SrCl_2 \cdot H_2O$），溶解于 300mL 水和 420mL 盐酸中，用水稀释到 1000mL。

4）0.5mol/L 硫酸溶液。

5）1mg/mL 铜标准储备溶液：准确称取 3.928g 硫酸铜（$CuSO_4 \cdot H_2O$，二级），精确至 0.0001g，溶于硫酸溶液中，将溶液移入 1000mL 容量瓶中，用硫酸溶液稀释至刻度，混匀，储存于塑料瓶中，此溶液 1mL 含 1mg 铜。

6）100μg/mL 铜标准溶液：准确吸取铜标准储备液 10mL 置于 100mL 容量瓶中，加水至刻度，摇匀。

（3）试样溶液的制备　称取试样适量（预计试样中铜含量均不大于 200mg），精确至 0.001g，置于 500mL 容量瓶中，制备后用作铜的测定。

（4）空白溶液制备　空白试验溶液除不加试样外，用相同试剂溶液，按试样溶液制备的步骤进行。

（5）仪器的检查　考核前应认真检查、核对仪器，做到仪器稳定、正常。

2. 考核内容

（1）测定操作

1）接通电源，开启排风装置和仪器开关，预热，并调试至工作状态。

2）标准溶液系列配制及标准曲线绘制：准确吸取铜标准溶液 0.00mL，1.00mL，2.00mL，4.00mL，6.00mL，8.00mL，10.00mL 分别置于 7 个 100mL 容量瓶中，每个容量瓶中的锰的质量分别为 0μg，100μg，200μg，400μg，600μg，800μg，1000μg，分别加入 2mL 盐酸和 10mL 释放剂溶液，用水稀释至刻度，混匀。在进行测定前，根据待测元素性质，对测定所用空心阴极灯类别、光谱带宽、灯电流、燃烧器高度、空气-乙炔流量比进行最佳条件选择，然后以零标准溶液为参比，在原子吸收分光光度计上，于波长 324.6nm 处测量标准系列溶液锰的吸光度。以标准溶液中锰的质量（μg）为横坐标，相应的吸光度为纵坐标，绘制标准曲线。

3）试样溶液的测定：吸取试样溶液 1.00 ~ 10.00mL 置于 100mL 容量瓶中，加入 2mL 盐酸溶液及 10mL 释放剂溶液，用水定容，在原子吸收分光光度计上以零标准溶液为参比，于波长 324.6nm 处测定试样溶液中锰的吸光度。

按照上述步骤同时进行空白试验。

（2）结束工作

1）实验完成后，按仪器操作步骤中的有关细节关闭仪器和气源。

2）处理实验数据，求出铜的质量分数。

3. 考核要求

1）正确执行实验室安全操作规程。

2）遵守实验室规则，认真、如实记录实验数据。

3）保持实验台面及周围环境整洁，仪器、用品摆放整齐。

4. 时间定额

150min 内完成所有考核内容。

5. 评分标准（略）

九、固定污染源排气中氮氧化合物含量的测定

1. 准备要求

（1）仪器的准备

1）吸收瓶：内装 10mL、25mL 或 50mL 吸收液的多孔玻板吸收瓶。

2）便携式空气采样器：流量范围为 0 ~ 1L/min。采气流量为 0.4L/min 时，误差小于 ±5%。

3）分光光度计。

4）硅胶管：内径约 6mm。

（2）试剂的准备

1）N-(1-萘基）乙二胺盐酸盐储备液：称取 0.50g N-(1-萘基）乙二胺盐酸盐于 500mL 容量瓶中，用水溶解稀释至刻度。此溶液储于密封的棕色瓶中，在冰箱中冷藏，可以稳定 3 个月。

2）显色液：称取 5.0g $NH_2C_6H_4SO_3H$ 对氨基苯磺酸溶置于约 200mL 热水中，将溶液冷却至室温，全部移入 1000mL 容量瓶，加入 50mL 冰乙酸和 50.0mL N-(1-萘基）乙二胺盐酸盐储备液，用水稀释至刻度。此溶液于密闭的棕色瓶中，在 25℃以下暗处存放，可稳定 3 个月。

3）吸收液：使用时将显色液和水按 4 + 1（体积比）比例混合，即为吸收液。此溶液于密闭的棕色瓶中，在 25℃以下暗处存放，可稳定 3 个月。若呈现淡红色，应弃之重配。

4）亚硝酸盐标准储备溶液（NO_2 250mg/L）：准确称取0.3750g亚硝酸钠（$NaNO_2$，优级纯，预先在干燥器内放置24h），移入1000mL容量瓶中，用水稀释至标线。此溶液储于密闭瓶中于暗处存放，可稳定3个月。

5）亚硝酸盐标准工作溶液（NO_2 2.50mg/L）：用亚硝酸盐标准储备溶液稀释，临用前现配。

（3）仪器的检查　考核前应认真检查、核对仪器，做到仪器稳定、正常。

2. 考核内容

（1）采样　取一支多孔玻板吸收瓶，装入10.0mL吸收液，以0.4L/min流量采气6~24L。采样、样品运输及存放过程应避免阳光照射。空气中臭氧浓度超过0.25mg/m^{3}时，使吸收液略显红色，对二氧化氮的测定产生负干扰。采样时在吸收瓶入口端串接一段15~20cm长的硅胶管，可以将臭氧浓度降低到不干扰二氧化氮测定的水平。

（2）标准曲线的绘制　取6支10mL具塞比色管，制备标准色列，见表10。

表 10

项目	管号					
	0	1	2	3	4	5
标准工作溶液体积/mL	0	0.40	0.80	1.20	1.60	2.00
水体积/mL	2.00	1.60	1.20	0.80	0.40	0
显色液体积/mL	8.00	8.00	8.00	8.00	8.00	8.00
NO_2 浓度/（μg/mL）	0	0.10	0.20	0.30	0.40	0.50

各管混匀，于暗处放置20min（室温低于20℃时，应适当延长显色时间。如室温为15℃时，显色40min），用10mm比色皿，以水为参比，在波长540~545nm之间处，测量吸光度。扣除空白试验的吸光度后，对应NO_2的浓度（单位为μg/mL），用最小二乘法计算标准曲线的回归方程。绘制标准曲线。

（3）样品测定　采样后放置20min（气温低时，适当延长显色时间。如室温为15℃时，显色40min），用水将采样瓶中吸收液的体积补至标线，混匀，以水为参比，在540~545nm处测量其吸光度和空白试验样品的吸光度。

若样品的吸光度超过标准曲线的上限，应用空白试验溶液稀释，再测其吸光度。

（4）结束工作

1）实验完成后，检查和关闭仪器及电源。

2）处理实验数据，求出氮氧化合物含量。

3. 考核要求

1）正确执行实验室安全操作规程。

2）遵守实验室规则，认真、如实记录实验数据。

3）保持实验台面及周围环境整洁，仪器、用品摆放整齐。

4. 时间定额

180min 内完成所有考核内容。

5. 评分标准（略）

十、水中 COD 的测定

1. 准备要求

（1）仪器的准备

1）酸式滴定管：25mL 或 50mL。

2）回流装置：带有 24 号标准磨口的 250mL 锥形瓶的全玻璃回流装置。回流冷凝管的长度为 300～500mm。若取样量在 30mL 上时，可采用 500mL 锥形瓶的全玻璃回流装置。

（2）试剂的准备

1）硫酸（$\rho=1.84g/L$）。

2）硫酸银-硫酸溶液：向 1L 硫酸中加入 10g 硫酸银，放置 1～2 天使之溶解，并混均。使用前小心摇动。

3）$c(1/6K_2Cr_2O_7)=0.250mol/L$ 重铬酸钾标准溶液：将 12.258g 在 105℃干燥 2h 后的重铬酸钾溶于水中，稀释至 1000mL。

4）$c\ [(NH_4Fe(SO_4)_2\cdot 6H_2O)]\approx 0.10mol/L$ 硫酸亚铁铵标准滴定溶液：溶解 39g 硫酸亚铁铵于水中，加入 20mL 浓硫酸，待溶液冷却后稀释至 1000mL。

5）$c(KC_8H_5O_4)=2.0824mmol/L$ 苯二甲酸氢钾标准溶液：称取于 105℃，干燥 2h 的邻苯二甲酸氢钾 0.4251g 溶于水，并稀释至 1000mL，混均以重铬酸钾为氧化剂，将邻苯二甲酸氢钾完全氧化的 COD 值为 1.176（指 1g 邻苯二甲钾耗氧 176g），故该标准溶液的理论 COD 值为 500mg/L。

6）试亚铁灵指示液：溶解 0.7g 七水合硫酸亚铁（$FeSO\cdot 7H_2O$）置于 50mL 的水中，加入 1.5g 试亚铁灵（$C_{12}H_9N_2\cdot H_2O$ 1,10－邻菲罗啉），搅拌至溶解，加水稀释至 100mL。

7）防爆氟玻璃珠或氟石。

（3）仪器的检查　考核前应认真检查、核对仪器，做到仪器稳定、正常。

2. 考核内容

（1）采样　采取不少于 100mL 具有代表性的水样。

（2）回流　清洗所要使用的仪器，安装好回流装置。将水样充分摇匀，取出 20.0mL 作为水样（或取水样适量加水稀释至 20.0mL），置于 250mL 锥形瓶内，准确加入 10.0mL 重铬酸钾标准溶液及数粒防爆氟玻璃珠。连接磨口回流冷凝管，从冷凝管上口慢慢加入30mL H_2SO_4-Ag_2SO_4 溶液，轻轻摇动锥形瓶使溶液混匀，回流2h。冷却后用20～30mL水自冷凝管上端冲洗冷凝管后取下锥形瓶，再用水稀释至140mL左右。

（3）硫酸亚铁铵标准滴定溶液的标定　取10.00mL重铬酸钾标准溶液置于锥形瓶中，用稀释至约100mL，加入30mL硫酸混匀冷却后，加3滴（约0.15mL）试亚铁灵指示剂，用硫酸亚铁铵滴定，溶液的颜色由黄色经蓝绿色变为红褐色，即为终点。记录下硫酸亚铁的消耗量 V（mL），并计算硫酸亚铁铵标准滴定溶液浓度。

（4）水样测定　溶液冷却至室温后，加入3滴1,10－邻菲罗啉指示液，用硫酸亚铁铵标准滴定液滴至溶液由黄色经蓝绿色变为红褐色为终点。记下硫酸亚铁铵标准滴定溶液的消耗体积 V。

（5）空白溶液　按相同步骤以20.0mL水代替水样进行空白实验，记录空白滴定时硫酸亚铁铵标准滴定溶液的消耗体积 V_0。

（6）进行校核试验　按测定水样同样的方法分析20.0mL邻苯二甲酸氢钾标准溶液的COD值，用以检验操作技术及试剂纯度。该溶液的理论COD值为500mg/L，如果校核试验的结果大于该值的96%即可认为实验步骤基本上是适宜的，否则，必须寻找失败的原因，重复实验使之达到要求。

（7）结束工作

1）实验完成后，检查和关闭仪器及电源。

2）处理实验数据，求出氮氧化合物含量。

3. 考核要求

1）正确执行实验室安全操作规程。

2）遵守实验室规则，认真、如实记录实验数据。

3）保持实验台面及周围环境整洁，仪器、用品摆放整齐。

4. 时间定额

180min内完成所有考核内容。

5. 评分标准（略）

模拟试卷样例

一、判断题（对画✓，错画×；每题2分，共20分）

1. 原子吸收光谱分析定量测定的理论基础是朗伯—比尔定律。（ ）

2. 原子吸收光谱仪和751型分光光度计一样，都是以氢弧灯作为光源的。（ ）

3. 色谱分析中，噪声和漂移产生的原因主要有检测器不稳定、检测器和数据处理方面的机械和电噪声、载气不纯或压力控制不稳、色谱柱的污染等。（ ）

4. 程序升温的初始温度应设置在样品中最易挥发组分的沸点附近。（ ）

5. ID表是色谱数据处理机进行色谱峰定性和定量的依据。（ ）

6. 氢火焰离子化检测器的使用温度不应超过100℃，温度高可能损坏离子头。（ ）

7. 色谱柱的老化温度应略高于操作时的使用温度，色谱柱老化的标志是接通记录仪后基线走的平直。（ ）

8. 提高柱温能提高柱子的选择性，但会延长分析时间，降低柱效率。（ ）

9. 试样待测组分在色谱柱中能否得到良好的分离效果，主要取决于选择好载气流速、柱温、桥电流等各项操作条件。（ ）

10. 气相色谱分析中，混合物能否完全分离取决于色谱柱，分离后的组分能否准确检测出来取决于检测器。（ ）

二、选择题（将正确答案的序号填入括号内；共45分）

（一）单项选择题（每题1.5分，共30分）

1. 现代原子吸收光谱仪其分光系统的组成主要是（ ）。

A. 棱镜+凹面镜+狭缝　　B. 棱镜+透镜+狭缝

C. 光栅+凹面镜+狭缝　　D. 光栅+透镜+狭缝

2. 原子吸收光谱分析中，光源的作用是（ ）。

A. 提供试样蒸发和激发所需要的能量

B. 在广泛的区域内发射连续光谱

C. 发射待测元素基态原子所吸收的共振辐射

D. 产生紫外线

3. 空心阴极灯的构造是(　　)。

A. 待测元素作阴极，铂丝作阳极，内充低压惰性气体

B. 待测元素作阳极，钨棒作了阴极，内充氧气

C. 待测元素作阳极，铂网作阴极，内充惰性气体

D. 待测元素作阴极，钨棒作阳极，内充低压惰性气体

4. 使用原子吸收光谱法分析时，下述火焰温度最低的是(　　)。

A. 煤气-空气　　B. 氢气-氧气

C. 乙炔-空气　　D. 乙炔-氧化亚氮

5. 在原子吸收光谱中，当吸收1%时，其吸光度应为(　　)。

A. -2　　B. 2　　C. 0.047　　D. 0.0044

6. 气相色谱作为分析方法的最大特点是(　　)。

A. 进行定性分析　　B. 进行定量分析

C. 分离混合物　　D. 分离混合物并同时进行分析

7. 通常把色谱柱内不移动的、起分离作用的固体物质叫做(　　)

A. 担体　　B. 载体　　C. 固定相　　D. 固定液

8. 在气相色谱分析中，定性的参数是(　　)。

A. 保留值　　B. 峰高　　C. 峰面积　　D. 半峰宽

9. 在原子吸收分析中，下列(　　)种火焰组成的温度最高?

A. 空气-乙炔　　B. 空气-煤气　　C. 笑气-乙炔　　D. 氧气-氢气

10. 在原子吸收分析中，当溶液的提升速度较低时，一般在溶液中混入表面张力小、密度小的有机溶剂，其目的是(　　)。

A. 使火焰容易燃烧　　B. 提高雾化效率

C. 增加溶液粘度　　D. 增加溶液提升量

11. 采用原子吸收分光光度法测定Al，若光谱通带为0.2nm，光栅的线色散倒数为2nm/mm，则分光系统中的狭缝宽度为(　　)mm。

A. 10　　B. 1　　C. 0.1　　D. 0.01

12. 在原子吸收光谱定量分析中，适合于高含量组分的分析的方法是(　　)。

A. 工作曲线法　B. 标准加入法　　C. 稀释法　　D. 内标法

13. 在电位滴定中，以ΔE/ΔV-V作图绘制曲线，滴定终点为(　　)。

A. 曲线突跃的转折点　　B. 曲线的最大斜率点

C. 曲线的最小斜率点　　D. 曲线的斜率为零时的点

14. 在气液色谱柱内，被测物质中各组分的分离是基于(　　)。

A. 各组分在吸附剂上吸附性能的差异

B. 各组分在固定相和流动相间的分配性能的差异

C. 各组分在固定相中浓度的差异

D. 各组分在吸附剂上脱附能力的差异

15. 用色谱法进行定量时，要求混合物中每一个组分都需出峰的方法是( )。

A. 外标法 B. 内标法 C. 归一化法 D. 叠加法

16. 在气-液色谱中，当两组分的保留时间完全一样时，应采用下列哪种操作可能将两组分分开( )?

A. 增加色谱柱柱长 B. 改变载气流速

C. 改变载气种类 D. 改变柱温

17. 气-液色谱中，火焰离子化检测器优于热导检测器的原因是( )。

A. 装置简单

B. 可检出更多的有机化合物

C. 更灵敏

D. 用较短的柱能完成同样的分离

18. 仪器分析用标准溶液当浓度低于( )，应于使用前配制或稀释。

A. 1μg/mL B. 0.1mg/mL

C. 0.1μg / mL D. 1mg/mL

19. 易燃类送检样品理想存放温度为( )。

A. 25℃以下 B. -4~4℃ C. 0℃以下 D. 30℃左右

20. 高效液相色谱、原子吸收分析用标准溶液的配制一般使用( )水。

A. 国标规定的一级、二级去离子水

B. 国标规定的三级水

C. 不含有机物的蒸馏水

D. 无铅（无重金属）水

（二）**多项选择题**（每题1.5分，共15分）

1. 原子吸收的定量方法——标准加入法，消除了下列哪种干扰( )。

A. 物理干扰 B. 背景吸收 C. 光散射 D. 基体效应

2. 气相色谱法分为两类，它们是( )。

A. 气-固色谱 B. 气-液色谱

C. 气相色谱 D. 高效液相色谱

3. 在气-固色谱中，样品中各组分的分离是基于( )。

A. 组分的性质不同

B. 组分溶解度的不同

C. 组分在吸附剂上的吸附能力不同

D. 组分的挥发性不同

4. 气相色谱中与含量成正比的是(　　)。

A. 峰面积　　B. 保留时间

C. 相对保留值　　D. 峰高

5. 对一台日常使用的气相色谱仪，我们在实际操作中为提高热导池检测器的灵敏度，主要采取的措施是(　　)。

A. 改变热导池的热丝电阻　　B. 改变载气的类型

C. 改变桥路电流　　D. 改变热导池的结构

6. 原子光谱分析需要用(　　)的水。

A. 多次蒸馏或离子交换等方法制取的高纯水

B. 符合国家标准规定的二级水

C. 符合国家标准规定的三级水

D. 无二氧化碳的水

7. 仪器分析用的标准溶液通常配制成浓度为(　　)的储备溶液。

A. 1μg/mL　　B. 0.1mg/mL　　C. 0.1μg/mL　　D. 1mg/mL

8. 计算机技术在分析仪器中的作用包括(　　)。

A. 分析仪器数据处理

B. 分析仪器的维修

C. 分析样品的处理

D. 分析仪器数字图像处理

9. 检验记录要求(　　)。

A. 原始记录不能随意划改

B. 如数据记载错误，需重做实验

C. 原始记录可重新抄写

D. 原始记录不准用铅笔或圆珠笔书写

10. 对送检样品要求(　　)。

A. 具有代表性

B. 易氧化的试样应放在洁净、干燥、密闭的避光容器中

C. 样品保存时间一般为六个月

D. 样品均须保存在塑料袋或塑料瓶中

三、计算题（每题10分，共20分）

1. 气相色谱法分析只含乙醇、正庚烷、苯和乙酸乙酯的混合样，测得各组分的相对质量校正因子及峰面积数据见表11。试用归一化法计算样品中各组分的含量?

表 11

组 分	峰面积/cm^2	相对质量校正因子
乙醇	5.0	0.820
正庚烷	9.0	0.900
苯	4.0	1.000
乙酸乙酯	7.0	1.013

2. 用内标法测定环氧丙烷中的水分含量，称取 0.0115g 甲醇作内标物，加到 2.2679g 样品中，进行两次色谱分析，得到下列数据，见表 12。已知水和内标物甲醇的峰高相对质量校正因子分别为 0.55，0.85。试计算试样中水分的平均含量？

表 12

分析次数	水峰高/mm	甲醇峰高/mm
1	150	174
2	148.8	172.3

四、简答题（每题 5 分，共 15 分）

1. 简述原子吸收分光光度计四大系统的名称和作用是什么？
2. 在气相色谱中对固定液的基本要求是什么？
3. 简述仪器室的条件和要求有哪些？

答案部分

知识要求试题答案

一、判断题

1. √	2. ×	3. √	4. √	5. √	6. √	7. ×	8. ×
9. ×	10. ×	11. √	12. ×	13. √	14. ×	15. ×	16. √
17. √	18. √	19. ×	20. √	21. ×	22. √	23. √	24. ×
25. √	26. √	27. √	28. ×	29. √	30. √	31. ×	32. √
33. √	34. ×	35. √	36. √	37. ×	38. √	39. √	40. √
41. √	42. √	43. ×	44. √	45. √	46. √	47. ×	48. √
49. ×	50. ×	51. √	52. ×	53. √	54. √	55. √	56. ×
57. √	58. ×	59. √	60. √				

二、选择题

（一）单项选择题

1. C	2. D	3. B	4. A	5. A	6. D	7. B	8. A
9. A	10. C	11. B	12. B	13. A	14. D	15. A	16. A
17. B	18. C	19. D	20. C	21. C	22. A	23. D	24. C
25. C	26. B	27. A	28. B	29. D	30. A	31. B	32. D
33. A	34. C	35. D	36. B	37. C	38. B	39. D	40. B
41. C	42. D	43. D	44. B	45. D	46. B	47. B	48. B
49. C	50. B	51. A	52. B	53. B	54. A	55. D	56. D
57. D	58. B	59. B	60. B	61. B	62. D	63. A	64. D
65. B	66. C	67. A	68. A	69. D	70. D	71. D	72. C
73. B	74. C	75. C					

（二）多项选择题

1. AB	2. AC	3. CD	4. AC	5. AC	6. BD	7. AC	8. BC
9. AB	10. CD	11. AC	12. BD	13. BD	14. AC	15. AB	16. BC
17. BC	18. AB	19. AC	20. AB	21. BC	22. BC	23. AB	24. AD
25. BC	26. AC	27. BD	28. AB	29. BC	30. AC	31. BD	32. AC
33. BC	34. AB	35. AD	36. BC	37. BD	38. AC	39. CD	40. BD
41. AD	42. AC	43. AD	44. AD	45. AB	46. BC	47. AB	48. BC
49. BD	50. AD						

三、计算题

1. 解　$R=\dfrac{t_{R_2}-t_{R_1}}{(W_{b_1}+W_{b_2})/2}=0.89$。两个峰分不开。

2. 解　$w_i=\dfrac{f'_iA_i}{f'_1A_1+f'_2A_2+\cdots+f'_iA_i}=\dfrac{f'_iA_i}{\sum f'_iA_i}$，$w_{(甲酸)}=4.41\%$，$w_{(乙酸)}=10.06\%$，$w_{(丙酸)}=3.53\%$

3. 解　$w_i=\dfrac{4w_s}{A_s}A_i$，$w_i=0.5\%$

4. 解　$n=16R^2\left(\dfrac{a_{2,1}}{a_{2,1}-1}\right)^2$，$n=\dfrac{L}{H}$，$n=1022$，$L=1.0\text{m}$

5. 解　$R=\dfrac{2\ (t_{R_2}-t_{R_1})}{1.699(W_{½(1)}+W_{½(2)})}$，$R=2.2$

6. 解　$n=5.54\times\left(\dfrac{t_R}{W_{½}}\right)^2$，$n=1344$

7. 解　$f'_i=\dfrac{f_i}{f_s}=\dfrac{m_iA_s}{m_sA_i}$，$f'_{甲}=1.00$，$f'_{乙}=1.07$，$f'_{丙}=1.10$，$f'_{丁}=0.99$

8. 解　$v=\dfrac{S}{t}=\dfrac{\pi r^2l}{t}$，$v=81\text{mL/min}$。该柱载气的体积流速是81mL/min。

9. 解　$w_i=\dfrac{m_sA_if'_i}{m_iA_sf'_s}$，$w_{甲醇}=10.11\%$

10. 解　$w_i=\dfrac{f'_iA_i}{\sum f'_iA_i}$，$w_{甲烷}=58.86\%$，$w_{乙烷}=30.02\%$，$w_{CO}=8.17\%$，$w_{(CO_2)}=2.96\%$

11. 解　$w_i=\dfrac{m_sA_if'_i}{m_iA_sf'_s}$，$w=0.189\%$

12. 解　$w_i=\dfrac{w_s}{h_s}\times h_i$，样品的含水量是：$71.4\times10^{-6}$

13. 解　$R=\frac{l_2-l_1}{(W_{b_2}+W_{b_1})\times\frac{1}{2}}$$R=1.53>1.5$，能完全分开。

14. 解　$f'_m=\frac{A_s m_i}{A_i m_s}$，$f'_m=0.75$

15. 解　$K=\frac{t_R-t_M}{t_m}$，$K=3.04$，$n=5.54\left(\frac{t_R-t_M}{W_{\frac{1}{2}}}\right)^2$，$n=7830m$

16. 解　$R=\frac{t_{R_2}-T_{R_1}}{(W_{b_1}+W_{b_2})/2}$，$R=1.71$

17. 解　$r_A=\frac{t'_{R_A}}{t'_{R_A}}$，$r_A=1.00$；$r_B=\frac{t'_{R_B}}{t'_{R_A}}$，$r_B=1.30$

18. 解　$f'_i=\frac{f_i}{f_s}=\frac{m_i A_s}{m_s A_i}$，$f_{甲醇}=1.00$，$f_{苯}=1.28$，$f_{甲苯}=1.49$，$f_{苯乙烯}=1.19$

19. 解　$w_{甲烷}=60.37\%$，$w_{乙烷}=21.31\%$，$w_{丙烷}=4.35\%$，$w_{CO}=12.44\%$，$w_{CO_2}=1.52\%$

20. 解　$w_i=\frac{m_s A_i f'_i}{m_{试样} A_s f'_s}$，$w_{甲醇}=1.99\%$

21. 解　$w_i=\frac{w_s}{h_s}h_i\frac{\rho_{C_6H_6}}{\rho_{C_2H_5OH}}$，无水乙醇样品中含水量是$512\times10^{-6}$。

22. 解　$w_i=\frac{w_s}{A_s}A_i$，水样中C_2H_2的含量是69.6mg/L。

23. 解　由待测试液测出$\frac{A_M}{A_N}$的比值，在内标工作曲线上用内插法查出试液的浓度并计算度样中待测元素的含量，未知样浓度是17.1g/L。

24. 解　$n=16\left(\frac{t_R}{W_b}\right)^2$，$n=2645$，$H=\frac{L}{n}$，$H=0.76mm$

25. 解　$I=100\times\left[Z+ng\frac{\lg t'_{R(X)}-\lg t'_{R(Z)}}{\lg t'_{R(Z+n)}-\lg t'_{R(Z)}}\right]=641$

26. 解　$A_{苯}=1.26cm^2$　$A_{甲苯}=0.95cm^2$　$A_{邻}=2.55cm^2$　$A_{对}=1.04cm^2$

归一化法：$f_{苯}=0.780$　$f_{甲苯}=0.794$　$f_{邻}=0.840$　$f_{对}=0.812$

$$
\begin{aligned}
Y&=f_{苯}A_{苯}+f_{甲苯}A_{甲苯}+f_{邻}A_{邻}+f_{对}A_{对}\\
&=0.780\times1.26+0.794\times0.95+0.840\times2.55+0.812\times1.04\\
&=0.9828+0.7543+2.142+0.8448\\
&=4.7236
\end{aligned}
$$

$W_{苯}=0.9828/4.7236\times100\%=20.8\%$

$W_{甲苯}=0.7543/4.7236\times100\%=16.0\%$

$W_{邻} = 2.142/4.7236 \times 100\% = 45.3\%$

$W_{对} = 0.8448/4.7236 \times 100\% = 17.9\%$

27. 解

$$\frac{N_j}{N_0} = \frac{g_j}{g_0} e^{-E_j/KT}$$

$$E_j = \frac{hc}{\lambda}$$

$$\frac{N_j}{N_0} = 5.83 \times 10^{-4}$$

28. 解

$$\frac{A_x}{A_{x+s}} = \frac{c_x}{\dfrac{c_x V_x + c_s V_s}{V_x + V_s}}$$

解得：$c_x = 9.8\text{mg/L}$

29. 解

$$\frac{A_x}{A_{x+s}} = \frac{5c_x}{\dfrac{5c_x + 5 \times 2}{25}}$$

解得：$c_x = 2.3\mu\text{g/mL}$

食品中 M 的含量为$\dfrac{c_x \times 10 \times 10^{-6}}{1 \times 90\%} \times 100\% = 0.0026\%$

30. 解　根据特征浓度的表达式 $S = C \times 0.0044/A$ [μg/(mL·1%吸收)]，$A = -\lg T$，所以 $S = 0.0292$μg/(mL·1%吸收)。

31. 解　吸光度在 0.15～0.60 范围内相应钙的浓度范围为0.14～0.55μg/mL。$m_s/V = \dfrac{c}{0.01\% \times 10^6}$的适宜范围为 0.0015～0.0055μg/mL，所以，应称取0.075～0.275g 试样制成 50mL 体积溶液测量较为合适。

32. 解　标准加入法求得试样中铜的浓度，也可以用加入的铜的浓度及相应的吸光度值进行线性回归计算。当 $A = 0$ 时，所求浓度即为铜的浓度。所以，铜的含量为 3.56μg/mL。

33. 解　标准曲线法求得水中钙的含量，或者进行线性回归，根据回归方程计算水中钙的含量。所以，天然水样中钙的含量为 0.042mg/mL。

34. 解　试样中镉的浓度为 0.575μg/mL。

35. 解　在原子吸收分析中，吸光度在 0.15～0.60 范围内的测量误差较小。根据特征浓度的表达式 $S = C \times 0.0044/A$ [μg/(mL·1%吸收)]，求出各元素的测量浓度的合适范围，结果均高于各元素的测量浓度合适范围，故均应稀释。经计算：锌需稀释2000倍，铜需稀释200倍，铬需稀释50倍。

四、简答题

1. 答　气相色谱的主要特点是选择性好，分离效率高，灵敏度高，分析速度快。

2. 答　色谱定性的依据是保留数值，包括保留时间、相对保留时间、保留指数等。色谱定量的依据是峰高和峰面积。

3. 答　主要的定性方法有：①纯物质对照法。②利用保留值经验规律定性。③利用其他方法定性。如利用化学方法配合进行未知组分定性。结合其他仪器进行定性，如色谱-质谱联用、色谱-核磁共振联用等。

4. 答　无论采用峰高还是峰面积进行定量分析，其物质浓度（或含量）m_i和相应的峰高或峰面积A_i之间必须呈直线函数关系，符合数学式$m_i=f_iA_i$。这是色谱定量分析的重要根据。

色谱分析的准确度主要决定于进样量的重复性和操作条件的稳定程度。

5. 答　色谱柱内填充的不移动的、起分离作用的物质叫固定相。根据固定相的不同，气相色谱可分为气固色谱法和气液色谱法两类。若色谱柱内填充的是一种固体吸附剂，如分子筛、活性炭、氧化铝等，则此时进行的分析叫做气固色谱法。若色谱柱内填充的是一种惰性固体（无吸附性、催化性，但有较大的比表面积，约$1m^2/g$和一定的机械强度），其表面涂有一层高沸点的有机化合物液膜（通常叫固定液），则此时进行的分析叫做气液色谱法。

6. 答　对固定液的要求有：

1）对样品中各组分都有溶解能力，而且具有选择性。

2）沸点高，蒸气压力小，不易流失。

3）热稳定性好，在工作温度下不易发生分解、聚合等反应。

4）粘度和凝固点要低。

5）化学稳定性好，不与样品、载气等发生化学反应。

6）能牢固地附着在载体表面，形成均匀结构的薄层。

7. 答　气-液色谱常用的固定液有以下四类：

（1）非极性　十八烷（或角鲨烷、阿匹松等）。

（2）中等极性　癸二酸辛酯（或邻苯二甲酸二壬酯、磷酸三苯酯、丁二酸二乙醇酯等）。

（3）极性　苯乙腈（或二甲基甲酰胺等）。

（4）氢键型　如甘油（或季戊四醇等）。

8. 答　色谱柱在使用前要进行老化处理，其目的一是彻底除去残余的溶剂和挥发性杂质，再是促进固定液均匀地、牢固地分布在载体表面。老化时的柱温应略高于操作时使用的柱温，但不能超过固定液的最高使用温度。应使用较低的载气流速，以使载气充分冲洗色谱柱。老化好的标志是接通记录仪后基线走得平直。

9. 答　热导池所以能够作为检测器，是根据不同的物质具有不同的导热系数。各种组分和载气通过热导池时，气体组成及浓度如发生变化，就会从热敏元件上带走不同的热量，使热敏元件的阻值发生变化，从而改变了电桥的输出信号，该信号的大小与载气中组分的浓度成正比。

热导池检测器的优点：

1）结构简单、操作方便。

2）灵敏度适宜，稳定性好。

3）线性范围宽。

4）应用范围广，绝大部分样品都能测定。

5）不破坏样品，可与其他仪器联用。

10. 答　有机物在氢火焰的高温下，被电离成带电的离子，这些离于在电场作用下进行定向流动，被收集极收集成微弱电流，此电流的大小与进入检测器的有机物的质量成正比，因此可根据电流大小进行定量分析。

氢火焰离子化检测器的特点是：

1）灵敏度高，比热导检测器高 10 ~ 100 倍。

2）死体积小，响应时间快。

3）线性范围宽。

4）结构简单、操作方便。

11. 答　应具备三个条件：

1）样品中所有组分都必须出峰，否则结果不准确。

2）要已知各组分的校正因子。

3）各个峰之间要能较好的分离。

12. 答　气-固色谱法是用固体（一般指吸附剂）作为固定相的气相色谱法。气-液色谱法指将固定液涂渍在载体上作为固定相的气相色谱法。

13. 答　内有固定相用以分离混合组分的柱管是色谱柱。具有吸附活性并用于色谱分离的固体物质称吸附剂。色谱柱内不移动的、起分离作用的物质是固定相。固定液指涂渍在载体表面上起分离作用的物质，在操作温度下是不易挥发的液体，固定液是固定相的组成部分。在色谱柱中用以携带试样和洗脱组分的气体是流动相。用作流动相的气体称载气。

14. 答　柱效能是色谱柱在色谱分离过程中主要由动力学因素（操作参数）所决定的分离效能。通常用理论板数、理论板高或有效板表示。

分离度（R）是两个相临色谱峰的分离程度，以两个组分保留值之差与其平

均峰宽值之比表示 $R=2\left(\frac{t_{R_2}-t_{R_1}}{W_1+W_2}\right)$。

灵敏度（S）是通过检测器的物质量变化 ΔQ 时响应信号的变化率 $S=\frac{\Delta R}{\Delta Q}$。

检测限（D）是随单位体积的载气或在单位时间内进入检测器的组分所产生的信号等于基线噪声二倍时的量 $D=\frac{2N}{S}$。

15. 答 分配系数（K）指在平衡状态时，组分在固定液与流动相中的浓度之比。

16. 答 试样中全部组分都显示出色谱峰时，测量的全部峰值经相应的校正因子校准并归一后，计算每个组分的质量分数的方法称归一（化）法。在已知量的试样中加入能与所有组分完全分离的已知量的内标物质，用相应的校正因子校准待测组分的峰值，并与内标物质的峰值进行比较，求出待测组分的质量分数的方法称内标法。在相同的操作条件下，分别将等量的试祥和含待测组分的标准试样进行色谱分析，比较试样与标准试样中待测组分峰值，求出待测组分的含量的方法称外标法。

17. 答 分离系统的核心是色谱柱，它的作用是将多组分样品分离为单个组分。

色谱柱分为两类：填充柱和毛细管柱（开管柱）。

填充柱由柱管和柱内装的固定相组成，填充柱的特点是：制备简单，可供选用的固定相种类多，可解决各种分析问题。主要缺点是柱效能较低。

毛细管柱又分为空心毛细管柱、填充毛细管柱和多孔层毛细管柱三种。毛细管柱的特点是柱效能较高。

18. 答 载体又称为担体，它的作用是提供一个具有较大表面积的惰性表面，使固定液能在它的表面上形成一层均匀的液膜。由于载体结构和表面性质会直接影响柱的分离效果，因此在气液色谱中，要求载体表面应是化学惰性的，即无吸附性、无催化性，且热稳定性要好。为了能涂布更多的固定液又不增加液膜厚度，要求载体比表面积要大，孔径分布均匀，另外还要求载体机械强度好，不易破碎。

19. 答 气相色谱常用载体（担体）主要有硅藻土型及非硅藻土型两大类。

选择载体的原则是：

1）固定液用量大于质量分数5%时，可选用硅藻土白色载体或红色载体；若固定液用量小于质量分数5%时，可选用表面处理过的载体。

2）腐蚀性样品可选氟载体；而高沸点组分可选用玻璃微球载体。

3）载体粒度一般选用60～80目或80～100目，高效柱可选用100～120目。

20. 答　气-液色谱柱的制备有以下四个步骤：①色谱柱柱管的选择与清洗；②固定液的涂渍；③色谱柱的装填；④色谱柱的老化。

21. 答　原子吸收光谱法的基本原理是基于元素所产生的原子蒸气对同种元素所发射的特征谱线的吸收作用进行定量分析。即由一种特制的光源（元素的空心阴极灯）发射出该元素的特征谱线，谱线通过该元素的原子蒸气时被吸收，产生吸收信号，所吸收的吸光度的大小与试样中该元素的含量成正比。即 $A = KC$。

22. 答　相同之处：

1）它们均是依据样品对入射光的吸收来进行测量的。即经处理后的样品，吸收来自光源发射的某一特征谱线，经过分离之后，将剩余的特征谱线进行光电转换，经过记录器记录吸收强度的大小来测定物质含量的。

2）两种方法都遵守朗伯-比耳定律。

3）就其设备而言，均由四大部分组成即光源、单色器、吸收池（或原子化器）、检测器。

它们的不同之处：

1）单色器与吸收器的位置不同。在原子吸收光谱仪中，原子化器的使用相当于吸收池，它的位置在单色器之前，而分光光度计中吸收池在单色器之后，这是由于它们的吸收机理不同而决定的。

2）从吸收机理上看，分光光度法是利用有色化合物对光的吸收来测定的，属于宽带分子吸收光谱，它可以使用连续光源（钨灯、氢灯等），比色皿中的有色液也较稳定。原子吸收光谱是窄带原子吸收光谱，因而它所使用的光源必须是锐线光源（空心阴极灯等），在测量时必须将样品原子化，转化成基态原子，这在比色皿中是办不到的。

23. 答　1）灵敏度高。火焰原子吸收光谱对多数元素的测量灵敏度在百万分之一以上。少数元素采取特殊手段可达 10^{-9} 级。无火焰原子吸收比火焰原子吸收还要灵敏几十倍到几百倍。

2）选择性好。共存元素对待测元素干扰少，一般不要分离共存元素。

3）测定元素范围广。可以测定元素周期表上 70 多个元素。

4）操作简便，分析速度快，分析方法容易建立，重现性好。

5）准确度高。可进行高精度的微量分析，准确度可达 0.1% ~ 1.0%。

24. 答　1）光源　主要部件是空心阴极灯。其作用是发射足够强度的特征谱线供测量用。

2）原子化器　分有火焰和无火焰两种。作用是将试样中被测元素转变成基态原子（即自由原子蒸气）。

3）光学系统　主要部件是单色器，由光栅和反射镜等组成。作用是把所需的特征谱线和其他谱线分开。

4）检测系统 主要部件为光电倍增管，作用是把分光后的特征谱线转换为电信号。目前有些仪器配有记录仪或电脑，可将电信号放大或记录下来，或直接显示为浓度值。

25. 答 原子吸收光谱分析常用的分析方法有：标准曲线法、标准加入法和浓度直读法。

进行一项测定时通常的步骤：

1）根据待测元素的灵敏度配制一份相当于0.1～0.5吸光度读数的标准溶液。

2）选择仪器的试验条件。

3）确定分析方法。

4）确定样品溶液的配制方法及是否需要采取分离、富集、前处理等。

5）确定是否需要消除干扰及消除的办法。

26. 答 原子吸收光谱分析的标准曲线不能长时间使用。分光光度法测定时，在仪器、药品、操作手续不变的情况下，标准曲线一般改变不大，而原子吸收操作时，每次开机与前一次开机的原子化条件不可能完全一致，因此需每次开机做标准曲线或再测标准溶液。

27. 答 进行原子吸收光谱分析可能产生化学干扰、电离干扰、光谱干扰（背景吸收，邻近线干扰等）。消除方法：

1）化学干扰：①利用温度效应消除；②利用火焰气氛消除；③加入释放剂，利用置换反应消除；④加入保护剂；⑤加入助熔剂；⑥改变溶液的性质及雾化器的性能；⑦预先分离干扰物质。

2）电离干扰：加入电离抑制剂（或称消电离剂）。

3）光谱干扰：其中主要是背景吸收（干扰），它是光谱干扰的一种特殊形式，包括分子吸收，光的散射等。

①火焰原子吸收光谱干扰的消除：a. 利用零点调整消除；b. 利用氘灯连续光谱扣除火焰的分子吸收干扰。

②光散射的消除；利用背景校正，可以测量光散射的大小，求得被测元素吸收的真实信号。

另外还有基体效应（干扰），即溶液物理性质（粘度、张力、温度等）的变化使喷雾效率改变产生吸光度的改变。样品和标准溶液中主要成分匹配可减少基体效应干扰。

28. 答 测定结果灵敏度低的主要原因有：

1）元素灯发射背景太大。

2）元素灯工作电流太大，由于原子的自蚀效应，导致谱线变宽，灵敏度降低。

3）火焰温度选择不适当，燃气与助燃气之比选择不当。

4）火焰高度选择不当。

5）雾化器调整不好；或因长期不用，喷嘴被盐或脏东西堵塞使样品提取量减少，这是仪器灵敏度降低的主要原因。

6）撞击球与喷嘴的相对位置没有调好。

7）燃烧器与外光路不平行。

8）光谱通带选择不合适。

9）波长选择不合适。

10）燃气不纯。

11）空白溶液被污染，造成火焰状态不好，使空白吸收干扰增大，灵敏度降低。

12）雾化筒和燃烧缝严重锈蚀，雾化样品变成水珠。

13）雾化筒内有油膜或因长期不用而生锈，筒内积水，废液流动不通畅。

14）样品与标液存放时间过长变质、容器的吸附作用或化学反应的结果造成灵敏度降低。

15）火焰状态不好，摆动严重或呈锯齿状，使测定结果偏低。

16）燃气漏气或阀门开关不灵造成工作条件改变。

17）气源压力不足。

针对以上产生原因，采取相应措施，即可解决。

29. 答　在原子吸收光谱分析中产生过大的噪声的可能原因有：

1）由于火焰的高度吸收，当测定远紫外区域的元素（如 As 或 Se）时，分析噪声可能较大。

2）空心阴极灯能量不足伴随从火焰或溶液组分来的强发射，引起光电倍增管的高度噪声。

3）吸喷有机样品试剂（如油或甲基异丁酮）玷污了燃烧器。

4）灯电流、狭缝、乙炔气和助燃气流量的设置不适当。

5）废液管状态不当，排液异常。

6）燃烧器狭缝被污染。

7）雾化器调节不当，雾滴过大。

8）乙炔钢瓶或空气压缩机输出压力不足。

9）检查空气过滤器，尤其发现在火焰中存在过量的钠发射时。不纯的乙炔也会有此类发射。

针对以上可能产生故障的原因，采用以下的方法即可排除：

1）采用背景校正有时可有所改善。

2）在允许的最大电流值内，增大灯的工作电流；换用能量大的新灯；试用其他吸收线进行分析；用化学方法去除溶液中能通过火焰产生强发射的干扰组分。

3）清洗燃烧器。

4）将灯电流、狭缝、乙炔气和助燃气的流量重新设置为一合适值。

5）更换排液管，重新设置水封。

6）清洗燃烧器的缝隙。

7）重新调节雾化器。

8）增加乙炔及空气的输出压力。

9）采取措施，纯化空气或乙炔气。

30. 答 在原子吸收光谱分析中，分析结果偏高的可能原因有：

1）溶液中的固体未完全溶解，因而造成假吸收。

2）由于“背景吸收”造成假吸收。

3）未进行空白校正实验。

4）标准溶液变质。

5）由于谱线覆盖造成假吸收。

针对上述可能原因，采用下述方法即可解决：

1）调高火焰温度，使固体颗粒蒸发离解。

2）在共振线附近用同样条件再测定一次，把两次测得的结果相减。

3）做空白校正实验。

4）由于标准溶液变质，所以需重新配制标准溶液。

5）降低试样浓度，减少假吸收。

31. 答 在原子吸收光谱分析中，分析结果偏低的可能原因有：

1）试样挥发不完全，细雾颗粒大，在火焰中未完全离解。

2）标准溶液变质。

3）被测试样浓度太高，仪器工作在非线性部分。

4）试样被污染或存在其他物理化学干扰。

针对上述可能原因，采用下述方法即可解决：

1）调整撞击球和喷嘴相对位置，提高喷雾质量。

2）重新配制标准溶液。

3）减小试样浓度，使仪器工作在线性范围内。

4）消除干扰因素，更换试样。

32. 答 对于火焰条件的选择，一般应按下述步骤进行：

1）按测定元素的性质选择火焰种类（通常在空气-乙炔火焰或氧化亚氮-乙炔火焰之间进行选择）。

2）按照火焰种类选定燃烧器。

3）按照火焰种类选定喷雾器。

空气-乙炔火焰及氧化亚氮-乙炔火焰可合用一个喷雾器，在相同压强下，氧化亚氮流量约为空气流量的80%，但具体对某一台仪器是否合用还要见仪器说明。

4）助燃气压强一般在0.15～0.2MPa/cm^{2}之间调定。调定助燃气流量，对一特定雾化器，其吸液量及雾化效率等因素也就较固定（还与溶液性质等有关）。在测定过程中，一般不再变动助燃气流量。

5）选定燃气流量，调定火焰的状态：选择时可用标准溶液吸喷，并改变流量（改变燃气流量时要重新调零）。根据吸光度-流量变化情况，选用具有最大吸光度值的流量范围中最小的流量。

完成以上的选择后，再确定燃烧器的高度。实验中，可以通过连续变化燃烧器高度，并吸喷标准溶液，观察吸光度的变化（也应注意零点有没有变化），选取具有最大吸光度的燃烧器高度。

33. 答　背景吸收是来自原子化器（火焰或无火焰）的一种光谱干扰。它是由气态分子对光的吸收以及高浓度盐的固体颗粒对光的散射所引起的。

1）火焰成分对光的吸收。一般来说，波长越短，火焰成分的吸收越严重。这是由于火焰中OH、CH、CO等分子或基团吸收光源辐射的结果。这种干扰对分析结果的影响不大，一般可以通过零点的调节来消除。

2）金属的卤化物、氧化物、氢氧化物以及部分硫酸盐和磷酸盐分子对光的吸收。

在低温火焰中，上述分子对于测定结果的影响较明显，例如碱金属的卤化物在紫外光区的大部分波段均有吸收；但在高温火焰中，由于分子分解而变得不明显。碱土金属得氧化物和氢氧化物分子在它们发射谱线的同一光谱区中呈现明显的吸收。这种吸收在低温火焰或温度较高的空气-乙炔火焰中较为明显，在高温火焰中则吸收减弱。

3）固体微粒对光的散射。当进行低含量或痕量分析时，大量盐类进入原子化器，这些盐类的微粒在光路中阻挡光束而发生散射现象，此时将引致假吸收。

由此可见，背景吸收（分子吸收）主要是由于在火焰（或无火焰原子化装置）中形成了分子或较大的质点，因此除了待测元素吸收共振线外，火焰中的这些物质——分子和盐类，也吸收或散射光线，引起了部分共振发射线的损失而产生误差。这种影响一般是随波长的减短而增大，同时随基体元素浓度的增大而增大，并与火焰条件有关。无火焰原子化器较之火焰原子化器具有更严重的分子吸收。

34. 答　原子吸收分光光度计在使用过程中，为了防止出现“回火”甚至爆炸的危险，通常混合室应呈相对密闭的状态，可采取以下两条措施：

1）废液排放管采取水封式，水封的作用是既可以将废液顺利地排放出去，又能够防止燃料气体通过排放管逸出空间，否则会造成火焰不稳定，读数指针摆动，甚至回火。

2）在混合室的后端部设置由聚四氟乙烯制成的防爆垫（安全塞），当回火发生时，混合室内的可燃混合气体因燃烧而急剧膨胀，当混合室内压强增大到一定程度时，防爆垫能承受的压力将克服它与混合室之间的弹性配合力而自动脱离，使混合室呈开放状态，从而起到了安全防爆作用。

35. 答 近年来，许多原子吸收分光光度计都带有氘灯自动背景校正装置，用来自动扣除背景干扰，此法比邻近非吸收线法方便、可靠。

氘灯发射的是连续光谱，而吸收线是锐线，所以基态原子对连续光谱的吸收是很小的（即使是浓溶液，吸收也小于1%）。而当空心阴极灯发射的共振线通过原子蒸气时，则基态原子和背景对它都产生吸收。

氘灯背景校正法通过用一个旋转的扇形反射镜将两束光交替地通过火焰进入检测器。当共振线通过火焰时，测出的吸光度是基态原子和背景吸收的总吸光度，当氘灯光通过火焰时，测出的吸光度只是背景吸收（基态原子的吸收可以忽略不计），则两次测定值之差，即为待测元素的真实吸光度。

36. 答 原子吸收分光光度计按照仪器光路结构形式的不同，可将仪器分为单道单光束型、单道双光束型、双道单光束型及双道双光束型四种类型。

单道单光束型的原子吸收分光光度计是指仪器只有一个光源，一个分光系统，一个检测和显示系统，从光源中发出的光仅以单一光束的形式通过原子化器，分光系统和检测系统，每次只能测定一种元素。该类仪器具有结构简单、造价低、灵敏度较高的优点，其缺点是受光源强度波动影响较大，基线漂移。

单道双光束型原子吸收分光光度计是指从光源中发出的光被切光器分成为强度相等的两束光，一束光通过原子化器，另一束光不通过原子化器，只作为参比光束，两束光交替地进入分光系统和检测系统。该类仪器中两束光来自同一光源，光源的任何波动可以由参比光束的作用而得到补偿，即消除了光源强度波动的影响，提高了仪器的稳定性。

双道单光束型的仪器有两个光源，两个分光系统，两个检测、显示系统，而光束只有一路，该类仪器利用两个独立的分光系统和两个独立的检测系统对两路光源的光进行分光和检测，同时给出两种元素的检测结果，故一次可以测定两种元素，并可以方便地进行背景吸收扣除。

双道双光束型的仪器采用两种不同的光源，具有两个分光系统，两个检测、显示系统，但每一个光源所发出的光均分为两束，一束通过原子化器，另一束则不通过原子化器，只作为参比光束。该类仪器可以同时测定两种元素，能消除光源强度波动的影响及原子化系统的干扰，准确度高，稳定性好，但仪器结构复杂，价格昂贵。

37. 答　应用原子吸收光谱法进行定量测定时，常用的定量分析方法主要有四种：分别为标准曲线法、直接比较法、标准加入法和内标法，此外还有浓度直读法和紧密内插法等。

标准曲线法是常用的分析方法。该法主要适用于在样品组成简单或共存元素无干扰且样品浓度比较低的情况下使用，该法可用于大批同种样品的分析。

直接比较法要求标准曲线是一条通过坐标原点的直线，适用于干扰小、浓度低的试样测定，并要求试样溶液与标准溶液的吸光度非常接近。该法操作比较简单。

标准加入法可以消除基体效应带来的影响，并在一定程度上消除了化学干扰和电离干扰，但不能消除背景吸收干扰，该法适用于当基体组成未知或基体较复杂，干扰不宜消除的情况下使用。该法的精确度较高。

内标法在一定程度上可以消除由于仪器工作条件（如气体流量、火焰状态、石墨炉温度等）的波动，试液粘度、表面张力的变化，基体效应等因素给测定带来的误差，故准确度高。但该方法比较麻烦，其应用受到测量仪器的限制，若采用双道双光束型的仪器进行测定则十分方便。

浓度直读法是在标准曲线为直线的浓度范围内，应用仪器的标尺扩展或数字浓度直读装置测量，人为地使读数和标准溶液的浓度值一致。该法省去了绘制标准曲线的手续，加快了分析速度，应用浓度直读方法时，必须用标准曲线反复校正后再进行测定，喷雾时，标准溶液与试样溶液消耗的体积应一致，才能获得较好的重复性。每一试样要重复读数 2 ~ 3 次，取其平均值。

紧密内插法适用于当原子吸收的工作曲线在高浓度区发生弯曲的情况下使用。运用紧密内插法可以使原子吸收法进行高含量组分的分析，其所得结果的准确度和精密度可以与化学法相媲美。

38. 答　在火焰原子吸收法中，标准溶液的浓度单位通常为 μg/mL；在无火焰原子吸收法中，标准溶液的浓度单位通常为 μg/L。在配制标准溶液时，通常使用各被测元素合适的盐类（基准物）来配成，当没有合适的盐类可供选择时，也可直接溶解相应的高纯（质量分数为 99.99%）的金属丝、棒、片于合适的溶剂中，然后稀释成所需浓度范围的标准溶液，但不能使用海绵状金属或金属粉末来配制。金属在溶解之前，要磨光利用稀酸清洗，以除去表面的氧化层。

至于非水标准溶液可将金属有机物溶于适宜的有机溶剂中配制（或将金属离子转化成萃取的化合物），用合适的溶剂萃取，通过测定水相中的金属离子含量间接加以标定。

当所需标准溶液的浓度低于 0.1mg/mL 时，应先配成比使用的浓度高 1 ~ 3

个数量级的浓溶液（大于1mg/mL）作为储备液，然后经稀释配成。

在配制标准溶液时应注意使用去离子水，尤其在测定常见元素如钙、镁、铁、铜、锌、钠等时更应注意保证去离子水的纯度及所用玻璃器皿（如容量瓶、刻度移液管等）的洁净和不被沾污。溶解高纯金属通常使用优级纯的硝酸或盐酸，而避免使用磷酸或硫酸。储备液应保存在玻璃或聚乙烯试剂瓶中（金、银等元素的储备液应保存在棕色试剂瓶中，有些含氟的储备液只能用聚乙烯试剂瓶储存），且储备液应保持一定的酸度防止金属离子水解，以达到能存放较长时间的目的。浓度很小（小于1μg/mL）的标准溶液不稳定，使用时间不应超过1～2天。

39. 答 使用标准加入法时，应该注意以下几个问题：

1）在用作图外推法时，要求相应的标准曲线应是一条通过坐标原点的直线，且待测试液的浓度应在此线性范围内。这是因为标准加入法也是建立在吸光度与浓度成正比的基础上的（即遵循朗伯比尔定律）。

2）待测元素的标准加入浓度应适当，加入浓度过高或过低，将使标准加入曲线的斜率过大或过小而产生较大误差。一般情况下，所加入的第一份标准溶液的浓度与试样溶液的浓度应当接近，以免给测定结果引进较大的误差。

3）为了保证能够得到较为准确的外推结果，至少要采用四个点来制作外推曲线。

40. 答 根据火焰的性质，可将火焰分为三类，即中性火焰，贫燃性火焰和富燃性火焰。

中性火焰，也叫化学计量火焰。这种火焰的燃烧气和助燃气之比（即燃助比）是按照它们之间化学反应时的化学计量关系供给的。其特点是：火焰温度较高，干扰少，稳定性好，适合于多数元素的原子化。

富燃性火焰，也叫还原性火焰。此种火焰的燃助比大于化学计算量，即燃烧气过量。其特点是，火焰燃烧不充分，温度较中性火焰稍低，具有较强的还原性，适合于易形成难离解氧化物的元素（如Cr、Mo等）的原子化。

贫燃性火焰，也叫氧化性火焰。此种火焰的燃助比小于化学计算量，即助燃气过量。其特点是，火焰燃烧充分，温度较富燃性火焰高，不具有还原性，适合于易电离、易离解元素（如碱金属）的原子化。

模拟试卷样例答案

一、判断题

1. × 2. × 3. ✓ 4. ✓ 5. ✓ 6. × 7. ✓ 8. × 9. ✓ 10. ✓

二、选择题

(一) 单项选择题

1. C 2. C 3. D 4. A 5. D 6. D 7. C 8. A 9. C 10. B
11. C 12. C 13. D 14. B 15. C 16. D 17. C 18. B 19. B 20. A

(二) 多项选择题

1. AD 2. AB 3. AC 4. AD 5. AC 6. AB 7. BD 8. AD 9. AD
10. ABC

三、计算题

1. 解得：$w_{乙醇}=17.60\%$；$w_{正庚烷}=34.78\%$；$w_{苯}=17.17\%$；$w_{乙酸乙酯}=30.45\%$

2. 解得：$w_{水(平均)}=0.283\%$

四、简答题

1. 原子吸收分光光度计主要由光源、原子化系统、分光系统和检测系统四部分组成。光源的作用是发射待测元素的特征光谱，以供吸收测量之用。原子化系统的作用是将试样转化为所需的基态原子。原子吸收分光光度计中分光系统（单色器）的作用是将待测元素的共振线与邻近线分开。检测器的作用是将单色器分出的光信号进行光电转换，将微弱的光能量转换成电信号，并进行不同程度的放大。

2. 对固定液的要求：固定液是高沸点有机物。理想的固定液应满足下列条件：

1）在使用温度下为液体，蒸气压低，稳定性好。

2）能溶解被分离混合物中的各组分，使各组分有足够的分离能力。

3）粘度低，能在载体表面形成均匀的液膜。

3. 仪器室的条件和要求：安放仪器设备的实验室应符合该仪器设备的要求，以确保仪器的工作精度及使用寿命。仪器室应防尘、防腐蚀、防振、防晒、防湿等。仪器应在单独房间安放，不能与化学操作室混用。

附　录

附录 A　仪器分析用标准溶液的配制

元素与离子或有机物	含量/(mg/mL)	配制方法
银（Ag）	1.0	1. 称取 1.0000g 金属银置于 300mL 烧杯中，加入 25mL 浓硝酸，加热溶解并赶去氮的氧化物，待冷却后移入 1000mL 容量瓶中，用水稀释至标线，摇匀 2. 称取 1.5784g 硝酸银，溶于 100mL 水中，移入 1000mL 容量瓶中，用水稀释至标线，摇匀
铝（Al）	1.0	1. 称取 1.0000g 金属铝，置于 300mL 烧杯中，加入 20mL 水、3g 氢氧化钠，待铝溶解后，用盐酸缓缓地中和至出现混浊，加入过量盐酸 20mL，加热使其溶解（小心不断搅拌），待冷却后移入 1000mL 容量瓶中，用水稀释至标线，摇匀
	0.1	2. 称取 1.759g 硫酸铝钾 [$KAl(SO_4)_2 \cdot 12H_2O$]，溶于水中，移入 1000mL 容量瓶中，用水稀释至标线，摇匀
砷（As）	0.1	称取 1.3203g 三氧化二砷，预先经 100～110℃烘干 2h，在干燥器中冷却后溶于 20mL 质量分数为 10% 的氢氧化钠溶液中，稍加热并用玻璃棒搅拌，溶解后移入 1000mL 容量瓶中，用水稀释至 200mL，加入酚酞 2 滴，以盐酸中和至中性并过量 2 滴，用水稀释至标线，摇匀
锑（Sb）	1.0	称取 1.0000g 金属锑，置于 300mL 烧杯中，加入 20～30mL 的 1+1 硫酸溶液，加热溶解，完全溶解后，用 1+4 硫酸溶液稀释，移入 1000mL 容量瓶中，加入 1+4 硫酸溶液稀释至标线，摇匀
钡（Ba）	1.0	称取 1.7787g 氯化钡（$BaCl_2 \cdot 2H_2O$），溶于少量煮沸过的水中，移入 1000mL 容量瓶中，用煮沸过的水稀释至标线，摇匀
钙（Ca）	1.0	称取于 105～110℃干燥至恒重的碳酸钙（$CaCO_3$）2.4972g，置于 300mL 烧杯中，加水 20mL，滴加 1+1 盐酸溶液至完全溶解，再加 10mL，煮沸除去二氧化碳，冷却后移入 1000mL 容量瓶中，用水稀释至标线，摇匀
	0.1	1. 称取 0.250g 于 105～110℃干燥至恒重的碳酸钙，溶于 10mL 体积分数为 10% 的盐酸溶液中，移入 1L 容量瓶中，稀释至标线，摇匀 2. 称取 0.367g 氯化钙（$CaCl_2 \cdot 2H_2O$），溶于水中，移入 1000mL 容量瓶中，稀释至标线，摇匀

（续）

元素与离子或有机物	含量/(mg/mL)	配制方法
镉（Cd）	1.0	称取1.0000g金属镉，置于300mL烧杯中，加入20～30mL 1+1盐酸溶液中溶解，冷却后移入1000mL容量瓶中，用水稀释至标线，摇匀
	0.1	称取0.2032g氯化镉（$CdCl_2 \cdot 2.5H_2O$），溶于水中，移入1000mL容量瓶中，稀释至标线，摇匀
铬（Cr）	1.0	称取于120℃干燥至恒重的重铬酸钾3.7349g，溶于少量水中，移入1000mL容量瓶中，稀释至标线，摇匀
	0.1	1. 称取0.373g预先于105℃干燥1h的铬酸钾，溶于含有1滴氢氧化钠溶液（100g/L）的少量水中，移入1000mL容量瓶中，用水稀释至标线，摇匀 2. 称取0.283g重铬酸钾，溶于水后移入1000mL容量瓶，稀释至标线，摇匀
铜（Cu）	1.0	称取1.0000g金属铜，置于400mL烧瓶中，加入20mL 1+1硝酸溶液中溶解，在砂浴上加热蒸至近干，然后加入10mL浓硫酸，小心蒸至冒三氧化硫白烟，冷却后，加水使全部盐类溶解，冷却，移入1000mL容量瓶中，用水稀释至标线，摇匀
	0.1	称取0.393g硫酸铜（$CuSO_4 \cdot 5H_2O$），溶于水后移入1000mL容量瓶中，用水稀释至标线，摇匀
铁（Fe）	1.0	1. 称取1.0000g金属铁，用30mL 1+1硝酸溶液中溶解（也可用1+1盐酸溶液或1+1硫酸溶液溶解），溶解后加热除去二氧化氮，冷却后移入1000mL容量瓶中，用水稀释至标线，摇匀 2. 称取0.864g硫酸铁铵［$NH_4Fe(SO_4)_2 \cdot 12H_2O$］，溶解于水中，加入1mL体积分数为25%的硫酸溶液，用水稀释至100mL容量瓶中，用水稀释至标线，摇匀 3. 称取0.702g硫酸亚铁铵［$(NH_4)_2Fe(SO_4)_2 \cdot 6H_2O$］，溶解于10mL水中，加入1mL硫酸，稍温热，立即滴入体积分数为20%的高锰酸钾溶液至最后一滴退色，用水稀释至100mL，摇匀 4. 称取0.702 g硫酸亚铁铵［$(NH_4)_2Fe(SO_4)_2 \cdot 6H_2O$］，溶解于含0.5mL硫酸的水中，移入100mL容量瓶中，用水稀释至标线，摇匀（此标准溶液应在使用前配制）
锗（Ge）	1.0	1. 称取1.0000g金属锗，置于300mL烧杯中，加入20～30mL体积分数为6%的过氧化氢，在水浴上加热溶解，加入少量氢氧化钠可加速其溶解，溶解后加入几毫升热水，用1+1盐酸溶液中和并过量几毫升，煮沸除去过氧化氢，冷却后移入1000mL容量瓶中，用水稀释至标线，摇匀 2. 称取0.1439g氧化锗（GeO_2），加热溶于质量分数为5%的氢氧化钠水溶液中，移入100mL容量瓶中，用水稀释至标线，摇匀

（续）

元素与离子或有机物	含量/(mg/mL)	配制方法
汞（Hg）	1.0	1. 称取1.6631g硝酸汞，置于300mL烧杯中，加入体积分数为25%的硝酸20mL，用水稀释至50mL，使之完全溶解，移入1000mL容量瓶中，用水稀释至标线，摇匀 2. 称取金属汞1.0000g，置于250mL烧杯中，加入1+1硝酸溶液20~30mL，放入通风柜中慢慢加热分解，待溶解后，加水稀释，移入1000mL容量瓶中，用水稀释至标线，摇匀 3. 称取1.354g氯化汞，溶于水中，用水准确稀释至1000mL，摇匀
钾（K）	1.0	称取1.9067g在400~450℃灼烧至恒重的氯化钾，用水溶解，移入1000mL容量瓶中，用水稀释至标线，摇匀
	0.1	1. 称取0.191g于500~600℃灼烧至恒重的氯化钾，溶于水中，移入1000mL容量瓶中，用水稀释至标线，摇匀 2. 称取0.259g硝酸钾，溶于水中，移入1000mL容量瓶中，用水稀释至标线，摇匀
镁（Mg）	1.0	1. 称取1.0000g金属镁，加入20mL水，慢慢加入20mL盐酸，待完全溶解后加热煮沸，冷却，移入1000mL容量瓶中，用水稀释到标线，摇匀 2. 称取于800℃灼烧至恒重的氧化镁1.6580g，按照上述方法配制
	0.1	1. 称取0.166g于800℃灼烧至恒重的氧化镁，溶于2.5ml盐酸及少量水中，移入1000mL容量瓶中，用水稀释至标线，摇匀 2. 称取1.014g硫酸镁（$MgSO_4 \cdot 7H_2O$），溶于水中，移入1000mL容量瓶中，用水稀释至标线，摇匀
锰（Mn）	1.0	1. 称取于400~500℃灼烧至恒重的硫酸锰2.749g，溶于水中，移入1000mL容量瓶中，稀释至标线，摇匀 2. 称取金属锰1.0000g（称量前用稀硫酸洗去表面氧化物，再用水洗除酸后烘干），用20mL 1+4硫酸溶液溶解，移入1000mL容量瓶中，用水稀释至标线，摇匀
	0.1	1. 称取0.275g于400~500℃灼烧至恒重的硫酸锰，溶于水中，移入1000mL容量瓶中，稀释至标线，摇匀 2. 称取0.308g硫酸锰（$MnSO_4 \cdot H_2O$），溶于水中，移入1000mL容量瓶中，用水稀释至标线，摇匀
钼（Mo）	1.0	1. 称取1.5003g三氧化钼，溶于少量稀氢氧化钠溶液中，用水稀释至50mL，用硫酸酸化后过量几毫升，移入1000mL容量瓶中，用水稀释至标线，摇匀 2. 称取1.8403g钼酸铵［$(NH_4)_6Mo_7O_{24} \cdot 4H_2O$］，置于300mL烧杯中，以少量水溶解，移入1000mL容量瓶中，用水稀释至标线，摇匀 3. 称取1.0000g金属钼（其质量分数>99.9%），加热溶于30mL 1+1盐酸溶液和少量硝酸中，冷却后移入1000mL容量瓶中，用水稀释至标线，摇匀

（续）

元素与离子或有机物	含量/（mg/mL）	配制方法
氮（N）	1.0	称取于100～105℃干燥至恒重的氯化铵3.8190g，溶于少量水中，移入1000mL容量瓶中，稀释至标线，摇匀
	0.1	1. 称取0.382g于100～105℃干燥至恒重的氯化铵，溶于水中，移入1000mL容量瓶中，用水稀释至标线，摇匀 2. 称取0.607g硝酸钠，溶于水中，移入1000mL容量瓶中，用水稀释至标线，摇匀
亚硝酸根（NO_2^-）	0.1	称取0.1500g亚硝酸钠（$NaNO_2$），溶于水中，移入1000mL容量瓶中，稀释至标线，摇匀
硝酸根（NO_3^-）	1.0	称取于120～130℃干燥至恒重的硝酸钾1.630g，溶于水中，移入1000mL容量瓶中，用水稀释至标线，摇匀
	0.1	称取0.137g硝酸钠（$NaNO_3$），溶于水中，移入1000mL容量瓶中，稀释至标线，摇匀
钠（Na）	1.0	称取于500～600℃灼烧至恒重的氯化钠2.5421g，溶于少量水中，移入1000mL容量瓶中，用水稀释至标线，摇匀
镍（Ni）	1.0	称取1.0000g金属镍置于300mL烧杯中，加入15mL 1+1硝酸，在水浴上加热溶解，溶解后加热煮沸，冷却，移入1000mL容量瓶中，用水稀释至标线，摇匀
	0.1	1. 称取0.6730g硫酸镍铵［$NiSO_4 \cdot (NH_4)_2SO_4 \cdot 6H_2O$］，溶于水中，移入1000mL容量瓶中，用水稀释至标线，摇匀 2. 称取0.448g硫酸镍（$NiSO_4 \cdot 6H_2O$），溶于水中，移入1000mL容量瓶中，用水稀释至标线，摇匀
磷（P）	1.0	称取4.2635g磷酸氢二铵［$(NH_4)_2HPO_4$］，溶于少量水中，移入1000mL容量瓶中，用水稀释至标线，摇匀
	0.1	称取0.439g磷酸二氢钾（KH_2PO_4），溶于水，移入1000mL容量瓶，用水稀释至标线，摇匀
磷酸根（PO_4^{3-}）	0.1	称取0.1433g磷酸二氢钾（KH_2PO_4），溶于少量水中，移入1000mL容量瓶中，用水稀释至标线，摇匀
铅（Pb）	1.0	称取1.0000g金属铅，置于300mL烧杯中，加入30mL 1+2硝酸溶液溶解，待溶解完全后，加热除去二氧化氮，冷却，移入1000mL容量瓶中，用水稀释至标线，摇匀
	0.1	称取0.1599g硝酸铅，溶于少量水及1mL硝酸中，移入1000mL容量瓶中，用水稀释至标线，摇匀

（续）

元素与离子或有机物	含量/(mg/mL)	配制方法
硫（S）	1.0	称取在105℃干燥1～2h的无水硫酸钠4.4299g（或硫酸钾5.4349g），置于300mL烧杯中，用体积分数为5%的盐酸溶解，移入1000mL容量瓶中，用体积分数为5%的盐酸稀释至标线，摇匀
	0.1	称取0.544g硫酸钾（K_2SO_4），溶于水中，移入1000mL容量瓶中，用水稀释至标线，摇匀
锑（Sb）	1.0	称取1.0000g金属锑，置于300mL烧杯中，加入20～30mL 1+1硫酸溶液，加热溶解，完全溶解后，用1+4硫酸溶液稀释，移入1000mL容量瓶中，用1+4硫酸溶液稀释至标线，摇匀
硅（Si）	1.0	称取2.1393g二氧化硅，置于铂坩埚中，加入10g无水碳酸钠，混匀，于1000℃加热至完全熔融，冷却后用热水浸出，加热至溶液澄清，冷却，移入1000mL容量瓶中，用水稀释至标线，摇匀（用聚乙烯容器贮存）
锡（Sn）	1.0	称取1.0000g金属锡，用50mL 1+1盐酸溶液溶解，冷却后移入1000mL容量瓶中，加入80mL浓盐酸，用水稀释至标线，摇匀
锶（Sr）	0.1	称取二氯化锶（$SrCl_2 \cdot 6H_2O$）3.04g，溶于0.3 mol/L盐酸中，移入1000mL容量瓶中，用0.3mol/L盐酸稀释至标线，摇匀
铊（Tl）	0.1	称取0.1175g氯化亚铊（TlCl），溶于5mL硫酸中，移入1000mL容量瓶中，用水稀释至标线，摇匀
	1.0	称取1.0000g金属铊，置于300mL烧杯中，加入20mL 1+1硝酸溶液，使之分解后，用水稀释并移入1000mL容量瓶中，用水稀释至标线，摇匀
铀（U）	1.0	称取2.1090g硝酸铀酰[$UO_2(NO_3)_2 \cdot 6H_2O$]，溶于少量水中，加入10mL浓硝酸，移入1000mL容量瓶中，用水稀释至标线，摇匀
钒（V）	1.0	1. 称取2.2963g钒酸铵（NH_4VO_3），溶于加有几粒氢氧化钠的100mL水中，溶解后，用1+1硫酸溶液中和至酸性，移入1000mL容量瓶中，用水稀释至标线，摇匀 2. 称取1.0000g金属钒，加热溶于30mL王水，浓缩近干，加入20mL盐酸，冷却后移入1000mL容量瓶中，用水稀释至标线，摇匀
钨（W）	1.0	1. 称取1.2611g三氧化钨（预先在110℃烘干1h，冷却），加入30～40mL体积分数为20%的氢氧化钠溶液，稍加热溶解，冷却后移入1000mL容量瓶中，用水稀释至标线，摇匀 2. 称取1.794g钨酸钠（$Na_2WO_4 \cdot 2H_2O$），溶于水中，移入1000mL容量瓶中，用水稀释至标线，摇匀
锌（Zn）	1.0	称取1.0000g金属锌，置于300mL烧杯中，加入30～40mL 1+1盐酸溶液，使其溶解，待溶解后加热煮沸几分钟，冷却，移入1000mL容量瓶中，用水稀释到标线，摇匀
	0.1	称取0.125g氧化锌，溶于100mL水及1mL硫酸中，移入1000mL容量瓶中，用水稀释至标线，摇匀

附录B 常用水质监测方法和测定项目

方 法	测定项目
重量法	S、可滤残渣、矿化度、油类、SOS^-、Cl^-、Ca^{2+}等
容量法	酸度、碱度、CO_2、DO、总硬度、Ca^{2+}、Mg^{2+}、氨氮、Cl^-、F^-、CN^-、$SO_4{}^{2-}$、S^{2-}、Cl^-、COD、BOD_5、挥发酚等
分光光度法	Ag、Al、As、Be、Bi、Ba、Cd、CO、Cr、Cu、Hg、Mn、Ni、Pb、Sb、Se、Th、U、Zn、氨氮、NO_2—N、NO_3—N、凯氏氮、$PO_4{}^{3-}$、F^-、Cl^-、C、S^{2-}、$SO_4{}^{2-}$、$BO_3{}^{2-}$、$SiO_3{}^{2-}$、Cl、挥发酚、甲醛、三氯乙醛、苯胺类、硝基苯类、阴离子洗涤剂等
荧光分光光度法	Se、Be、U、油、Ba、P等
原子吸收法	Ag、Al、Ba、Be、Bi、Ca、Cd、CO、Cr、Cu、Fe、Hg、K、Na、Mg、Mn、Ni、Pb、Sb、Se、Sn、Te、Tl、Zn等
氢化物及冷原子吸收法	As、Sb、Bi、Ge、Sn、Pb、Se、Te、Hg
原子荧光法	As、Sb、Bi、Se、Hg
火焰光度法	Li、Ni、K、Sr、Ba等
电极法	Eh、pH值、DO、F^-、Cl^-、CN^-、S^{2-}、NO、K^+、Na^+、NH_4^+等
离子色谱法	F^-、Cl^-、Br^-、NO_2^-、NO_3^-、$SO_3{}^{2-}$、$SO_4{}^{2-}$、$H_2PO_4^-$、K^+、Na^+、NH_4^+等
气相色谱	Be、Se、苯系物挥发性卤代烃、氯苯类、六六六、DDT、有机磷农药类、三氯乙醛、PCB等
液相色谱法	多环芳烃类
ICP—AES	用于水中机体金属元素、污染重金属以及底质中多种元素的同时测定

附录C 地表水监测项目

	必测项目	选测项目
河流	水温、pH值、悬浮物、总硬度、电导率、溶解氧、化学需氧量、氨氮、亚硝酸盐氮、BOD_5、硝酸盐氮、挥发酚、氰化物、砷、汞、六价铬、铅、镉、石油类等	硫化物、氟化物、氯化物、有机氯农药、有机磷农药、总铬、铜、锌、大肠杆菌、总B、铀、镭、钍等
饮用水源地	水温、pH值、浊度、总硬度、DO、COD、BOD、氨氮、亚硝酸盐氮、硝酸盐氮、挥发酚、氰化物、砷、汞、六价铬、铅、镉、氟化物、细菌总数、大肠菌群数等	铜、锌、锰、阴离子洗涤剂、硒、石油类、有机氯农药、有机磷农药、硫酸盐、碳酸盐等
湖泊水库	水温、pH值、SS、DO、总硬度、透明度、总氮、总磷、COD、BOD、挥发酚、氰化物、砷、汞、六价铬、铅、镉等	钾、钠、藻类、悬浮藻、可溶性固体总量、大肠菌群等
底泥	砷、汞、铬、镉、铅、铜等	硫化物、有机氯农药、有机磷农药等

附录D 技能考核评分表

气相色谱分析考核评分表

考核项目	考核内容	操作要求	操作情况	分值	得分
操作的准备	1. 检查载气(燃气、助燃气)钢瓶、减压阀;检查主机面板各开关和旋钮 2. 检查硅橡胶垫	进行检查		共4分 每项2分	
操作过程	1. 试样的准备 2. 先通载气 3. 色谱分析操作条件的检查和设定 4. 各温控点运行升温(点火) 5. 工作站开启和设定 6. 检查各温控点的升温情况 7. 进样 8. 待测组分色谱图 9. 用工作站计算分析结果 10. 关机 (1)将氢气钢瓶和空气钢瓶的阀门开关(或氢气发生器和空气汞的电源开关)关掉 (2)将炉温下降到60℃以下 (3)关掉色谱仪的电源开关 (4)退出工作站和关闭计算机 (5)最后关闭载气(氮气)气源	规范、正确、熟练		共26分 其中:2、3、5、6、7、9项每项3分;1、4、8、10每项2分	
记录与计算	结果精密度	平均结果小于或等于1.5倍允差,扣2分;平均结果大于1.5倍允差,扣5分		共20分	
	结果准确度	平均结果与参照值对比大于1倍、小于或等于2倍允差,扣4分;平均结果与参照值对比大于2倍、小于或等于3倍允差,扣9分;平均结果与参照值对比大于3倍允差,扣10分		共40分	
文明操作情况	1. 实验台面整洁情况(无杂物、无水迹等) 2. 物品摆放情况 3. 仪器维护情况(仪器上无液滴、灰尘等) 4. 安全操作情况 5. 附近环境情况(地面等)	规范、整洁		共5分 每项1分	
分析时间	在规定时间内完成操作和数据处理	不超时		5分	

附录 E　Agilent 1100 LC 常见中英文术语对照

英　文	中　文	英　文	中　文
CAG Bootp Server	通信管理器	Run time checklist	运行时选项表
View	视图	Data acquisition	数据采集
Method and Run control	方法和运行控制	Save method as	方法另存为
Show Top Toolbar	显示顶部工具栏	Test	测试
Show status toolbar	系统视图	Online signal	在线信号
Sampling diagram	样品视图	Windows 1	信号窗口 1
Purge	冲洗	Run control	运行控制
Pump	泵	Sample info	样品信息
Setup Pump	设置泵	Data file	数据文件
Flow	流速	Manual	手动
ON	启动	Prefix	前缀/计数器
Purge Valve	冲洗阀	Counter	计数器
Method	方法	Instrument	仪器
Edit entire method	编辑完整方法	System on	系统开启
Data analysis	数据分析	Run method	运行方法
Method Comments	方法注释	Load signal	调用信号
Insert	插入	Graphics	图形
Timetable	时间表	Signal options	信号选项
Pressure Limits Max	压力限	Ranges	范围
Standard Injection	标准进样	Auto scale	自动量程
Injection with Needle Wash	洗针进样	Use Ranges	自定义量程
Use injector program	使用进样器程序	Integration	积分
Edit	编辑	Auto integrate	自动积分
Temperature	温度	Integration Events	积分事件
Same as left	与左侧相同	Slope sensitivity	斜率灵敏度
Wavelength	波长	Area reject	最小峰面积
Peak width	峰宽	Height reject	最小峰高
Response time	响应时间	Report	报告
Optical Unit Temperature	光学部件温度	Specify report	设定报告
Automatic recycling after analysis	分析后自动循环	Quantitative Results	定量结果
Recycling Valve	循环流动相	Calculate	计算
Excitation	激发	Percent	面积百分比
Emission	散发；释放；放射，发射		

参考文献

[1] 夏玉宇．化验员实用手册［M］．北京：化学工业出版社，2004.
[2] 黄一石．仪器分析技术［M］．北京：化学工业出版社，2000.
[3] 高职高专化学教材编写组．分析化学［M］．2版．北京：高等教育出版社，2000.
[4] 高职高专化学教材编写组．分析化学实验［M］．2版．北京：高等教育出版社，2002.
[5] 梁述忠．仪器分析［M］．北京：化学工业出版社，1998.
[6] 杭州大学化学分析化学教研室．分析化学手册：第一分册［M］．2版．北京：化学工业出版社．1997.
[7] 杭州大学化学系分析教研室．分析化学手册：第三分册［M］．2版．北京：化学工业出版社，1997.
[8] 邱德仁．工业分析化学［M］．上海：复旦大学出版社，2003.
[9] 北京化学试剂公司．化学试剂标准手册［M］．北京：化学工业出版社，2003.
[10] 骆巨新．分析实验室装备手册［M］．北京：化学工业出版社，2003.
[11] 刘世纯．实用分析化验工读本［M］．北京：化学工业出版社，1999.
[12] 刘瑞雪．化验员习题集［M］．北京：化学工业出版社，1999.
[13] 刘珍，黄沛成，于世林，等．化验员读本：下册［M］．4版．北京：化学工业出版社，2004.
[14] 胡必明．化工分析工［M］．北京：化学工业出版社，2003.
[15] 徐英岚，张龙．农药化肥饲料检验技术［M］．北京：化学工业出版社，2005.
[16] 杜克生，李光源．颜料染料涂料检验技术［M］．北京：化学工业出版社，2005.
[17] 赵惠恋．化妆品与合成洗涤剂检验技术［M］．北京：化学工业出版社，2005.
[18] 陈淑刚，杨迅．试剂与溶剂检验技术［M］．北京：化学工业出版社，2005.
[19] 刘天煦．化验员基础知识问答［M］．北京：化学工业出版社，2003.
[20] 张小康，张正兢．工业分析［M］．北京：化学工业出版社，2004.
[21] 武汉大学．分析化学［M］．4版．北京：高等教育出版社，2000.
[22] 华东理工大学分析化学教研组，四川大学工科化学基础课程教学基地．分析化学［M］．6版．北京：高等教育出版社，2009.
[23] 刘金龙．分析化学［M］．北京：化学工业出版社，2012.

国家职业资格培训教材

丛书介绍：深受读者喜爱的经典培训教材，依据最新国家职业标准，按初级、中级、高级、技师（含高级技师）分册编写，以技能培训为主线，理论与技能有机结合，书末有配套的试题库和答案。所有教材均免费提供PPT电子教案，部分教材配有VCD实景操作光盘（注：标注★的图书配有VCD实景操作光盘）。

读者对象：本套教材是各级职业技能鉴定培训机构、企业培训部门、再就业和农民工培训机构的理想教材，也可作为技工学校、职业高中、各种短训班的专业课教材。

- ◆ 机械识图
- ◆ 机械制图
- ◆ 金属材料及热处理知识
- ◆ 公差配合与测量
- ◆ 机械基础（初级、中级、高级）
- ◆ 液气压传动
- ◆ 数控技术与AutoCAD应用
- ◆ 机床夹具设计与制造
- ◆ 测量与机械零件测绘
- ◆ 管理与论文写作
- ◆ 钳工常识
- ◆ 电工常识
- ◆ 电工识图
- ◆ 电工基础
- ◆ 电子技术基础
- ◆ 建筑识图
- ◆ 建筑装饰材料
- ◆ 车工（初级★、中级、高级、技师和高级技师）
- ◆ 铣工（初级★、中级、高级、技师和高级技师）
- ◆ 磨工（初级、中级、高级、技师和高级技师）
- ◆ 钳工（初级★、中级、高级、技师和高级技师）
- ◆ 机修钳工（初级、中级、高级、技师和高级技师）
- ◆ 锻造工（初级、中级、高级、技师和高级技师）
- ◆ 模具工（中级、高级、技师和高级技师）
- ◆ 数控车工（中级★、高级★、技师和高级技师）
- ◆ 数控铣工/加工中心操作工（中级★、高级★、技师和高级技师）
- ◆ 铸造工（初级、中级、高级、技师和高级技师）
- ◆ 冷作钣金工（初级、中级、高级、技师和高级技师）
- ◆ 焊工（初级★、中级★、高级★、技师和高级技师★）
- ◆ 热处理工（初级、中级、高级、技师和高级技师）
- ◆ 涂装工（初级、中级、高级、技师和高级技师）
- ◆ 电镀工（初级、中级、高级、技师

和高级技师）
- 锅炉操作工（初级、中级、高级、技师和高级技师）
- 数控机床维修工（中级、高级和技师）
- 汽车驾驶员（初级、中级、高级、技师）
- 汽车修理工（初级★、中级、高级、技师和高级技师）
- 摩托车维修工（初级、中级、高级）
- 制冷设备维修工（初级、中级、高级、技师和高级技师）
- 电气设备安装工（初级、中级、高级、技师和高级技师）
- 值班电工（初级、中级、高级、技师和高级技师）
- 维修电工（初级★、中级★、高级、技师和高级技师）
- 家用电器产品维修工（初级、中级、高级）
- 家用电子产品维修工（初级、中级、高级、技师和高级技师）
- 可编程序控制系统设计师（一级、二级、三级、四级）
- 无损检测员（基础知识、超声波探伤、射线探伤、磁粉探伤）
- 化学检验工（初级、中级、高级、技师和高级技师）
- 食品检验工（初级、中级、高级、技师和高级技师）
- 制图员（土建）
- 起重工（初级、中级、高级、技师）
- 测量放线工（初级、中级、高级、技师和高级技师）
- 架子工（初级、中级、高级）
- 混凝土工（初级、中级、高级）
- 钢筋工（初级、中级、高级、技师）
- 管工（初级、中级、高级、技师和高级技师）
- 木工（初级、中级、高级、技师）
- 砌筑工（初级、中级、高级、技师）
- 中央空调系统操作员（初级、中级、高级、技师）
- 物业管理员（物业管理基础、物业管理员、助理物业管理师、物业管理师）
- 物流师（助理物流师、物流师、高级物流师）
- 室内装饰设计员（室内装饰设计员、室内装饰设计师、高级室内装饰 设计师）
- 电切削工（初级、中级、高级、技师和高级技师）
- 汽车装配工
- 电梯安装工
- 电梯维修工

变压器行业特有工种国家职业资格培训教程

丛书介绍： 由相关国家职业标准的制定者——机械工业职业技能鉴定指导中心组织编写，是配套用于国家职业技能鉴定的指定教材，覆盖变压器行业5个特有工种，共10种。

读者对象：可作为相关企业培训部门、各级职业技能鉴定培训机构的鉴定培训教材，也可作为变压器行业从业人员学习、考证用书，还可作为技工学校、职业高中、各种短训班的教材。

- ◆ 变压器基础知识
- ◆ 绕组制造工（基础知识）
- ◆ 绕组制造工（初级 中级 高级技能）
- ◆ 绕组制造工（技师 高级技师技能）
- ◆ 干式变压器装配工（初级、中级、高级技能）
- ◆ 变压器装配工（初级、中级、高级、技师、高级技师技能）
- ◆ 变压器试验工（初级、中级、高级、技师、高级技师技能）
- ◆ 互感器装配工（初级、中级、高级、技师、高级技师技能）
- ◆ 绝缘制品件装配工（初级、中级、高级、技师、高级技师技能）
- ◆ 铁心叠装工（初级、中级、高级、技师、高级技师技能）

国家职业资格培训教材——理论鉴定培训系列

丛书介绍：以国家职业技能标准为依据，按机电行业主要职业（工种）的中级、高级理论鉴定考核要求编写，着眼于理论知识的培训。

读者对象：可作为各级职业技能鉴定培训机构、企业培训部门的培训教材，也可作为职业技术院校、技工院校、各种短训班的专业课教材，还可作为个人的学习用书。

- ◆ 车工（中级）鉴定培训教材
- ◆ 车工（高级）鉴定培训教材
- ◆ 铣工（中级）鉴定培训教材
- ◆ 铣工（高级）鉴定培训教材
- ◆ 磨工（中级）鉴定培训教材
- ◆ 磨工（高级）鉴定培训教材
- ◆ 钳工（中级）鉴定培训教材
- ◆ 钳工（高级）鉴定培训教材
- ◆ 机修钳工（中级）鉴定培训教材
- ◆ 机修钳工（高级）鉴定培训教材
- ◆ 焊工（中级）鉴定培训教材
- ◆ 焊工（高级）鉴定培训教材
- ◆ 热处理工（中级）鉴定培训教材
- ◆ 热处理工（高级）鉴定培训教材
- ◆ 铸造工（中级）鉴定培训教材
- ◆ 铸造工（高级）鉴定培训教材
- ◆ 电镀工（中级）鉴定培训教材
- ◆ 电镀工（高级）鉴定培训教材
- ◆ 维修电工（中级）鉴定培训教材
- ◆ 维修电工（高级）鉴定培训教材
- ◆ 汽车修理工（中级）鉴定培训教材
- ◆ 汽车修理工（高级）鉴定培训教材
- ◆ 涂装工（中级）鉴定培训教材
- ◆ 涂装工（高级）鉴定培训教材

◆ 制冷设备维修工（中级）鉴定培训教材

◆ 制冷设备维修工（高级）鉴定培训教材

国家职业资格培训教材——操作技能鉴定实战详解系列

丛书介绍： 用于国家职业技能鉴定操作技能考试前的强化训练。特色：

- 重点突出，具有针对性——依据技能考核鉴定点设计，目的明确。
- 内容全面，具有典型性——图样、评分表、准备清单，完整齐全。
- 解析详细，具有实用性——工艺分析、操作步骤和重点解析详细。
- 练考结合，具有实战性——单项训练题、综合训练题，步步提升。

读者对象： 可作为各级职业技能鉴定培训机构、企业培训部门的考前培训教材，也可供职业技能鉴定部门在鉴定命题时参考，也可作为读者考前复习和自测使用的复习用书，还可作为职业技术院校、技工院校、各种短训班的专业课教材。

◆ 车工（中级）操作技能鉴定实战详解

◆ 车工（高级）操作技能鉴定实战详解

◆ 车工（技师、高级技师）操作技能鉴定实战详解

◆ 铣工（中级）操作技能鉴定实战详解

◆ 铣工（高级）操作技能鉴定实战详解

◆ 钳工（中级）操作技能鉴定实战详解

◆ 钳工（高级）操作技能鉴定实战详解

◆ 钳工（技师、高级技师）操作技能鉴定实战详解

◆ 数控车工（中级）操作技能鉴定实战详解

◆ 数控车工（高级）操作技能鉴定实战详解

◆ 数控车工（技师、高级技师）操作技能鉴定实战详解

◆ 数控铣工/加工中心操作工（中级）操作技能鉴定实战详解

◆ 数控铣工/加工中心操作工（高级）操作技能鉴定实战详解

◆ 数控铣工/加工中心操作工（技师、高级技师）操作技能鉴定实战详解

◆ 焊工（中级）操作技能鉴定实战详解

◆ 焊工（高级）操作技能鉴定实战详解

◆ 焊工（技师、高级技师）操作技能鉴定实战详解

◆ 维修电工（中级）操作技能鉴定实战详解

◆ 维修电工（高级）操作技能鉴定实战详解

◆ 维修电工（技师、高级技师）操作技能鉴定实战详解

- 汽车修理工（中级）操作技能鉴定实战详解
- 汽车修理工（高级）操作技能鉴定实战详解

技能鉴定考核试题库

丛书介绍： 根据各职业（工种）鉴定考核要求分级编写，试题针对性、通用性、实用性强。

读者对象： 可作为企业培训部门、各级职业技能鉴定机构、再就业培训机构培训考核用书，也可供技工学校、职业高中、各种短训班培训考核使用，还可作为个人读者学习自测用书。

- 机械识图与制图鉴定考核试题库
- 机械基础技能鉴定考核试题库
- 电工基础技能鉴定考核试题库
- 车工职业技能鉴定考核试题库
- 铣工职业技能鉴定考核试题库
- 磨工职业技能鉴定考核试题库
- 数控车工职业技能鉴定考核试题库
- 数控铣工/加工中心操作工职业技能鉴定考核试题库
- 模具工职业技能鉴定考核试题库
- 钳工职业技能鉴定考核试题库
- 机修钳工职业技能鉴定考核试题库
- 汽车修理工职业技能鉴定考核试题库
- 制冷设备维修工职业技能鉴定考核试题库
- 维修电工职业技能鉴定考核试题库
- 铸造工职业技能鉴定考核试题库
- 焊工职业技能鉴定考核试题库
- 冷作钣金工职业技能鉴定考核试题库
- 热处理工职业技能鉴定考核试题库
- 涂装工职业技能鉴定考核试题库

机电类技师培训教材

丛书介绍： 以国家职业标准中对各工种技师的要求为依据，以便于培训为前提，紧扣职业技能鉴定培训要求编写。加强了高难度生产加工，复杂设备的安装、调试和维修，技术质量难题的分析和解决，复杂工艺的编制，故障诊断与排除以及论文写作和答辩的内容。书中均配有培训目标、复习思考题、培训内容、试题库、答案、技能鉴定模拟试卷样例。

读者对象： 可作为职业技能鉴定培训机构、企业培训部门、技师学院培训鉴定教材，也可供读者自学及考前复习和自测使用。

- 公共基础知识
- 电工与电子技术

- ◆ 机械制图与零件测绘
- ◆ 金属材料与加工工艺
- ◆ 机械基础与现代制造技术
- ◆ 技师论文写作、点评、答辩指导
- ◆ 车工技师鉴定培训教材
- ◆ 铣工技师鉴定培训教材
- ◆ 钳工技师鉴定培训教材
- ◆ 焊工技师鉴定培训教材
- ◆ 电工技师鉴定培训教材
- ◆ 铸造工技师鉴定培训教材
- ◆ 涂装工技师鉴定培训教材
- ◆ 模具工技师鉴定培训教材
- ◆ 机修钳工技师鉴定培训教材
- ◆ 热处理工技师鉴定培训教材
- ◆ 维修电工技师鉴定培训教材
- ◆ 数控车工技师鉴定培训教材
- ◆ 数控铣工技师鉴定培训教材
- ◆ 冷作钣金工技师鉴定培训教材
- ◆ 汽车修理工技师鉴定培训教材
- ◆ 制冷设备维修工技师鉴定培训教材

特种作业人员安全技术培训考核教材

丛书介绍：依据《特种作业人员安全技术培训大纲及考核标准》编写，内容包含法律法规、安全培训、案例分析、考核复习题及答案。

读者对象：可用作各级各类安全生产培训部门、企业培训部门、培训机构安全生产培训和考核的教材，也可作为各类企事业单位安全管理和相关技术人员的参考书。

- ◆ 起重机司索指挥作业
- ◆ 企业内机动车辆驾驶员
- ◆ 起重机司机
- ◆ 金属焊接与切割作业
- ◆ 电工作业
- ◆ 压力容器操作
- ◆ 锅炉司炉作业
- ◆ 电梯作业
- ◆ 制冷与空调作业
- ◆ 登高作业

读者信息反馈表

亲爱的读者：

您好！感谢您购买《化学检验工（高级）第2版》（王燕　主编）一书。为了更好地为您服务，我们希望了解您的需求以及对我社教材的意见和建议，愿这小小的表格在我们之间架起一座沟通的桥梁。另外，如果您在培训中选用了本教材，我们将免费为您提供与本教材配套的电子课件。

姓　名		所在单位名称			
性　别		所从事工作（或专业）			
通信地址			邮　　编		
办公电话		移动电话			
E-mail		QQ			

1. 您选择图书时主要考虑的因素（在相应项后面画"✓"）
   出版社（　　）内容（　　）价格（　　）其他：________
2. 您选择我们图书的途径（在相应项后面画"✓"）
   书目（　　）书店（　　）网站（　　）朋友推介（　　）其他：________

希望我们与您经常保持联系的方式：
- ☐ 电子邮件信息　☐ 定期邮寄书目
- ☐ 通过编辑联络　☐ 定期电话咨询

您关注（或需要）哪些类图书和教材：

您对本书的意见和建议（欢迎您指出本书的疏漏之处）：

您近期的著书计划：

请联系我们——
地　　址　北京市西城区百万庄大街22号　机械工业出版社技能教育分社
邮　　编　100037
社长电话　（010）88379083　88379080
传　　真　（010）68329397
营销编辑　（010）88379534　88379535
免费电子课件索取方式：
网上下载　www. cmpedu. com
邮箱索取　jnfs@ cmpbook. com